Wissenschaftliche Schriften zur Astronomie

Herausgeber der Reihe:

Siegfried Marx

Die offenen Sternhaufen unserer Galaxis

Woldemar Götz

Mit 143 Bildern, 82 Tabellen und einem Verzeichnis der offenen Sternhaufen

Verlag Harri Deutsch · Thun · Frankfurt/Main · 1990

Anschrift des Herausgebers der Reihe:

Prof. Dr. sc. nat. Siegfried Marx
Zentralinstitut für Astrophysik
der Akademie der Wissenschaften der DDR
Karl-Schwarzschild-Observatorium
Tautenburg
6901
DDR

Anschrift des Autors:

Dr. rer. nat. Woldemar Götz
Zentralinstitut für Astrophysik
der Akademie der Wissenschaften der DDR
Sternwarte Sonneberg
Sonneberg-Neufang
6400
DDR

CIP-Titelaufnahme der Deutschen Bibliothek

Götz, Woldemar:
Die offenen Sternhaufen unserer Galaxis : mit 82 Tabellen und
einem Verzeichnis der offenen Sternhaufen / Woldemar Götz. –
Thun ; Frankfurt/Main : Deutsch, 1990
(Wissenschaftliche Schriften zur Astronomie)

ISBN 3-8171-1149-5
Printed in the German Democratic Republic
Lektor: W. Hentze
Hersteller: R. Wagner
Umschlaggestaltung: W. Lenck
Lichtsatz: INTERDRUCK Graphischer Großbetrieb Leipzig, III/18/97
Druck u. Binden: LVZ-Druckerei »H. Duncker« III/18/138

Inhaltsverzeichnis

Editorial

Die Untersuchung offener Sternhaufen war und ist für die Astronomie von großer Bedeutung, da auf diesen Forschungsergebnissen viele grundlegende astronomische Erkenntnisse beruhen. Am Anfang der Untersuchung der offenen Sternhaufen standen Fragen nach ihrer Struktur, ihrem Sternreichtum, ihrem Durchmesser usw. im Vordergrund, und die offenen Sternhaufen wurden nach ihren individuellen Eigenschaften in verschiedene Klassen eingeteilt.

Nachdem die Zahl der untersuchten offenen Sternhaufen immer größer wurde, begannen sich die Astronomen mit der räumlichen Verteilung der Gesamtheit der Haufen zu beschäftigen. Dabei zeigte es sich, daß sie keinesfalls gleichmäßig im Raum verteilt sind, sondern sich im Milchstraßensystem in verschiedenen, räumlich eng begrenzten Gebieten aufhalten. Es stellte sich heraus, daß die offenen Sternhaufen Spiralarme unserer Galaxis markieren. Die Erforschung der offenen Sternhaufen hat wesentlich beigetragen zum Erkennen der großräumigen Spiralstruktur unserer Galaxis. Wenn offene Sternhaufen in anderen Galaxien nachgewiesen werden können, leisten sie auch Beiträge zum Erkennen von deren Struktur.

Es ist bekannt, daß die Entwicklung der Sterne und ihre Lebenserwartung ganz entscheidend von ihrer Masse bestimmt werden. Da angenommen wird, daß ein offener Sternhaufen eine Gruppe von gleichzeitig entstandenen Sternen unterschiedlicher Massen ist, kann durch die Untersuchung der offenen Sternhaufen die Theorie der Sternentwicklung überprüft werden. Je älter ein offener Sternhaufen – die zu den jungen Mitgliedern der Galaxis gehören – ist, um so geringer ist die Anzahl seiner massereichen Sterne, oder anders formuliert, aus dem Verhältnis von massearmen zu massereichen Sternen in einem offenen Sternhaufen kann sein Alter bestimmt werden.

Das vorliegende Buch ist eine Bestandsaufnahme des gegenwärtigen Wissens über offene Sternhaufen, die aber nicht nur von großer Bedeutung für die Erforschung der Sternhaufen an sich, sondern für die Gesamtentwicklung der astronomischen Forschung ist.

Siegfried Marx

Vorwort

Als vor einigen Jahren der Vorschlag an mich herangetragen wurde, ein Buch unter dem Arbeitstitel »Sternhaufen« zu schreiben, war mir in Anbetracht des gegenwärtigen Wissensstandes auf diesem Gebiet und der jährlich ansteigenden Zahl der Publikationen klar, daß ich mich entweder für ein Buch übergebührlich großen Umfangs entscheiden oder mit der Tradition brechen mußte, Kugelsternhaufen, offene Sternhaufen und Assoziationen gemeinsam darstellen zu wollen. Gegen die Gesamtdarstellung sprachen die Umfangsvorgabe des Verlages und der persönliche Zeitaufwand zur Erstellung des entsprechenden Manuskriptes. Deshalb mögen mir meine Fachkollegen verzeihen, daß ich die letzte der beiden Möglichkeiten gewählt habe und mich nur auf die offenen Sternhaufen unseres Milchstraßensystems einschließlich der zugehörigen Bewegungshaufen und Bewegungsgruppen beschränke. Aber selbst hier erzwingt die Fülle des Stoffes eine Straffung, die es mit sich bringt, daß nicht jede Veröffentlichung aus den einzelnen Teilgebieten berücksichtigt und genannt werden kann.
Ziel des Buches ist es,

– einen Überblick über den derzeitigen Stand der Erforschung offener oder galaktischer Sternhaufen in unserer Galaxis zu geben,
– auf die Bedeutung der offenen Sternhaufen für die Erforschung unseres Milchstraßensystems hinzuweisen,
– geschichtliche Entwicklungswege aufzuzeigen sowie
– das Augenmerk auf künftige Forschungsschwerpunkte zu lenken.

Zweifellos spielen hierbei die kosmogonische und dynamische Entwicklung ebenso eine Rolle wie das Studium der Inhalte der Aggregate. Darüber hinaus wird eine zusammenfassende Darstellung angestrebt und der Versuch unternommen, neue astrophysikalische Erkenntnisse, die in Handbüchern und Nachschlagewerken in der Regel unter anderen Fach- und Sachgebieten erscheinen, soweit sie auch Objekte offener Sternhaufen betreffen, mit in die Betrachtungen einzubeziehen. Durch die Erarbeitung neuer Statistiken und durch Detailuntersuchungen während der Abfassung des Manuskriptes wurden Erkenntnisse gewonnen, die mit in die Darstellung einfließen.

Der Inhalt des Buches stützt sich auf Literatur, die bis zum Jahre 1984 vollständig und für das Jahr 1985 lückenhaft vorgelegen hat. Aus diesem Grunde konnten einige neuere Ergebnisse, die bis zur Manuskriptablieferung veröffentlicht wurden, nicht mehr berücksichtigt werden. Sicher gehört es zum Los eines Autors, daß in der Zeit zwischen Herstellung und Abgabe eines Manuskriptes oder von da an bis zum Erscheinen des Buches wesentliche Erkenntnisse zu erwarten sind.

Das Buch richtet sich an Astronomen, die innerhalb und außerhalb des Fachgebietes tätig sind, an Wissenschaftler anderer Bereiche sowie an Studenten, Astronomielehrer, Freizeitastronomen und Schüler. Den unterschiedlichen Interessen und Bedürfnissen dieses breiten Personenkreises entsprechend ist der Text abgefaßt, der auch ohne die beigefügten Formeln verständlich sein sollte. Daß dabei trotzdem hohe Ansprüche an die Mitarbeit des Lesers gestellt werden, ist unvermeidlich und im Sinne der Reihe »Wissenschaftliche Schriften zur Astronomie«, in der dieses Buch erscheint.

Mein besonderer Dank gilt dem Direktor des Zentralinstitutes für Astrophysik der Akademie der Wissenschaften der DDR, Prof. Dr. habil. nat. K.-H. Schmidt, für sein Einverständnis und das Interesse zur Abfassung dieses Buches. Zu Dank verpflichtet ist der Verfasser auch Dr. Lyngå (Lund-Observatorium) für die Genehmigung zur Nutzung seines Katalogs als Basismaterial und zum Abdruck der neuen Sternhaufenbenennungen. Mein Dank gilt auch den technischen Mitarbeiterinnen der Sternwarte Sonneberg, Frau L. Baumberg, Frau I. Häusele, Frau R. Steger, Frau K. Weber und Frau A. Wicklein für die Hilfe bei der Herstellung des Manuskriptes und bei der Literaturbeschaffung.

Woldemar Götz

1. Allgemeine Betrachtungen über Sternhaufen und Assoziationen

1.1. Zur Geschichte der Sternhaufenforschung

Ihren großen Impuls erfuhr die Sternhaufenforschung am Anfang der 30er Jahre unseres Jahrhunderts, wenige Jahre nach der fundamentalen Erkenntnis, daß die Magellanschen Wolken und die hellen Spiralnebel abgeschlossene, weit außerhalb unserer eigenen Galaxis gelegene Sternsysteme darstellen und die Sternhaufen Untersysteme unseres eigenen Milchstraßensystems oder anderer extragalaktischer Systeme sind. Die Spanne zwischen den Jahren 1922 bis 1924 ist die Zeit in der Geschichte der Astronomie, in der die Epoche der Bestandsaufnahme zu Ende ging, die bis in die Zeit des ausgehenden 19. Jahrhunderts zurückreicht. In dieser Epoche wurden

Kataloge genauer Sternörter,
Verzeichnisse von Doppelsternen, Sternhaufen und Nebelflecken,
Listen der Farbe und der Spektren von Sternen,
Kataloge von Eigenbewegungen und Radialgeschwindigkeiten,
Zusammenstellungen von Veränderlichen Sternen sowie
Kataloge trigonometrisch bestimmter Entfernungen von einigen hundert Sternen erarbeitet und
die ersten Grundlagen der im Entstehen begriffenen Astrophysik

geschaffen.

Im Jahre 1930 veröffentlichte Shapley [14] seine Monographie über Sternhaufen, die den ersten großen Überblick über unsere Kenntnisse von offenen und Kugelsternhaufen gab. Im gleichen Jahr verfaßte Trumpler [15] eine umfangreiche Studie über offene Sternhaufen, in der er u. a. das Vorhandensein absorbierender (extingierender) Materie im interstellaren Raum aus verschiedenen Eigenschaften der Haufen ableitete. Ein Jahr später gab Collinder [16] einen Katalog offener Sternhaufen auf der Grundlage der Durchmusterung der Franklin-Adams-Karten und unter Berücksichtigung der Wolf-Palisa-Karten sowie Aufnahmen von Lundmark am 100''-Spiegel des Mt.-Wilson-Observatoriums heraus. Die Zahl der dort aufgeführten 471 offenen Sternhaufen überstieg bei weitem die früherer Kataloge, z.B. die des Katalogs von Mellote [17] aus dem Jahr 1915 mit 163 Objekten oder die des Katalogs von Raab [18] aus dem Jahre 1922 mit 152 offenen Sternhaufen.

Zu erwähnen ist im obigen Zusammenhang auch eine Arbeit von ten Bruggencate [19] aus dem Jahre 1927, die u. a. theoretische Untersuchungen zum Aufbau der Sternhaufen zum Inhalt hatte.

Alle genannten Arbeiten der 30er Jahre unseres Jahrhunderts haben ihre Wurzeln und Grundlagen in der vorangegangenen Epoche der Bestandsaufnahme. Auf einige markante Entwicklungen aus dieser Zeit wird im einzelnen noch einzugehen sein, wenn auch keinesfalls eine Vollständigkeit angestrebt wurde.

1.1.1. Frühgeschichtliches und die Epoche der Bestandsaufnahme

Etwa 20 hellere offene Sternhaufen und etwa ein halbes Dutzend Kugelsternhaufen können unter guten Bedingungen mit bloßem Auge am nächtlichen Himmel gesehen werden. Es ist deshalb anzunehmen und sehr wahrscheinlich, daß diese Objekte den Menschen schon in frühester Zeit bekannt gewesen sind. Um so bemerkenswerter ist es deshalb, daß vor der 2. Hälfte des 18. Jahrhunderts nur wenige dieser mit bloßem Auge erfaßbaren Objekte, einige von ihnen erscheinen nur als neblige Flecken, in alten Urkunden und Dokumenten Erwähnung finden. Zu den in frühester Zeit zitierten Objekten gehören u. a. die Plejaden, die Hyaden, der Coma-Berenices-Haufen, die Praesepe, der Doppelhaufen h und χ Persei, IC 2391 und der Kugelsternhaufen ω Centauri am Südhimmel.

Die Plejaden ebenso wie die Hyaden werden von dem alten griechischen Dichter Hesiodos um 700 v. u. Z. in seinem Werk »Werke und Tage« nach van der Waerden [20] als zeitliche Orientierungshilfen für die Landwirtschaft und die Seefahrt beschrieben. Aus dem 5. Jahrhundert v. u. Z. liegt uns aus der Tontafelbibliothek des Assurbanipal ein Bild der Plejaden zusammen mit dem Mond und dem Sternbild Taurus (Stier) vor, wie Herrmann [21] aufgezeigt hat. Als zeitliche Orientierungshilfe finden wir nach Payne-Gaposchkin [22] die Hyaden auch in den Werken des Vergil und Horaz.

Die als »Bienenkorb« oder »Krippe« bezeichnete Praesepe scheint schon den alten Chinesen als »Tseih She Keh« (nach der Version von Collinder [16] »Dunst aufgetürmter Leichen«) bekannt gewesen zu sein. Hipparch (um 190 v. u. Z. bis 120 v. u. Z.) erwähnt die Praesepe und den Doppelsternhaufen im Perseus, die wie alle mit bloßem Auge nicht auflösbaren Objekte – vielleicht gerade deshalb – im schlechten Ruf standen und von der Astrologie mit Augenkrankheit und Tod in Verbindung gebracht wurden.

Der Kugelsternhaufen ω Centauri ist von Ptolemaios (140 u. Z.) als »Stern in der Wolke über dem Pferderücken« bezeichnet worden. Das Objekt findet auch Erwähnung im Almages (940 bis 998). Aufzeichnungen über den offenen Sternhaufen IC 2391 sind in Al Sufis Katalog (10. Jahrhundert) enthalten.

Wie wertvoll die genannten Aufzeichnungen und Hinweise aus der Frühgeschichte für die Geschichte der Astronomie und die Kulturgeschichte überhaupt auch sein mögen, so enthalten sie hinsichtlich des Wesens und des Charakters der Sternhaufen und ihrer Erforschung keinerlei brauchbare Beobachtungen.

Die eigentlichen Anfänge der Erforschung der Sternhaufen datieren aus dem Jahre 1610, als Galileo Galilei im »Nuncius siderus« (Sternbote) seine mit einem etwa 6fach vergrößernden und Sterne bis zur 8.5ten Größe erfassenden Fernrohr erhaltenen Beobachtungen an der Praesepe veröffentlichte und aufzeigte, daß sich der von griechischen Autoren als wirbelnde Wolke bezeichnete scheinbare Nebelfleck als eine Ansammlung schwacher Sterne erwies. Die Anzahl der Sterne wurde von Galilei mit mehr als 40 Objekten abgeschätzt, von denen er selbst 30 Sterne beobachten konnte.

Seit dieser durch die Einführung des Fernrohres in die astronomische Beobachtung gekennzeichneten Zeit begann die Suche nach neuen, dem bloßem Auge nicht oder nur schwer zugänglichen Objekten und die Prüfung und Inspektion bereits augenscheinlich erfaßter und bekannter Nebelflecken.

Der erste Kugelsternhaufen, der als solcher in der Literatur erwähnt wurde, war M 22. Er wurde vor 1665 von Hevelius entdeckt. Der Kugelsternhaufen ω Centauri wurde von Halley 1679 angezeigt, das Objekt M 5 verdankt seine Entdeckung im Jahre 1702 Kirch und der bekannte Hercules-Sternhaufen M 13 wurde 1715 ebenfalls von Halley gefunden. Die Entdeckung des offenen Sternhaufens M 11 gelang 1681 Kirch.

Alle genannten Beispiele von Neuentdeckungen aus dem 17. und den Anfängen des 18. Jahrhunderts sind den bibliographischen Verzeichnissen von Shapley [14] für alle Sternhaufen, von Collinder [16] für offene Sternhaufen und Sawyer [23] (1947) für Kugelsternhaufen entnommen. Den an der geschichtlichen Entwicklung der Sternhaufenforschung interessierten Lesern sind diese Bibliographien empfohlen.

Die Mehrheit der uns heute bekannten hellen offenen Sternhaufen wurde, von der Praesepe, den Plejaden, den Hyaden, M 11 und einigen anderen Objekten abgesehen, erst von Messier [10] im Jahre 1771 bekannt gemacht. Es ist das Verdienst Messiers, daß er für offene Sternhaufen, für Kugelsternhaufen und für helle Nebel aller Art eine systematische Katalogisierung betrieben hat und damit im Jahre 1771 eine neue Epoche in der Aufzeichnung von Beobachtungen an Sterngruppen eingeleitet hat. Der von Messier herausgegebene Katalog fand 1780 und 1784 seine Fortsetzung.

Zwei Jahre später, im Jahre 1786, setzte mit der Publikation des von William Herschel [24] verfaßten Katalogs »Catalogue Of One Thousand New Nebulae And Clusters Of Stars« eine wahre Flut von Neuentdeckungen ein. Dem genannten Katalog folgten eine ganze Anzahl weiterer Verzeichnisse neuentdeckter Objekte aus der Feder von William und John Herschel sowie von Zeitgenossen und Nachfolgern. Besonders bedeutsam ist der von John Herschel [25] 1864 veröffentlichte Generalkatalog (General Catalogue GC).

Da jeder Herausgeber von Katalogen seine eigene Nomenklatur benutzte, blieben Mehrfachbezeichnungen von unabhängig voneinander gefundenen Objekten nicht aus. Um so bemerkenswerter für jene Zeit ist deshalb das Werk von Dreyer [11] aus dem Jahre 1888, der alle früheren Beobachtungen und Daten von Nebeln und Sternhaufen sammelte und im »Neuen Generalkatalog« (New General Catalogue NGC) veröffentlichte. Neben der Zusammenstellung und Sammlung der Objekte unternahm Dreyer auch den Versuch zu prüfen, welche der von ihm mitgeteilten Objekte zu den Sternhaufen zu zählen sind. Der Dreyersche Katalog und seine beiden Indexkataloge (IC) aus den Jahren 1895 und 1908 enthalten insgesamt 657 Sternhaufen, aber nur etwa 50 % dieser Aggregate erwiesen sich in späteren Katalogen wirklich als solche Objekte, wie aus den auf fotografischem Wege durchgeführten und bereits erwähnten Durchmusterungen und Überprüfungen von Melotte [17], Raab [18] sowie von Bailey [26] zu ersehen ist.

In der Anwendung der Fotografie zum Zwecke der Neuentdeckung und Bestätigung von Objekten sowie der Bestimmung von Durchmessern, der Ermittlung der in den Sternhaufen enthaltenen Sternzahlen, der Positionsbestimmung und der Klassifikation lag der große Vorteil, den sie gegenüber den visuellen Methoden bot. So enthält der Katalog von Melotte [17] neben der Auflistung der offenen Ku-

gelsternhaufen auch eine Klassifikation der Objekte und Durchmesserbestimmungen, die später von Shapley [27] und von Charlier [28] als Distanzindikatoren genutzt wurden.

Der Revision des NGC und einer umfassenden Bestandsaufnahme auf dem Gebiete der galaktischen Sternhaufen diente letztlich der von Collinder [16] im Jahre 1931 herausgegebene Katalog, bei dessen Bearbeitung die Heidelberger Nachtragslisten zum NGC sowie die Kataloge von Bailey [26], Melotte [17] und Raab [18] sowie die Verzeichnisse von Shapley [14] und Trumpler [15] Berücksichtigung fanden. Auf diese Weise konnte eine Komplettierung, Ergänzung und Präzisierung des Beobachtungsmaterials auf dem Gebiete der offenen Sternhaufen vorgenommen werden. Die im Collinderschen Katalog verzeichneten 471 Objekte dieser Art liegen von der Zahl her wesentlich über der der seinerzeit bekannten Kugelsternhaufen. Die Monographie von Shapley [14] (1930) enthält davon 93 Objekte, das Verzeichnis von Bailey [26] (1908) hingegen nur 66 und der Katalog von Melotte [17] (1905) 83 Aggregate.

Im Zusammenhang mit der Rolle, die der »NGC« in der Geschichte der Sternhaufenforschung gespielt hat, sei angemerkt, daß auf der Grundlage des Palomar-Atlas von Sulentic und Tifft [29] im Jahre 1973 eine erneute Revision des NGC vorgenommen wurde. Der entsprechende Katalog (The Revised General Catalogue Of Nonstellar Astronomical Objects), der die Bezeichnung RNGC führt, hat in der Zwischenzeit Eingang in die moderne Sternhaufenliteratur gefunden.

Die erste theoretische Behandlung der Sternhaufen wurde von Michell [30], einem Pionier der Stellarstatistik, in der Mitte des 18. Jahrhunderts durchgeführt. In seiner 1767 erschienenen Veröffentlichung benutzte er die damals neu formulierten Prinzipien der Wahrscheinlichkeitsrechnung und die Gesetze, die die Helligkeit und die Entfernung einer Lichtquelle miteinander verbinden, zur Ableitung der wahrscheinlichsten Parallaxe der Fixsterne und schuf ein einfaches Existenzkriterium für die Sternhaufen als physikalische Systeme. Der von Michell [30] über die Felddichte der Sterne einer bestimmten Helligkeit hergeleitete Ausdruck für die Wahrscheinlichkeit einer Gruppierung von Sternen stellt die Maximum-Wahrscheinlichkeit dar. Anhand der an der Praesepe, den 6 hellsten Sternen der Plejaden und des Doppelsternhaufens im Perseus erhaltenen Resultate schloß er, daß diese Gruppierungen im Raum reell und die Mitglieder wahrscheinlich durch Gravitation miteinander verbunden sind.

Bemerkenswert ist auch der Versuch Michells, durch verschiedene Methoden die Entfernung der Plejaden zu bestimmen. Dabei nahm er in einem Falle an, daß die mittlere absolute Helligkeit der Plejadensterne dieselbe ist wie die der Sonne, und im anderen Falle setzte er voraus, daß die mittlere gemeinschaftliche Geschwindigkeit der Plejaden der in der Nachbarschaft der Sonne gleicht. Unter Benutzung der ersten Annahme erhielt Michell [30] eine Plejadenentfernung von 160 Lichtjahren. Der aus der Geschwindigkeit abgeleitete Wert hingegen betrug 320 Lichtjahre und kommt der heute gültigen Entfernung von 391 Lichtjahren recht nahe. Um diese Leistung Michells aus dem Jahre 1767 richtig beurteilen und würdigen zu können, muß man wissen, daß es zu jener Zeit keine standardisierte und einheitliche Helligkeitssequenz gab und daß die größte bekannte, direkt bestimmte astronomische Entfernung die des Planeten Saturn gewesen ist.

Mit dem Beginn der Distanzbestimmungen (siehe Abschnitt 3.1.4.) und mit der Ausarbeitung neuer Methoden zur Entfernungsbestimmung eröffnete sich ein weites Feld der Sternhaufenerforschung, das sich in der Folgezeit nicht nur fruchtbringend auf die Ermittlung der Struktur und der Eigenschaften der Sternhaufen und ihrer räumlichen Verteilung auswirkte, sondern auch wesentlich zum Verständnis der Dimensionen unseres eigenen Milchstraßensystems beigetragen hat.

Ein wesentlicher Fortschritt in der Erforschung der Sternhaufen begann mit dem Einzug spektroskopischer Untersuchungsmethoden. In diesem Zusammenhang ist die Leistung Pickerings [31] erwähnenswert, der bereits im Jahre 1891 eine Zusammenfassung der Spektra von Mitgliedern offener Sternhaufen geliefert hat. Anhand von 1003 helleren Sternen aus den Plejaden, der Praesepe, des Carina-Haufens, des NGC 3523, des Coma-Berenices-Haufens, des NGC 6405, des NGC 6475 und des NGC 6838 wies er nach, daß etwa 68 % dieser untersuchten Sterne vom Spektraltypus A sind.

Nennenswert ist auch die Arbeit von Raab [18] (1922), dem neben den Franklin-Adams-Karten der seinerzeit nahezu komplettierte Henry-Draper-Katalog (HD) des Harvard Observatoriums mit Spektralklassifikationen vieler Haufensterne heller 9^m0 oder 9^m5 für seine Untersuchungen an offenen Sternhaufen zur Verfügung stand. Raab, der auf der Grundlage dieses Materials und nach der ausgefeiltesten statistischen Methode jener Zeit fotometrische Parallaxen mit Hilfe der Kapteynschen Integralformel für 46 offene Sternhaufen ableitete, ist wohl auch derjenige gewesen, der das Hertzsprung-Russel-Diagramm, dessen Geburtsstunde in das Jahr 1913 zurückreicht, in die Sternhaufenforschung eingeführt hat. Aus der Ableitung der fotometrischen Parallaxen resultierte eine enge Durchmesser-Parallaxen-Beziehung offener Sternhaufen. Die Arbeit enthält außerdem auch die Bestimmung des Konzentrationsgrades der untersuchten Aggregate.

Die Klassifikation der Spektra von Sternhaufenmitgliedern war eine Seite der spektroskopischen Untersuchungen, die Bestimmung von Radialgeschwindigkeiten die andere. Der Grundstein zu den Radialgeschwindigkeitsbestimmungen von Kugelsternhaufen wurde von Sliper [32, 33, 34] in den Jahren zwischen 1918 und 1924 durch die Untersuchung von 17 diesbezüglichen Objekten gelegt. Neue Resultate wurden im Verlaufe weniger Jahre hinzugefügt.

Das erste zusammenfassende Verzeichnis von Radialgeschwindigkeiten für Mitglieder offener Sternhaufen datiert aus dem Jahre 1932 und wurde von Hayford [35] für 174 Sterne aus 29 Aggregaten veröffentlicht.

Die Untersuchung der Radialgeschwindigkeiten von Sternhaufen und ihren Mitgliedern diente dem Studium der Raumbewegungen, die letztlich auch in den Eigenbewegungen der Objekte zum Ausdruck kommen. Die Bestimmungen von Eigenbewegungen wurden möglich,

nachdem die Entwicklung astronomischer Beobachtungsinstrumente so weit gediehen war,
daß exakte Positionsbestimmungen am Himmel
durchgeführt werden konnten. In diese Zeit
(1869/1870) fällt auch die Entdeckung der Bewegungshaufen durch Proctor [5]. Schultz [36]
(1886) und Barnard [37] (1899) waren unter den
Pionieren, die visuell die Positionen von Einzelsternen in Kugelhaufen bestimmten. Die wesentlich wirksamere fotografische Methode der
Positionsbestimmungen wurde zuerst von den
Gebrüdern P. und M. Henry [38, 39] und von
Gould [40] für offene Sternhaufen und von
Scheiner [41, 42, 43], Ludendorff [44, 45, 46]
und von von Zeipel [47, 48, 49, 50] für Kugelsternhaufen angewandt.

Bezüglich der Bestimmung von Eigenbewegungen in offenen Sternhaufen galt das Haupt-
interesse den Plejaden, den Hyaden, der Praesepe, h und χ Persei und einigen anderen hellen
Gruppierungen, die sich besonders durch ihre
räumliche Nähe auszeichneten und gerade deshalb innerhalb relativ kleiner Epochendifferenzen merkliche Eigenbewegungen erkennen ließen. In diesem Zusammenhang sind auch
Küstner von der Sternwarte in Bonn und Schle-
singer vom Yale Observatorium zu erwähnen,
die die Grundsteine für die Ausdehnung der Eigenbewegungsbestimmungen auf lichtschwächere und entferntere Sternhaufen gelegt haben.

Aus der Sicht der modernen Sternhaufenforschung verdient auch eine Arbeit von Bailey [51] aus dem Jahre 1902 Beachtung, weil sie
den Beginn der Erforschung der veränderlichen
Sterne in Kugelsternhaufen darstellt. Hinsichtlich der veränderlichen Sterne in offenen Sternhaufen vertrat man noch Ende der 40er Jahre
die Auffassung, daß diese Objekte, von einigen
Bedeckungssternen abgesehen, dort nicht vorkommen und ausschließlich in Kugelhaufen
vorgefunden werden. Diese Meinung kann nach
einer grundlegenden Arbeit von Kholopov [52]
aus dem Jahre 1956 längst nicht mehr aufrecht
erhalten werden.

Bezüglich der Positionsbestimmungen in den
Sternhaufen ist auch der von Auers [53] im
Jahre 1907 herausgegebene neue Fundamental-
katalog von Sternpositionen erwähnenswert. Er

fand in den Jahren 1937/38 seine Fortsetzung
im Fundamentalkatalog FK 3 und führte
schließlich zum Fundamentalkatalog FK 4, der
ab 1955 die Grundlage der astronomischen Orts-
bestimmung bildete. Ab 1. Januar 1984 hat der
FK 5 dessen verbindliche Rolle übernommen.

Hinsichtlich der fotoelektrischen Präzisionsfotometrie, ohne die heute die moderne Forschung undenkbar wäre, ist es erwähnenswert,
daß die Anfänge dieser Disziplin in die Zeit der
Bestandsaufnahme hineinreichen. Die Einführung der Fotozelle in die Fotometrie geht auf
das Jahr 1913 zurück. Durch sie wurde eine
Steigerung der Meßgenauigkeit erreicht und der
Anfang einer schrittweisen Ersetzung der fotografischen Platte durch Elektronenvervielfacher,
Bildwandler und andere elektronische Hilfsmit-
tel unserer Tage vorbereitet. Große Verdienste
haben sich auf diesem Gebiet Guthnik und Ro-
senberg sowie Kuntz und Stebbins erworben.

Angesichts der großen Leistungen, die eine
kleine Zahl von Astronomen in der Epoche der
Bestandsaufnahme mit bescheidenen Mitteln
hervorgebracht hat, gebührt diesen Pionieren
der modernen Astronomie und Astrophysik unsere uneingeschränkte Hochachtung. Ihr Fleiß,
ihr Elan, das Streben nach vollkommneren Beobachtungen und ihr Bemühen um die Einführung moderner physikalischer Erkenntnisse in
die Astronomie ist und bleibt bewunderungs-
würdig.

1.1.2. Anfänge der modernen Stern-haufenforschung und ihre Weiterentwicklung

Auf der Grundlage der Arbeiten von Shapley [14], Trumpler [15] und Collinder [16] hat
die Sternhaufenforschung seit den 30er Jahren
unseres Jahrhunderts ein weites Feld überdeckt.
Eine Vielzahl von Arbeitsrichtungen und The-
menstellungen charakterisieren die letzten
5 Jahrzehnte dieser Entwicklung, die im hohen
Maße der Erarbeitung der äußeren Eigenschaften der Sternhaufen gegolten hat, die sich aber
auch durch die Erkundung der stellaren Inhalte
der Aggregate auszeichnete. Diese Entwicklung
war immer eng mit der Erforschung unserer Galaxis verknüpft.

Die wachsende Bedeutung der Sternhaufen-forschung in den letzten 50 Jahren wird vor allem in der exponentiell ansteigenden Zahl der Veröffentlichungen auf diesem Fachgebiet sichtbar. Wenn wir den Ausführungen von Ruprecht, Balazs und White [9] im Vorwort zur 1. Ergänzung der 2. Ausgabe des Katalogs für Sternhaufen und Assoziationen (CSCA) folgen, so gibt es für die Zeitspanne von 1901 bis 1955 insgesamt 10 700 Literaturangaben über offene Sternhaufen (OCl), OB-Assoziationen (Ass), Kugelsternhaufen (GCl) und Sternhaufen und Assoziationen in extragalaktischen Objekten (Ex). Diese Zahl beläuft sich für die Zeit von 1956 bis 1967 für die gleichen Objektarten auf 17 100 Eintragungen und für die Zeit zwischen 1968 und 1973 auf 13 400 Zitate.

Auf der Grundlage exakter Zahlenangaben für die Jahre 1949, 1955, 1961, 1967 und 1973 lassen sich, bezogen auf das Jahr 1900, anhand der von Ruprecht, Balazs und White [9] abgeleiteten Formeln

$$N_{OCl} = 123 \exp 0.073 (Y - 1900); \qquad (1.1)$$
$$N_{GCl} = 205 \exp 0.054 (Y - 1900); \qquad (1.2)$$
$$N_{Ges} = 243 \exp 0.070 (Y - 1900) \qquad (1.3)$$

auch Angaben über das in den nachfolgenden Jahren (Y) zu erwartende Literaturaufkommen für das Gebiet der offenen Sternhaufen, das der Kugelsternhaufen und das der Sternhaufen und Assoziationen insgesamt machen. Demnach erfolgte im Jahr 1986 die hunderttausendste Eintragung in den CSCA.

Wesentliche Impulse verdankt die moderne Sternhaufenforschung der Einführung des Hertzsprung-Russel-Diagramms (HRD), dessen Ausbau selbst einige Jahrzehnte in Anspruch nahm. Trumpler nutzte das HRD offener Sternhaufen im Jahre 1927 als Klassifikationskriterium zur Einteilung der Sternhaufenklassen. Das HRD diente aber auch bald zur Trennung und Beurteilung der stellaren Inhalte der Aggregate und brachte die Präzisionsfotometrie voran.

Die Konstruktion der Hertzsprung-Russel-oder der Farben-Helligkeits-Diagramme (FHD) bedurfte einerseits der Kenntnis des Spektraltyps der Sterne oder, für die Ausdehnung auf schwächere Mitglieder, deren Farbenindizes und andererseits deren absolute Helligkeit oder Leuchtkraft. Deshalb wurden standardisierte Helligkeitssysteme und die Zwei- und Mehrfarbenfotometrie eingeführt und das Wissen um die interstellare Extinktion und ihre Verfärbung erweitert, wie auch umgekehrt die Frage nach der kosmischen Streuung des allgemeinen Hertzsprung-Russel-Diagramms durch die Präzisionsfotometrie offener Sternhaufen beantwortet werden konnte. Eine im jahre 1937 von Heckmann und Haffner [54] in Göttingen an der Praesepe durchgeführte Fotometrie zeigte beispielsweise, daß alle Sterne, deren Zugehörigkeit zur Gruppe gesichert erschien, auf einer Linie, der Hauptreihe, lagen.

Feinstrukturuntersuchungen an Farben-Helligkeits-Diagrammen von Sternhaufen führten schließlich zur Erkenntnis, daß die Hauptreihen einzelner Aggregate nicht genau zusammenfallen, daß es sich bei den Mitgliedern jeweils eines Sternhaufens um eine Gruppe von Sternen gleicher chemischer Anfangszusammensetzung handelt und daß ganz allgemein die Entwicklung der Sterne mit abnehmendem Wasserstoffgehalt zwingend erscheint und daraus Schlüsse auf das Alter der Aggregate abzuleiten sind. Anfang der 40er Jahre unseres Jahrhunderts wußte man, daß die Farben-Helligkeits-Diagramme allgemeine Zustandsdiagramme darstellen und daß aus der Lage der Sterne in diesen Diagrammen Hauptreihensterne, Überriesen, Riesen, Unterriesen, Unterzwerge, Weiße Zwerge sowie Zentralsterne von planetarischen Nebeln zu unterscheiden sind. Der Vergleich der Farben-Helligkeits-Diagramme von offenen und Kugelsternhaufen führte schließlich zur Auffassung von der unterschiedlichen chemischen Zusammensetzung beider Systeme und deren unterschiedlichen Ursprungs und Alters, ein Befund, der Baade [73] im Jahre 1943 nach Detailuntersuchungen im Andromedanebel zur Einführung der Sternpopulationen veranlaßte.

In der gleichen Zeit entwickelten Bethe und Weizsäcker [55] die Theorie der atomaren Energieumwandlung in den Sternen, die die chemischen Umwandlungsprozesse erklären konnte und die die Grundlage der modernen Theorie des inneren Aufbaus der Sterne und der Sternentwicklung wurde.

Im engen Zusammenwirken von Theorie und Beobachtung wurde versucht, aus den Farben-Helligkeits-Diagrammen der Sternhaufen Initialsequenzen abzuleiten. Eine Reihe von Standardhauptreihen auf der Basis fotoelektrischer Messungen wurden von Johnson und Hiltner [56] und von Johnson und Sandage [57] sowie von Sandage [58] hergeleitet. Auf der Basis des UBV-Systems fand eine Erweiterung der Farbbereiche statt, die u. a. auch in dem von Johnson [59] geschaffenen Standardsystem zum Ausdruck kommt, das die Farbbereiche U bis N umfaßt.

Wir wissen heute um die Doppelnatur der Hertzsprung-Russel- oder Farben-Helligkeits-Diagramme, die sowohl Zustands- als auch Entwicklungsdiagramme darstellen. Wir kennen anhand theoretischer Überlegungen und dank der fortgeschrittenen Rechentechnik, mit den Farben-Helligkeits-Diagrammen als Prüfsteine, die Entwicklungswege der Zwerg- und Riesensterne und nutzen dieses Wissen zur Altersbestimmung. Erste Ansätze und Versuche dieser Art datieren aus den 50er Jahren.

Neben der Vervollständigung des Wissens um die stellaren Inhalte der Sternhaufen ergaben sich auch neue Erkenntnisse über deren nichtstellare Komponente, die uns in einigen jüngeren offenen Sternhaufen in Form leuchtender oder reflektierender Nebel entgegentritt. Hubble [60] konnte 1922 nachweisen, daß Emissionsnebel immer nur dann beobachtet werden, wenn der Spektraltypus des beleuchtenden Sterns früher B1 ist. Reflektionsnebel hingegen stehen mit Sternen unterschiedlichen Spektraltyps in Verbindung, die aufgrund ihrer UV-Eigenstrahlung nicht in der Lage sind, die sie umgebenden Wolken interstellarer Materie anzuregen. Deshalb reflektieren diese Nebel die den beleuchtenden Sternen typische Strahlung.

Das wechselseitige Verhalten heißer Sterne zur sie umgebenden interstellaren Materie ist uns heute unter dem Begriff der Strömgren-Sphären bekannt, deren Ausdehnung vom Radius der Sterne, ihrer Temperatur und der Wasserstoffdichte ihrer Umgebung abhängig ist.

Die Einführung der Radioastronomie führte zur Entdeckung des neutralen Wasserstoffs in den Sternhaufen. Drake [61] wies 1958 sein Vorhandensein in h und χ Persei, den Plejaden, im Coma-Berenices-Haufen und in der Praesepe nach. Nicht festgestellt werden konnte der neutrale Wasserstoff in M 67, einem sehr alten Aggregat. Drake schlußfolgerte daraus, daß sein Betrag in offenen Sternhaufen mit dem Alter dieser Objekte gekoppelt ist.

Verursacht durch die interstellare Materie sind die Eigenschaften der interstellaren Extinktion eng mit der Konstruktion der Farben-Helligkeits- und Zwei-Farben-Diagramme (ZFD) verknüpft. Dazu hat Trumpler [15] 1930 durch den Nachweis extingierender Materie im interstellaren Raum anhand von Sternhaufeneigenschaften die Grundlagen geschaffen. Dieser wesentliche Fortschritt in der Untersuchung der Sternhaufen führte nicht nur zur Korrektur bereits bekannter Sternhaufenentfernungen, sondern brachte auch neue Erkenntnisse über die Struktur und die Dimensionen unseres Milchstraßensystems mit sich. Die Trennung der Einflüsse aus der interstellaren Extinktion von den beobachteten fotometrischen Daten der Kugelsternhaufen und der offenen Sternhaufen führte zu vergleichbaren Farben-Helligkeits-Diagrammen. Im Zusammenhang mit der Handhabung der interstellaren Extinktion ist die grundlegende Arbeit von Becker [62] aus dem Jahre 1951 hervorzuheben, in der eine Methode zur Bestimmung des Entfernungsmoduls und der interstellaren Extinktion anhand einer Dreifarbenfotometrie vorgestellt wird. Diese Methode kommt ohne die Kenntnis der Spektraltypen der Sterne aus und bot somit die Möglichkeit der Ausdehnung der Farben-Helligkeits-Diagramme auf schwächere Helligkeitsbereiche und Sternhaufen. Die Ableitung des Verhältnisses von Gesamtextinktion zur selektiven Extinktion geht auf Hiltner und Johnson [56] zurück, die das Verhältnis von visueller Gesamtextinktion (A_V) zur selektiven Extinktion auf der Grundlage der Farbenindizes ($B - V$) und die Gleichung der Verfärbungslinie im UBV-System angegeben haben.

Eine Frage, die die Beobachter und Bearbeiter von Sternhaufen lange interessiert hat, ist die Dauer der Zeit, bis sich ein solches Gebilde aufgelöst hat. Jeans [63] sprach 1922 in diesem Zusammenhang die heute nicht mehr haltbare

Vermutung aus, daß die gesamte stellare Komponente unseres Milchstraßensystems aus aufgelösten, in der galaktischen Ebene entstandenen Sternhaufen besteht. Arbeiten von Heckmann und Siedentopf [64] (1930) sowie von Spitzer [65] (1940), Chandrasekhar [66] (1942) und Ambartsumian [67, 68] (1938, 1954) führten zur ausgereiften statistischen Theorie der Dynamik offener Sternhaufen, die Modellrechnungen ermöglichte und erste Aussagen über die Stabilitätseigenschaften der Aggregate zuließ. Die mathematische Beschreibung einzelner Bereiche eines Sternhaufens auf der Grundlage der statistischen Theorie erwies sich jedoch um so komplizierter je genauer sie sein wollte. Deshalb wurde von von Hoerner [69] (1960) auf der Grundlage der modernen Rechentechnik der Gedanke der numerischen N-Körper-Simulation geboren, die in den letzten Jahrzehnten einen großen Aufschwung genommen hat.

Eng mit der Vervollkommnung der Beobachtungstechnik und der Einführung exakter, standardisierter fotometrischer Methoden war die Ausdehnung der Eigenbewegungs- und Radialgeschwindigkeitsbestimmungen auf schwächere Sterne verbunden. Erst heute ist die Zeit herangereift, in der die vor mehreren Jahrzehnten aufgenommenen weiterreichenden Platten im ausgedehnten Maße für maschinelle Eigenbewegungsbestimmungen benutzt werden können. Die Einführung großer leistungsfähiger fotografischer Beobachtungsinstrumente führte aber auch zur Erweiterung der Zahl der uns bekannten Sternhaufen.

Gehen wir von den von Collinder [16] gegebenen 471 offenen Sternhaufen und den bei Shapley [14] verzeichneten 93 Kugelsternhaufen aus, so weist der im Jahre 1958 von Sawyer Hogg [70] herausgegebene Sternhaufenkatalog mit 514 offenen Sternhaufen und 118 Kugelsternhaufen bereits eine Ausweitung auf. Die im gleichen Jahr erschienene 1. Ausgabe des von Alter, Ruprecht und Vanysek herausgegebenen Katalogs »Catalogue of Star Clusters and Associations« (CSCA), der die Sternhaufenliteratur ab 1900 zur Grundlage hat, verweist auf 576 offene Sternhaufen, 46 Assoziationen sowie 117 Kugelsternhaufen. Diese Zahlen sind in der 2. Ausgabe des CSCA [8] im Jahre 1970 auf 1 055 offene Sternhaufen und 125 Kugelsternhaufen angestiegen, wobei anzumerken bleibt, daß vor allem umfangreiche neue Objektzusammenstellungen vom Südhimmel und die auf Palomar-Karten neu entdeckten Sternhaufen diesen noch nicht abgeschlossenen Anstieg bewirkt haben. So enthält die erste Ergänzung der 2. Ausgabe des CSCA [9] bereits wieder neue Objekte. Die Gesamtzahl der im Jahre 1973 bekannten Sternhaufen hatte sich auf 1 109 offene Sternhaufen und 137 Kugelsternhaufen ausgedehnt. Die von Lyngå [71] im Jahre 1983 herausgegebene 3. Ausgabe des Lund-Katalogs offener Sternhaufendaten verweist schließlich in ihrem Hauptteil auf 1 148 Objekte, wohingegen in dem von Madore [72] verfaßten Buch (1978) über Kugelsternhaufen insgesamt 132 einschlägige Objekte angegeben werden. Vergleicht man dieses gesicherte Zahlenmaterial aus den 80er Jahren mit dem aus den Anfangsjahren unseres Jahrhunderts, so erkennt man den deutlichen Fortschritt, der vor allem in den Zahlen der offenen Sternhaufen zum Ausdruck kommt. Ebenso wie der Literaturanstieg läßt dieser Befund den Aufschwung und die Bedeutung der modernen Sternhaufenforschung erkennen. Die Zunahme der Zahlen der im Verlaufe der Jahrzehnte entdeckten offenen und Kugelsternhaufen ist in Tabelle 1.1 und Tabelle 1.2 zusammengestellt. Die dort verzeichneten Autoren und Kataloge entsprechen gegebenen Literaturhinweisen.

Eng mit der Suche nach neuen Sternhaufen und der Erforschung ihrer Eigenschaften ist auch die Entdeckung der O-Assoziationen durch Ambartsumian [1] verbunden. Wegen ihrer starken verwandtschaftlichen Beziehungen zu den offenen Sternhaufen fanden diese Aggregate sehr bald Eingang in die Sternhaufenkataloge. So enthält die erste Ausgabe des CSCA (1958) schon 46 O-Assoziationen. In der 2. Ausgabe dieses Katalogs (CSCA 1970) sind 67 Objekte verzeichnet, wohingegen in der 1. Ergänzung derselben Ausgabe die Zahl der bekannten O-Assoziationen inzwischen mit 86 Aggregaten angegeben wird.

Wie kurzgefaßt der Abriß über die Anfänge der modernen Sternhaufenforschung und die Wesenszüge ihrer Weiterentwicklung auch sein

Tabelle 1.1 Anzahl der im Verlaufe der Zeit entdeckten offenen Sternhaufen

Jahr	Katalog/Autor	Anzahl
1915	Melotte	162
1922	Raab	152
1930	Shapley	249
1930	Trumpler	334
1931	Collinder	471
1958	Sawyer, Hogg	514
1958	CSCA, 1. Ausg.	576
1963	Alter, Ruprecht	861
1970	CSCA, 2. Ausgabe	1 055
1973	CSCA, 1. Ergänzung	1 109
1981	Lyngå	1 188
1983	Lyngå	1 148

Tabelle 1.2 Anzahl der im Verlaufe der Zeit entdeckten Kugelsternhaufen

Jahr	Katalog/Autor	Anzahl
1908	Bailey	66
1915	Melotte	83
1930	Shapley	93
1958	Sawyer Hogg	118
1958	CSCA, 1. Ausgabe	117
1970	CSCA, 2. Ausgabe	125
1973	CSCA, 1. Ergänzung	137
1978	Madore	132

mag, so bedürfen doch die Sternhaufen und Assoziationen in anderen Galaxien der Erwähnung. Die Anfänge dieses Forschungsgebietes gehen bis in die Zeit von John Herschel zurück, in der die Menschheit noch nichts von extragalaktischen Sternsystemen wußte und in der vorwiegend in den Magellanschen Wolken Sternhaufen entdeckt und mit NGC-Nummern versehen wurden, die heute in den Listen extragalaktischer Kugelsternhaufen, offener Sternhaufen und Assoziationen enthalten sind. Detailuntersuchungen im Andromeda-Nebel veranlaßten Baade [73] 1943 zur Einführung der Sternpopulationen, nachdem ihm mit Hilfe fotografischer Techniken die Auflösung von Teilen dieser Galaxis gelungen war. Die Ausdehnung der Suche nach Sternaggregaten in anderen helleren Galaxien erfolgte schrittweise aber kontinuierlich. So nennt die 2. Ausgabe des CSCA aus dem Jahre 1970 insgesamt

28 Milchstraßensysteme, in denen Sternhaufen und Assoziationen gefunden wurden. In der 1. Ergänzung dieses Katalogs hat sich die Zahl bereits um weitere 23 Galaxien vermehrt.

Dank der technischen Entwicklung sind heute u. a. Kugelsternhaufensysteme in Galaxien jenseits der lokalen Gruppe von Interesse. Der Fortschritt widerspiegelt sich hier in der Erweiterung des Distanzbereiches um den Faktor 10, legt man die Entfernung der mit 3 Mpc...4 Mpc nahestehenden Galaxis NGC 5128 und die der in der Hyadenregion gelegenen Galaxis NGC 3111 zugrunde. Die Brauchbarkeit der Kugelsternhaufen als Meilensteine in der Eichung der galaktischen Entfernungsskala, die möglichen Einflüsse der jeweiligen galaktischen Umgebung auf die Eigenschaften der Kugelsternhaufensysteme und die strukturellen und dynamischen Unterschiede zwischen den Sternhaufensystemen und den Halos ihrer Muttergalaxien sind u. a. Fragestellungen, die es in der Zukunft zu beantworten gilt.

1.2. Zur Bedeutung der Sternhaufenforschung

Aus dem geschichtlichen Überblick wird ersichtlich, daß unser Wissen über die Eigenschaften der Sternhaufen eine wichtige Rolle in der Entwicklung der Astrophysik spielte und daß oft Sternhaufen ein Schlüssel für die Untersuchung von astrophysikalischen Problemen gewesen sind. Das Wissen und das Verständnis unserer galaktischen Struktur und Entwicklung wären ohne die Resultate aus der Sternhaufenforschung undenkbar. Zu nennen sind in diesem Zusammenhang die Raumverteilung und Raumbewegung der Sternhaufen, ihre Verwendung als Prüfsteine der Spiralstruktur, die Theorien der Stern- und Sternhaufenentwicklung sowie die aus dem Vergleich offener und Kugelsternhaufen hervorgehenden Schlußfolgerungen hinsichtlich der chemischen Häufigkeit und der Sternpopulationen. Die Verwendung der Sternhaufen zur Ableitung der interstellaren und intergalaktischen Verfärbung und der entsprechenden Extinktion und nicht zuletzt der über die Sternhaufen für unsere Galaxis geführte Nachweis eines übergeordneten Sternsystems sowie des außergalaktischen Charakters der Spiralnebel sind einige andere Beispiele dafür.

Die Erforschung der Sternhaufen und das Wissen um sie sind und waren durch den wissenschaftlichen und technischen Fortschritt geprägt. Die Erforschung der Sternhaufen begann mit der Einführung des Fernrohres in die Astronomie, erlebte ihre ersten Höhepunkte in der Entwicklung durch den Bau größerer Teleskope und deren Präzisierung und wurde wesentlich durch die Einführung der Fotografie und damit verbundener fotometrischer, astrometrischer und spektroskopischer Methoden gefördert. Heute ist sie durch die Anwendung weitreichender moderner und modernster optischer und radioastronomischer Großgeräte, durch den Einsatz von Forschungssatelliten, durch die Verwendung hochempfindlicher, signalverstärkender, das elektromagnetische Strahlungsspektrum vom Röntgenbereich bis hin zum Radiowellenbereich überdeckender Empfänger und Informationsspeicher, durch die Anwendung moderner Rechentechnik und nicht zuletzt durch ausgefeilte komplexe und sich ergänzende Forschungsmethoden gekennzeichnet.

Mit diesen Mitteln und Möglichkeiten und den relativ guten Kenntnissen äußerer Eigenschaften der Sternhaufen, wie Klassifikation, Durchmesser, Entfernung, Position in der Milchstraße, oder aus Sternzählungen hergeleiteten Leuchtkraftfunktionen ausgerüstet, wendet sich die moderne Sternhaufenforschung unter Beibehaltung und Weiterentwicklung traditioneller Arbeitsgebiete mehr den Untersuchungen innerer Verhältnisse dieser Aggregate zu. Das Augenmerk gilt u. a.

- der Mehrung des Wissens über deren Massenfunktionen und über ihre Doppelsternfrequenzen,
- der Ermittlung individueller Geschwindigkeitsverteilungen, der Verteilung und Typisierung abnormaler Mitglieder,
- der Inventur der Haufenmitglieder überhaupt und der veränderlichen Sterne unter ihnen,

- dem Verhalten der interstellaren Materie in den Haufen sowie
- der komplexen fotometrischen Erfassung aller Haufensterne.

Sie widmet ihre Aufmerksamkeit der Entwicklung der Sternhaufen und ihrer Mitglieder und dehnt auch im steigenden Maße mit Hilfe moderner, lichtstarker und hochauflösender Instrumente ihren Forschungsbereich auf immer schwächere extragalaktische Systeme aus. Dabei werden Erkenntnisse und Erfahrungen aus unserer eigenen Galaxis wirksam, wie auch umgekehrt Resultate aus der extragalaktischen Forschung Eingang in die Untersuchungen der Sternhaufen unseres Milchstraßensystems finden.

Die gegenwärtige Zahl der einschlägigen Publikationen und ihre stetige Steigerung signalisieren, daß wir uns noch in den Anfängen der modernen Sternhaufenforschung befinden und daß diese im steigenden Maße immer größere Bedeutung für die galaktische und extragalaktische Forschung gewinnt.

1.3. Definition und Einteilung

Sternhaufen sind lokale, mehr oder weniger dichte räumliche Ansammlungen von Sternen unterschiedlicher Masse, die zu nahezu gleicher Zeit aus Wolken interstellarer Materie mit jeweils örtlich gleicher chemischer Zusammensetzung entstanden sind und deren Mitglieder gegenüber den Sternen des allgemeinen Sternfeldes eine merklich höhere Verteilungsdichte, enge gravitative und kosmogonische Beziehungen untereinander sowie gemeinsame Raumbewegungen aufweisen. Ihre Struktur und Entwicklung werden durch die Entwicklung ihrer Mitglieder und durch Einflüsse des übergeordneten Milchstraßensystems bestimmt und mitbestimmt.

Aus der Gestalt der Projektion der Sternhaufen auf die Himmelssphäre, ihrem Sternreichtum und dessen Konzentration sowie aus ihrer scheinbaren und räumlichen galaktischen Verteilung und aus dem aus den jeweiligen Haufenmitgliedern abgeleiteten Aussehen des Hertzsprung-Russel- oder Farben-Helligkeits-Diagrammes ergeben sich die Kriterien zur Einteilung der Sternhaufen in zwei Hauptgruppen:

- die offenen oder galaktischen Sternhaufen und
- die Kugelsternhaufen.

Bei der Hauptgruppe der offenen Sternhaufen handelt es sich um Ansammlungen von Sternen, deren Verteilungsdichte auf fotografischen Aufnahmen eine mehr oder weniger starke Abhebung vom stellaren Untergrund bewirkt. In der Regel zeichnen sich die zentralen Regionen offener Sternhaufen dadurch aus, daß ihre in diesem Gebiet angeordneten Mitglieder als Einzelsterne erkennbar sind und voneinander getrennt werden können. Die Mitgliederzahl in den offenen Sternhaufen liegt in den Grenzen zwischen 10 und 1 000 Sternen. Offene Sternhaufen, die wegen ihrer Lage in der galaktischen Ebene auch als galaktische Sternhaufen bezeichnet werden, haben lineare Durchmesser von 1.5 pc...15 pc und gehören zur Sternpopulation I. In einer Anzahl junger offener Sternhaufen finden wir neben den stellaren Mitgliedern auch interstellare Gas- und Staubwolken, aus denen letztlich die Sterne entstanden sind oder sich noch im Begriff der Entstehung befinden.

Die Kugelsternhaufen, deren Bezeichnung auf ihre kugelförmige oder schwach elliptische Gestalt zurückzuführen ist, enthalten im Vergleich zu den galaktischen Haufen schätzungsweise zwischen $5 \cdot 10^4$ und $5 \cdot 10^6$ Sterne, die auf lineare Durchmesser der Gebilde zwischen 16 pc (NGC 4147) und 150 pc (ω Cen) verteilt sind. Entsprechend hoch ist deshalb auch die Verteilungsdichte der Mitglieder dieser Aggregate, die in ihren Kerngebieten derartig stark mit Sternen angereichert sind, daß eine Auflösung in Einzelsterne nicht mehr möglich ist. Die Kugelsternhaufen und ihre Mitglieder gehören zur Sternpopulation II.

Offene und Kugelsternhaufen unterscheiden sich grundsätzlich in ihren Farben-Helligkeits-Diagrammen (FHD). Diese Feststellung trifft auch für sehr alte galaktische Sternhaufen (z. B. M 67, NGC 188) zu, deren Farben-Helligkeits-Diagramme zwar denen der Kugelsternhaufen sehr ähneln, aber wegen der unterschiedlichen chemischen Zusammensetzung ihrer Mitglieder nie identisch sein können.

Die Zugehörigkeit der beiden Hauptgruppen der Sternhaufen zu unterschiedlichen Populationen, die letztlich auch in deren unterschiedlichen Farben-Helligkeits-Diagrammen zum Ausdruck kommt, verweist darauf, daß wir es bei den offenen Sternhaufen und den Kugelsternhaufen mit zwei ganz verschiedenen Sternsystemen zu tun haben, die sich von ihrem Ursprung, von ihrer Entwicklung, von ihrem Alter und von ihrer Lage in der Galaxis her grundsätzlich voneinander unterscheiden. Insofern ist auch die in diesem Buche vorgenommene Trennung gerechtfertigt.

Entsprechend der Sternpopulation und der allgemeinen Definition der Sternhaufen sind zur Hauptgruppe der offenen Sternhaufen auch die Bewegungshaufen (moving clusters), die stellaren Gruppen (stellar groups) sowie die Sternassoziationen zu zählen, wobei anzumerken bleibt, daß die Assoziationen und die stellaren Gruppen erst vor einigen Jahrzehnten gefunden und definiert worden sind. Der Begriff der Sternassosziationen wurde von Ambartsumian [1] im Jahre 1952 geprägt und der Begriff der stellaren Gruppen wurde von Eggen [2] 1958 eingeführt.

Als Assoziationen werden nach Ambartsumian [1] lokale Ansammlungen von Sternen besonderen Typs im allgemeinen Milchstraßenfeld bezeichnet. Bei den Sternen besonderen Typs handelt es sich entweder um O- und B-Sterne, welche die OB-Assoziationen bilden oder um T-Tauri-Sterne, deren Ansammlungen man als T-Assoziationen bezeichnet. Neuerdings spricht man auch von R-Assoziationen und meint damit lokale Ansammlungen von Sternen, die in Reflexionsnebel eingebettet sind.

OB-Assoziationen sind nach Ambartsumian [1] Sternsysteme, bei denen die lokale Teildichte der O- bis B2-Sterne größer ist als die mittlere Felddichte dieser Sterne und die vorliegenden Dichtedifferenzen nicht durch Zufallsschwankungen erklärt werden können. OB-Assoziationen zeichnen sich durch lineare Durchmesser zwischen 30 pc und 200 pc aus und enthalten einen offenen Sternhaufen mit Sternen des Spektraltypes O als Kern. Außer O- bis B2-Sternen sind in ihnen auch Sterne des Spektraltypes später B2, manchmal Wolf-Rayet-Sterne und sicherlich auch eine Anzahl schwacher Sterne angesiedelt. In einigen Fällen mögen auch Mehrfachsterne des Trapez-Types und Sternketten im Kern der Aggregate eingelagert sein. Heiße Riesensterne erscheinen auch außerhalb des Kerngebietes. OB-Assoziationen sind instabile Gebilde begrenzter Lebensdauer.

T-Assoziationen stehen oft im engen Zusammenhang mit offenen Sternhaufen. Leider werden sie in den einschlägigen bibliographischen Katalogen über Sternhaufen und Assoziationen nicht mit angeführt. T-Assoziationen sind Ansammlungen von T-Tauri-Sternen. Das sind unregelmäßig veränderliche, extrem junge oder junge, massearme Emissionsliniensterne meist späten Spektraltyps ($F8 <$ Sp. $< M2$), die sich in ihrer Entwicklung noch in der Kontraktionsphase des Vorhauptreihenstadiums befinden und zu denen auch die Flare-Sterne zu zählen sind. Bei den offenen Sternhaufen finden wir die T-Tauri-Sterne, die in der Regel noch mit den Wolken interstellarer Materie, in denen und aus denen sie entstanden sind, in Verbindung stehen, in solchen Aggregaten, in denen der Sternentwicklungsprozeß ihrer Mitglieder im Vorhauptreihenstadium noch nicht abgeschlossen ist. Hinsichtlich der massereicheren unter den massearmen Sternen können dies relativ junge Sternhaufen, z. B. NGC 2264, sein, bezüglich der masseärmsten Objekte (Flare-Sterne) betrifft der genannte Sachverhalt auch ältere galaktische Sternhaufen, wofür die Plejaden und die Praesepe Beispiele sein mögen. Die erste Liste von T-Assoziationen wurde 1959 von Kholopov [3] veröffentlicht. Allerdings erwiesen sich eine Anzahl dort aufgeführter Aggregate als Fehleinschätzung.

Sternaggregate aus BOV- bis AOV-Sternen, die in Reflexionsnebel eingebettet sind, werden als R-Assoziationen bezeichnet. In solchen Systemen können auch Überriesen vom Spektraltypus A bis M anwesend sein. R-Assoziationen können sehr kompakte Gebilde mit linearen Durchmessern von einigen pc darstellen. Sie können aber auch Ausdehnungen bis zu 400 pc aufweisen. Der mittlere lineare Durchmesser der R-Assoziationen wird in Landolt-Börnstein (1982) [4] mit etwa 50 pc angegeben.

Die Bewegungshaufen sind offene Sternhaufen, deren Bewegung wegen ihrer räumlichen Nähe gegenüber den Hintergrund- und Feldsternen relativ leicht bestimmt werden konnte. Die Bewegungshaufen wurden von Proctor 1869 [5] entdeckt, als die Präzision der astronomischen Beobachtungsinstrumente so weit fortgeschritten war, daß sie exakte Positionsbestimmungen am Himmel erlaubte. Bewegungshaufen erstrecken sich von ihrer scheinbaren Ausdehnung her zum Teil über den gesamten Himmel. Die Festlegung ihres Zentrums ist in diesem Falle schwierig.

Eng mit den Bewegungshaufen sind die stellaren Gruppen verbunden. Eggen [2] versteht unter ihnen ausgedehnte Gruppen von Sternen, die ähnliche Merkmale wie die Bewegungshaufen aufweisen. Die Entdeckung der stellaren Gruppen resultiert unter Berücksichtigung der Eigenbewegung, der Radialgeschwindigkeit und des Konvergenzpunktes aus der Anwendung der Raumbewegungsmethode. Es sind etwa ein Dutzend stellarer Gruppen bekannt. Detaillierte Untersuchungen liegen jedoch nur von einigen Objekten vor.

1.4. Zur Benennung

Mit der Festlegung einer neuen, wenn auch nicht optimalen Benennungsweise für die Sternhaufen durch die Kommission 37 (»Sternhaufen und Assoziationen«) der Internationalen Astronomischen Union (IAU) anläßlich der Generalversammlung 1979 in Montreal haben langjährige Bemühungen um ein Vereinheitlichung der Objektbezeichnungen ein Ende gefunden [6]. Die offizielle Benennung eines offenen Sternhaufens oder eines Kugelsternhaufens, die vom Sterndatenzentrum in Strasbourg vergeben wird, erfolgt fortan nach dem Schema

Caa bb ± ccd,

wobei der Buchstabe C (cluster – Sternhaufen) als allgemeine Objektbezeichnung für offene und Kugelsternhaufen gilt und die Buchstabenfolgen

aa^h bb^m und ±cc^{o}d

auf den Ort des jeweiligen Objektes, angegeben in Rektaszension und Deklination, für das Äquinoktium 1950.0 hinweisen. Der Mangel der neuen Bezeichnungsweise liegt in der Nichtunterscheidung von offenen und Kugelsternhaufen.

Früher übliche Bezeichnungsweisen werden bei der neuen Benennung, schon allein um Einordnungs- und Identifikationsfehler zu vermeiden, auch weiterhin beibehalten. Das trifft einmal auf die in den verschiedenen Ausgaben und Ergänzungen des Katalogs der Sternhaufen und Assoziationen (CSCA) (Alter, Ruprecht, Vanysek, 1958 [7], Alter, Ruprecht, Vanysek, 1970 [8], Ruprecht, Balazs, White, 1981 [9]) verwandten Bezeichnungen zu und gilt zum anderen auch für die bis 1979 übliche Benennungsweise, die auch im vorliegenden Buch zusammen mit oder unabhängig von der neuen Benennung benutzt wird.

Alle möglichen Objektbezeichnungen früherer Jahre sind im Katalog der Sternhaufen und Assoziationen (CSCA) aufgeführt. Dort werden auch die offenen Sternhaufen (OCl open cluster), die Kugelsternhaufen (GCl globular cluster), die OB-Assoziationen (Ass association) sowie Sternhaufen in extragalaktischen Systemen gruppenweise erfaßt und die Einzelobjekte entsprechend ihrer galaktischen Koordinaten, jeweils mit durchlaufender Numerierung versehen.

Die bis 1979 übliche Benennung der Sternhaufen erfolgte für länger bekannte Objekte mit der Nummer, die sie in einem der nachfolgend aufgeführten Kataloge von Sternhaufen und Nebeln mit vorangestellter Katalogkennzeichnung M, NGC oder IC tragen und für neuere Objekte mit der Nummer im jeweiligen Sternhaufenkatalog eines Autors oder Observatoriums, wobei auch in diesem Falle der entsprechende Name der jeweiligen Zahl vorangestellt wird. Einige Beispiele verdeutlichen die einzelnen Benennungsweisen:

C 0344 + 239 = M 45   = OCl 421
                     = Plejaden
C 0837 + 201 = NGC 2632 = OCl 507
                     = Praesepe,
C 0000 + 671 = Berkeley 59 = OCl 286,
C 0655 + 065 = Byurakan 8 = OCl 522,
C 0655 − 131 = Ruprecht 7 = OCl 570,
C 0846 − 423 = Trumpler 10 = OCl 747.

Die Katalogkennzeichnungen M, NGC und IC für länger bekannte Objekte verweisen

- mit »M« auf den Katalog von Messier (1771) [10],
- mit »NGC« auf den »New General Cataloque of Nebulae and Clusters« von Dreyer (1888) [11] und
- mit »IC« auf die von Dreyer 1895 [12] und 1908 [13] herausgegebenen und dem NGC folgenden Indexkataloge.

Auf die Bedeutung der genannten Katalogwerke für die Sternhaufenforschung wurde im geschichtlichen Überblick (siehe Abschnitt 1.1.1.) eingegangen.

Es gibt in der Sternhaufenliteratur nur wenige Fälle von Sonderbenennungen, die sich nicht in die oben angeführten Regeln einpassen. Zum Teil liegen hier historische Gründe vor. Zu Sternhaufen mit Ausnahmebenennungen gehören beispielsweise

C 0532 + 323 = CV Mon,
C 0536 − 026 = σ Ori   = OCl 516.11158,
C 0532 − 054 = Trapezium = OCl 528
oder
GCl 24   = NGC 5139 = ω Cen
GCl 1   = NGC 104   = 47 Tucanae.

Eine sinnvolle Ordnung ergibt sich in der Bezeichnung der Assoziationen, die in OB-, T- und R-Assoziationen unterteilt sind. Vor der Artunterscheidung einer Assoziation, OB, T, R, steht jeweils die Nennung des Sternbildes, in dem sich die Assoziation befindet. Die der Artunterscheidung folgende Zahl kennzeichnet die artgerechte Numerierung des Objektes im jeweiligen Sternbild. Als Beispiele mögen in diesem Falle

- die OB-Assoziation 1 im Sternbild Scorpius, Sco OB 1,
- die T-Assoziation 2 im Taurus, Tau T2, und
- die R-Assoziation 2 im Sternbild Orion, Ori R 2,

genannt werden.

Gegenüber früher üblichen Bezeichnungsweisen für OB-Assoziationen, nämlich mit der der Sternbildbezeichnung vorangestellten Kennzeichnung eines Objektes durch eine römische Zahl, I Sco = Sco OB 1, ist die vorliegende gebräuchliche Handhabung der Assoziationsbezeichnungen nicht nur umfassender, sondern auch übersichtlicher.

2. Erscheinungs- und Verteilungsbild offener Sternhaufen

Die offenen oder galaktischen Sternhaufen sind wegen der Vielfalt ihrer Erscheinungsformen bekannt und interessant. Diese Vielfalt bezieht sich nicht nur auf die stellaren Inhalte dieser Objekte, die durch deren Mitgliederzahl, Eigenschaften und Masse, deren Entwicklungsstand und Verteilungsdichte gekennzeichnet sind, sondern auch auf die in den Aggregaten eingelagerten Wolken interstellarer Materie und die Struktur der Sternhaufen. Offene Sternhaufen können im Fernrohr wegen des Kontrastes heller blauer und roter Sterne einen herrlichen Anblick bieten. Die Wolken aus Gas und Staub, Relikte aus der Entstehung der Aggregate oder noch Quellen der Sternentstehung, werden in den offenen Sternhaufen entweder durch heiße Sterne zum Leuchten angeregt oder sie reflektieren oder absorbieren das Licht benachbarter und durch sie eingeschlossener Sterne. Offene Sternhaufen treten im Gegensatz zu den symmetrischen Kugelsternhaufen von ihrer Form her als irreguläre Sterngruppen auf, die in den Zentren von OB-Assoziationen angesiedelt sein können oder möglicherweise T- und R-Assoziationen in sich bergen.

Der Begriff »offener Sternhaufen« geht auf Sir William Herschel zurück, der die Konzentrationsunterschiede dieser Objekte gegenüber den Kugelsternhaufen sowie die zerklüftete Form der äußeren Begrenzung als Anlaß für diese Bezeichnung nahm. Während sie auf die Erscheinungsform der Aggregate verweist, charakterisiert die Bezeichnung »galaktischer Sternhaufen« die Lage dieser Objekte in der Milchstraßenebene.

Das Bestreben, eine Ordnung in die Vielfalt der Erscheinungsformen offener Sternhaufen zu bringen, geht bis in die Anfänge der modernen Sternhaufenforschung zurück, als sich anhand gesicherten und zahlenmäßig angewachsenen Datenmaterials die Möglichkeit zu einer vergleichenden und beschreibenden Systematisierung und zu entsprechenden statistischen Betrachtung bot.

Es ist bemerkenswert, daß die seinerzeit erarbeiteten Kriterien zur Systematisierung des Erscheinungsbildes noch heute voll zur Anwendung kommen und daß heute entsprechende Untersuchungen nicht nur auf ein weit umfangreicheres, sondern auch durch neue Parameter ergänztes Datenmaterial zurückgreifen können.

Die vorliegenden statistischen Untersuchungen und Darstellungen zum Erscheinungs- und Verteilungsbild beziehen sich, soweit kein anderer Autor genannt wird, auf die aktuellen Angaben aus der 1983 erschienenen 3. Ausgabe des von Lyngå (1979) erstellten Katalogs offener Sternhaufendaten. Sie macht in ihrem Hauptteil Aussagen über insgesamt 1 148 Sternhaufen und weist Fortschritte in der Homogenisierung des Datenmaterials auf, weil sie in Anlehnung an die von Trumpler erarbeiteten Kriterien für alle galaktischen Sternhaufen eine einheitliche Klassifikation der Erscheinungsformen auf einheitlichem und weitreichendem Bildmaterial und eine nach einheitlichen Gesichtspunkten durchgeführte Abschätzung der Haufendurchmesser enthält.

2.1. Zur Klassifikation

Es war Trumpler [15], der bei der Herausbildung der Kriterien zur Systematisierung der Vielfalt des Erscheinungsbildes offener Sternhaufen maßgebend mitgewirkt hat. Beide Systeme zur Klassifikation offener Sternhaufen sind mit seinem Namen verbunden.

Die Klassifikation der offenen Sternhaufen bezieht sich entweder auf die äußere Erscheinungsform der Aggregate und deren Struktur oder auf das Farben-Helligkeits-Diagramm (FHD) der Sternhaufen und damit auf ihre physikalischen und kosmogonischen Eigenschaften und Gegebenheiten.

Die Trumplersche Klassifikation offener Sternhaufen nach der äußeren Erscheinungsform der Aggregate und deren Struktur weist die Konzentration der Haufenmitglieder in Richtung auf das Zentrum und den Kontrast des Sternhaufens gegenüber dem umgebenden Sternfeld als wesentliche Kriterien auf. Zusätzlich werden die Helligkeitsbereiche, über die sich die Haufenmitglieder verteilen, und der Sternreichtum der Aggregate berücksichtigt.

Hinsichtlich der Konzentration und des Abhebens der Sternhaufen vom Hintergrund werden folgende Klassen unterschieden:

Klasse I: Offene Sternhaufen mit starker Konzentration, die sich deutlich vom Untergrund abheben.

Klasse II: Offene Sternhaufen mit schwächerer Konzentration aber deutlichem Abheben vom Untergrund.

Klasse III: Offene Sternhaufen ohne wesentliche Konzentration zum Zentrum hin, die sich aber von der Umgebung abheben.

Klasse IV: Offene Sternhaufen, die den Eindruck von zufälligen Sternanhäufungen im Sternfeld des Untergrundes erwecken.

Die Verteilung der Haufenmitglieder auf einzelne Helligkeitsbereiche unterliegt folgender Beurteilung:

Gruppe 1: Die meisten Sterne des Sternhaufens zeigen ungefähr die gleiche scheinbare Helligkeit.

Gruppe 2: Die Mitglieder des Sternhaufens zeigen eine gleichmäßige Streuung über einen mittleren Helligkeitsbereich.

Gruppe 3: Im Sternhaufen befinden sich helle und schwache Sterne.

Bezüglich des Sternreichtums eines Aggregates werden folgende Gruppen unterschieden:

Gruppe p: Der Sternhaufen ist sternarm und umfaßt weniger als 50 Sterne.

Gruppe m: Der Sternhaufen zeigt einen mittleren Sternreichtum von ungefähr 50...100 Sternen.

Gruppe r: Der Sternhaufen ist sternreich und wird von mehr als 100 Sternen gebildet.

Nach Einschätzung der angeführten Teilmerkmale eines offenen Sternhaufens ergibt sich dessen Klasse für die äußere Erscheinungsform aus der Aneinanderreihung der einzelnen Merkmale in der Reihenfolge Konzentration und Kontrast gegen den Hintergrund, Verteilung der Sterne auf die Helligkeitsbereiche und Sternreichtum. So tragen beispielsweise nach der Klassifikation von Lyngå die Plejaden (siehe auch Bild 4.5) die Kennzeichnung I3r, wohingegen die Hyaden und die Praesepe mit II3m klassifiziert wurden.

Zur Veranschaulichung und zum weiteren Erkennen der Unterschiede in der Erscheinungsform werden in Bild 2.1, Bild 2.2 und Bild 2.3 die offenen Sternhaufen h und χ Persei, die Praesepe und das alte Aggregat NGC 6940 dargestellt, die den Klassen I3r, II3m und III2r angehören.

Die Häufigkeitsverteilung der Klassen der Erscheinungsformen offener Sternhaufen, wie sie sich aus 1 079 Objekten des Lund-Katalogs ergibt, geht aus Tabelle 2.1 hervor. Es wird dort erkennbar, daß die weitaus meisten der bekannten offenen Sternhaufen den Konzentrationsklassen II ($n = 302$) und III ($n = 323$) angehören. Außerdem wird ersichtlich, daß in den Konzentrationsklassen I und II die Sternhaufen mit mittlerem Sternreichtum ($n = 77$, $n = 139$) dominieren, wohingegen in den Klassen III und IV sternarme Aggregate in der Verteilung den Vorrang haben. In allen Konzentrationsklassen sind die Sternhaufen am häufigsten, deren Mitglieder über einen mittleren Helligkeitsbereich (HB-Gruppe 2) streuen.

Von besonderer Bedeutung sind, wie wir im Zusammenhang mit den linearen Durchmessern (LD) der Sternhaufen noch sehen wer-

Bild 2.1 Sternhaufen h und χ Persei; Klasse der Erscheinungsform I3r (Aufnahme W. Götz)

Bild 2.2 Praesepe; Klasse der Erscheinungsform II3m (Aufnahme W. Götz)

Bild 2.3 Offener Sternhaufen NGC 6940; Klasse der Erscheinungsform III2r (Aufnahme W. Götz)

Tabelle 2.1 Häufigkeitsverteilung offener Sternhaufen auf einzelne Konzentrations- und Reichtumsklassen sowie auf einzelne Helligkeitsbereiche

Konzentration	HB	R			Gesamt	
		p	m	r		
I	1	14	15	7	36	
	2	23	37	19	79	} 180
	3	15	25	25	65	
		52	77	51		
II	1	51	34	8	93	
	2	41	69	27	137	} 302
	3	15	36	21	72	
		107	139	56		
III	1	76	36	8	120	
	2	70	71	11	152	} 323
	3	19	27	5	51	
		165	134	24		
IV	1	89	25	2	116	
	2	97	29	2	128	} 274
	3	14	15	1	30	
		200	69	5		
Gesamt		524	419	136		1079

den, die Zugehörigkeiten der Aggregate zu den einzelnen Sternreichtumsklassen (p arm, m mittel, r reich), die offensichtlich Bindungen zum Alter der Sternhaufen aufweisen und keinesfalls nur augenscheinliche Befunde charakterisieren. Aufgrund der Bedeutung des Sternreichtums in den Sternhaufen haben Janes und Adler [74] die Trumplerschen Reichtumsklassen noch präzisiert und neue Reichtumsklassen RC eingeführt. Dabei wird der Sternreichtum in den offenen Sternhaufen wie folgt unterschieden:

Reichtumsklasse	Sternreichtum im Aggregat
RC 1	<25 Sterne
RC 2	25...50 Sterne
RC 3	>50...100 Sterne
RC 4	>100...250 Sterne
RC 5	>250 Sterne

Da die Festlegung der Zahl der Haufenmitglieder in der Regel durch die Einpassung der im Sternhaufen befindlichen Sterne in das jeweilige Farben-Helligkeits-Diagramm und nicht anhand der Eigenbewegungswerte erfolgt, stellen die zu ermittelnden Reichtumsklassen die untere Grenze der wirklichen Reichhaltigkeit in einem Aggregat dar. Die Trumplerschen Reich-

tumsgruppen (p, m und r) stehen mit den Reichtumsklassen von Jones und Adler (RC) in folgender Beziehung:

Gruppe p	RC = 1.94 ± 0.95
Gruppe m	RC = 2.88 ± 1.17
Gruppe r	RC = 3.06 ± 1.09

Es liegt in der Natur der Sache, daß in der Handhabung der Klassifikationskriterien durch verschiedene Autoren aufgrund subjektiver Auffassungen einerseits und der Nutzung unterschiedlichen Bildmaterials andererseits Abweichungen im Ergebnis ganz allgemein und von Sternhaufen zu Sternhaufen insbesondere vorkommen können. Dies gilt auch für die von Lyngå [71] auf der Grundlage der Trumplerschen Kriterien durchgeführte Klassifikation gegenüber früheren Ergebnissen von Trumpler selbst und der im CSCA gegebenen Klassifikation. Der von Lyngå [75] durchgeführte Vergleich beider Klassifikationen ist in den nachfolgenden Tabellen zusammengefaßt.

Bezüglich der Konzentrationsklassen ergibt sich das in Tabelle 2.2 festgehaltene Bild. Ganz allgemein kann festgestellt werden, daß zwar aufgrund neuer Untersuchungen und besseren Bildmaterials geringfügige Abweichungen auf-

Tabelle 2.2 Vergleich der Konzentrationsklassen von Lyngå und Trumpler

Lyngå	CSCA			
	I	II	III	IV
I	73	53	14	5
II	39	113	68	34
III	13	71	102	67
IV	18	26	77	80

treten, daß aber der überwiegende Teil der untersuchten Aggregate die ursprüngliche Konzentrationsklasse beibehalten hat.

Über die Gruppen der Helligkeitsbereichsverteilung gibt Tabelle 2.3 Auskunft. Die entsprechenden Einschätzungen fallen hier sehr unterschiedlich aus. Dieser Sachverhalt ist sicherlich auf die unterschiedlichen Grenzgrößen des den Klassifikationen zugrunde gelegten Bild- und Plattenmaterials und auf neue fotometrische Ergebnisse zurückzuführen. Die gleichen Gründe sprechen auch für die relativ hohe Zahl sternreicher Sternhaufen aus der Untersuchung von Lyngå beim Vergleich der Reichtumsklassen in Tabelle 2.4.

Tabelle 2.3 Vergleich der Helligkeitsbereichsgruppen von Lyngå und Trumpler

Lyngå	CSCA		
	1	2	3
1	90	151	61
2	81	217	105
3	18	62	68

Tabelle 2.4 Vergleich der Reichtumsklassen von Lyngå und Trumpler

Lyngå	CSCA		
	p	m	r
p	345	19	3
m	245	109	7
r	29	63	33

Der gegenseitige Vergleich der Reichtumsklassen aus der Klassifikation von Lyngå mit den Reichtumsklassen von Janes und Adler [74] geht schließlich aus Tabelle 2.5 hervor. Es bleibt in diesem Falle anzumerken, daß sich die Reichtumsklassen nur auf fotometrisch untersuchte Sterne und deren Lage im FHD beziehen und deshalb in der Regel nicht alle Mitglieder der Aggregate erfassen.

Tabelle 2.5 Vergleich der Reichtumsklassen von Lyngå und von Janes und Adler

Lyngå	Janes/Adler				
	1	2	3	4	5
p	59	27	18	3	0
m	57	61	29	12	1
r	8	20	19	27	12

Die Klassifikation der offenen Sternhaufen anhand des Hertzsprung-Russel- oder Farben-Helligkeits-Diagramms sieht 3 Hauptgruppen von Aggregaten vor, deren Merkmale wie folgt zu charakterisieren sind:

Hauptgruppe 1: Alle Haufenmitglieder befinden sich auf der Hauptreihe.

Hauptgruppe 2: Die meisten Mitglieder befinden sich auf der Hauptreihe. Nur einige von ihnen liegen im Gebiet des Riesenastes.

Hauptgruppe 3: Die meisten der helleren Mitglieder sind gelbe oder rote Riesen. Die übrigen Sterne befinden sich auf der Hauptreihe.

Zur weiteren Unterteilung und Kennzeichnung wird der arabischen Ziffer, die die jeweilige Hauptgruppe charakterisiert, noch ein kleiner Buchstabe *o, b, a* oder *f* beigefügt, der die früheste Spektralklasse angibt. Nach diesen Merkmalen ist der Plejaden-Haufen mit 1b zu klassifizieren, die Praesepe hingegen, unter deren Mitgliedern sich einige Riesensterne befinden, mit 2a.

Eine schematische Darstellung der Besetzung bestimmter Gebiete im HRD oder FHD und die daraus resultierende Klassifikation geht aus

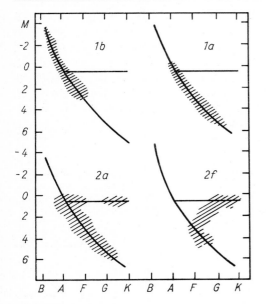

Bild 2.4 Klassifikation der offenen Sternhaufen nach den Besetzungsbereichen im HRD

Zur Charakterisierung offener Sternhaufen werden auch nur die jeweils frühesten Spektraltypen auf der Hauptreihe, wie sie sich aus der Spektralklassifikation oder aus adäquaten Farbenindizes ergeben, herangezogen. Als Beispiel mag hier der Katalog von Fenkart und Binggeli [76] Erwähnung finden. Die Häufigkeitsverteilung der jeweils frühesten Mitglieder offener Sternhaufen aus dem Lund-Katalog [71], ergänzt durch die Daten aus dem Katalog von Fenkart und Binggeli [76], ergibt folgendes Verteilungsbild:

O bis B2   128 Objekte
B3 bis B7   88 Objekte
B8 bis F   94 Objekte

In diesem neuen Datenmaterial ist die Dominanz der Gruppe mit Spektraltypen O bis B2 auf der Hauptreihe auffällig.

Zu Erwähnen ist auch das von Markarian [77] vorgeschlagene Klassifikationsschema, das sich an den Spektraltypen O, B oder A der jeweils hellsten Sterne in einem Sternhaufen orientiert und das die Gruppe der Sternhaufen mit O-Sternen in solche mit Kernkondensationen, Sternketten und Gasnebel unterteilt.

Aus den Darlegungen über die spektralen Klassifikations- und Unterscheidungsmöglichkeiten offener Sternhaufen wird ersichtlich, welche Bedeutung den Hertzsprung-Russel- oder Farben-Helligkeits-Diagrammen allein auf diesem Gebiete zukommt. Sammlungen von Farben-Helligkeits-Diagrammen, wie sie von Barkhatova und Syrovoy [78] und Hagen [79] herausgegeben wurden, geben wertvolle Informationen.

Im gleichen Zusammenhang sind auch die

Bild 2.4 hervor. Offensichtlich werden die Klassifikationsklassen durch das Alter eines Haufens und die Entwicklung seiner Mitglieder bestimmt.

Trumpler [15] klassifizierte nach dem angegebenen Schema 100 offene Sternhaufen, für die seinerzeit (1930) Hertzsprung-Russel-Diagramme und die frühesten Spektraltypen der Haufenmitglieder bekannt waren. Die sich aus diesem Material ergebende Häufigkeitsverteilung ist in Tabelle 2.6 zusammengestellt. Auffällig ist im vorliegenden Fall die Dominanz der Sternhaufen, deren früheste Haufenmitglieder zur Spektralklasse B gehören.

Tabelle 2.6   Häufigkeitsverteilung von Klassen offener Sternhaufen aus dem Hertzsprung-Russel-Diagramm

Klasse	o	b	b-a	a	a-f	f	Gesamt
1	7	24	5	3			39
1...2	3	15	10	3			31
2		1	5	18	1	1	26
2...3				3			3
3				1			1
Gesamt	10	40	20	28	1	1	100

umfangreichen Sammlungen fotometrischer Daten von Mitgliedern offener Sternhaufen, publiziert von Hoag, Johnson, Iriarte, Mitchell, Hallam und Sharpless [80] sowie von Mermilliod [81, 82] zu nennen. Dabei kommt den Arbeiten von Mermilliod der Vorzug zu, da sie sich ausschließlich auf fotoelektrische UBV-Beobachtungen, gepaart mit der aus der Literatur bekannten MK-Spektralklassifikation, stützen und eine wesentliche Grundlage auch für andere Untersuchungen bilden.

2.2. Integrale oder Gesamthelligkeiten

Obwohl die integrale oder Gesamthelligkeit eines offenen Sternhaufens wegen des weiten und von Haufen zu Haufen unterschiedlichen Bereiches der Sternzahlen und der absoluten Helligkeiten der hellsten Sterne unbedeutend erscheint, stellt sie doch einen Haufenparameter dar, der nach den Untersuchungen von Kopylov [83] mit dem Spektraltyp der hellsten Mitglieder eines Aggregates in Beziehung zu bringen ist.

Erst systematische Untersuchungen und Versuche, integrale Sternhaufenhelligkeiten von einer möglichst großen Zahl von Objekten zu bestimmen, gehen bis in die 20er und 30er Jahre unseres Jahrhunderts zurück, wobei hier vor allem die Arbeit von Collinder [16] zu nennen ist. Kopylov [83] leitete in seiner Untersuchung absolute integrale Helligkeiten von insgesamt 300 offenen Sternhaufen ab. In der 3. Ausgabe des Lund-Katalogs offener Sternhaufendaten (1983) [71] sind von mehr als 400 Objekten scheinbare visuelle Gesamthelligkeiten verzeichnet, die bei insgesamt 382 Aggregaten, von denen Entfernung (d) und visuelle Extinktion (A_V) bekannt sind, die Bestimmung der absoluten visuellen Gesamthelligkeit ermöglichten. Die aus diesem Datenmaterial resultierende Häufigkeitsverteilung ist in Tabelle 2.7 zusammen- und in Bild 2.5 dargestellt, wo auch die entsprechende Verteilungskurve aus der Untersuchung von Kopylov durch eine gestrichelte Linie eingetragen ist.

Tabelle 2.7 Helligkeitsverteilung der absoluten visuellen Integralhelligkeit offener Sternhaufen

$M_V \pm 0.5$	N	$M_V \pm 0.5$	N
−0.5	3	−5.5	70
−1.5	10	−6.5	33
−2.5	37	−7.5	25
−3.5	88	−8.5	18
−4.5	95	−9.5	3

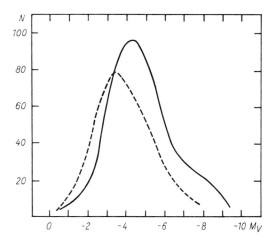

Bild 2.5 Häufigkeitsverteilung der absoluten Gesamthelligkeiten M_V offener Sternhaufen nach Daten des Katalogs von Lyngå und nach Kopylov [83] (− − − −)

Das Maximum in der dargestellten Häufigkeitsverteilung liegt etwa bei $M_V \approx -4^M0$ und unterscheidet sich von dem aus der Untersuchung von Kopylov [83] um $\Delta M_V \approx -0^M5$. Einerseits ist dieser Befund auf die inzwischen bessere Handhabung der Extinktionsbestimmung zurückzuführen und andererseits sind es gerade Sternhaufen großer Gesamthelligkeit, die den Zuwachs des ursprünglichen Datenmaterials ausmachen. Anzumerken bleibt auch, daß das ermittelte Verteilungsmaximum der offenen Sternhaufen etwa um 4^M0 schwächer ist als das der Kugelsternhaufen.

Die absolut hellsten offenen Sternhaufen unserer Glaxis sind in Tabelle 2.8 zusammengestellt. Unter den dort verzeichneten Objekten befinden sich u. a. auch die bekannten Sternhaufen h Persei (NGC 869) und η Carinae

Tabelle 2.8   Absolut hellste Sternhaufen im V-Bereich

Sternhaufen	Alte Benennung	Sp.	M_V
C 0215 +569	NGC 869	B0, B1	−8.03
C 0642 +003	Dolidze 25	0	−8.41
C 0757 −284	Ruprecht 44	0	−8.21
C 0843 −458	Bochum 7	0	−9.60
C 0959 −545	NGC 3105	b2	−8.06
C 1022 −575	Westerlund 2	o	−8.03
C 1025 −573	IC 2581	b0	−8.09
C 1033 −579	NGC 3293	B0	−8.27
C 1041 −597	Collinder 228	−	−9.17
C 1041 −593	Trumpler 14	o6−o7	−8.37
C 1043 −594	Trumpler 16	05, o6−o7	−8.78
C 1058 −601	Sher 1	o	−8.01
C 1112 −609	NGC 3603	<b2	−8.63
C 1134 −627	IC 2944	06, 08	−8.16
C 1250 −600	NGC 4755	B2	−8.58
C 1511 −588	Pismis 20	09	−8.93
C 1650 −417	NGC 6231	08	−9.94
C 1732 −334	Trumpler 27	09	−8.59
C 1816 −138	NGC 6611	06	−8.21
C 1941 +231	NGC 6823	o5−o6	−8.15
C 2210 +570	NGC 7235	b0.5	−8.14

(Trumpler 16). Neben der neuen Sternhaufen-benennung sind in Tabelle 2.8 die traditionellen Benennungen sowie die integralen Helligkeiten M_V und die Spektraltypen der frühesten Haufenmitglieder eingetragen. Die mit kleinen Buchstaben gekennzeichneten Spektraltypangaben wurden aus Farbenindizes abgeleitet und sind dem Katalog von Fenkart und Binggeli [76] entnommen.

In Bild 2.6 ist schließlich die Beziehung dargestellt, die sich aus der Gegenüberstellung der frühesten Spektraltypen der Mitglieder offener Sternhaufen mit deren absoluten visuellen Gesamthelligkeiten M_V ergibt. Es bleibt festzustellen, daß die absolute Gesamthelligkeit eines Sternhaufens um so heller ist, je früher die Spektraltypen seiner hellsten Mitglieder sind. Umgekehrt sind in Sternhaufen geringer absoluter Helligkeit späte Spektraltypen der hellsten Haufensterne zu erwarten.

Die Durchsicht publizierter Haufenkataloge läßt vermuten, daß offene Sternhaufen in unserer Galaxis bezüglich ihrer integralen Helligkeiten eine Leuchtkraftfunktion aufweisen, die nach schwächeren Helligkeiten hin ansteigt. In diesem Fall unterscheiden sich offensichtlich

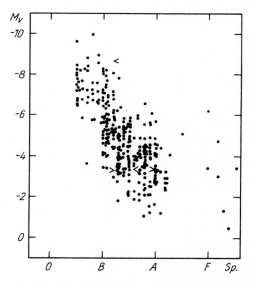

Bild 2.6 Beziehung zwischen den frühesten Spektraltypen der Mitglieder und der absoluten visuellen Gesamthelligkeit eines Sternhaufens nach Daten aus dem Katalog von Lyngå

die galaktischen Sternhaufen von den Kugelsternhaufen, deren Leuchtkraftfunktion in Form einer Gauß-Verteilung gegeben ist.

Nach einer Untersuchung von van den Bergh und Lafontaine [84] aus dem Jahre 1984 ergibt sich für einzelne Bereiche der integralen Helligkeit M_V die in Tabelle 2.9 und Bild 2.7 aufgeführte Verteilung der offenen Sternhaufen pro kpc². Diese Leuchtkraftfunktion der offenen Sternhaufen in der Sonnenumgebung folgt im Bereich $-9.0 < M_V \leq -2.0$ der Beziehung

$$\log (M_V) = 1.55 + 0.2\, M_V. \qquad (2.1)$$

Diese zeigt, daß im Helligkeitsintervall zwischen $M_V = -7.5$ und $M_V = -2.5$ ein Anstieg dieser Funktion um den Faktor 10 zu verzeichnen ist. Die örtliche Flächendichte der Sternhaufen mit $M_V \leq -2.0$ beträgt etwa 30 Aggregate pro kpc².

Tabelle 2.9 Leuchtkraftfunktion integraler Helligkeiten offener Sternhaufen in der Sonnenumgebung nach van den Bergh und Lafontaine [84]

M_V	Sternhaufen-zahl (pro kpc²)	δ (in kpc)
$-2.0>$	10.6	11.22
$-3.0>$	7.1	7.08
$-4.0>$	5.2	4.47
$-5.0>$	2.8	2.82
$-6.0>$	1.4	1.78
$-7.0>$	1.0	1.12
$-8.0>$	1.8:	0.71
$-9.0>$		0.45

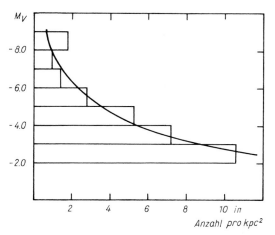

Bild 2.7 Leuchtkraftfunktion der offenen Sternhaufen in der Sonnenumgebung nach Van den Bergh und Lafontaine [84] (———)

Die Extrapolation der gegebenen Gleichung nach höheren Leuchtkräften hin führt zusammen mit der Annahme, daß die galaktische Scheibe eine Fläche von 500 kpc² aufweist, zu insgesamt 100 Sternhaufen mit $M_V = -11$. Diese hohe Zahl unentdeckter überleuchtkräftiger offener Sternhaufen ist im Hinblick auf die in Tabelle 2.9 gegebene Anzahl von Aggregaten hoher Leuchtkraft zweifelhaft. Deshalb ist eher zu vermuten, daß im Bereich $-11 < M_V < -8$ ein flacherer Verlauf in der Leuchtkraftfunktion aus den integralen Helligkeiten vorliegt.

2.3. Scheinbare und lineare Durchmesser

Die scheinbaren oder Winkeldurchmesser *(WD)* offener Sternhaufen, um deren Bestimmung sich in früheren Jahren unter anderem Charlier [28], Shapley [27], Raab [18], Trumpler [15] und Collinder [16] verdient gemacht haben, wurden in Abhängigkeit von der Erscheinungsform der Aggregate oder deren fotometrischer Paralaxe zur Distanzbestimmung genutzt. Bei der zerklüfteten und unregelmäßigen Erscheinungsform der galaktischen Sternhaufen ist es ganz natürlich, daß die scheinbaren Durchmesser nur mit großer Unsicherheit behaftet zu erhalten sind und im starken Maße der Auffassung des jeweiligen Beobachters unterliegen. Durch die Neubestimmung der Winkeldurchmesser aller bekannten Sternhaufen durch Lyngå [71] kann nunmehr zumindest auf ein homogenes Material zurückgegriffen werden, wenn auch Unsicherheiten hinsichtlich der Erfassung der wahren Winkeldurchmesser bleiben.

Eingehende Untersuchungen an offenen Sternhaufen haben gezeigt, daß bei der Abschätzung der Winkeldurchmesser in der Regel nur die Kerne der Aggregate erfaßt werden und die zugehörigen ausgedehnten, von Haufenmitgliedern dünn besiedelten Haloregionen hingegen der Abschätzung entgehen. So hat beispielsweise Artiukhina [85] anhand von Eigenbewegungsmessungen an Mitgliedern der Praesepe nachgewiesen, daß das augenscheinlich erfaßbare Gebiet dieses Sternhaufens eine Radiusausdehnung von $R \approx 1°$ aufweist, wohingegen sich der weitaus dünnere und zum Aggregat gehörige Sternhalo bis zu einem Radius von $R \approx 3°$ erstreckt.

Die Häufigkeitsverteilung der scheinbaren Durchmesser offener Sternhaufen zeigt ein Maximum bei $WD = 7\rlap{.}'5 \pm 2\rlap{.}'5$. Der Gesamtbereich, über den sie sich erstrecken, reicht von wenigen Bogenminuten bis hin zu mehreren Graden.

Da die Winkeldurchmesser der Aggregate von deren wahren oder linearen Durchmessern und der Entfernung der Objekte abhängig sind, ist es bei der Unsicherheit, mit der einerseits die scheinbaren Durchmesser und andererseits auch die Entfernungen behaftet sind, verständlich, daß sich diese Unsicherheiten auch auf die linearen Durchmesser übertragen. Allerdings ist heute, im Gegensatz zu den Anfängen der modernen Sternhaufenforschung, durch die fotometrische Entfernungsbestimmung und durch die bessere Kenntnis der Mitgliederverteilung in den Aggregaten die Möglichkeit einer exakteren Durchmesserbestimmung gegeben.

Die Häufigkeitsverteilung der linearen Durchmesser LD (in pc) von 373 offenen Sternhaufen des Lund-Katalogs offener Sternhaufendaten geht aus Tabelle 2.10 hervor. Es ist dort festzustellen, daß bei dem Hauptteil der Objekte die linearen Durchmesser im Bereich $LD < 10$ pc bevorzugt werden. Dabei liegt das Verteilungsmaximum bei $LD = 2.5$ pc und stimmt mit dem von Sawyer-Hogg [70] gegebe-

nen Wert überein. In der Nähe liegt mit $LD \approx 3$ pc auch der von Schmidt [86] aus den 128 bestuntersuchten Haufen im Jahre 1963 abgeleitete mittlere lineare Durchmesser. Zu den Sternhaufen mit extrem großen linearen Durchmessern gehören die Aggregate

C 0532 − 054 (Trapezium)   mit $LD = 63.0$ pc,
C 0642 + 003 (Dolidze 25)   mit $LD = 36.0$ pc,
C 0802 − 461 (Collinder 173) mit $LD = 54.0$ pc,
C 1653 − 405 (Trumpler 24)   mit $LD = 28.0$ pc.

Zumindest bei den Konzentrationsklassen I bis III zeigen die linearen Durchmesser eine Korrelation zu den Sternreichtumsklassen, wobei jeweils bei den sternreichen (r) Sternhaufen größere lineare Durchmesser zu verzeichnen sind als bei den sternarmen (p) Objekten. Dieser Sachverhalt ist auch aus Tabelle 2.11 ersichtlich, wo die aus den Konzentrations- und Sternreichtumsklassen gebildeten Hauptgruppen den jeweiligen mittleren linearen Durchmessern und dem mittleren logarithmischen Alter ($\log \tau$), das aus den Alterswerten der Aggregate der einzelnen Untergruppen abgeleitet wurde, gegenübergestellt sind. Die Zahl der Sternhaufen, aus denen die aufgeführten Werte jeweils ermittelt wurden, ist in der Tabelle unter n gegeben. Ferner sind dort für die einzelnen Konzentrationsklassen auch die mittleren linearen Durchmesser (LD) enthalten.

Wenn man zunächst einmal von dem mittleren linearen Durchmesser der Konzentrationsklasse IV absieht, so macht der gegenseitige Vergleich der entsprechenden Werte für die übrigen Klassen deutlich, daß die genannte Beziehung zwischen den Reichtumsklassen und den linearen Durchmessern von den Konzentrationsklassen unabhängig ist.

Aus dem Verhalten der den einzelnen Reichtumsklassen und Konzentrationsklassen zugeordneten Alterswerten wird ersichtlich, daß mit zunehmendem Sternreichtum und zunehmendem linearem Durchmesser der Sternhaufen offensichtlich auch deren Alter zunimmt. Dieser rein statistische Befund bestätigt Untersuchungsergebnisse von Janes und Adler [74]. Diese Autoren haben nachgewiesen, daß die sternreichen Aggregate langlebiger als die sternarmen Objekte sind.

Tabelle 2.10 Häufigkeitsverteilung der linearen Durchmesser offener Sternhaufen

$LD \pm 0.5$ (in pc)	N	$LD \pm 0.5$ (in pc)	N
0.5	15	12.5	7
1.5	57	13.5	2
2.5	76	14.5	−
3.5	53	15.5	3
4.5	38	16.5	2
5.5	30	17.5	−
6.5	30	18.5	1
7.5	17	19.5	2
8.5	14	20.5	−
9.5	15	21.5	1
10.5	5	22.5	−
11.5	3	23.5	2

Tabelle 2.11 Gegenüberstellung der Konzentrationsklassen und der Reichtumsklassen mit den mittleren linearen Durchmessern *(LD)*

Haupt-gruppe	n	$\overline{LD}$ (in pc)	$\sum n$	$\overline{LD}_K$ (in pc)	n	$\log \tau$
I p	13	3.64			21	7.09
m	40	3.70	92	4.90	42	7.63
r	39	6.54			38	8.24
II p	32	3.50			40	7.51
m	66	4.48	143	4.83	69	7.72
r	45	6.30			46	8.26
III p	34	3.83			38	7.41
m	45	4.68	92	4.88	52	7.85
r	13	8.28			9	8.32
IV p	27	6.85			27	7.28
m	12	9.55	41	7.54	10	7.42
r	2	4.7			2	8.90

Die Lebensdauer T offener Sternhaufen ist aber nicht nur vom Sternreichtum der Aggregate abhängig, sondern auch von deren galaktozentrischer Entfernung R_{GC}. Nach Tabelle 2.12 enthalten die Gebiete in Richtung des Antizentrums ältere und damit auch sternreichere Sternhaufen als die inneren, zum Zentrum hin orientierten Regionen.

Dieser Befund ist bemerkenswert, weil die angegebenen Alterswerte im Einklang mit der Zeitskala der Haufenauflösung stehen, die, wie bereits erwähnt, in direkter Weise von der Reichtumsklasse und dem Haufeninhalt bestimmt wird. Wenn die Lebensdauer eines Haufens durch die Zeit $T_{1/2}$ charakterisiert wird, bei welcher sich die Hälfte der Sternhaufen des Alters τ aufgelöst hat, ergibt sich für die einzelnen Reichtumsklassen und für die Gebiete diesseits und jenseits der galaktozentrischen Entfernung der Sonne das in der nachfolgenden Tabelle 2.13 von Janes und Adler aufgezeigte Bild. Es besagt einerseits, daß in jeder Sternreichtumsklasse die Sternhaufen des Antizentrums länger überleben als die Haufen der inneren Scheibe, und andererseits, daß sowohl in den Gebieten der inneren Scheibe als auch in denen des Antizentrums die reichsten Sternhaufen bis nahezu 2 Größenordnungen länger existieren als die sternarmen Aggregate. Auf die ursächlichen Hintergründe dieser Sachverhalte wird im Abschnitt 6.1. im Zusammenhang mit der dynamischen Entwicklung der offenen Sternhaufen näher eingegangen. Die aufgezeigten Befunde spielen auch bei der räumlichen Verteilung der Aggregate eine Rolle.

Die oben behandelte Zunahme der linearen Durchmesser mit zunehmendem Alter und

Tabelle 2.12 Zusammenhang zwischen Sternreichtum, galaktozentrischer Entfernung und Alter nach Janes und Adler [74]

Sternreichtum	$\log \tau$	
	$R_{GC} < 10$ kpc	$R_{GC} \geq 10$ kpc
Reich	8.42	8.9
Mittel	7.97	8.27
Arm	7.87	7.77

Tabelle 2.13 Beziehung zwischen Lebensdauer, Reichtumsklasse und galaktozentrischem Abstand nach Janes und Adler [74]

R_{GC}	Reichtums-klasse	Anzahl der Sternhaufen	$\log T_{1/2}$
<8.5	1	59	7.28
<8.5	2	59	7.48
<8.5	3	34	7.65
<8.5	4	29	8.17
<8.5	5	7	8.69:
≥8.5	1	69	7.37
≥8.5	2	69	7.78
≥8.5	3	46	7.76
≥8.5	4	36	8.30
≥8.5	5	15	9.60

Sternreichtum beschränkt sich allerdings nur auf den Bereich $\log \tau \geq 7.2$. Im Gegensatz dazu weisen die jüngsten und jüngeren Sternhaufen mit $\log \tau \leq 7.2$ wesentlich größere Durchmesser auf, die mit zunehmendem Alter abnehmen. Auf mögliche Ursachen am Zustandekommen dieser Erscheinung haben Burki und Maeder [87] hingewiesen. Sie führen den schnellen Angleich der linearen Durchmesser jüngster Aggregate an die Ausgangswerte der Beziehung für ältere Aggregate bei $\log \tau \approx 7.2$ auf den Verlust eines beträchtlichen Teils der Anfangsmassen der Sternhaufen zurück. Dieser Massenverlust in der Frühphase, der vielleicht auch für die Halobildung der Sternhaufen verantwortlich ist, verweist auf eine positive Abweichung des Jeans-Radius mit zunehmendem Abstand vom galaktischen Zentrum. Dabei kann der Anstieg des Jeans-Radius von der Abnahme der mittleren Gasdichte mit zunehmendem galaktischem Zentrumsabstand und durch den in gleicher Richtung wirkenden abnehmenden Druck galaktischer Schockwellen oder ähnlicher Mechanismen, die zur Sternentstehung führen, hervorgerufen werden.

2.4. Scheinbare und räumliche Verteilung

Die Tatsache, daß die offenen Sternhaufen eine starke Konzentration in Richtung zur Milchstraßenebene aufweisen, ist lange bekannt. Die Bezeichnung »galaktischer Sternhaufen« geht auf diesen Sachverhalt zurück, der für insgesamt 1 145 offene Sternhaufen aus dem Lund-Katalog offener Sternhaufendaten [71] in Bild 2.8 dargestellt ist. Dort sind die einzelnen Aggregate nach galaktischer Länge (l) und galaktischer Breite (b) eingetragen und ähneln in ihrer Anordnung und Verteilung der der Dunkelwolken unseres Milchstraßensystems. Auffällig dabei ist, wie auch aus dem Histogramm in Bild 2.9 ersichtlich ist, daß mehr als 73 % aller offenen Sternhaufen im galaktischen Breitenbereich zwischen $b = +4°\!\!.0$ und $b = -4°\!\!.0$ liegen und die höchste Verteilungsdichte ($N = 318$) zwischen $b = 0°\!\!.0$ und $b = -2°\!\!.0$ erreicht wird. Die aus allen Sternhaufen gebildete mittlere galaktische Breite beträgt $\bar{b} = -0°\!\!.52$. Diese Lage des Mittelwertes wenig unterhalb des galaktischen Äquators ist auf einen Projektionseffekt zurückzuführen, der durch die Position der

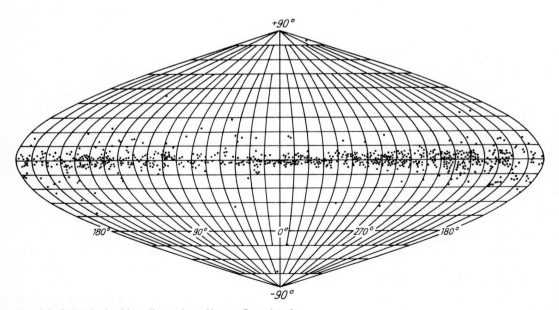

Bild 2.8 Galaktische Verteilung der offenen Sternhaufen

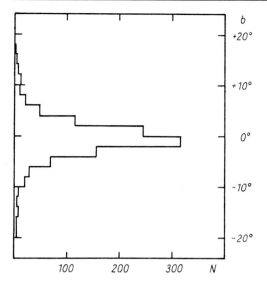

Bild 2.9 Verteilung der offenen Sternhaufen auf einzelne galaktische Breitenbereiche

Sonne wenig oberhalb der galaktischen Ebene verursacht wird.

Von 22 offenen Sternhaufen abgesehen, unter denen sich 5 Objekte befinden, die im Lund-Katalog offener Sternhaufendaten als zweifelhaft bezeichnet werden, ordnen sich alle übrigen Aggregate zwischen den galaktischen

Breiten $b = +20\overset{\circ}{.}0$ und $b = -20\overset{\circ}{.}0$ an. Die wenigen offenen, außerhalb dieses Bereiches gelegenen Sternhaufen, die extreme galaktische Breiten aufweisen und zu denen so bekannte Objekte wie die Plejaden, die Hyaden und die Praesepe zu zählen sind, sind in Tabelle 2.14 zusammengestellt. Unter diesen Aggregaten befinden sich einmal Sternhaufen, deren hohe galaktische Breite wegen ihrer Sonnennähe durch Projektionseffekte vorgetäuscht wird, und zum anderen einige Objekte, wie NGC 188 und NGC 2682, deren hohe galaktische Breite wirklich durch große Abstände dieser Sternhaufen von der Milchstraßenebene zustande kommt.

Anzumerken bleibt, daß die Zusammenstellung in Tabelle 2.14 nur solche Sternhaufen enthält, die im Lund-Katalog nicht mit der Bemerkung »zweifelhaft« versehen sind. Gegenüber früheren Listen ähnlicher Art ergeben sich einige Abweichungen. So wurde in der Zwischenzeit das Objekt NGC 2314 aus den Zusammenstellungen offener Sternhaufen ausgesondert. Andere, beispielsweise bei Sawyer-Hogg [70] aufgeführte Aggregate sind nunmehr aufgrund neuerer Entfernungsbestimmungen in der Zone $b = \pm 20°$ angeordnet.

Die zahlenmäßige Verteilung der offenen Sternhaufen in Abhängigkeit von ihrer galakti-

Tabelle 2.14 Sternhaufen extremer galaktischer Breite

Sternhaufen	Alte Benennung	l	b	d (in pc)	z (in pc)	$\log \tau$
C 0001 −302	Blanco 1	14$\overset{\circ}{.}$97	−79$\overset{\circ}{.}$26	190	−186.7	7.70
C 0039 +850	NGC 188	122.78	22.46	1 550	+592.2	9.70
C 0154 +374	NGC 752	137.17	−23.36	400	−158.6	9.04
C 0244 +169	Dolidze 1	158.64	−37.51			
C 0249 +272	Latysev 1	153.39	−28.15			
C 0344 +239	Plejaden	166.56	−23.53	125	−49.9	7.89
C 0424 +157	Hyaden	180.05	−22.40	48	−18.3	8.82
C 0445 +108	NGC 1662	187.70	−21.12	400	−144.1	8.48
C 0518 −685	NGC 1901	279.05	−33.64	300	−166.2	8.70
C 0837 +201	NGC 2632	205.54	+32.52	180	96.8	8.82
C 0847 +120	NGC 2682	215.58	+31.72	720	378.6	9.60
C 1222 +263	Melotte 111	221.20	+84.01	86	85.5	8.60
C 1232 +365	Upgren 1	142.68	+80.18	140	137.9	
C 1440 +697	Collinder 285	109.87	+44.67	20	14.1	8.21
C 1708 +156	Dolidze 7	36.30	+29.18			
C 1806 +315	Dolidze 9	58.09	+22.26			
C 2004 −794	Melotte 227	314.54	−30.43			

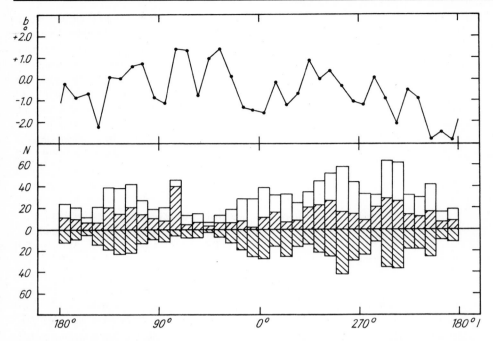

Bild 2.10 Verteilung der offenen Sternhaufen in Abhängigkeit von der galaktischen Länge
Oberes Bild: Verhalten der mittleren galaktischen Breiten aus den einzelnen Längenbereichsgruppen
Anzahl der Sternhaufen nördlich und südlich der galaktischen Ebene schraffiert

schen Länge *l* geht aus Bild 2.10 hervor, wo neben den mittleren galaktischen Breiten und Längen aus jeder galaktischen Längenbereichsgruppe deren Gesamtzahlen sowie schraffiert die Anzahlen der Aggregate nördlich und südlich des galaktischen Äquators eingetragen sind.

Auffällig sind in Bild 2.10 die Verteilungsmaxima bei $l \approx 240°$, $l \approx 290°$ und $l \approx 130°$, die mit der räumlichen Lage und Verteilung der offenen Sternhaufen in der Galaxis in Verbindung gebracht werden können. Lyngå [88] hat darauf aufmerksam gemacht, daß die galaktische Längenverteilung der Sternhaufen auch von deren Alter abhängig ist. Das von ihm erstellte und nach Altersgruppen unterteilte Histogramm, das in Bild 2.11 wiedergegeben wird, verweist für Aggregate mit $\log \tau < 7.5$ auf die Verteilungsmaxima bei $l = 110°$ und $l \approx 300°$, wohingegen für die Objekte im Altersbereich $7.5 \leqq \log \tau < 8.5$ im Mittel eine gleichmäßige Verteilung vorliegt. Das Verteilungsmaximum bei $l \approx 240°$ muß im wesentlichen Sternhaufen mit $\log \tau \geqq 8.5$ zugeschrieben werden und ergibt

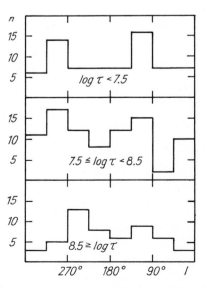

Bild 2.11 Galaktische Längenverteilung der Sternhaufen in Abhängigkeit vom Alter nach Lyngå [88]

sich einmal aus Objekten in der Sonnenumgebung und zum anderen aus Aggregaten großer Entfernung, deren Nachweis wegen geringer interstellarer Extinktion in dieser Richtung möglich ist. Im Zusammenhang mit der räumlichen Verteilung der offenen Sternhaufen in unserer Galaxis wird auf diese Befunde noch einmal eingegangen.

In der Verteilung der offenen Sternhaufen auf die einzelnen mittleren galaktischen Breiten in Bild 2.12 oben ist das Minimum zwischen $l = 175°$ und $l = 215°$ besonders auffällig und bemerkenswert, weil es erst in dem durch den Lund-Katalog erschlossenen Material zutage tritt. In einer von Alter und Ruprecht [89] aus 777 Objekten im Jahre 1963 hergeleiteten Verteilungskurve ist dieses Minimum (siehe auch Bild 2.12) noch nicht erkennbar. Die starken negativen mittleren galaktischen Breiten im genannten Längenbereich sind auf inzwischen neu entdeckte offene Sternhaufen zurückzuführen, deren Existenz erst durch leistungsfähige Instrumente und verstärkte Durchmusterungen des Südhimmels nachgewiesen werden konnte.

Die in Bild 2.12 einander gegenübergestellten Verteilungskurven aus der Arbeit von Alter und Ruprecht [89] sowie aus dem Datenmaterial des Lund-Katalogs ermöglichen nicht nur den gegenseitigen Vergleich, sondern geben auch einen Überblick über den Zuwachs an neuen Aggregaten in den letzten 20 Jahren.

Die wahren Abstandswerte z (in pc) von der galaktischen Ebene ergeben sich für die offenen Sternhaufen aus deren Entfernungen d (in pc) und den galaktischen Breiten b durch die Beziehung

$$z = d \sin b. \qquad (2.2)$$

Der aus 412 Objekten gebildete mittlere z-Wert beträgt $\bar{z} = -6.3$ pc. Unter Berücksichtigung der oben abgeleiteten mittleren galaktischen Breite von $b = -0°52$ ergibt sich daraus eine mittlere Entfernung der Aggregate von $d = 694$ pc.

Die Häufigkeitsverteilung der z-Werte aus 424 offenen Sternhaufen geht aus Tabelle 2.15 hervor, wo die jeweils für einzelne z-Bereiche ermittelte Anzahl an Aggregaten aufgeführt ist. Die Zusammenstellung unterscheidet Objekte

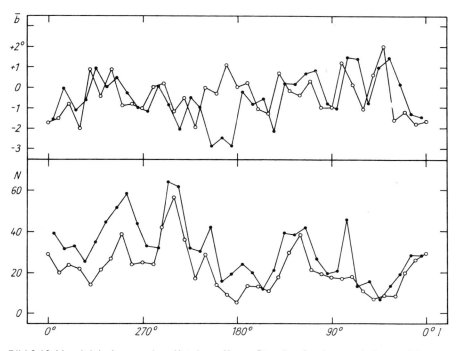

Bild 2.12 Vergleich der aus dem Katalog offener Sternhaufendaten erhaltenen Längenverteilungskurven (●) mit denen von Alter und Ruprecht (o) aus dem Jahre 1963 [89]

Tabelle 2.15 Zur z-Verteilung offener Sternhaufen normaler (N) und extremer (n) galaktischer Breite

z (in pc)		N	n
1 000...	900	1	−
<900...	800	−	−
<800...	700	1	−
<700...	600	2	−
<600...	500	1	1
<500...	400	2	−
<400...	300	5	1
<300...	200	6	−
<200...	100	26	1
<100...	0	134	3
<0...	−100	179	2
<−100...	−200	42	4
<−200...	−300	7	−
<−300...	−400	2	−
<−400...	−500	1	−
<−500...	−600	−	−
<−600...	−700	−	−
<−700...	−800	−	−
<−800...	−900	1	−
<−900...−1 000		1	−

normaler *(N)* und extremer *(n)* galaktischer Breite und zeigt, daß sich in beiden Reihen die Maxima im Bereich zwischen $z = \pm 200$ pc anordnen. Dieser Befund läßt erkennen, daß sich ein hoher Anteil der Aggregate mit extremen galaktischen Breiten in die allgemeine z-Verteilung einpaßt. Aus Tabelle 2.15 geht aber auch hervor, daß wirklich eine Anzahl von Sternhaufen mit großen z-Abständen existiert.

Diese Objekte ordnen sich diesseits und jenseits des z-Bereiches ± 250 pc an. Insgesamt handelt es sich dabei um 23 Objekte, die in Tabelle 2.16 zusammengefaßt sind. Dort werden neben der Benennung der Aggregate und ihren z-Abständen (in pc) auch deren Entfernung (in pc) und Alter angegeben. Bemerkenswert ist es, daß es sich bei den Sternhaufen extremer z-Werte durchweg um alte Aggregate handelt, von denen wir bereits aus den Betrachtungen über die linearen Durchmesser wissen, daß es sternreiche und mit relativ großen Durchmessern ausgestattete Objekte sind, die in ihren Eigenschaften auch den galaktozentrischen Abständen unterliegen.

Tabelle 2.16 Offene Sternhaufen außerhalb der Distanzen $z = \pm 250$ pc

Sternhaufen	Alte Benennung	d (in pc)	z (in pc)	log τ
C 0039 +850	NGC 188	1 550	592.2	9.70
C 0156 +753	Berkeley 8	1 490	342.8	
C 0311 +470	NGC 1245	2 300	−357.0	9.04
C 0509 +166	NGC 1817	1 750	−397.5	8.90
C 0520 +295	Berkeley 19	4 000	−250.5	9.48
C 0559 +499	NGC 2126	1 400	319.9	
C 0600 +104	NGC 2141	4 400	−443.9	9.60
C 0613 −186	NGC 2204	3 100	−858.1	9.48
C 0627 −312	NGC 2243	3 580	−1 104.5	9.78
C 0640 +270	NGC 2266	3 400	606.8	
C 0648 +058	Byurakan 11	8 000	362.9	
C 0654 +083	Byurakan 7	4 000	357.0	
C 0655 +065	Byurakan 8	9 000	690.5	
C 0724 +136	NGC 2395	1 200	289.5	7.70
C 0724 −470	Melotte 66	3 950	−975.0	9.78
C 0735 +216	NGC 2420	2 300	773.4	9.60
C 0757 −106	NGC 2506	2 750	473.3	9.53
C 0847 +120	NGC 2682	720	378.6	9.60
C 0914 −364	NGC 2818	3 200	478.0	9.00
C 0925 −549	Ruprecht 77	5 200	−283.0	
C 1919 +377	NGC 6791	5 200	988.6	9.85
C 1939 +400	NGC 6819	2 200	324.0	9.54
C 2030 +604	NGC 6939	1 250	266.3	9.26

Die Gegenüberstellung aller bekannten Alterswerte aus dem Lund-Katalog offener Sternhaufendaten mit den Abstandswerten der Aggregate von der galaktischen Ebene erfolgt in
Bild 2.13. Die Darstellung läßt erkennen, daß
die Konzentration der Objekte zur Milchstraße
hin mit zunehmendem Alter abnimmt und daß
hohe z-Werte lediglich von Sternhaufen hohen
Alters erreicht werden. Die angeführten Befunde erbringen erste Hinweise, daß die galaktische Scheibe vor 10^8 Jahren entweder dicker war
als heute oder daß die Lebensdauer der offenen
Sternhaufen nahe der galaktischen Ebene kürzer ist als in hohen z-Distanzen.

Die Einflüsse der galaktozentrischen Abstände R_{GC} auf das Verhalten der z-Werte geht
aus Bild 2.14 hervor, wo beide verfügbaren Parameter aus Objekten des Lund-Katalogs einander gegenübergestellt sind. Die galaktozentrische Entfernung der Sonne wurde bei der
Bestimmung der galaktozentrischen Abstände
der Sternhaufen in Bild 2.14 mit $R_{GC} = 10$ kpc
angenommen. Die Darstellung deutet zumindest an, daß mit zunehmendem galaktozentrischem Radius die Konzentration der Objekte in

Richtung auf die Milchstraßenebene lockerer
wird und in Abständen jenseits der Sonne in
Richtung auf das Antizentrum höhere z-Werte
zu erwarten sind.

Die z-Verteilung der offenen Sternhaufen in
Abhängigkeit vom Alter und vom galaktozentrischen Abstand haben Janes und Adler [74] eingehend untersucht. Das Ergebnis ist für verschiedene galaktozentrische Distanzen und
Altersgruppen in Tabelle 2.17 festgehalten. Aus
dieser Zusammenstellung ist ersichtlich, daß
bei jeder galaktozentrischen Distanz die jüngeren Haufen stärker zur galaktischen Ebene konzentriert sind als die älteren Objekte und daß in
jeder Altersgruppe mit zunehmendem galaktozentrischem Abstand der mittlere z-Wert ansteigt.

Das Ansteigen in der z-Streuung von den
jüngeren zu den älteren Aggregaten scheint
eher das Ergebnis eines Auflösungsprozesses
nahe der galaktischen Ebene als das eines Ent-
wicklungsprozesses zu sein. In den älteren Haufen ($\tau > 10^9$a) hingegen, die eine noch wesentlich größere Streuung aufweisen, spielen sowohl
der selektive Auflösungsprozeß nahe der galak-

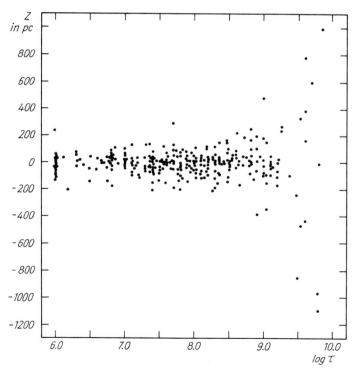

Bild 2.13 Gegenüberstellung der
z-Abstände mit den Alterswerten
der Sternhaufen

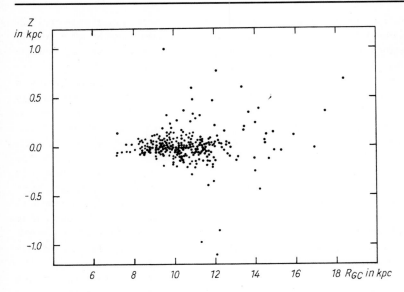

Tabelle 2.17   Verteilung der offenen Sternhaufen senkrecht zur galaktischen Ebene nach Janes und Adler [74]

R_{GC} (in kpc)	$\log \tau$					
	$<10^8$a		10^8a...10^9a		$>10^9$a	
	z (in pc)	n	z (in pc)	n	z (in pc)	n
<8	55	84	43	13	90	8
$>8...9$	75	114	97	19	332	11
$>9...10$	80	55	128	26	349	9
>10	126	45	184	8	606	12

tischen Ebene als auch der allmähliche Übergang des interstellaren Mediums in eine immer dünnere Scheibe eine Rolle.

Neben dem Dichteunterschied in z-Richtung ist sicherlich auch der Dichteunterschied zwischen der inneren und der äußeren galaktischen Scheibe wirksam. Er ist eine mögliche Ursache für die Zunahme der mittleren z-Abstände mit zunehmendem galaktozentrischem Radius, wobei anzumerken bleibt, daß nach den in Abschnitt 2.3 angezeigten Befunden, die Überlebenschancen eines Aggregates in der äußeren Scheibe größer als in der inneren sind. Deshalb kann auch angenommen werden, daß die sternreichen offenen Sternhaufen der äußeren Scheibe mit Alterswerten $< 8 \cdot 10^9$a bis zur Ge-

genwart überlebt haben. Aus diesem Befund ergibt sich zum einen die Schlußfolgerung, daß die äußere Scheibe relativ jung verglichen mit dem Alter der Galaxis als Ganzes sein muß, und zum anderen die begründete Annahme, daß die äußere Scheibe deshalb mehr alte Haufen enthält, weil sich diese im Vergleich zu denen der inneren Scheibe weniger schnell auflösen. Zur abnehmenden Dichte mit zunehmendem galaktozentrischem Abstand gesellt sich in diesem Falle also noch eine Abnahme der dynamischen Kräfte. Die innere Scheibe hingegen, die früher als die äußere geformt wurde, unterliegt und unterlag größeren Kräften und einer höheren Dichte.

Dieses Bild der Entwicklung der galaktischen Scheibe, das sich aus der z-Verteilung der offenen Sternhaufen abzeichnet, stimmt qualitativ mit Larsons [90] galaktischem Entwicklungsmodell aus dem Jahre 1976 gut überein. Nach einem Anfangsburst der Sternbildung (Bildung des Population-II-Systems) dauerte es für die äußeren Regionen der Scheibe noch mehrere Milliarden Jahre, bis in ihnen die Sternbildung mit einer bedeutsamen Sternentstehungsrate begann.

Zu erwähnen ist auch, daß aus den Einflüssen der galaktozentrischen Abstände auf das Verhalten der z-Verteilung der offenen Sternhaufen von Lyngå [91] auf eine radiale Wellenform der galaktischen Scheibe geschlossen wurde. Diese Schlußfolgerung ähnelt Erörterungen von Lockman [92] aus dem Jahre 1977 für das HII-Gas.

Die Projektion der offenen Sternhaufen in die Milchstraßenebene anhand der galaktischen Koordinaten und der Entfernung der Objekte ist ein gewohntes Mittel, die Verteilung der Aggregate in der näheren und weiteren Sonnenumgebung zu studieren.

Im Jahre 1961 erkannte Becker [93] vor allem in der Verteilung der jungen Sternhaufen – Objekten, die O- bis B2-Sterne als früheste Mitglieder enthalten – das vermeintliche Spiralmuster unserer Galaxis. Seither waren und sind Untersuchungen dieser Art anhand neuen und fotometrisch verbesserten Materials immer wieder Gegenstand detaillierter Arbeiten und Diskussionen. Zu erwähnen sind hier einmal die Untersuchungen von Becker [93, 94] (1961, 1963) und seinen Mitarbeitern Fenkart [95, 76] und Binggeli und zum anderen neuere Untersuchungen von Janes und Adler [74], von Lyngå [91] und von Y. M. und Y. P. Georgelin [96].

Die sich aus den Untersuchungen von Bekker, Fenkart und Binggeli für die offenen Sternhaufen mit den frühesten Spektraltypen zwischen O und B2 ergebende Verteilung in der galaktischen Ebene wird in Bild 2.15 dargestellt, die aus Landolt-Börnstein [4] entnommen ist. Die Kennzeichnung der sich dort abzeichnen-

den Spiralstruktur mit +I, 0 und −I geht auf Becker [93] zurück und entspricht der Auffassung, daß sich die extrem jungen und jungen Aggregate noch in den Spiralarmen befinden müssen, wohingegen ältere Objekte durch die Fortbewegung der Spiralarme aus diesen ausgewandert sind.

Diese eigentlich plausible Interpretation kann jedoch aufgrund des neueren und umfangreicheren Datenmaterials, speziell über junge Aggregate, sowie der Ableitung der Spiralstruktur unserer Galaxis aus radioastronomischen Beobachtungen nicht ohne weiteres bestätigt werden. Wie aus Bild 2.16 ersichtlich ist, wo die von Lyngå [91, 71] für offene Haufen jünger als $2 \cdot 10^7$ Jahre gegebene Verteilung in der galaktischen Ebene zusammen mit Ausschnitten aus der radioastronomisch bestimmten Spiralstruktur nach Y. M. und Y. P. Georgelin [96] dargestellt werden, läßt sich für das sonnennahe Gebiet aus der eher klumpigen oder haufenbildenden Verteilung der Aggregate keine eindeutige Zuordnung zu den Spiralarmen finden.

Einen besseren Überblick bietet Bild 2.17, wo alle offenen Sternhaufen des Alters $6.0 < \log \tau < 7.0$ aus dem Lund-Katalog zusammen mit der aus HII-Regionen bestimmten Spiralstruktur eingetragen sind. Dabei sind alle Aggregate, die nachweislich mit Wolken interstellarer Materie in Verbindung stehen, mit einem Kreis versehen. Im Vergleich zu der von Becker in Bild

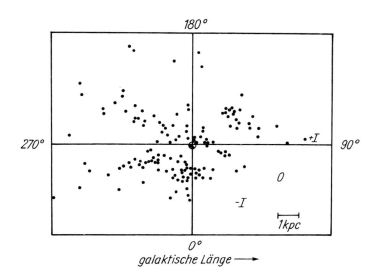

Bild 2.15 Verteilung der offenen Sternhaufen mit den frühesten Spektraltypen der Mitglieder zwischen O und B2 in der galaktischen Ebene (nach Becker, Fenkart und Binggelli [95, 76]); Bezeichnung der Spiralarme nach Becker

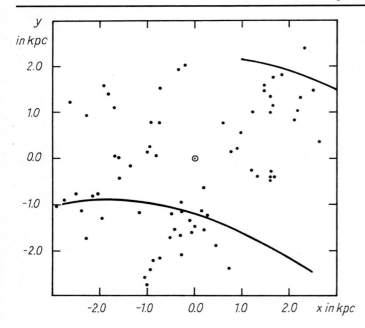

Bild 2.16 Verteilung offener
Sternhaufen aus der Nachbar-
schaft der Sonne mit dem Alter
$\tau \leqq 2 \cdot 10^7$ Jahre in der galakti-
schen Ebene. Die eingetragenen
Kurven repräsentieren Teile der
Spiralstruktur nach Georgelin
[96].
⊙   Ort der Sonne

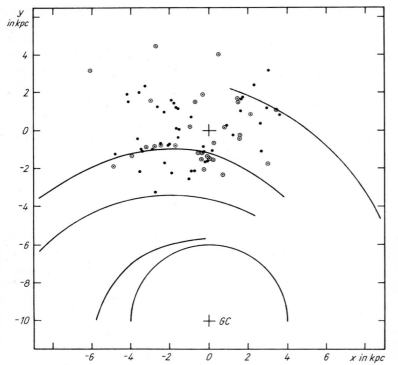

Bild 2.17 Verteilung der
offenen Sternhaufen der
Altersgruppe
$6.0 < \log \tau < 7.0$ in der galaktischen Ebene. Die eingetragenen Kurven ent-
sprechen der Spiral-
struktur nach Georgelin
⊙   Sternhaufen mit und in
Wolken interstellarer
Materie

2.15 gegebenen Spiralstruktur ist festzustellen, daß der von Becker mit 0 gekennzeichnete Spiralarm kaum als solcher erkannt werden kann und die Zuordnung der extrem jungen Sternhaufen zu den Spiralarmen +I und −I, zumindest von der gegebenen Darstellung her, der subjektiven Auffassung unterliegt. Im viel stärkeren Maße gilt diese Feststellung noch für die wenig älteren Aggregate des Altersbereiches $7.0 < \log \tau < 7.5$, deren Verteilung in der galaktischen Ebene in Bild 2.18 dargestellt wird.

Ein positives Bild hinsichtlich des Nachweises der Spiralstruktur ergibt sich aus der Häufigkeitsverteilung der galaktozentrischen Distanzen der Sternhaufen. Wie aus Bild 2.19 hervorgeht, verweist zumindest die Altersgruppe mit $\log \tau \leqq 7.0$ durch Verteilungsmaxima bei $R_{GC} \approx 9.3$ kpc und $R_{GC} \approx 11.5$ kpc auf eine lose Zuordnung dieser Objekte zu den radioastronomisch festgestellten Spiralarmen +I und −I. Die wenig älteren Aggregate des Altersbereiches $7.0 < \log \tau < 7.5$ allerdings verteilen sich auch hier gleichermaßen über das Spiral- und Zwi-

schenarmgebiet. Zu erwähnen bleibt, daß in Bild 2.19 die Entfernung der Sonne mit 10 kpc angenommen wurde und daß im Gebiet ihrer näheren und weiteren Umgebung auch die älteren und alten Aggregate angeordnet sind.

Ein möglicher Hinweis einer losen Zuordnung junger Sternhaufen zu den Spiralarmen +I und −I ergibt sich auch aus der Längenverteilung. Dabei entsprechen die Verteilungsmaxima bei $l = 110°$ und $l \approx 300°$ für Aggregate mit $\log \tau < 7.5$ in Bild 2.11 den Positionen der Spiralarme.

Die Verteilung der Sternhaufen aller Altersgruppen in der galaktischen Ebene geht aus Bild 2.20 hervor. Aus der Darstellung wird eine einheitliche Struktur erkennbar, die sich in der Antizentrumsrichtung um die Sonne konzentriert. Die Verteilung widerspiegelt einerseits einen von der galaktischen Länge abhängigen Auswahleffekt, der durch die Verteilung des interstellaren Staubes hervorgebracht wird, und andererseits Gebiete der Spiralstruktur, die durch die dort stattfindende Sternentstehung geprägt wird.

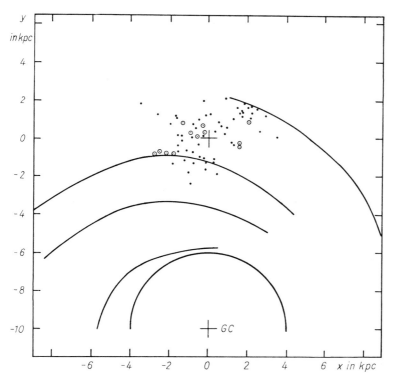

Bild 2.18 Verteilung der offenen Sternhaufen der Altersgruppe $7.0 < \log \tau < 7.5$ in der galaktischen Ebene. Spiralarmstruktur nach Georgelin

⊙ Sternhaufen mit und in Wolken interstellarer Materie

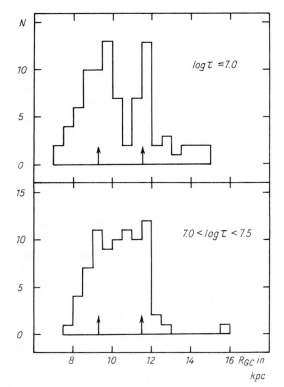

Bild 2.19 Häufigkeitsverteilung galaktischer Sternhaufen in Abhängigkeit vom galaktozentrischen
Abstand R_{GC} und vom Alter

Sehr deutlich kommt die Wirksamkeit des Auswahleffektes in Bild 2.21 zum Ausdruck, wo die Extinktionsgebiete unterschiedlicher Stärke bis zu einer Entfernung von 2 kpc von der Sonne aus der Arbeit von Fitzgerald [97] zusammen mit den Besetzungszahlen der offenen Sternhaufen einzelner galaktischer Längenbereiche eingetragen sind. Der Radius des eingezeichneten Kreises entspricht für die Darstellung der Extinktionsgebiete einer Entfernung von $r = 2$ kpc und für die Besetzungszahlen $n = 50$.

Aus Bild 2.21 ist erkennbar, daß im Bereich der Verteilungsmaxima $l = 240°$ und $l = 290°$ relativ geringe Extinktionswirkungen vorliegen und die Haufenzahlen in diesen Richtungen wegen des kaum gestörten Durchblicks fast keine Beeinträchtigungen erfahren. Für das Verteilungsmaximum bei $l = 290°$ ebenso wie für das Maximum bei $l \approx 130°$ liegen außerdem (s. o.) echte Anhäufungen junger Sternhaufen mit einer möglichen Kopplung an die Spiralarmstruktur vor.

Die Verteilung der offenen Sternhaufen aller Altersgruppen in Abhängigkeit vom galaktozentrischen Abstand ist in Bild 2.22 dargestellt. Auch dieses Histogramm verdeutlicht die Konzentration der Aggregate in der Umgebung der

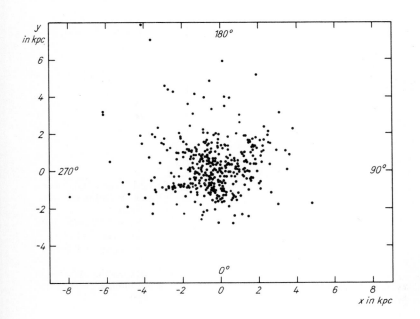

Bild 2.20 Verteilung der offenen Sternhaufen aller Altersgruppen in der galaktischen Ebene

Sonne ($R_{GC} = 10$ kpc) in Richtung des Antizentrums. Dabei bleibt anzumerken, daß das Verteilungsmaximum im Bereich 9 kpc $< R_{GC}$ < 11 kpc eindeutig im Zwischenarmgebiet liegt und wesentlich durch Sternhaufen der Altersgruppe $\log \tau > 8.5$ beeinflußt wird.

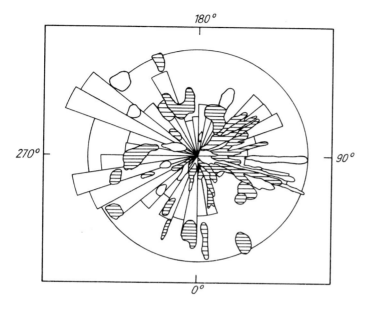

Bild 2.21 Längenverteilung der interstellaren Extinktionsgebiete (nach Fitzgerald [97]) und der Sternhaufenzahlen in der galaktischen Ebene.
Der Radius des eingezeichneten Kreises entspricht für die Darstellung der Extinktionsgebiete
$r = 2$ kpc und für die Besetzungszahlen $n = 50$
Starke Schraffur $a > 1\overset{m}{.}0$
Mittlere Schraffur $a = 0\overset{m}{.}7 \ldots 1\overset{m}{.}0$
Gebiete ohne Schraffur $a < 0\overset{m}{.}7$

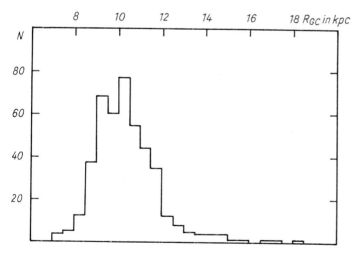

Bild 2.22 Verteilung der offenen Sternhaufen aller Altersgruppen in Abhängigkeit vom galaktozentrischen Abstand R_{GC}

3. Farben-Helligkeits-Diagramme offener Sternhaufen

3.1. Allgemeine Anmerkungen und Grundlagen

Eine wesentliche Grundlage der Astrophysik bilden die Farben-Helligkeits- oder Hertzsprung-Russel-Diagramme, weil aus ihnen Aussagen über die Zustandsgrößen der Sterne und ihre Entwicklungstadien möglich sind. Im besonderen Maße gilt dies für die entsprechenden Diagramme der Sternhaufen, bei deren Mitgliedern es sich um eine Ansammlung von Sternen nahezu gleichen Alters und gleicher Entfernung, aber unterschiedlicher Masse handelt, die aus chemisch nahezu gleichem Ausgangsmaterial entstanden ist. Diese Gegebenheiten sind Vorzüge, die die Farben-Helligkeits- und Hertzsprung-Russel-Diagramme der Sternhaufen vom allgemeinen, aus einer Vielzahl von Feldsternen konstruierten FHD oder HRD unterscheidet und die letztlich zur heute gebräuchlichen Interpretation der Diagramme als Zustands- und Entwicklungsdiagramme geführt haben.

Das FHD oder HRD eines Sternhaufens, konstruiert aus den entsprechenden Parametern aller Mitglieder, ist ein Charakteristikum für das jeweilige Aggregat und widerspiegelt dessen Entwicklungszustand und Eigenschaften, die in starkem Maße durch die Masse und chemische Anfangszusammensetzung sowie durch den Entwicklungsstand der Mitglieder geprägt werden.

3.1.1. Das Farben-Helligkeits-Diagramm als Zustandsdiagramm

Das Hertzsprung-Russel- oder Farben-Helligkeits-Diagramm, ganz allgemein betrachtet, geht aus der Gegenüberstellung von Leuchtkraft (L) oder absoluter visueller oder bolometrischer Helligkeit (M_V, M_{bol}) einer Vielzahl von Sternen über deren Spektraltypus oder eines ihm adäquaten Farbenindex oder der den beiden letztgenannten Parametern zuzuordnenden effektiven Sterntemperatur hervor.

Vom Hertzsprung-Russel-Diagramm (HRD) spricht man dann, wenn man die absolute Helligkeit der Sterne ihren entsprechenden Spektraltypen gegenüberstellt. Wird ein Farbenindex als Äquivalent für den Spektraltypus benutzt, ergibt sich ein Farben-Helligkeits-Diagramm (FHD). In theoretischen Arbeiten verwendet man oft das logarithmische Leuchtkraft-Temperatur-Diagramm ($\log L/L_\odot - \lg T_{eff}$-Diagramm), in welchem die absolute bolometrische Helligkeit M_{bol} oder die auf die Sonne bezogene Leuchtkraft ($L/L_\odot$) und die effektiven Oberflächentemperaturen (T_{eff}) der Sterne die Ordinaten bilden.

Da wir im Falle der Sternhaufen von nahezu gleicher Entfernung der Mitglieder eines Aggregates ausgehen können, liefert hier bereits die Gegenüberstellung der an den Sternen mit Hilfe einer Dreifarbenfotometrie gemessenen scheinbaren visuellen Helligkeit V mit den ebenfalls aus den Messungen hervorgehenden Farbenindizes $(B - V)$ und $(U - B)$ oder den Spektraltypen der Sterne, nach Berücksichtigung vorhandener interstellarer Extinktion und Verfärbung, brauchbare und aussagefähige Hertzsprung-Russel- oder Farben-Helligkeits-Diagramme, wie wir an späterer Stelle noch sehen werden. Vorausgesetzt wird dabei die Kenntnis der Haufenmitgliedschaft der für die Konstruktion des jeweiligen FHD verwendeten Sterne.

Die bolometrische Helligkeit (M_{bol}) eines

Sterns, die von dessen Radius und effektiver Oberflächentemperatur T_{eff} abhängig ist und die auch aus der Leuchtkraft abgeleitet werden kann, ergibt sich aus der absoluten visuellen Helligkeit (M_V) unter Beachtung der bolometrischen Korrektur (B.C.)

$$M_{bol} = M_V + \text{B.C.} \qquad (3.1)$$

Ihre Beziehung zum Sternradius R und zur effektiven Temperatur T_{eff} sowie zur Leuchtkraft folgt den Gleichungen

$$M_{bol} = 42.26 - 5 \log R/R_\odot - 10 \log T_{eff}; \qquad (3.2)$$
$$M_{bol} = 4.72 - 2.5 \log L/L_\odot. \qquad (3.3)$$

Darin werden die entsprechenden Parameter in Einheiten der Sonne ausgedrückt:

$R_\odot = 6.96 \cdot 10^{10}$ cm
$L_\odot = 3.9 \cdot 10^{33}$ erg s^{-1}

Die absolute visuelle Helligkeit M_V leitet sich aus der beobachteten scheinbaren Helligkeit V unter Berücksichtigung der Entfernung d (in pc) eines Sterns und der interstellaren visuellen Gesamtextinktion A_V ab:

$$M_V = V + 5 - 5 \log d - A_V. \qquad (3.4)$$

Die visuelle Gesamtextinktion A_V ist über den Farbexzeß $E_{(B-V)} = A_B - A_V$ durch folgende Beziehung gegeben:

$$A_V = (3.0 \pm 0.2) \, E_{(B-V)}, \qquad (3.5)$$

so daß man die wegen interstellarer Extinktion korrigierte scheinbare Helligkeit V_0 erhält aus

$$V_0 = V - A_V.$$

Den wegen interstellarer Verfärbung korrigierten zugehörigen Farbenindex $(B\text{-}V)_0$ erhält man aus

$$(B - V)_0 = (B - V) - E_{(B-V)}.$$

Anzumerken ist außerdem, daß die selektive Extinktion eines Farbbereiches mit der Schwerpunktwellenlänge λ aus folgender Beziehung ableitbar ist:

$$A/A_V = 0.68 \, (1/\lambda - 0.35) \qquad (3.6)$$

Die Gleichung der Verfärbungslinie im gebräuchlichen UBV-System wird von Allen [98] angegeben mit

$$E_{(U-B)}/E_{(B-V)} = 0.73 + 0.06 \, E_{(B-V)} \qquad (3.7)$$

Im Hinblick auf die an späterer Stelle zu behandelnde Entfernungsbestimmung sei erwähnt, daß Gleichung (3.4) auch den Entfernungsmodul ($V_0 - M_V$) enthält.

Die in den vorangegangenen Gleichungen aufgezeigten Beziehungen machen deutlich, daß das aus rein fotometrischen oder fotometrischen und spektroskopischen Daten aufgebaute Hertzsprung-Russel- oder Farben-Helligkeits-Diagramm wichtige Schlüsse auf die Zustandsgrößen der Sterne, wie Leuchtkraft, Radius und effektive Oberflächentemperatur zuläßt. Über die Leuchtkräfte der Sterne besteht aber auch die Möglichkeit, auf die wesentlichste aller stellaren Zustandsgrößen, die Sternmasse, die die Physik der Sterne, ihre Entwicklung und ihr endgültiges Schicksal bestimmt, einzugehen. Masse und Leuchtkraft und über diese Grundparameter hinaus auch alle anderen Parameter sind durch die Masse-Leuchtkraft-Beziehung miteinander verbunden. Die für die Hauptreihensterne (Leuchtkraftklasse V) gültige Beziehung wird von Schmidt-Kaler in Landolt-Börnstein [4] wie folgt angegeben:

$$\log M/M_\odot = 0.46 - 0.10 \, M_{bol} \, (M_{bol} < 7.5) \qquad (3.8)$$
$$\log M/M_\odot = 0.75 - 0.145 \, M_{bol} \, (M_{bol} > 7.5) \qquad (3.9)$$

In diesen Gleichungen bedeuten $M/M_\odot$ die auf die Sonnenmasse ($M_\odot = 1.99 \cdot 10^{33}$g) bezogenen Sternmassen.

Die Einführung der Leuchtkraftklassen in die Interpretation des Hertzsprung-Russel- und Farben-Helligkeits-Diagramms datiert aus dem Jahre 1907, als Hertzsprung [99] die grundlegende Entdeckung machte, daß die Sterne der mittleren und späten Spektralklassen in 2 getrennte Gruppen zerfallen, die sich in ihrer absoluten Helligkeit um so mehr voneinander unterscheiden, je später deren Spektraltyp ist.

Da, unabhängig von der absoluten Helligkeit, bei nahezu gleichem Spektraltyp größenordnungsmäßig nahezu gleiche Oberflächentemperaturen der Sterne zu erwarten sind, ergeben sich (siehe auch Gleichung (3.2)) bei den Sternen hoher absoluter Helligkeit größere Radien als bei Objekten schwächerer bolometrischer Helligkeit. Anhand der unterschiedlichen Oberflächenhelligkeit lag es nahe, sie in die Gruppe der Riesen- und Zwergsterne einzuteilen.

Heute, nach systematischer Einordnung der Sterne in das HRD oder FHD und dem Studium druckempfindlicher Spektrallinien der Sterne, unterscheiden wir 7 Leuchtkraftklassen, deren Kennzeichnung mit römischen Ziffern erfolgt. Ihre Zuordnung zu einzelnen Sternen und die Bezeichnung dieser Objekte geht aus der nachfolgenden Zusammenstellung in Tabelle 3.1 hervor.

Mit Ausnahme der Weißen Zwerge, für deren Leuchtkraftklassenbezeichnung in der Literatur

auch der Buchstabe D zu finden ist, sind die einzelnen Gruppen nicht streng unterteilt. Die Mitglieder der einzelnen Leuchtkraftklassen unterscheiden sich jedoch in ihren Eigenschaften von Gruppe zu Gruppe. Anzumerken bleibt auch, daß innerhalb der Leuchtkraftklasse I noch Unterteilungen in die Unterklassen Ia (Über-Überriesen) und Ib (Überriesen) vorgenommen werden können.

Die Lage der Sterne aus den einzelnen Leuchtkraftklassen im FHD geht aus Bild 3.1 und Bild 3.2 hervor, wo die Hauptreihe, der Ort für alle Sterne der Leuchtkraftklasse V, von links oben nach rechts unten quer durch das Diagramm verläuft. Auf ihr befinden sich die meisten Sterne mit Leuchtkräften von $1\,000\,L_{\odot}$ bei B0 bis $1/1000\,L_{\odot}$ bei M.

Der zweite, weniger ausgeprägte nahezu horizontal verlaufende Ast in Bild 3.1, der etwa bei Sternen des Spektraltypes G0 beginnt und Objekte von $10\,L_{\odot}\ldots100\,L_{\odot}$ beinhaltet, ist der Riesenast der Leuchtkraftklasse III. Obwohl in Bild 3.1 durchgezeichnet, gehen Riesenast und die Hauptreihe nicht ineinander über. Es gibt eine

Tabelle 3.1   Leuchtkraftklassen

Leuchtkraftklasse	Bezeichnung der Sterne
I	Überriesen
II	helle Riesen
III	Riesen
IV	Unterriesen
V	Hauptreihen- oder Zwergsterne
VI	Unterzwerge
VII(D)	Weiße Zwerge

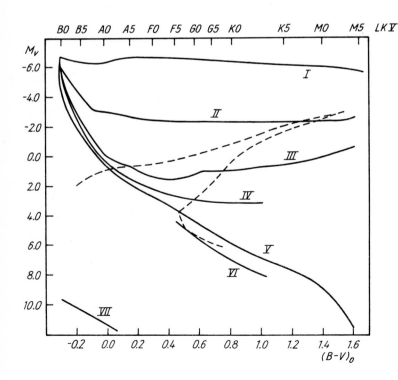

Bild 3.1 Einzelne Bereiche der Leuchtkraftklassen im FHD

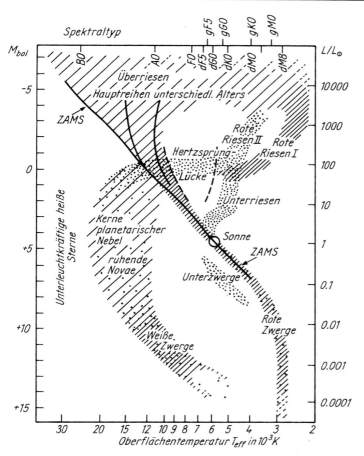

Bild 3.2 Schematisches Hertzsprung-Russel-Diagramm mit Sternen der Population I und II nach Zombeck [100]

////// Population I
······ Population II
——— ZAMS

auffallende Sternleere in der Ausdehnung des Riesenastes im Gebiet der Spektraltypen A5 bis G0, die als Hertzsprung-Lücke bekannt ist. Auf sie wird im Verlaufe der Betrachtungen noch mehrmals eingegangen.

Im ganzen oberen Bereich des FHD befinden sich vereinzelt, aber gleichmäßig dünn verteilt helle und sehr helle Sterne. Sie gehören zu den Leuchtkraftklassen I und II. Vereinzelt finden wir auch Sterne unterhalb des Riesenastes (LK IV) und unterhalb der Hauptreihe (LK VI), die wegen ihrer Lage als Unterriesen und Unterzwerge bezeichnet werden. Die Weißen Zwerge (LK VII) bevölkern den linken unteren Teil des FHD, das Gebiet geringer absoluter Helligkeit und kleiner Farbenindizes. Trotz hoher Oberflä-

chentemperatur haben diese Objekte eine sehr geringe Ausdehnung.

Die Daten für die in Bild 3.1 dargestellten Linien der Leuchtkraftklassen V, III und I (Iab) sind in Tabelle 3.2 zusammengestellt. Neben den absoluten visuellen Helligkeiten M_V für Sterne unterschiedlichen Spektraltyps sind dort die zugehörigen Farbenindizes $(B - V)_0$ sowie die bolometrischen Korrekturen (B.C.) und die effektiven Oberflächentemperaturen T_{eff} aufgeführt. Weitere Zustandsgrößen für die in Tabelle 3.2 enthaltenen Sterne, wie Masse $(M/M_\odot)$, Radius $(R/R_\odot)$ und Leuchtkraft $(L/L_\odot)$, jeweils bezogen auf die entsprechende Parameter der Sonne, sind in Tabelle 3.3 aufgeführt.

Tabelle 3.2   Zustandsgrößen von Sternen unterschiedlicher Leuchtkraftklassen

Sp.	log T_{eff} (in K)			M_{V}			B.C.			$(B-V)_0$		
LK	V	III	I	V	III	I	V	III	I	V	III	I
O3	4.720	4.698	4.675	$-6^{\mathrm{M}}0$	$-6^{\mathrm{M}}6$	$-6^{\mathrm{M}}8$	$-4^{\mathrm{m}}75$	$-4^{\mathrm{m}}58$	$-4^{\mathrm{m}}41$			
O5	4.648	4.628	4.605	−5.7	−6.3	−6.6	−4.40	−4.05	−3.87	$-0^{\mathrm{m}}33$	$-0^{\mathrm{m}}32$	$-0^{\mathrm{m}}31$
O6	4.613	4.595	4.591	−5.5	−6.1	−6.5	−3.93	−3.80	−3.74	−0.33	−0.32	−0.31
O8	4.555	4.541	4.535	−4.9	−5.8	−6.5	−3.54	−3.39	−3.18	−0.32	−0.31	−0.29
B0	4.486	4.463	4.415	−4.0	−5.1	−6.4	−3.16	−2.88	−2.49	−0.30	−0.29	−0.23
B3	4.271	4.234	4.209	−1.6	−3.0	−6.3	−1.94	−1.60	−1.26	−0.20	−0.20	−0.13
B5	4.188	4.177	4.133	−1.2	−2.2	−6.2	−1.46	−1.30	−0.95	−0.17	−0.17	−0.10
B8	4.077	4.095	4.048	−0.2	−1.2	−6.2	−0.80	−0.82	−0.66	−0.11	−0.11	−0.03
A0	3.978	4.005	3.988	+0.6	0.0	−6.3	−0.30	−0.42	−0.41	−0.02	−0.03	−0.01
A5	3.914	3.908	3.930	+1.9	+0.7	−6.6	−0.15	−0.14	−0.13	+0.15	+0.15	+0.09
F0	3.857	3.854	3.886	+2.7	+1.5	−6.6	−0.09	−0.11	−0.01	+0.30	+0.30	+0.17
F5	3.809	3.811	3.839	+3.5	+1.6	−6.6	−0.14	−0.14	−0.03	+0.44	+0.43	+0.32
G0	3.780	3.767	3.744	+4.4	+1.0	−6.4	−0.18	−0.20	−0.15	+0.58	+0.65	+0.76
G5	3.760	3.712	3.686	+5.1	+0.9	−6.2	−0.21	−0.34	−0.33	+0.68	+0.86	+1.02
K0	3.720	3.676	3.645	+5.9	+0.7	−6.0	−0.31	−0.50	−0.50	+0.81	+1.00	+1.25
K5	3.638	3.596	3.585	+7.4	−0.2	−5.8	−0.72	−1.02	−1.01	+1.15	+1.50	+1.60
M0	3.585	3.580	3.562	+8.8	−0.4	−5.6	−1.38	−1.25	−1.29	+1.40	+1.56	+1.67
M2	3.554	3.559	3.538	+9.9	−0.6	−5.6	−1.89	−1.62	−1.62	+1.49	+1.60	+1.71
M5	3.510	3.522	3.446	+12.3	−0.3	−5.6	−2.73	−2.48	−3.47	+1.64	+1.63	+1.76
M8	3.422			+16.0			−4.10			+1.93	+1.50	

Tabelle 3.3   Weitere Zustandsgrößen von Sternen unterschiedlicher Leuchtkraftklassen

Sp.	$M/M_\odot$			$R/R_\odot$			$\log(L/L_\odot)$		
LK	V	III	I	V	III	I	V	III	I
O3	120		140	15			6.146	6.322	6.342
O5	60		70	12		30:	5.898	5.996	6.041
O6	37		40	10		25:	5.623	5.813	5.954
O8	23		28	8.5		20	5.230	5.531	5.792
B0	17.5	20	25	7.4	15	30	4.716	5.041	5.415
B3	7.6			4.8			3.279	3.699	4.881
B5	5.9	7	20	3.9	8	50	2.919	3.255	4.716
B8	3.8			3.0			2.255	2.663	4.602
A0	2.9	4	16	2.4	5	60	1.732	2.025	4.544
A5	2.0		13	1.7		60	1.146	1.633	4.544
F0	1.6		12	1.5		80	0.813	1.301	4.505
F5	1.4		10	1.3		100	0.505	1.230	4.505
G0	1.05	1	10	1.1	6	120	0.176	1.531	4.477
G5	0.92	1.1	12	0.92	10	150	−0.102	1.633	4.462
K0	0.79	1.1	13	0.85	15	200	−0.377	1.778	4.462
K5	0.67	1.2	13	0.72	25	400	−0.824	2.342	4.580
M0	0.51	1.2	13	0.60	40	500	−1.114	2.519	4.613
M2	0.40	1.3	19	0.50		800	−1.347	2.740	4.740
M5	0.21		24	0.27			−1.959	2.968	4.477
M8	0.06			0.10			−2.921		

Unter Berücksichtigung der gegebenen formelmäßigen Zusammenhänge sind diese Daten sowohl für die Konstruktion des FHD als auch des entsprechenden Hertzsprung-Russel- oder $\log T_{eff} - \log L/L_\odot$-Diagramms geeignet und bilden auch für spätere Betrachtungen die Grundlage. Alle in Tabelle 3.2 und Tabelle 3.3 aufgeführten Parameter sind aus Landolt-Börnstein [4] entnommen.

Die in das FHD in Bild 3.1 eingetragenen ausgezogenen Linien kennzeichnen die Lage der Sterne der Sternpopulation I. Sie sind somit auch repräsentativ für die Sterne offener Sternhaufen, für Überriesen, T-Tauri-Sterne, OB-Sterne, klassische Cepheiden, Sterne mit starken Spektrallinien, A-Sterne, Emissionsliniensterne der Leuchtkraftklasse V und des Spektraltyps M, Zentralsterne planetarischer Nebel, Weiße Zwerge und normale Riesensterne.

Alle genannten Sterngruppen zeichnen sich dadurch aus, daß sie jünger und mit höherem Gehalt an schweren Elementen (schwerer als Helium) ausgestattet sind als die Sterne der Population II, deren blauer und roter Ast nebst einem Teil der entsprechenden Hauptreihe zum Vergleich als gestrichelte Linien ebenfalls in das FHD in Bild 3.1 eingetragen sind. Farben-Helligkeits-Diagramme aus Sternen mit geringem Anteil an schweren Elementen finden wir in besonders ausgeprägter Form bei den Kugelsternhaufen. Sie sind typisch für alte Sterne, wie Objekte des galaktischen Halos, für Unterriesen und RR-Lyrae-Sterne mit Perioden $P < 0^d.4$, für Sterne des Spektraltyps F bis M mit hohen Geschwindigkeiten, für periodische Veränderliche mit Perioden $P < 250^d$ und W-Virginis-Sterne.

Es sei angemerkt, daß sich in bestimmten Gebieten des allgemeinen HRD oder des FHD die Besetzungsbereiche aus Sternen der Population I und II überdecken. Recht instruktiv geht dieser Sachverhalt auch aus dem schematischen HRD in Bild 3.2 hervor, wo die Gebiete einzelner Gruppen und Leuchtkraftklassen, auch solche, die im vorangegangenen Text keine Erwähnung gefunden haben, getrennt nach ihrer Populationszugehörigkeit eingetragen sind. Die Darstellung, die einer Arbeit von Zombeck [100] entnommen ist, ist auch im Hinblick auf die Interpretation des FHD als Entwicklungsdiagramm von Interesse.

Ferner bleibt anzumerken, daß es zwischen den extremen Populationen I und II, der Spiralarmpopulation einerseits und der Halopopulation andererseits, die durch die offenen Sternhaufen und die Kugelsternhaufen repräsentiert werden, fließende Übergänge gibt. Letztlich charakterisiert die Populationszugehörigkeit das Entstehungsalter der Objekte und ihre Lage in der Galaxis. Dabei ist sicherlich das Alter das entscheidende Kriterium, zumal infolge von Kernprozessen in den Sternen und infolge von kosmogonisch bedingten Massenverlusten stellare Materie wieder an das interstellare Medium zurückgegeben wird und auf diese Weise eine Anreicherung der interstellaren Materie mit schweren Elementen erfolgt. Da sich in unserer Galaxis kontinuierlich Sterne aus den Wolken interstellarer Materie gebildet haben, liegt ihnen je nach Entstehungsalter chemisch unterschiedliches Ausgangsmaterial zugrunde.

3.1.2. Das Farben-Helligkeits-Diagramm als Entwicklungsdiagramm

Die Position eines Sterns im FHD charakterisiert dessen astrophysikalische Eigenschaften zum derzeitigen Entwicklungsstand und -alter. Da sich im Verlaufe der Sternentwicklung die Anfangsparameter des inneren Aufbaus der Sterne, ihre chemische Zusammensetzung und auch geringfügig ihre Masse stetig ändern, verändert sich auch die Position eines Sterns im FHD im Verlaufe seiner Entwicklung. Eine Ansammlung von nahezu gleichaltrigen Sternen unterschiedlicher Masse, eine Gegebenheit, wie wir sie in einem Sternhaufen voraussetzen können, zeigt demnach in ihrem fotometrischen und spektroskopischen Verhalten im FHD die für die unterschiedlichen Massen gültigen Entwicklungsstadien des gegebenen mittleren Haufenalters.

Umgekehrt verweist das von der Beobachtung aufgezeigte unterschiedliche Aussehen der Farben-Helligkeits-Diagramme galaktischer Sternhaufen auf deren unterschiedliches Alter und die damit gekoppelten Veränderungen der mas-

seabhängigen Parameter der einzelnen Haufenmitglieder. Aus diesen Befunden wissen wir,
daß die Sterne einem Entwicklungsprozeß unterliegen, der durch die bei der Sternentstehung
mitbekommenen Masse und die chemische Zusammensetzung der Ursprungswolke vorpro-
grammiert ist.

Durch die Erkenntnis über die nukleare
Energieerzeugung der Sterne und durch das er-
worbene Wissen um den inneren stellaren Aufbau war es nach Einführung der modernen Rechentechnik möglich, den masseabhängigen
Entwicklungsprozeß der Sterne theoretisch
nachzuvollziehen.

Nach Vorgabe der Sternmassen und der chemischen Zusammensetzung läßt sich die Sternentwicklung anhand von Modellen einmal bis
zu dem Zeitpunkt verfolgen, bei dem infolge
hoher Temperaturen durch den Kontraktions-
prozeß die nukleare Energieerzeugung in den
Sternen durch Kernfusionsprozesse einsetzt
und bei dem die Sterne die Hauptreihe des Alters Null (ZAMS   Zero Age Main Sequence),
die früheste Entwicklungsstufe auf der Hauptreihe, erreichen. Durch Rechnungen läßt sich
auch der Aufenthalt der Sterne unterschiedlicher Masse und vorgegebener chemischer Zusammensetzung auf der Hauptreihe und ihre
Weiterentwicklung, die im FHD mit dem Abwandern der Objekte von der Hauptreihe in das
Gebiet der gelben und roten Riesen verbunden
ist, abschätzen. Theoretische Untersuchungen
lassen auch erkennen, daß die Weißen Zwerge,
die Neutronensterne und die Überreste von Su-
pernovae am Ende des stellaren Entwicklungs-
weges stehen, der auch aus dem in Bild 3.2 gegebenen HRD erkennbar ist.

Nach den verschiedenen Stadien, die die
Sterne im Verlaufe ihrer Entwicklung im FHD
durchlaufen, unterscheiden wir die Gebiete des
Vorhauptreihenstadiums, des Hauptreihenstadiums und des Nachhauptreihenstadiums. Das
Vorhauptreihenstadium wird dadurch charakterisiert, daß die noch in der Kontraktion befindlichen Sterne im FHD rechts und oberhalb der
Hauptreihe angeordnet sind. Das Hauptreihenstadium kennzeichnet den Aufenthalt der
Sterne auf der Hauptreihe, wohingegen Sterne
des Nachhauptreihenstadiums rechts der

Hauptreihe bis hin in das Gebiet der gelben
und roten Riesen angeordnet sind. Die angezeigten Entwicklungsstadien sind Ausdruck der
im Inneren der Sterne ablaufenden Energie-
und Energiefreisetzungsprozesse. Diese zeigen
mit dem Beginn der nuklearen Fusionsprozesse
durch die Umwandlung von Wasserstoff in Helium im Kerngebiet der Sterne das Ende der
Kontraktionsphase des Vorhauptreihenstadiums
an, charakterisieren durch reines Wasserstoffbrennen den Aufenthalt der Sterne auf der
Hauptreihe und rufen das letzte Entwicklungsstadium hervor durch die Verlagerung der Was-
serstoffenergiequellen in die äußeren, jedoch
noch tief im Sterninneren gelegenen Schalen
der Sterne und das Zünden des Heliumbrennens in ihrem Kerngebiet sowie die spätere Verlagerung in weiter außen liegende Zonen bei
mehrmaligen Kontraktionsprozessen.

Das Entwicklungsverhalten eines Sterns gegebener Masse im FHD kommt in den entsprechenden Entwicklungslinien zum Ausdruck.
Die damit im Zusammenhang stehenden Aussagen betreffen im wesentlichen Sterne der Population I und haben die Modellrechnungen
von Iben [101, 102] sowie von Iben und Talbot
[103] zur Grundlage. Rechnerische Darstellungen des blauen und roten Astes der Population-
II-Sterne zeigen, daß bei Vorgabe einer anderen, metallärmeren chemischen Zusammensetzung diese Modellvorstellungen prinzipiell auch
auf Sterne der Population II anwendbar sind.

3.1.2.1. Entwicklungslinien des Vorhaupt-
reihenstadiums

Die Entwicklungslinien des Vorhauptreihenstadiums für Sterne mit Massen $M = 15\,M_\odot$,
$M = 9\,M_\odot$, $M = 5\,M_\odot$, $M = 3\,M_\odot$, $M = 2.25\,M_\odot$,
$M = 1.5\,M_\odot$, $M = 1.25\,M_\odot$, $M = 1.0\,M_\odot$ und
$M = 0.5\,M_\odot$ werden in Bild 3.3 dargestellt. Sie
beginnen zu einem Zeitpunkt der Kontraktionsphase, bei dem die nukleare Energieerzeugung
gegenüber der gravitativen Energieerzeugung
infolge der Kontraktion der Objekte vernachlässigbar, aber immerhin hoch genug ist, daß der
Wasserstoff und das Helium im gesamten Stern
ionisiert vorliegen und die protostellaren Objekte in Strahlung versetzt sind. Die Entwick-

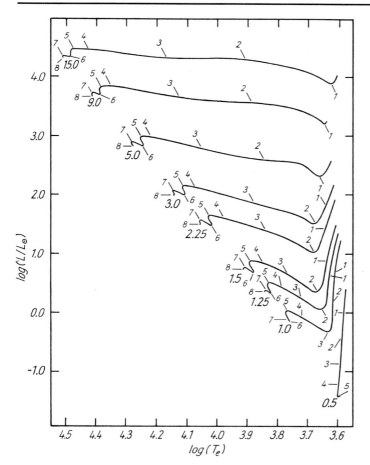

Bild 3.3 Entwicklungslinien des
Vorhauptreihenstadiums für
Sterne im Massebereich
$0.5\,M_\odot < M < 1.5\,M_\odot$ nach Iben jr.
[103]
Ziffern an Linien entsprechen
Entwicklungszeiten aus Tabelle

lungslinien enden dort im FHD, wo die Hauptreihe des Alters Null (ZAMS) liegt, die für
Sterne unterschiedlicher Masse das Einsetzen
der nuklearen Energieerzeugung in ihrem In-
nern anzeigt und charakterisiert. Die an die einzelnen Entwicklungslinien in Bild 3.3 angeschriebenen Zahlen entsprechen bestimmten
Entwicklungsstadien und deren Entwicklungszeiten in der Kontraktionsphase des Vorhauptreihenstadiums. Die Entwicklungszeiten sind
auch in Tabelle 3.4 zusammengestellt, wo die
Angaben in Jahren erfolgen und die Exponen-
ten der Zehnerpotenzen in Klammern gesetzt
sind.

Aus den Zahlenwerten in Tabelle 3.4 wird
deutlich, daß die massereichen Sterne in relativ
kurzer Zeit ($\tau \approx 10^4$a...10^5a) das Vorhauptreihenstadium durcheilen, wohingegen die masse-

armen Objekte dazu 10^7...10^8 Jahre benötigen.
Dieser Sachverhalt ist gerade im Hinblick auf
die Gesamtentwicklung der Sterne und die Interpretation der Farben-Helligkeits-Diagramme
offener Sternhaufen von besonderer Bedeutung,
weil gerade für extrem junge Sternhaufen eine
im oberen, für massereiche Sterne vorbehalte-
nen Teil besetzte Hauptreihe und massearme
Sterne rechts und oberhalb der Hauptreihe cha-
rakteristisch sind (siehe Abschnitt 3.2).

Die mit den Entwicklungslinien für Sterne
unterschiedlicher Masse gekoppelten Entwicklungszeiten gestatten die Festlegung der Orte
im FHD, die sich durch gleiches Alter auszeich-
nen und die, durch eine Linie miteinander verbunden, die Isochrone (Linien gleichen Alters)
im FHD ergeben. Diese Linien sind zusammen
mit den Entwicklungslinien in Bild 3.4 eingetra-

Tabelle 3.4 Masseabhängige Entwicklungszeiten (in Jahren) im Vorhauptreihenstadium für Sterne der Population I nach I. Iben [103]

Punkte	$M/M_\odot$								
	15.0	9.0	5.0	3.0	2.25	1.5	1.25	1.0	0.5
1	6.740(2)	1.443(3)	2.936(4)	3.420(4)	7.862(4)	2.347(5)	4.508(5)	1.189(5)	3.195(5)
2	3.766(3)	1.473(4)	1.069(5)	2.078(5)	5.940(5)	2.363(6)	3.957(6)	1.058(6)	1.786(6)
3	9.350(3)	3.645(4)	2.001(5)	7.633(5)	1.883(6)	5.801(6)	8.800(6)	8.910(6)	8.711(6)
4	2.203(4)	6.987(4)	2.860(5)	1.135(6)	2.505(6)	7.584(6)	1.155(7)	1.821(7)	3.092(7)
5	2.657(4)	7.922(4)	3.137(4)	1.250(6)	2.818(6)	8.620(6)	1.404(7)	2.529(7)	1.550(8)
6	3.984(4)	1.019(5)	3.880(5)	1.465(6)	3.319(6)	1.043(7)	1.755(7)	3.418(7)	
7	4.585(4)	1.195(5)	4.559(5)	1.741(6)	3.993(6)	1.339(7)	2.796(7)	5.016(7)	
8	6.170(4)	1.505(5)	5.759(5)	2.514(6)	5.855(6)	1.821(7)	2.954(7)		

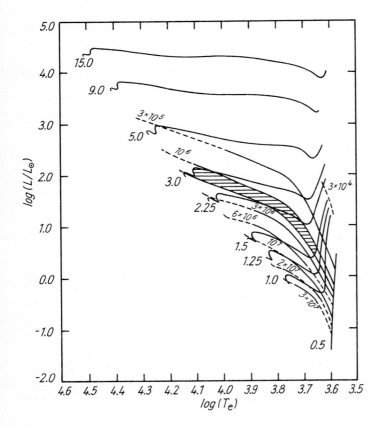

Bild 3.4 Entwicklungslinien und Linien gleichen Alters des Vorhauptreihenstadiums für Sterne des Massebereiches $0.5\,M_\odot < M < 1.5\,M_\odot$ und des Altersbereiches $3 \cdot 10^4\,a < \tau < 3 \cdot 10^7\,a$

gen. Die Darstellung zeigt, daß sich die Isochronen mit zunehmendem Alter der Hauptreihe des Alters Null kontinuierlich nähern und daß diese jeweils von den massereichsten Sternen einer Altersgruppe erreicht wird, wohingegen sich die masseärmsten Objekte noch rechts und oberhalb von ihr befinden. Als Beispiel können die Sterne des Alters $\tau = 10^6$ Jahre im gegebenen theoretischen FHD verfolgt werden. Die Lage der Isochrone dieses Alters sagt aus, daß Sterne von $M = 15\,M_\odot$, $M = 9\,M_\odot$ und $M = 5\,M_\odot$ zu diesem Zeitpunkt bereits auf der Hauptreihe des Alters Null angelangt sind, Sterne mit $M = 4\,M_\odot$ sich anschicken in die

ZAMS einzutreten und alle anderen Objekte mit $M \leqq 4\,M_\odot$ sich noch in den unterschiedlichsten Entwicklungsphasen des Vorhauptreihenstadiums befinden. Aus dem Diagramm wird auch erkennbar, daß ein Stern mit $M = 1\,M_\odot$ etwa $5 \cdot 10^7$ Jahre benötigt, bis er die ZAMS erreicht.

Die angegebenen Beispiele zeigen, daß aus dem FHD anhand der aus den Beobachtungen ableitbaren Parameter nicht nur auf die aktuellen Zustandsgrößen eines Sterns, sondern auch auf dessen Alter, Masse und Entwicklungszustand geschlossen werden kann. Im Zusammenhang mit der Altersbestimmung der Sternhaufen wird auf diesen Sachverhalt noch einmal zurückgegriffen. Im Hinblick auf die möglichen masseärmsten Mitglieder ($M \approx 0.5\,M_\odot$) eines Aggregates kann festgestellt werden, daß in offenen Sternhaufen, die ein geringeres Alter als

$\tau \leqq 1.55 \cdot 10^8$ Jahre aufweisen, Sterne zu erwarten sind, die sich noch im Vorhauptreihenstadium befinden.

3.1.2.2. Entwicklungslinien des Haupt- und Nachhauptreihenstadiums

Die Lage der Entwicklungslinien des Haupt- und Nachhauptreihenstadiums metallreicher Sterne (Population I) unterschiedlicher Masse im FHD wird in Bild 3.5 dargestellt. Die an die einzelnen Linien angeschriebenen Zahlen charakterisieren den Anfang und das Ende bestimmter Entwicklungsphasen in diesen Stadien der Sternentwicklung, die mit Änderungen in der Physik der Sterne und deren Verhalten einhergehen. Die Verweilzeiten der Sterne in den einzelnen Entwicklungsphasen sind in Tabelle 3.5 zusammengefaßt. Aus den dortigen Daten

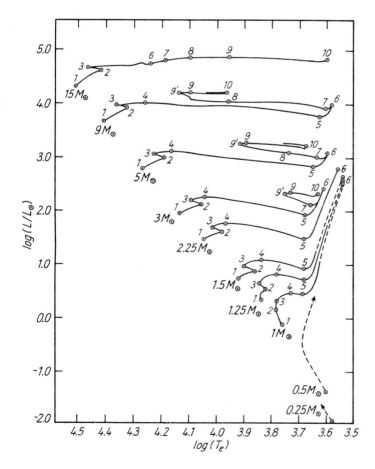

Bild 3.5 Entwicklungslinien des Haupt- und Nachhauptreihenstadiums für Sterne des Massebereiches $0.25\,M_\odot < M < 15\,M_\odot$ nach Iben jr. [102]
Ziffern an Linien kennzeichnen Anfangs- und Endpunkte der in Tabelle 3.5 enthaltenen Verweilzeiten bestimmter Entwicklungsphasen.

Tabelle 3.5 Masseabhängige Verweilzeiten von metallreichen Sternen im Haupt- und Nachhauptreihenstadium nach I. Iben [102]

Masse (in $M_\odot$)	Dauer der Entwicklungsphasen (in 10^7 a)									Zeit seit Erreichen der ZAMS (in 10^7 a)
	1...2	>2...3	>3...4	>4...5	>5...6	>6...7	>7...8	>8...9	>9...10	
15	1.010	0.027	0.009	0.008		0.072	0.062	0.019	0.004	1.192
9	2.144	0.061	0.137	0.015	0.066	0.049	0.009	0.328	0.016	2.697
5	6.547	0.217	1.033	0.075	0.049	0.605	0.102	0.900	0.093	8.725
3	22.12	1.042	3.696	0.451	0.424	2.51		4.08		0.600	32.260
2.25	48.02	1.647	34.90	1.310	3.829					58.502
1.5	155.3	8.10	104.5	10.49	$\geqq 20$					$\geqq 228.790$
1.25	280.3	18.24	120	14.63	$\geqq 40$					$\geqq 457.67$
1.0	700	200		15.7	$\geqq 100$					$\geqq 1\,135.7$

ergibt sich die jeweils verflossene Zeit seit dem Erreichen der Hauptreihe des Alters Null als Summe der vorangegangenen Verweilzeiten.

Ohne im Rahmen dieses Buches auf die Physik der einzelnen Phasen näher eingehen zu können, sei angemerkt, daß das Verhalten zwischen den Punkten 1 und 2 in Bild 3.5 bei den massereichen Objekten ($L/L_\odot > 2.0$) und zwischen den Punkten 1 und 4 bei den massearmen Sternen ($L/L_\odot \leqq 1.0$) durch das Wasserstoffbrennen im Kern der Sterne hervorgebracht wird und ihrem Aufenthalt auf der Hauptreihe entspricht. Diese Phase weist auch die jeweils größte Verweilzeit auf (siehe Tabelle 3.5).

In der weiteren Folge nach dem Hauptreihenstadium, die mit der Radiusvergrößerung und dem Abwandern der Sterne von der Hauptreihe in das Gebiet der gelben und roten Riesensterne einhergeht und die einerseits mit Kontraktionsphasen und der Verdichtung des Kerns und andererseits mit der Verlagerung des sogenannten Wasserstoffbrennens in die äußeren Schichten verbunden ist, beginnt schließlich das Heliumbrennen im Kern der Sterne (ab Punkt 7 bei $M = 5\,M_\odot$).

Ähnlich wie das Wasserstoffbrennen, erreicht auch das Heliumbrennen die äußeren Schichten und hat den Stern in seiner Entwicklung weiter vorangebracht. Die Kerne der Riesensterne haben sich zu Gebilden entwickelt, die, wenn sie sich im Zuge der weiteren Entwicklung ihrer äußeren Schichten und Massen durch Massenverlust entledigt haben, im FHD am Ort der Sterne der LK VII als Weiße Zwerge

aufzufinden sind. Der Weg dorthin ist rechnerisch noch nicht eindeutig nachvollzogen. Sicher ist aber, daß er durch rückläufiges Überschreiten der Hauptreihe über das Stadium der planetarischen Nebel führt (siehe auch Bild 3.2).

Auch im Haupt- und Nachhauptreihenstadium sind die Verweilzeiten und deren Länge durch die Massen der Sterne geprägt. Die für diese Stadien auf der Grundlage der in Tabelle 3.5 gegebenen Entwicklungslinien abgeleiteten Linien gleichen Alters im FHD sind in Bild 3.6 und Bild 3.7 dargestellt. Die Diagramme, die einer Arbeit von Maeder und Mermilliod [104] entnommen sind und die die Gegenüberstellung der absoluten Helligkeiten sowohl mit den Farbenindizes $(B-V)_0$ als auch $(U-B)_0$ zeigen, verweisen darauf, daß in jeder Altersgruppe jeweils die massereichsten Sterne am weitesten nach rechts von der Hauptreihe des Alters Null (ZAMS) abgewandert sind. An die Isochrone der verschiedenen Altersgruppen sind jeweils die logarithmischen Alter angeschrieben. Es gilt die allgemeine Feststellung, daß die Abwanderung von der ZAMS von den Sternen um so schneller bewältigt wird, je größer deren Masse ist. Da wir es bei den Sternhaufen mit Ansammlungen von Sternen gleichen Alters und gleicher chemischer Anfangszusammensetzung, aber unterschiedlicher Masse zu tun haben, beginnt im Verlaufe der Zeit die Haufenhauptreihe von oben her nach rechts von der ZAMS abzuwandern.

Den Diagrammen ist ferner zu entnehmen,

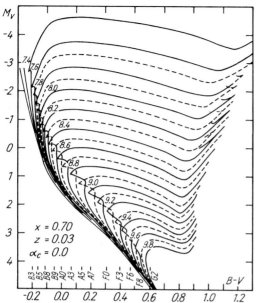

Bild 3.6 Theoretische Linien gleichen Alters des Haupt- und Nachhauptreihenstadiums im M_V-$(B-V)_0$-Diagramm nach Maeder und Mermilliod [104]
Ziffern an Linien kennzeichnen logarithmisches Alter

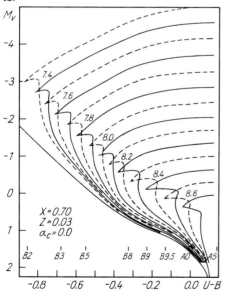

Bild 3.7 Theoretische Linien gleichen Alters des Haupt- und Nachhauptreihenstadiums im M_V-$(U-B)_0$-Diagramm nach Maeder und Mermilliod [104]
Ziffern an Linien kennzeichnen logarithmisches Alter

daß die Abweichungen der Isochrone von der ZAMS mit zunehmendem Alter bei jeweils schwächerer Helligkeit und größerem Farbenindex erfolgen. Der Punkt im FHD, bei dem sich eine Isochrone von der Hauptreihe abzubiegen beginnt, wird als Abknickpunkt bezeichnet. Er ist der jeweils durch Sterne noch besetzte blaueste Punkt auf der Hauptreihe und spielt bei der Altersbestimmung eines Aggregates eine dominierende Rolle.

Der Vergleich der Darstellungen in Bild 3.6 und Bild 3.7 zeigt außerdem, daß die Schar der Isochronen in der Gegenüberstellung der Helligkeiten mit den $(U-B)_0$-Werten weiter aufgefächert ist als in der mit den $(B-V)_0$-Farbenindizes. Dieser Sachverhalt zeugt davon, daß die M_V-$(U-B)_0$-Diagramme sensibler gegenüber dem Alter der Sternhaufen sind und demnach präzisere Altersbestimmungen erwarten lassen, als es die $(B-V)_0$-Werte zulassen. Im Zusammenhang mit der Diskussion der Methoden der Altersbestimmung wird auf diesen Sachverhalt noch einmal eingegangen.

3.1.3. Anmerkungen zum Alter

Nach den Erörterungen über die Entwicklungswege des Vor-, Haupt- und Nachhauptreihenstadiums im FHD liegt es auf der Hand, die Möglichkeiten und Methoden zur Abschätzung des mittleren Haufenalters zu erörtern, zumal gerade die aus der Theorie resultierenden Entwicklungslinien eine wesentliche Grundlage für die Altersbestimmung sind.

Das mittlere Alter eines offenen Sternhaufens ist der Parameter, der den gegenwärtigen Entwicklungsstand eines Aggregates charakterisiert und der mit anderen Haufenparametern in Beziehung gesetzt werden kann. Noch vor einigen Jahrzehnten mit großen Unsicherheiten behaftet, ist er heute dank der verfeinerten fotometrischen Methoden und der fortgeschrittenen Theorie der Sternentwicklung sowie deren wechselseitigen Bindungen und Beeinflussungen zu einer wertvollen Größe geworden. Ohne diese wären die Festlegung der Feinstruktur der Entwicklungswege im FHD, das Studium des kosmogonischen Verhaltens der Sternhaufen

und das Erkennen alters- und zeitabhängiger
dynamischer Prozesse nicht möglich.

Je nach mittlerem Alter weisen die Gebiete
des Vor-, Haupt- und Nachhauptreihenstadiums im FHD entsprechend der im vorangegangenen Abschnitt behandelten Sternentwicklung unterschiedliche Sternbesetzungen auf. So
ist in sehr jungen Sternhaufen infolge der ra-
schen Entwicklung der massereichen Sterne im
Vorhauptreihenstadium die Besetzung der oberen Hauptreihe bereits vollzogen, während sich
die gleichaltrigen masseärmeren und massearmen Sterne aufgrund ihrer längeren Verweilzeiten noch im Vorhauptreihenstadium befinden
und dementsprechend im FHD das Gebiet
rechts und oberhalb der unteren Hauptreihe bevölkern. Mit zunehmendem Haufenalter erfolgt
die kontinuierliche Besetzung der Hauptreihe
in den unteren Bereichen und die massereichen
Sterne schicken sich an, nachdem sie etwa 12 %
ihres Wasserstoffs in Helium umgewandelt haben, ihre Ausgangsposition auf der Hauptreihe,
der Hauptreihe des Alters Null (ZAMS), zu verlassen. Solche Aggregate zeichnen sich durch
eine von der ZAMS mehr oder weniger abgewanderten oberen Haufenhauptreihe, eine bis
in die Bereiche kleiner Massen besetzte ZAMS
und die Anwesenheit der masseärmsten Sterne
im Gebiet des Vorhauptreihenstadiums aus.

In alten Sternhaufen haben auch die masseärmsten Mitglieder die ZAMS erreicht, wohingegen die massereichen Objekte aufgrund ihrer
massebedingten Entwicklungszeiten im Haupt-
und Nachhauptreihenstadium soweit von der
ZAMS abgewandert sind, daß sie das Gebiet der
gelben und roten Riesensterne im FHD erreicht
haben. Da mit zunehmendem Alter Sterne immer späteren Spektraltyps als jeweils hellste und
früheste Sterne auf der Hauptreihe zu finden
sind, sind in solchen Aggregaten nur noch die
unteren Bereiche der Hauptreihe besetzt. Es ist
nicht ausgeschlossen, daß sich die ehemals massereichsten Objekte nach durchlaufenem Riesenstadium und nach rückläufigem Überschreiten der ZAMS schon so weit entwickelt haben,
daß sie im Bereich der Weißen Zwerge angetroffen werden.

Das skizzierte und aufgrund der abgeleiteten
Isochrone zu erwartende altersabhängige Ver-

halten der Sterne offener Sternhaufen führt zu
Farben-Helligkeits-Diagrammen unterschiedlichen Aussehens. Dieser Sachverhalt, der auch
aus Abschnitt 3.2. hervorgeht, wo ausgewählte
Farben-Helligkeits-Diagramme im Detail behandelt werden, wurde bekanntlich bereits von
Trumpler [15] für die Klassifikation offener
Sternhaufen nach dem FHD genutzt (siehe
auch Abschnitt 2.1.), ohne daß seinerzeit die
entwicklungsbedingten Zusammenhänge bekannt gewesen sind. Die von Trumpler [15] definierten Hauptgruppen zusammen mit der
Kennzeichnung des jeweils frühesten Spektraltyps im Aggregat stellen eine Altersfolge dar,
die die offenen Sternhaufen von den jüngsten
bis zu den ältesten Objekten umfaßt.

Für die Abschätzung des mittleren Alters
eines offenen Sternhaufens bieten sich aufgrund des skizzierten Verhaltens und der bereits gegebenen Zusammenhänge folgende
Möglichkeiten aus dem FHD an:

– Die Zuordnung des wegen interstellarer Verfärbung und Extinktion korrigierten Haufen-
  diagramms zu den aus den Entwicklungslinien abgeleiteten Isochronen des Vor-,
  Haupt- und Nachhauptreihenstadiums;
– die Definition des Abknickpunktes im jeweiligen FHD eines Sternhaufens und die Zuordnung zur entsprechenden Altersskala;
– die Bestimmung des Alters anhand des Wasserstoffbrennens der hellsten Sterne mit Massen $M \gtrsim 10\,\mathrm{M_\odot}$ auf der Hauptreihe.

Die Zuordnung der Farben-Helligkeits-Diagramme der offenen Sternhaufen zu den Isochronen setzt im allgemeinen eine Umrech-
nung der theoretischen $\log L/L_\odot - \log T_{\mathrm{eff}}$-Dia-
gramme, in die die Isochrone eingetragen sind,
und die Umwandlung der $V_0 - (V-V)_0$-Dia-
gramme der Sternhaufen in gemeinsame M_V-
$(B-V)_0$-Diagramme voraus. Die in Abschnitt
3.1.1. gegebenen Gleichungen und die in Tabelle 3.2 und Tabelle 3.3 aufgeführten Parameter bilden dabei die Grundlage.

Hinsichtlich der Isochrone des Vorhauptreihenstadiums bleibt anzumerken, daß durch sie
nicht nur das Alter an Sternen im Vorhauptreihenstadium abgeschätzt werden kann, sondern
daß durch die Einmündungspunkte der Linien

gleichen Alters in die ZAMS auch die Möglichkeit besteht, das Alter der Sterne an der unteren Besetzungsgrenze der ZAMS zu bestimmen. Bezüglich des Anschlusses der reduzierten Beobachtungsdaten an das System der Isochrone, vor allem an das des Vorhauptreihenstadiums, bleibt anzumerken, daß nur mittlere Alterswerte zu erwarten sind, wenn es nicht gelingt, die durch die kontinuierliche Entstehung der Sternhaufen verursachten Erscheinungen zu erfassen und zu berücksichtigen. An späterer Stelle (Abschnitt 6.2.2.) wird auf diese Sachverhalte noch näher eingegangen.

Die Bestimmung des mittleren Alters offener Sternhaufen mit Hilfe des Abknickpunktes im FHD, des blauesten durch Sterne besetzten Punktes auf der Hauptreihe, ist wohl die gebräuchlichste Methode. Sie findet in verschiedenen Variationen Anwendung.

Sandage [105] gibt für das Alter eines Aggregates folgende Beziehung an:

$$\tau = 6.3 \cdot 10^7 \, M^2/L \cdot R \quad \text{(in a)} \qquad (3.10)$$

In die Gleichung (3.10) sind die stellare Masse M, die Leuchtkraft L und der Sternradius R für einen Stern im Abknickpunkt in entsprechenden Einheiten der Sonne einzusetzen. Die genannten Sternparameter sind in Abhängigkeit vom Farbenindex des Abknickpunktes $(B-V)_{0,\,TO}$ aus Tabelle 3.3 zu entnehmen.

Mermilliod [106] leitete anhand der von ihm definierten Altersgruppen für den blauesten Farbenindex $(U-B)_0$ auf der Hauptreihe folgende Beziehungen ab:

$$\log \tau = 1.795 \, (U-B)_0 + 8.785 \quad \text{(in a)} \qquad (3.11)$$

für den Bereich $-0.80 \leqq (U-B)_0 < -0.35$;

$$\log \tau = 0.813 \, (U-B)_0 + 8.487 \quad \text{(in a)} \qquad (3.12)$$

für den Bereich $-0.28 \leqq (U-B)_0 < 0.00$.

Er nutzte in diesem Falle das für die Altersabschätzung sensiblere M_V-$(U-B)_0$-Diagramm.

Die Beziehung zwischen dem mittleren Alter der offenen Sternhaufen und den $(B-V)_{0,\,TO}$-Werten des Abknickpunktes im FHD, wie sie sich aus den im Katalog offener Sternhaufendaten verzeichneten Objekten ergibt, ist in Bild 3.8 dargestellt. Das Bild läßt auch die mögli-

chen Streubreiten bei der Anwendung dieser Methode erkennen.

Eine weitere Möglichkeit zur Altersabschätzung offener Sternhaufen bietet sich anhand der mittleren Positionen der Konzentrationen der roten Riesensterne im FHD, wie Mermilliod [106] im Jahre 1981 zeigen konnte. Die von ihm abgeleitete mittlere Beziehung zwischen der absoluten visuellen Helligkeit M_V der jeweiligen Konzentration der roten Riesen und dem mittleren Alter der Aggregate lautet

$$\log \tau = 0.280 \, M_V + 8.610 \quad \text{(in a)} . \qquad (3.13)$$

Diese Beziehung, auf die im Zusammenhang mit Betrachtungen über das Verhalten der roten Riesensterne im FHD noch einmal eingegangen wird, ist immer dann anwendbar, wenn in einem Aggregat, dessen Alter gleich oder jünger als das der Hyaden $(\log \tau \leqq 8.82)$ ist, Riesensterne vorhanden sind.

Die Möglichkeit, anhand des Wasserstoffbrennens der hellsten Sterne auf der Hauptreihe das mittlere Alter eines Sternhaufens abzuschätzen, bietet sich nur für sehr junge Aggregate, da sich diese Methode auf Sterne mit Massen $M \geqq 10 \, M_\odot$ beschränkt. Nach Hayashi und Cameron [107] ergibt sich in diesem Falle das mittlere Alter eines Aggregates aus der Beziehung

$$\tau = 7.1 \cdot 10^{10} M/L \quad \text{(in a)} . \qquad (3.14)$$

M und L Masse und Leuchtkraft der Sterne, ausgedrückt in Sonneneinheiten

Die entsprechenden Sternparameter sind wiederum in Abhängigkeit des Spektraltyps oder des entsprechenden Farbenindex aus Tabelle 3.3 zu entnehmen.

In vielen Fällen können mehrere der aufgezählten Möglichkeiten zur Altersabschätzung angewendet werden. Ihre jeweils günstigste Auswahl und Kombination hängt vom Alter der Aggregate und den Gegebenheiten im FHD ab. In sehr jungen Aggregaten, wo die Hauptreihe noch mit massereichen Sternen besetzt ist, bietet es sich an, das Alter anhand des Wasserstoffbrennens abzuschätzen. Die für Sterne des Vorhauptreihenstadiums ermittelten Daten können außerdem an die Isochrone des Vorhauptrei-

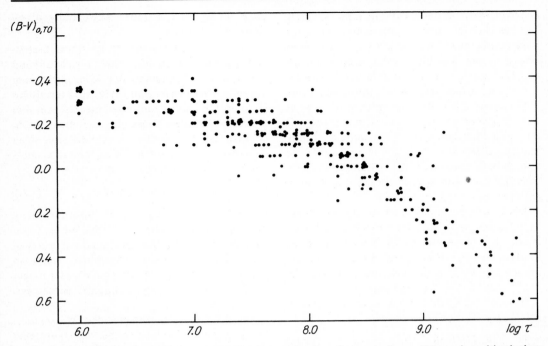

Bild 3.8 Gegenüberstellung der (B – V)₀-Werte des Abknickpunktes mit dem mittleren logarithmischen Haufenalter nach Daten des Lund-Katalogs

henstadiums angeschlossen werden. Aufgrund der Einmündungspunkte der Linien gleichen Alters in die ZAMS ergibt sich auch die Möglichkeit, das Alter aus der unteren Besetzungsgrenze der Hauptreihe zu ermitteln.

Bei jungen offenen Sternhaufen, in denen sich die massereichen Sterne bereits von der Hauptreihe fortbewegt haben, ergeben sich Altersaussagen über die Lage des Abknickpunktes im FHD. Auch die Einpassung der Beobachtungen in das System der Isochrone des Vor-,

Haupt- und Nachhauptreihenstadiums ist in diesem Falle möglich.

Für ältere und alte Sternhaufen verbleibt die Methode des Abknickpunktes und die Einordnung der Beobachtungen in die Schar der Linien gleichen Alters des Nachhauptreihenstadiums.

Die Häufigkeitsverteilung der aus 408 offenen Sternhaufen abgeleiteten logarithmischen Alterswerte geht aus dem Histogramm in Bild 3.9 hervor. Die Darstellung läßt die Abnahme

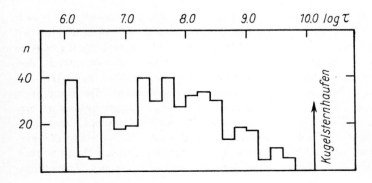

Bild 3.9 Häufigkeitsverteilung der offenen Sternhaufen in Abhängigkeit vom mittleren Alter der Aggregate

der Sternhaufenzahlen mit zunehmendem Alter als Folge der Auflösung der Aggregate erkennen. Auf die Nutzung dieses Befundes zur Abschätzung der Lebensdauer der offenen Sternhaufen wird in Abschnitt 6.1.1. im Zusammenhang mit der dynamischen Entwicklung eingegangen.

Bemerkenswert erscheint auch das Verteilungsmaximum bei den extrem jungen Sternhaufen, die in der Mehrzahl, wenn auch lose, den Spiralarmen $+I$ und $-I$ zugeordnet werden können und die sich offensichtlich in Gebieten aktueller und aktiver Sternbildung befinden. Aus dem Histogramm wird aber auch erkennbar, daß zwischen den extrem alten offenen Sternhaufen, von denen wir wissen, daß sie höhere z-Werte aufweisen und gerade deshalb und wegen ihres Sternreichtums überlebt haben, und den Kugelsternhaufen, deren Alter mit $13.8 \cdot 10^9$ Jahren angesetzt wird, eine Verteilungslücke besteht. Diese Lücke widerspiegelt die Zeitdauer, die zwischen dem Anfangsburst der Sternbildung zur Schaffung des Population-II-Systems und dem Beginn der weiteren Sternbildung mit einer bedeutsamen Sternentstehungsrate liegt. Bekanntlich entstammen der letztgenannten Entwicklungsstufe die ältesten Vertreter der Population I, zu denen auch die alten Sternhaufen zählen. Die ältesten der alten offenen Sternhaufen sind in Tabelle 3.6 zusammengestellt.

Tabelle 3.6   Extrem alte offene Sternhaufen

Sternhaufen	Alte Benennung	Alter (log τ)
C 0039 +850	NGC 188	9.70
C 0600 +104	NGC 2141	9.60
C 0627 −312	NGC 2243	9.78
C 0724 −470	Melotte 66	9.78
C 0735 +216	NGC 2420	9.60
C 0757 −106	NGC 2506	9.53
C 0759 −193	Ruprecht 46	9.50
C 0847 +120	NGC 2682	9.60
C 1747 −302	NGC 6451	9.80
C 1919 +377	NGC 6791	9.85
C 1939 +400	NGC 6819	9.54
C 2144 +655	NGC 7142	9.60

3.1.4. Zur Entfernungsbestimmung

Die Entfernung der offenen Sternhaufen gehört zu den Parametern, die unmittelbar mit dem FHD in Verbindung gebracht werden können. Auch das Erscheinungsbild der Aggregate wird durch sie geprägt.

Den Einfluß, den die Entfernung auf das äußere Erscheinungsbild der galaktischen Sternhaufen nimmt, verdeutlicht das Beispiel für den Coma-Berenices-Haufen in Tabelle 3.7, das der Arbeit von Sawyer-Hogg [70] entnommen ist. Dort wird gezeigt, daß dieser Sternhaufen mit zunehmender Entfernung zu einer Größe zusammenschrumpft, die das Objekt sowohl vom scheinbaren Durchmesser als auch von der Erkennbarkeit des Kollektivs der Haufenmitglieder her nicht mehr wahrnehmen läßt. Die Entdeckbarkeit der offenen Sternhaufen sinkt offensichtlich mit ansteigender Entfernung der Objekte.

Die Frage nach der Entfernung offener Sternhaufen ist so alt wie die Sternhaufenforschung selbst. In diesem Zusammenhang sei an die richtungsweisenden Versuche Michells aus dem Jahre 1767 [30] erinnert, die Plejadenentfernung anhand der Helligkeit der hellsten Mitglieder und der Geschwindigkeit dieses Aggregates abzuleiten. Bereits dieser Versuch charakterisiert die Grundlagen der Distanzbestimmung und die Unterteilung der Methoden zur Entfernungsbestimmung in 2 Hauptgruppen, nämlich in die geometrischen Methoden und die photometrischen oder spektroskopischen Methoden.

Die geometrischen Methoden beruhen auf der präzisen Positionsbestimmung der Haufenmitglieder, wohingegen die fotometrischen oder spektroskopischen Verfahrensweisen zur Distanzbestimmung, die heute die gebräuchlichsten und zuverlässigsten sind, die absolute Helligkeit der Sterne und damit deren Spektral- und Leuchtkraftklassen zur Grundlage haben.

Die geometrischen Distanzbestimmungen beziehen und bezogen folgende Faktoren ein:

− die direkten trigonometrischen Parallaxen der Sternhaufen,

− die Eigenbewegungen der Haufenmitglieder,

Tabelle 3.7 Erscheinung des Coma-Berenices-Haufens bei unterschiedlichen Entfernungen

Distanz Δm (in pc)	Winkel-durch-messer	Hellster Haufen-stern	$m_{pg} < 18$			$m_{pg} < 16$			$m_{pg} < 14$		
			Haufen-mitglie-der	Hinter-grund-sterne	%	Haufen-mitglie-der	Hinter-grund-sterne	%	Haufen-mitglie-der	Hinter-grund-sterne	%
1 000 6.4	18′	11.6	31	700	4	23	147	14	12	26	32
2 000 8.7	9	13.9	21	180	10	11	37	23	3	6	
3 000 10.4	6	15.6	12	78	13	5	16	24			
4 000 11.8	4.5	17.0	5	44	10						

– die Doppelsterne mit bekannten orbitalen Elementen in den Aggregaten,
– die Winkeldurchmesser der Objekte, deren differentiellen galaktischen Rotationseffekt bei bekannten Radialgeschwindigkeiten sowie
– die Geschwindigkeit aus interstellaren Linien in den Spektra von Haufenmitgliedern.

Bezüglich der direkten Anwendung der trigonometrischen Parallaxen bleibt anzumerken, daß diese Methode nur auf einige wenige, sehr nahestehende offene Sternhaufen beschränkt bleibt. Es ist daher ein glücklicher Umstand, daß es eine andere geometrische Methode gibt, auf die erstmals Boss [108] im Jahre 1908 aufmerksam gemacht hat. Sie arbeitet in größeren Entfernungen wesentlich genauer als die der trigonometrischen Parallaxen und ist als Methode der Sternstromparallaxen bekannt.

Die Methode der Sternstromparallaxen kann auf alle Mitglieder eines Bewegungshaufens angewendet werden und beruht darauf, daß anhand der beobachteten, auf einen gemeinsamen Konvergenzpunkt gerichteten Eigenbewegungen dieser Sterne unmittelbar auf die Entfernungen r der Sternstrommitglieder geschlossen werden kann, wenn von einem oder wenigen unter ihnen auch die Radialgeschwindigkeit bekannt sind. Dabei gilt

$$r = v_r \tan \gamma / 4.74\,\mu \quad \text{(in pc)}. \qquad (3.15)$$

v_r Radialgeschwindigkeit
μ gemessene Eigenbewegung
γ gemessene Richtung zum Konvergenzpunkt.

Ergänzende Anmerkungen, die im Zusammenhang mit der Methode der Sternstromparallaxen

stehen, werden in Abschnitt 5.2.1. bei der Behandlung der Kinematik offener Sternhaufen gemacht.

Die Chance einer dynamischen Parallaxenbestimmung eröffnet sich bei Doppelsternen, deren Haufenmitgliedschaft feststeht und nachgewiesen ist. Unter Anwendung des 3. Keplerschen Gesetzes und unter Berücksichtigung der aus der Beobachtung hervorgehenden Umlaufzeit P in Jahren sowie des in Bogensekunden ausgedrückten Schwerpunktabstandes a'' ergibt sich die Parallaxe

$$\pi^3 = a^3/(M_1 + M_2)\,P^2 \quad \text{(in '')}. \qquad (3.16)$$

Anzumerken ist, daß für die unbekannte Massensumme $(M_1 + M_2)$ in der Regel $(M_1 + M_2) = 2\,M_\odot$ eingesetzt wird.

Dem Gebrauch der Winkeldurchmesser offener Sternhaufen als Distanzindikatoren liegt die Annahme zugrunde, daß Sternhaufen gleicher Erscheinungsform und gleicher Eigenschaften auch gleiche lineare Durchmesser aufweisen. Da einerseits die Abschätzung der Winkeldurchmesser wegen der zerklüfteten Struktur der offenen Sternhaufen subjektiven Auffassungen unterliegt und andererseits die linearen Durchmesser von den galaktozentrischen Abständen und den altersbedingten Gegebenheiten in unserer Galaxis abhängig sind, wird die Unsicherheit in dieser Methode verständlich.

Die Größenordnungen der Parallaxen und ihre Streubreiten, wie sie sich aus einigen geometrischen Methoden für die Plejaden ergeben, sind in der nachfolgenden Tabelle 3.8, die der Arbeit von Sawyer-Hogg [70] entnommen ist, veranschaulicht.

Anzumerken ist, daß sich die dynamische

Tabelle 3.8 Geometrische Parallaxen der Plejaden nach Sayer-Hogg [70]

Methode	Literatur	Parallaxe (in Bogensekunden ")
Trigonometrische Parallaxe	Alden	0.009 ± 0.004
	Pitman	0.017 ± 0.006
Dynamische Parallaxen	Trumpler	0.010 ± 0.006
	Cratton	0.009 ± 0.003
	Hertzsprung	0.016
Konvergenzpunkt-Methode		0.014 ± 0.006

Parallaxe von Hertzsprung (1942) auf den Aitkenschen Doppelstern Nr. 2755 bezieht und daß die Konvergenzpunktmethode (Sternstromparalaxe) wegen der ungenauen Bestimmungsmöglichkeit des Konvergenzpunktes im vorliegenden Fall nicht anwendbar ist. Der in die Übersicht aufgenommene Wert bezieht sich auf die Annahme, daß sich die Plejaden gegenüber der Sonne in Ruhe befinden.

Die Hypothese von der Rotation unseres Milchstraßensystems fordert, daß alle Objekte, die daran teilnehmen, eine bestimmte Radialgeschwindigkeit in bezug auf die Sonne haben müssen. Für Sternhaufen und Sterne geringer Abstände von der Sonne ($r \ll R_0$) gilt die vereinfachte Beziehung

$$v_{\mathrm{rad}} = A\,r \sin 2 l. \qquad (3.17)$$

Aus der Gleichung (3.17) kann bei bekannter Radialgeschwindigkeit und galaktischer Länge auf die Distanz r geschlossen werden und in diese ist die Oortsche Konstante A einzusetzen:

$$A = \tfrac{1}{2}\left[(v_0/R_0) - (\mathrm{d}v/\mathrm{d}R)\right] = 15 \text{ km/s kpc} \quad (3.18)$$

v und v_0 lineare Bahngeschwindigkeiten von Objekt und Sonne

Der Vollständigkeit halber und mehr im Hinblick auf die Behandlung der Kinematik der galaktischen Sternhaufen (Abschnitt 5.3.1.) als der Entfernungsbestimmung ist zu erwähnen, daß sich eine ähnliche Beziehung wie in Gleichung (3.17) auch für die Eigenbewegung EB ergibt, die mit den Oortschen Konstanten A

und B in folgender Form geschrieben werden kann:

$$EB = (A/4.74)\cos 2 l + (B/4.74) \qquad (3.19)$$

In Gleichung (3.19) gilt für die Konstante B der folgende Ausdruck:

$$B = -\tfrac{1}{2}\left[(v_0/R_0) + (\mathrm{d}v/\mathrm{d}R)_0\right] \qquad (3.20)$$

Seitdem es Becker [62] im Jahre 1951 durch die Einführung der Mehrfarbenfotometrie gelang, die interstellare Extinktion distanzunabhängig zu behandeln, haben die fotometrischen Methoden wegen ihrer vielseitigen und bis in große Distanzen mögliche Anwendbarkeit immer größere Bedeutung erlangt. Das heute gebräuchlichste Verfahren der fotometrischen Entfernungsbestimmung führt nach erfolgter Berücksichtigung der interstellaren Extinktion und Verfärbung (siehe auch Abschnitt 3.1.) auf der Grundlage von Gleichung (3.4) über den Entfernungsmodul $(m_V - M_V)_0$, der Differenz aus scheinbarer und absoluter Helligkeit, zur gewünschten Entfernung eines Aggregates oder einzelner seiner Mitglieder, wobei folgende Beziehung gilt:

$$\log d = \left[(m_V - A_V) - M_V + 5\right]/5 \qquad (3.21)$$

Vorausgesetzt wird bei diesem Verfahren einmal die genaue Kenntnis der absoluten visuellen Helligkeiten der beteiligten Sterne, die sich aus deren Spektral- und Leuchtkraftklassen (siehe auch Tabelle 3.2) ergeben und zum anderen die allgemeine Gültigkeit des Extinktionsgesetztes, vor allem die des Verhältnisses von Gesamtextinktion zur selektiven Extinktion, in allen Teilen unserer Galaxis. Anzumerken bleibt ferner, daß die Eichung der Leuchtkraftkriterien anhand der Sternstromparallaxen aus den Hyaden erfolgte. Diese Werte besitzen eine hohe Genauigkeit und bilden deshalb die Basis der kosmischen Entfernungsskala und der Standardhauptreihe des Alters Null, an die die einzelnen Haufenhauptreihen im FHD anzugleichen sind. Dieser Sachverhalt schließt allerdings ein, daß eine Neubestimmung der Hyadenentfernung eine Änderung der Helligkeiten zur Folge hat. Im Falle des Vorhandenseins von δ-Cephei-Sternen bekannter Periode in einem Sternhaufen, stellt die Perioden-

Leuchtkraft-Beziehung eine weitere Möglichkeit der Distanzbestimmung dar. Die von Sandage und Tammann [109] im Jahre 1969 für die δ-Cephei-Sterne abgeleitete Perioden-Leuchtkraft-Beziehung, die an Objekten offener Sternhaufen geeicht ist, ist in Tabelle 3.9 zusammengestellt.

Tabelle 3.9 Perioden-Leuchtkraft-Beziehung für δ-Cephei-Sterne nach Sandage und Tammann [109]

log P	M_B	M_V	M_B(max)	M_V(max)
0.4	−2.23	−2.65	−2.80	−3.07
0.5	−2.45	−2.90	−2.95	−3.28
0.6	−2.70	−3.17	−3.13	−3.50
0.7	−2.94	−3.43	−3.33	−3.73
0.8	−3.17	−3.69	−3.62	−4.05
0.9	−3.43	−3.97	−3.91	−4.35
1.0	−3.69	−4.25	−4.23	−4.66
1.1	−3.97	−4.55	−4.55	−4.97
1.2	−4.23	−4.83	−4.87	−5.26
1.3	−4.49	−5.11	−5.19	−5.54
1.4	−4.72	−5.40	−5.50	−5.84
1.5	−4.96	−5.69	−5.78	−6.16
1.6	−5.21	−5.97	−6.01	−6.45
1.7	−5.46	−6.27	−6.19	−6.70
1.8	−5.69	−6.54	−6.34	−6.94
1.9	−5.87	−6.77	−6.41	−7.11
2.0	−6.01	−6.95	−6.44	−7.27
2.1	−6.10	−7.07	−6.44	−7.41

Auf neuere, aus erweitertem Datenmaterial abgeleitete Perioden-Leuchtkraft-Beziehungen wird im Zusammenhang mit der Behandlung der δ-Cephei-Sterne in offenen Sternhaufen (Abschnitt 4.4.3.3.) eingegangen.

Eine sehr grobe Distanzabschätzung offener Sternhaufen bietet sich über die Verwendung der Gesamthelligkeiten der Aggregate oder die Nutzung der scheinbaren Helligkeiten aus den hellsten Mitgliedern an. Angesichts des großen Streubereiches, den die abgeleiteten Gesamthelligkeiten der Sternhaufen und auch die scheinbaren Helligkeiten aus den hellsten Mitgliedern aufweisen, ist diese Verfahrensweise sehr unsicher.

Auch die Intensitäten der Wasserstofflinien (z. B. H$_\gamma$) und die Äquivalentbreiten der interstellaren Calciumlinien bieten sich als Distanzindikatoren an. So leitete Hoag [110] anhand

der H$_\gamma$-Linie auf der Grundlage der absoluten Helligkeiten einzelner Haufenmitglieder mittlere Entfernungsmoduln ($\overline{\text{Mod. H}_\gamma}$) ab, für die im Vergleich zu mittleren Hauptreihenmoduln ($\overline{\text{Mod. (ZAMS)}}$) folgende Beziehung gegeben wird:

$$\overline{\text{Mod (H}_\gamma)} - \overline{\text{Mod (ZAMS)}} = -0.59 \pm 0.61$$

In der gleichen Arbeit sind für eine Reihe von Sternhaufen die Entfernungsmoduln aus unterschiedlichen fotometrischen und spektroskopischen Verfahren gegenübergestellt.

Die Häufigkeitsverteilung der Distanzen aus 440 offenen Sternhaufen des Lund-Katalogs geht aus Tabelle 3.10 hervor, wo für einzelne Entfernungsbereiche die jeweiligen Haufenzahlen gegeben werden. Der Hauptteil der Objekte, die hinsichtlich ihrer Entfernungen untersucht sind, ist im Bereich 500 pc...2 500 pc angesiedelt.

Tabelle 3.10 Häufigkeitsverteilung der Entfernungen aus 440 offenen Sternhaufen

Entfernung d (in kpc)	Anzahl N	Entfernung d (in kpc)	Anzahl N
0.00...0.50	47	3.00...3.50	18
0.50...1.00	81	3.50...4.00	12
1.00...1.50	95	4.00...4.50	10
1.50...2.00	80	4.50...5.00	4
2.00...2.50	52	5.00...5.50	6
2.50...3.00	27	5.50...6.00	2

Zu den uns am nächsten stehenden offenen Sternhaufen mit Entfernungen $d \leq 100$ pc gehören die Aggregate

C 0424 + 157 (Hyaden) $\quad d = 48$ pc,
C 1222 + 263 (Melotte 111) $\quad d = 86$ pc,
C 1440 + 697 (Collinder 285) $\quad d = 20$ pc.

Im Entfernungsbereich 100 pc $< d <$ 200 pc befinden sich 9 offene Sternhaufen. Ihnen folgen im Bereich 200 pc $< d <$ 300 pc 7 Aggregate und zwischen $d = 300$ pc und $d = 400$ pc 12 Objekte.

Zu den offenen Sternhaufen mit den größten bekannten Entfernungen zählen die Objekte

C 0648 + 058 (Byurakan 11)
$d = 8\,000$ pc, $l = 207°8$,

C 0655 + 065 (Byurakan 8)
$d = 9\,000$ pc, $l = 208°$,
C 0750 − 262 (Haffner 18)
$d = 6\,900$ pc, $l = 243°1$,
C 0750 − 261 (Haffner 19)
$d = 6\,900$ pc, $l = 243°0$,
C 0959 − 545 (NGC 3105)
$d = 8\,000$ pc, $l = 279°9$.

Diese Aggregate befinden sich in galaktischen Längenbereichen geringer Extinktion und großer Besetzungsdichte.

3.2. Ausgewählte Farben-Helligkeits-Diagramme

Nach den allgemeinen Betrachtungen über das FHD als Zustands- und Entwicklungsdiagramm sowie als Grundlage für die Alters- und Entfernungsbestimmung wird eine Auswahl von FH-Diagrammen offener Sternhaufen vorgestellt, die die allgemein getroffenen Feststellungen an individuellen Objekten bekräftigen und veranschaulichen und die die altersbedingten Charakteristiken der Aggregate darstellen. Einen

Überblick über die getroffene Auswahl an Sternhaufen bietet Tabelle 3.11, wo neben den wegen interstellarer Extinktion korrigierten Entfernungsmodulen $(V_0 − M_V)$, die Farbenindizes des Abknickpunktes, $(B−V)_{0,\,TO}$, und die logarithmischen Alterswerte gegeben werden, nach denen die Objekte geordnet sind. Eine Auswahl der in der Tabelle verzeichneten offenen Sternhaufen ist in der von Mermilliod [81] herausgegebenen Sammlung von UBV-Daten enthalten, zusätzliche Autoren werden in diesem Falle nicht zitiert. Bei den übrigen Sternhaufen hingegen wird die Originalarbeit angegeben, aus der die jeweiligen FH-Diagramme entnommen wurden.

Zum Vergleich der FH-Diagramme aus offenen Sternhaufen mit solchen aus Kugelsternhaufen enthält Tabelle 3.11 und die Sammlung von Bildern auch den Kugelsternhaufen M5, dessen FHD in Bild 3.29 dargestellt ist.

In alle vorliegenden FH-Diagramme ist die Hauptreihe des Alters Null (ZAMS), wie sie in Landolt-Börnstein [4] von Schmidt-Kaler gegeben wird, eingetragen. Sie unterscheidet sich von den Werten für die allgemeine Hauptreihe aus Tabelle 3.2 vor allem im Bereich $(B−V)_0 \leqq 0.3$ und charakterisiert die Linie im

Tabelle 3.11 Zusammenstellung der ausgewählten Sternhaufen

Sternhaufen	Alte Benennung	$(V−M_V)_0$	$(B−V)_{0,\,TO}$	$\log \tau$	Literatur
C 0247 +602	IC 1848	11.80	−0.35	6.00	Moffat [111]
C 0228 +612	IC 1805	11.4	−0.35	6.12	Ishida [112]
C 1801 −243	NGC 6530	11.30	−0.35	6.30	Sagar, Joshi [113]
C 0218 +568	NGC 884	11.8	−0.25	6.50	Mermilliod [81]
C 1816 −138	NGC 6611	12.5	−0.10	6.74	Sagar, Joshi [114]
C 0215 +569	NGC 869	11.8	−0.25	6.75	Mermilliod [81]
C 0638 +099	NGC 2264	9.38	−0.25	7.30	Walker [115], Nandy [116]
C 1743 +057	IC 4665	8.17	−0.15	7.56	Sanders, Altena [117]
C 2355 +609	NGC 7790	12.00	−0.20	7.89	Sandage [118]
C 0344 +239	Plejaden	5.68	−0.10	7.89	Mermilliod [81], Mendoza V [119]
C 0757 −607	NGC 2516	8.2	−0.15	8.03	Mermilliod [81]
C 0411 +511	NGC 1528	9.52	0.00	8.43	Hoag und Mitarb. [80]
C 0424 +157	Hyaden	3.2	0.12	8.82	Mermilliod [81]
C 0837 +201	NGC 2632	6.3	0.15	8.82	Mermilliod [81]
C 2032 +281	NGC 6940	9.50	0.30	9.04	Walker [120]
C 0847 +120	NGC 2682	9.29	0.49	9.60	Racine [121]
C 0039 +850	NGC 188	11.10	0.58	9.70	Mermilliod [81]
C 1919 +377	NGC 6791	13.60	0.60	9.85	Kinman [122]
	M 5	14.39		10.34	Arp [123]

FHD, auf der die Sterne der Leuchtkraftklasse V, bei denen das Wasserstoffbrennen beginnt, angeordnet sind.

In den nachfolgenden Darstellungen wurde
von der Möglichkeit Gebrauch gemacht, daß
bei Sternhaufen wegen der jeweils nahezu gleichen Entfernung und chemischen Anfangszusammensetzung ihrer Mitglieder bereits die Gegenüberstellung der wegen interstellarer Extinktion korrigierten Helligkeiten V_0 mit den von
Verfärbungen freien Farbenindizes $(B-V)_0$ zu
aussagefähigen FH-Diagrammen führt. Die Zuordnung zu den ebenfalls angeschriebenen visuellen absoluten Helligkeiten M_V erfolgt über
den Entfernungsmodul $(V_0 - M_V)$ bei
$M_V = 0^M.0$.

Am Beispiel des Plejadenhaufens wird gezeigt, daß die Gebenüberstellung der Helligkeiten V_0 und M_V auch mit anderen Farbenindizes
erfolgen kann. Für dieses Aggregat werden auch
M_V-$(U-B)_0$-Diagramme, M_V-$(V-R)_0$-Dia-
gramme und M_V-$(V-I)_0$-Diagramme gegeben,
wobei die letzteren einer Arbeit von Mendoza
[119] entnommen sind.

Der Vollständigkeit halber wird für die Plejaden auch das Zweifarben-Diagramm (ZFD) in
der Gegenüberstellung der $(U-B)_0$- und
$(B-V)_0$-Farbenindizes gegeben. Die Anordnung einzelner Sterne in diesen Diagrammen
ermöglicht ebenso wie im jeweiligen FHD eine
zusätzliche Entscheidung über deren Mitgliedschaft.

Fotoelektrisch gut vermessene offene Sternhaufen sind als Anschlußsequenzen für andere
fotometrische Untersuchungen geeignet. Die
bereits erwähnten und speziell für diesen Zweck
erstellten fotometrischen Datensammlungen
von Hoag und Mitautoren [80] sowie von Mermilliod [81, 82] ebenso wie der Katalog von Sharov [124] oder der Atlas fotometrischer Standardfelder von Kazanasmas, Zavershneva und
Tomak [125] sind in diesem Zusammenhang
nennenswert.

Die Auswahl der Sternhaufen für die nachfolgenden Darstellungen erfolgte nach dem mittleren Alter der Aggregate. Dabei erstreckt sich der
Altersbereich der ausgewählten Objekte auf die
Grenzen $\log \tau = 6.00$ und $\log \tau = 9.85$. In einigen Fällen wurde auch auf Sternhaufen aus den

Altersgruppen von Mermilliod [106] zurückgegriffen.

Zu den extrem jungen offenen Sternhaufen
zäheln zweifellos die Aggregate mit Alterswerten $\log \tau \leq 7.00$, die in vielen Fällen noch mit
den Wolken interstellarer Materie, aus denen
sie entstanden sind, in Verbindung stehen
(siehe auch Abschnitt 4.1.).

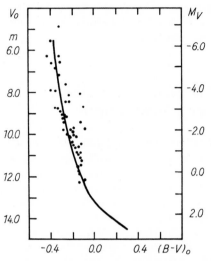

Bild 3.10 FHD des Sternhaufens IC 1848 nach
Moffat [111]

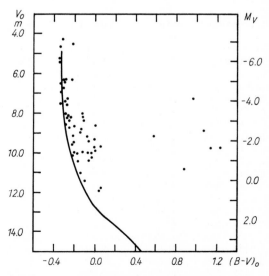

Bild 3.11 FHD des Sternhaufens IC 1805 nach Ishida [112]

Wie die FH-Diagramme der Sternhaufen IC 1848 ($\log\tau = 6.00$) in Bild 3.10 und IC 1805 ($\log\tau = 6.12$) in Bild 3.11 zeigen, ist bei diesen Aggregaten die obere Hauptreihe des Alters Null noch mit Sternen der absoluten Helligkeit $M_V = -7.^M0$ besetzt. Es besteht kein Zweifel, daß es sich bei diesen leuchtkräftigen Hauptreihensternen um sehr massereiche Objekte mit $M > 120\,M_\odot$ handelt. Die Darstellungen lassen aber auch erkennen, daß die Hauptreihen des Alters Null im Höchstfall nur bis zur Helligkeit $M_V = 2.^M0$ besetzt sind. Masseärmere und lichtschwächere Sterne hingegen befinden sich noch im Vorhauptreihenstadium und haben die ZAMS noch nicht erreicht. Diese Aussage gilt sicherlich auch für den Sternhaufen NGC 6530 ($\log\tau = 6.30$) in Bild 3.12, dessen ZAMS im

Helligkeitsbereich $-0.^M5 < M_V < -3.^M8$ besetzt ist und alle übrigen Mitglieder Isochronen des Vorhauptreihenstadiums zugeordnet werden können. Im Vergleich zu den Sternhaufen IC 1848 und IC 1805 sind im Sternhaufen NGC 6530 wesentlich masseärmere Sterne auf der oberen ZAMS angeordnet ($M \approx 18\,M_\odot$). Zwei Sterne, die sich im FHD dieses Aggregates im Gebiet der roten Riesen befinden, gehören entweder noch dem Vorhauptreihenstadium an oder wahrscheinlich überhaupt nicht zum Sternhaufen.

Bemerkenswert ist die Verteilung der Sterne im FHD des Sternhaufens NGC 884 (χ Persei) in Bild 3.13, der ein mittleres Alter von $\log\tau = 6.50$ aufweist. In diesem Aggregat finden wir Sterne der absoluten Helligkeit $M_V = -5.^M0$,

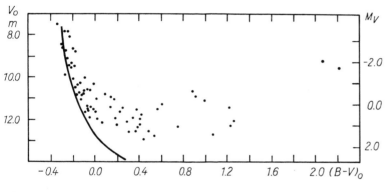

Bild 3.12 FHD des Sternhaufens NGC 6530 nach Sagar und Joshi [113]

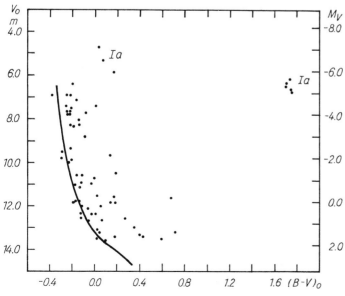

Bild 3.13 FHD des Sternhaufens χ Persei (NGC 884)

die einer Masse von etwa $M \approx 23 \, M_\odot$ entspricht, noch auf oder nahe der ZAMS, wohingegen sich massereichere Objekte zu frühen Überriesensternen entwickelt und die massereichsten Sterne des Sternhaufens bereits das Gebiet der roten Überriesensterne im FHD erreicht haben.

Auch der Sternhaufen NGC 6611 ($\log \tau = 6.74$), dessen FHD in Bild 3.14 dargestellt wird, zeichnet sich durch relativ massereiche Sterne aus. Aus dem FHD dieses Aggregates wird erkennbar, daß sich Mitglieder der

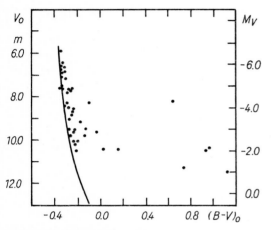

Bild 3.14 FHD des Sternhaufens NGC 6611 nach Sagar und Joshi [114]

absoluten Helligkeit $M_V = -5^M_.0$ noch auf der ZAMS befinden, wohingegen die aus noch helleren Sternen gebildete obere Haufenhauptreihe bereits nach rechts von der ZAMS abgewandert ist. Die Sterne geringerer Helligkeit, die sich rechts und oberhalb der ZAMS befinden, sind zweifellos Objekte des Vorhauptreihenstadiums. Anhand ihrer Verteilung ergeben sich nach Götz [126] Hinweise auf die kontinuierliche Entstehung des Sternhaufens, der nach Walker [127] auch veränderliche Sterne geringer Helligkeit ($m_{pg} = 20^m \ldots 21^m$) enthält. Nur 2 Sterne mit H_α-Emission zeigen Helligkeiten mit $m_{pg} < 18^m_.0$.

Die Komponente NGC 869 (h Persei) des Doppelsternhaufens h und χ Persei ist die ältere ($\log \tau = 6.75$) der beiden Aggregate. Dieser Sachverhalt ergibt sich in Bild 3.15 aus einem etwas niedrigeren Abknickpunkt der Haufenhauptreihe und der Zugehörigkeit des im Aggregat befindlichen roten Riesensterns zur Leuchtkraftklasse Ib. Die hellsten Sterne der abgewanderten Haufenhauptreihe sind frühe Sterne der Leuchtkraftklasse Ia und Iab.

Im Gegensatz zu den bislang diskutierten FH-Diagrammen zeichnet sich das des Sternhaufens NGC 2264 ($\log \tau = 7.30$) in Bild 3.16 durch eine Vielzahl masseärmerer Mitglieder aus. Noch nahe der ZAMS ist der unregelmäßig

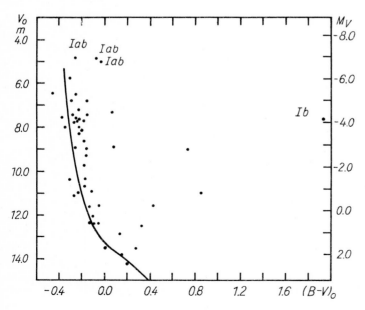

Bild 3.15 FHD des Sternhaufens h Persei (NGC 869)

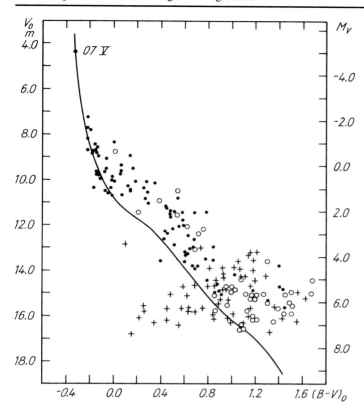

Bild 3.16 FHD des Sternhaufens
NGC 2264 nach Walker [15] und
Nandy [116]
+   Emissionsliniensterne
○   Post-T-Tauri-Sterne

veränderliche Stern S Mon angeordnet, der eine absolute Helligkeit von $M_V = -5^M0$ aufweist. Dagegen bilden die masseärmeren Sterne ein breites Band rechts und oberhalb der ZAMS und befinden sich demnach noch im Vorhauptreihenstadium.

In das Diagramm in Bild 3.16 sind die Beobachtungen von Walker [115] und Nandy [116] eingetragen. Neben den mit Punkten gekennzeichneten Sternen, die sich auch im ZFD auf der ZAMS befinden, sind in den Darstellungen auch solche Haufenmitglieder enthalten, die aufgrund ihrer Zugehörigkeit zum Vorhauptreihenstadium diesen Anforderungen noch nicht genügen und sich oberhalb der ZAMS befinden. Zum einen handelt es sich bei diesen Objekten um Emissionsliniensterne, meistens geringer Masse, die zu den T-Tauri-Sternen gehören, und zum anderen um Sterne, die die Emissionslinienphase bereits durchlaufen haben.

Wie aus Bild 3.16 ersichtlich ist, ordnen sich

die lichtschwachen Emissionslinienobjekte im FHD quer zur ZAMS an. Dieser Befund ist, wie der Autor zeigen konnte [128], einzig und allein auf die Einflüsse der die T-Tauri-Sterne umgebenden zirkumstellaren Hüllen zurückzuführen. Die Lage dieser Sterne im FHD nach erfolger Reduktion der zirkumstellaren Einflüsse geht aus Bild 3.17 hervor, wo die entsprechenden Objekte eine normale Position rechts und oberhalb der ZAMS einnehmen.

Das breite Band der masseärmeren Sterne im Vorhauptreihenstadium kann, wie der Autor im Jahre 1971 nachgewiesen hat [128], durch kontinuierliche Entstehung des Sternhaufens erklärt werden. Die Zuordnung der Vorhauptreihensterne zu Isochronen unterschiedlichen Alters ist im Sternhaufen NGC 2264 eng mit den astrometrisch bestimmten Abständen der Sterne zum Haufenzentrum verknüpft. Es bestehen Beziehungen dieser Zentrumsabstände zu den physikalischen Sternparametern und zum Alter, wobei die jüngeren und massereiche-

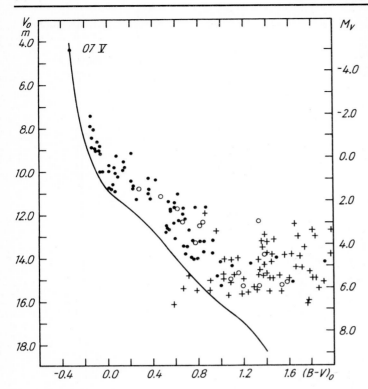

Bild 3.17 FHD des Sternhaufens
NGC 2264 nach Nandy [116]
Einflüsse der zirkumstellaren
Hüllen sind bei den Emissionsli-
niensternen (+) korrigiert.

ren Sterne in den Randzonen und die älteren und masseärmeren Mitglieder im Zentrum des Sternhaufens vorzufinden sind. Näher wird auf die kontinuierliche Entstehung der offenen Sternhaufen im Zusammenhang mit Betrachtungen über ihre Entwicklung im Abschnitt 6.2.2. eingegangen.

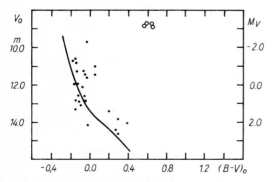

Bild 3.18 FHD des Sternhaufens NGC 7790 nach Sandage [118]
○ δ-Cephei-Sterne CEa, CEb Cas, CF Cas und CG Gas

Für das FHD des Sternhaufens NGC 7790 in Bild 3.18 bleibt anzumerken, daß es sich bei den als Kreise eingetragenen Objekten um die δ-Cephei-Sterne CEa Cas, CEb Cas, CF Cas und CG Cas handelt, die Mitglieder dieses Aggregates sind. Ihr Platz im FHD ist die Mitte der Hertzsprung-Lücke. Einzelheiten werden im Zusammenhang mit den veränderlichen Sternen in offenen Sternhaufen erörtert.

Fotoelektrisch gut vermessene FH- und ZF-Diagramme liegen, wie aus Bild 3.19 bis Bild 3.23 hervorgeht, für die Plejaden vor. Sehr deutlich ist in allen Darstellungen die von der ZAMS abgewanderte obere Haufenhauptreihe zu erkennen.

Die Plejaden sind dafür bekannt, daß sich in ihnen eine Vielzahl von Flare-Sternen befindet. Auch auf diese Sterne wird bei der Behandlung der veränderlichen Sterne in offenen Sternhaufen näher eingegangen. Es sei aber bereits an dieser Stelle vermerkt, daß Flare-Sterne generell sehr massearme Objekte des Vorhauptreihenstadiums sind und je nach Alter mit und ohne Emissionslinien vorgefunden werden. Es be-

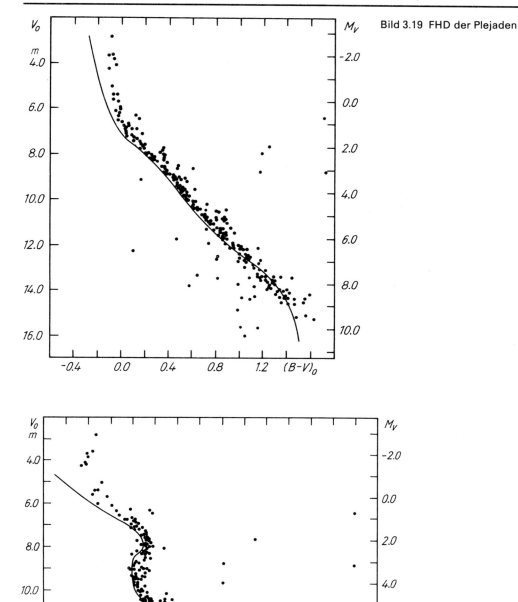

Bild 3.19 FHD der Plejaden

Bild 3.20 M_V-$(U-B)_0$-Diagramm der Plejaden nach Mendoza V [119]

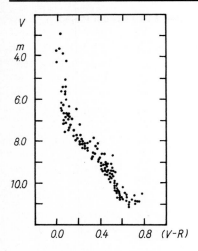

Bild 3.21 V-$(V - R)$-Diagramm der Plejaden nach Mendoza V [119]

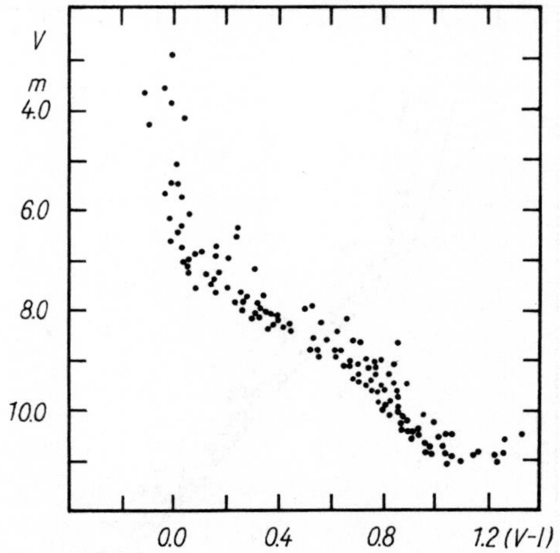

Bild 3.22 V-$(V - I)$-Diagramm der Plejaden nach Mendoza V [119]

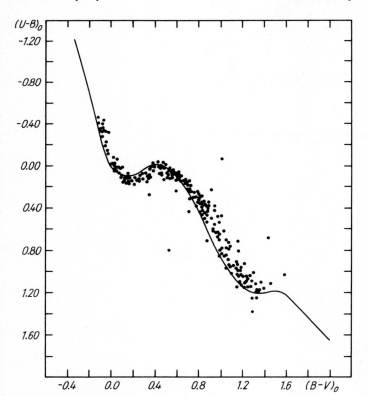

Bild 3.23 Zweifarben-Diagramm (ZFD) der Plejaden nach Mendoza V [119]

steht auch kein Zweifel, daß die Flare-Sterne der Plejaden Mitglieder dieses Aggregates sind, das insgesamt mehr als 440 bekannte Sterne umfaßt.

Auch bei den Plejaden ist die kontinuierliche Entstehung des Sternhaufens anhand des Verhaltens der von der ZAMS abgewanderten massereichen Sterne und der noch im Vorhauptrei-

R E S T A U R A N T   &   B A R
CH - 3800 I n t e r l a k e n
www.desalpes-interlaken.ch

CHE-115.464.805 MWST / 033 822 23 23

#0001   Kasse1   17-06-2017

  Rechnung   642179

          TISCH-Nr. 53

              Theke
2 5dl Spezial   6.40   *12.80
1 5dl Spezial   6.40   *6.40
1 1/2 Pizza Mama Mi   21.00   *21.00
              Küche
1 1/2 Zürcher Art   29.90   *29.90
Sub-Total   *70.10

TOTAL CHF   *70.10
TL-EURO   *70.10
MWSt 8.0%   *5.19

Herzlichen Dank für Ihren Besuch !
Es bediente Sie Retshy / 9

Des Alpes

R E S T A U R A N T   &   B A R
CH - 3800 Interlaken
www.desalpes-interlaken.ch

CHF-115.464.805 MWST / 033 822 23 23

#0001   Kassel   17-06-2017

Rechnung   637179

TISCH-Nr. 53

Theke
2 Sdl Spezial	6.40	*12.80
1 Sdl Spezial	6.40	*6.40
1 1/2 Pizza Mama Mi	21.00	*21.00

Küche
| 1 1/2 Zürcher Art | 29.30 | *29.30 |
| Sub-Total | | *70.10 |

TOTAL CHF		*70.10
IL-EURO		*70.10
MWST 8.0%		*5.19

Herzlichen Dank für Ihren Besuch !
Es bediente Sie Ketshy / 9

henstadium befindlichen Flare-Sterne angezeigt.

Im Gegensatz zu den sehr jungen Sternhaufen h und χ Persei, bei denen im FHD die am weitesten entwickelten Sterne im Gebiet der roten Überriesen (Lk Ia, Ib) liegen, zeichnen sich die älteren Aggregate dadurch aus, daß die roten Riesensterne weniger leuchtkräftig sind und zur Leuchtkraftklasse III gehören. Sternhaufen dieser Altersgruppe sind die Objekte NGC 2516, NGC 1528, die Hyaden sowie die Praesepe. Im Zusammenhang mit der Interpretation des zusammengesetzten FH-Diagramms offener Sternhaufen wird auf den skizzierten Sachverhalt näher eingegangen.

Das FHD der Hyaden in Bild 3.24, das aus der Sammlung von Mermilliod [1976] ohne Prüfung der Haufenmitgliedschaft einzelner schwacher Sterne übernommen wurde, macht deutlich, daß neben Feldsternen sicherlich auch eine Anzahl Unterzwerge im Aggregat vorhanden sind.

In das FHD der Praesepe in Bild 3.25 sind auch 4 Weiße Zwerge eingetragen, die Mitglieder dieses Aggregates sind und deren fotometrischen Parameter einer Arbeit des Autors [129] entnommen wurden. Es ist bemerkenswert, daß

diese Objekte, die sich nach der Theorie im Endstadium der Sternentwicklung befinden, im Kerngebiet des Haufens, das nachweislich die älteste Region des Aggregates darstellt, angesiedelt sind. Dort befinden sich auch die roten Riesensterne, wohingegen der Ort der jüngeren Mitglieder in den Außenregionen und im Halo des Sternhaufens liegt. Auch in der Praesepe sind Flare-Sterne vorhanden, deren Gesamtzahl etwa 40 beträgt.

Das FHD des alten offenen Sternhaufens NGC 6940 in Bild 3.26 zeigt nur wenig Sterne auf der Hauptreihe des Alters Null. Die meisten seiner beobachteten Mitglieder befinden sich im Nachhauptreihenstadium, wobei sich die roten Riesensterne dieses Objektes in einem Nest bei $(B-V)_0 \approx 1.0$ anordnen und zur Leuchtkraftklasse III gehören. Eine Ausnahme bildet der halbregelmäßig veränderliche Stern FG Vul, der in das entsprechende Diagramm als Kreis eingetragen ist und der den Spektraltyp M5 II aufweist und auch von seiner Lage im Sternhaufen her zu den ältesten Mitgliedern dieses Aggregates zählt [130]. Über das fotometrische Verhalten von FG Vul wird im Abschnitt 4.4.3.3. berichtet. Zu erwähnen ist bereits an dieser Stelle, daß FG Vul zu den wenigen Ster-

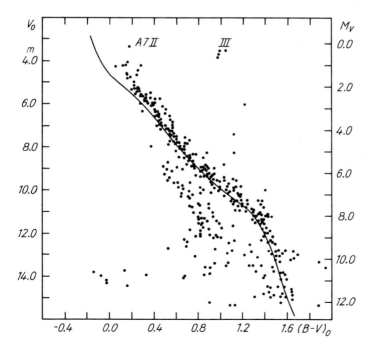

Bild 3.24 FHD der Hyaden

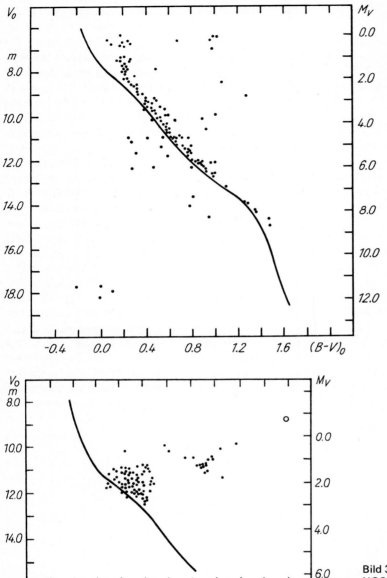

Bild 3.25 FHD der Prae-
sepe
Eingetragen sind auch
4 Weiße Zwerge, die Mit-
glieder des Sternhaufens
sind.

Bild 3.26 FHD des Sternhaufens
NGC 6940 nach Walker [120]
○ FG Vulpeculae

nen einer späten Entwicklungsphase gehört, die
als veränderliche Sterne bekannt sind. Ein möglicher anderer Vertreter dieser Gruppe ist der
Überriesenstern μ Cephei (Spektrum M2 Ia),
der wahrscheinlich dem Sternhaufen Trumpler 37 angehört.

Bei der Darstellung der FH-Diagramme sehr
alter offener Sternhaufen wurde im Falle von

M67 in Bild 3.27 und NGC 6791 in Bild 3.28
auf fotografische UBV-Messungen zurückgegriffen, um die im schwachen Helligkeitsbereich
liegenden Hauptreihen dieser Objekte zeigen zu
können. Alle Diagramme sind durch Abknickpunkte geringer Helligkeit und relativ später
Farbenindizes sowie durch eine Verteilung
einer Vielzahl von Mitgliedern entlang der Iso-

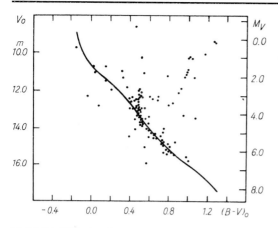

Bild 3.27 FHD des Sternhaufens M 67 (NGC 2682) nach Racine [121]

chronen des Nachhauptreihenstadiums charakterisiert. Wir erkennen aber auch Sterne oberhalb des ausgeprägten Riesenastes, die sich aufgrund ihrer fortgeschrittenen Entwicklung beeits wieder rückläufig auf die ZAMS zubewegen und diese in einigen Fällen auch schon überschritten haben.

Bei dem Aggregat NGC 6791 mit $\log \tau = 9.85$ handelt es sich um den ältesten bekannten offenen Sternhaufen unserer Galaxis. Ein Vergleich des FH-Diagramms dieses Objektes, des ältesten Vertreters der Population I, mit dem des Kugelsternhaufens M5 ($\log \tau = 10.34$) in Bild 3.29, bringt bereits die Unterschiede beider Diagramme zutage. Während die Hauptreihe des

offenen Sternhaufens an und knapp oberhalb der Nullhauptreihe liegt, befindet sich die des Kugelsternhaufens unterhalb der ZAMS im Gebiet der Unterzwerge. Diese Lage ist entsprechend der unterschiedlichen chemischen Zusammensetzung der Sternpopulationen I und II, wie auch Bild 3.1 bereits gezeigt hat, gar nicht anders zu erwarten. Weiterhin ist aus den Diagrammen erkennbar, daß der blaue Ast des Kugelsternhaufens, der aus Sternen fortgeschrittener Entwicklung gebildet wird, die sich rückläufig auf die Hauptreihe zubewegen, wesentlich ausgeprägter ist als der des alten offenen Sternhaufens. Dadurch tritt die Entwicklungsrichtung der Sterne im FHD deutlich hervor, die bei Sternen der Population I mit dem rückläufigen Überschreiten der Hauptreihe über die Entwicklungsphase der planetarischen Nebel letztlich zum Stadium der Weißen Zwerge führt.

Aus der Betrachtung der vorgestellten, nach dem Alter ausgewählten FH-Diagramme kann ganz allgemein und zusammenfassend festgestellt werden, daß die jeweils hellsten Sterne auf der Hauptreihe des Alters Null mit zunehmendem Haufenalter immer geringere absolute Helligkeiten und zunehmende Farbenindizes aufweisen. Ein ähnliches Verhalten liegt auch für den Abknickpunkt der Haufenhauptreihen vor. Auch die Besetzung der unteren Hauptreihe, die mit zunehmendem Haufenalter zu immer geringeren Massen hin mit Sternen aus dem Vorhauptreihenstadium heraus erfolgt, ist ein-

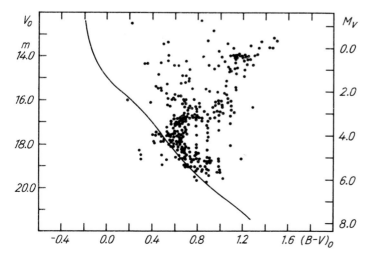

Bild 3.28 FHD des Sternhaufens NGC 6791 nach Kinman [122]

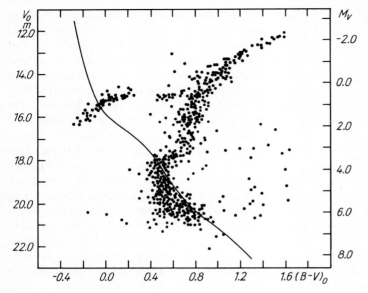

Bild 3.29 FHD des Kugelsternhaufens M 5 nach Arp [123]

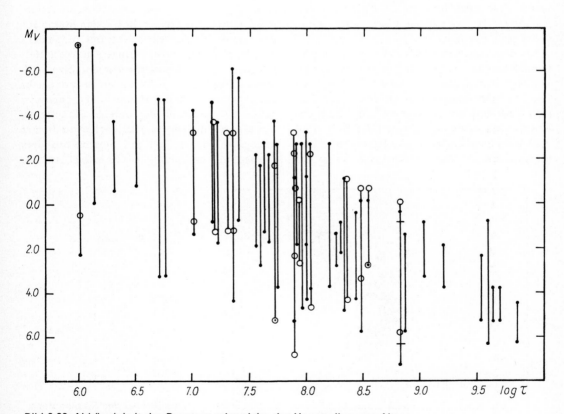

Bild 3.30 Abhängigkeit der Besetzungsbereiche der Hauptreihe vom Alter

deutig, wie auch aus Bild 3.30 hervorgeht, wo die Besetzungsbereiche der jeweiligen Hauptreihen aus 61 Sternhaufen unterschiedlichen Alters aus einer Liste von Taff [131], ergänzt durch einige Objekte aus eigenen Untersuchungen, über dem mittleren Haufenalter aufgetragen sind.

3.3. Das zusammengesetzte Farben-Helligkeits-Diagramm

Ausgehend davon, daß die Hauptreihen offener Sternhaufen aufgrund der erläuterten Gegebenheiten jeweils mittlere Isochrone darstellen, können diese Linien gleichen Alters aus Sternhaufen unterschiedlichen Alters in einem gemeinsamen Diagramm dargestellt werden. Dabei können die aus der Beobachtung resultierenden Isochrone mit denen aus theoretischen Untersuchungen verglichen und einander angeglichen werden. Umgekehrt liefern die empirisch bestimmte Lage der ZAMS im FHD sowie das gegenseitige Verhalten der beobachteten Farbenindizes $(U-B)_0$ und $(B-V)_0$ wertvolle Hinweise zur Verbesserung der theoretischen Ansätze.

Eine umfangreiche Untersuchung dieser Art hat für offene Sternhaufen, die gleichaltrig und jünger als die Hyaden sind, Mermilliod [106] anhand von photoelektrischen UBV-Daten durchgeführt. Seine empirischen isochronen Kurven haben 14, jeweils aus 4…8 Sternhaufen gebildete Altersgruppen zur Grundlage, die in Tabelle 3.12 zusammengestellt sind. Für alte Sternhaufen liegt eine ähnliche Untersuchung von Maeder [132] vor, die die Objekte NGC 188, NGC 2682 (M67), NGC 3680, NGC 752, NGC 2360 und die mit den Hyaden gleichaltrige Praesepe (NGC 2632) zum Inhalt hat. Das aus den Isochronen beider Arbeiten erstellte zusammengesetzte FHD wird in Bild 3.31 gezeigt, wobei anzumerken ist, daß für die alten Sternhaufen des besseren Überblicks wegen nur die Hauptreihen der Aggregate NGC 188 $(\log \tau = 9.70)$, NGC 2682 $(\log \tau = 9.60)$ und NGC 2360 $(\log \tau = 9.11)$ eingetragen sind.

In das zusammengesetzte FHD sind ferner die δ-Cephei-Sterne eingezeichnet, die nachweislich Mitglieder offener Sternhaufen sind und die alle, wie bereits bei der Behandlung des FH-Diagrammes des Sternhaufens NGC 7790 vermerkt wurde, in der Mitte der Hertzsprung-Lücke liegen. Die Positionen der roten Überriesen- und Riesensterne aus den einzelnen Altersgruppen sind schraffiert dargestellt und mit den jeweiligen Gruppenbezeichnungen versehen. Ferner enthält das Bild in der Verlängerung und Fortsetzung der empirischen Isochronen theoretische Linien gleichen Alters aus einer Untersuchung von Maeder und Mermilliod [104]. Diese Linien sind gestrichelt eingezeichnet.

Bezüglich Tabelle 3.12, in der die Altersgruppen und ihre Parameter zusammengestellt sind, bleibt anzumerken, daß die dort gegebenen Alterswerte bei Mermilliod nur bis zum Alter $\log \tau \cong 7.35$ aufgestellt sind. Die in Klammern gesetzten Werte für die jüngeren Haufengruppen wurden nach Gleichung (3.11) anhand der frühesten $(U-B)_0$-Werte auf der ZAMS ermittelt. Sie sind insofern sehr unsicher, weil die benutzten Farbenindizes mehr oder weniger außerhalb des eigentlichen Gültigkeitsbereiches der von Mermilliod [106] angegebenen Beziehungen liegen.

Das in Bild 3.31 dargestellte zusammengesetzte FHD gibt alle Details wieder, auf die in der allgemeinen Betrachtung (Abschnitt 3.1.) und bei der Diskussion der ausgewählten FH-Diagramme aufmerksam gemacht wurde. Besonders bemerkenswert ist das Verhalten der roten Überriesen- und Riesensterne, die innerhalb eines Aggregates oder einer Altersgruppe offensichtlich in Gruppen oder Nestern angeordnet sind.

Betrachtet man die Endpunkte der Isochrone der alten Sternhaufen NGC 188, NGC 2682 und NGC 2360 in Bild 3.31, die alle in der Nähe des Farbenindex $(B-V)_0 \approx 1.0$ liegen und mit abnehmendem Haufenalter ansteigende absolute Helligkeiten zeigen, so setzt sich dieses Verhalten, das nach Faulkner und Chanon [133] mit der Heliumbrennphase im Kern der Sterne gekoppelt ist, bei den roten Riesensternen der Hyaden, über die des Aggregates NGC 2281, des Sternhaufens NGC 3632 und des Objektes NGC 6475 fort.

Tabelle 3.12　Altersgruppen von Sternhaufen und ihre Parameter nach Mermilliod [106]

Lfd. Nummer	Gruppe	Zugehörige Sternhaufen	$(B-V)_0$	$(U-B)_0$	fr. Spektrum MK	fotografisch	$\log \tau$	Alter τ (in 10^8 a)
1.	Hyaden	Praesepe, NGC 2539, NGC 6633	0.13	0.13	A2	–	8.82	6.61
2.	NGC 2281	NGC 1342, NGC 1662, NGC 1664, NGC 2251, NGC 2548, NGC 2437, NGC 2099, NGC 7209	0.15	0.00	A1	A0.5	8.48	3.02
3.	NGC 3532	NGC 7092, NGC 1528	−0.35	−0.07	B9.5-A0	B9.7	8.43	2.69
4.	NGC 6475	NGC 6281, NGC 1912, NGC 4349, NGC 6259, NGC 6494, NGC 6705	−0.065	−0.165	B9	B9.2	8.35	2.24
5.	NGC 2287	NGC 1039, NGC 5316	−0.09	−0.24	B8.5-B9	B8.7	8.29	1.95
6.	NGC 2516	NGC 2168, NGC 2301, NGC 3114, NGC 5460, NGC 6025, NGC 7243	−0.13	−0.42	B8.5	B7.0	8.03	1.07
7.	Plejaden	NGC 2323, NGC 2422, NGC 6067, NGC 6709, NGC 7790, Tr. 2	−0.15	−0.50	B6	B6	7.89	0.776
8.	α Per	NGC 5281, NGC 6242, NGC 6405	−0.175	−0.60	B5	B4.8	7.71	0.513
9.	IC 4665	NGC 2451, NGC 4609, IC 2391, IC 2602	−0.195	−0.68	B3	B3.5	7.56	0.363
10.	NGC 3766	NGC 581, NGC 663, NGC 2232, NGC 2571, NGC 4103, Cr 140	−0.215	−0.80	B2	B2.5	7.35	0.224
11.	NGC 457	NGC 654, NGC 957, NGC 1960, NGC 2439, NGC 3590	−0.23	−0.88	B1	B2	(7.20)	0.158
12.	NGC 884	NGC 4755, NGC 6871, IC 2581	−0.24	−0.95	B0.5	B1	(7.08)	0.120
13.	NGC 2362	NGC 1502, NGC 2169, NGC 6531, NGC 7160	−0.27	−1.04	B0	B0.5	(6.92)	0.083
14.	NGC 6231	NGC 2264, Orion-Haufen	−0.32	−1.11	09	09.5	(6.79)	0.062

Mit weiter abnehmendem Alter, ab der Altersgruppe des Sternhaufens NGC 2287 in Bild 3.31, wird der $(B-V)_0$-Farbenindex der Riesensternkonzentration mit steigender absoluter Helligkeit stetig röter und auch die Leuchtkraftklasse der Sterne ändert sich graduell, ein Sachverhalt, der letztlich auch in den Spektra der Sterne zum Ausdruck kommt.

Die mit dem abnehmendem Haufenalter verbundene stetige Rötung der $(B-V)_0$-Farbenindizes der roten Riesensterne endet schließlich im Gebiet der M-Überriesen, die wegen der stärkeren Orientierung ihrer Farbenindizes zur Temperatur in einer relativ schmalen Zone angeordnet sind. Die Erscheinung der M-Superriesen ist altersbegrenzt. Nach Schild [134] sollten rote Überriesen nicht mit Sternhaufen assoziiert sein, deren Abknickpunkte früher oder in der gleichen Position eines B0-Sterns im FHD liegen.

Die mittleren Positionen der Riesensternkonzentrationen, wie sie sich aus Bild 3.31 und der

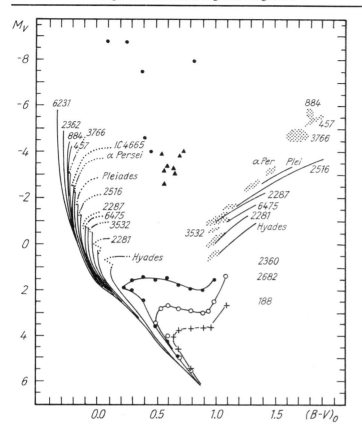

Bild 3.31 Zusammengeseztes
FHD nach Mermilliod [106] und
Maeder [132]

Arbeit von Mermilliod [106] ergeben, sind in Tabelle 3.13 zusammengefaßt. Neben den mittleren absoluten visuellen Helligkeiten der einzelnen Altersgruppen und deren mittlere Farbenindizes $(B-V)_0$ werden dort auch die Streubereiche der roten Riesensterne in den

Tabelle 3.13   Mittlere Positionen der Riesensternkonzentration im FHD (nach Mermilliod [106])

Alters-gruppe	M_V	$(B-V)_0$	T S	M_{bol}	log T_{eff}	log τ
Hyaden	+0.5	0.98	G8-K0III	+0.2	3.686	8.82
NGC 2281	−0.25	1.00	G8-K0III	−0.6	3.682	8.48
NGC 3532	−0.60	0.95	G8-K0III	−0.95	3.692	8.43
NGC 6475	−1.0	1.03	(K0III)	−1.4	3.676	8.35
NGC 2287	−1.25	1.07	K0II-K0III	−1.65	3.668	8.29
NGC 2516	−1.6	1.13	(K1II)	−2.06	3.656	8.03
Plejaden	−2.5	1.25	K2+3II	−3.1	3.632	7.89
α Per	−3.15	1.47	K2II-Ib	−3.9	3.602	7.71
IC 4665	−(2.9)	1.7	K5Ia	−	−	7.56
NGC 3766	−4.75	1.70	M0Ib	−5.2	3.544	7.35
NGC 457	−5.4	1.8	M2Ib	−8.8	3.447	(7.20)
NGC 884	−5.5	1.8	M0-M2Iab	−8.9	3.447	(7.08)
NGC 2362	−	−	−	−	−	(6.92)
NGC 6221	−	−	−	−	−	(6.79)

Spektral- und Leuchtkraftklassen, die bolometrischen Helligkeiten, die aus ihnen resultierenden mittleren effektiven Temperaturen und
schließlich auch die mittleren logarithmischen
Alterswerte gegeben. Tabelle 3.13 enthält auch
die Grunddaten für die von Mermilliod [106]
anhand des Helligkeitsverhaltens der Konzentrationen der roten Riesensterne abgeleiteten
Altersbeziehung, die in Bild 3.32 dargestellt
wird. Die dort eingezeichnete Gerade entspricht
Gleichung *(3.13)*, die im Zusammenhang mit
den Möglichkeiten der Altersbestimmung offener Sternhaufen genannt wurde.

Die graduellen Änderungen der Spektral-
und Leuchtkraftklassen aus Tabelle 3.13 erscheinen gerade im Zusammenhang mit dem
fotometrischen Verhalten der Sterne besonders
bemerkenswert. Während in den älteren Aggregaten rote Riesensterne der Leuchtkraftklasse III im Spektralbereich von G8 bis K0
auftreten, sind bei jüngeren Sternhaufen entsprechend des skizzierten fotometrischen Verhaltens Riesen späterer Spektralklassen und hö-
herer Leuchtkraftklasse zu erwarten.

3.4. Zur Leuchtkraftfunktion

Neben der Nutzung des FH-Diagrammes als
Zustands- und Entwicklungsdiagramm und für
die Alters- und Entfernungsbestimmung bietet
sich über die Anzahl und Verteilung der Mitglieder eines Aggregates auf einzelne Helligkeitsbereiche auch die Möglichkeit, Aussagen
über die Leuchtkraftfunktion und das Massenspektrum zu machen.

Unter der Leuchtkraftfunktion versteht man
im allgemeinen den Anteil der Sterne in der
Entfernung r mit der absoluten Helligkeit M_V
im Intervall $M_V \pm 0.5$. Da wir es bei den Mitgliedern offener Sternhaufen mit Objekten nahezu gleicher Entfernung zu tun haben, ergibt
sich in diesem Falle die Leuchtkraftfunktion LF
allein aus der Anzahl der Sterne der absoluten
Helligkeit M_V ($N(M_V)$), die bekannterweise mit
der stellaren Masse M gekoppelt ist. Deshalb
kann die Leuchtkraftfunktion in eine Massenfunktion umgewandelt werden.

Neben der Erstellung der Leuchtkraftfunktio-

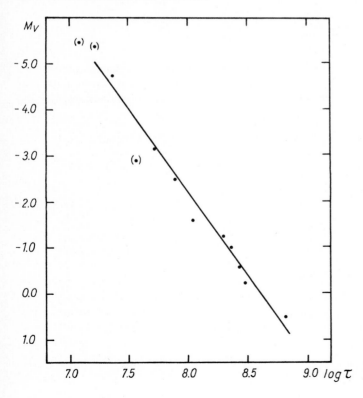

Bild 3.32 Abhängigkeit der mitt-
leren absoluten Helligkeit aus
Riesensternkonzentrationen vom
Alter
Eingetragene Gerade folgt Glei-
chung *(3.13)*

nen individueller Sternhaufen ermöglicht die unterschiedliche Besetzung der Hauptreihe im FHD durch Sternhaufen verschiedenen Alters (siehe auch Bild 3.30) außerdem die Ableitung der Leuchtkraftfunktion der Hauptreihe des Alters Null über weite Helligkeitsbereiche. Grundlage hierfür sind die Haufenmitglieder auf der ZAMS aus einer Vielzahl offener Sternhaufen. Auf diese Weise können in einem Aggregat anhand einer universellen Leuchtkraftfunktion die ursprüngliche Zahl von Sternen in einem vorgegebenen Helligkeitsbereich, die Zahl der Sterne, die sich schon von der ZAMS wegentwickelt haben und sich jenseits des Abknickpunktes befinden sowie die stellare Haufenmasse abgeschätzt oder vorausgesagt werden. Außerdem bieten sich auch Vergleiche mit theoretischen FH-Diagrammen und die Abschätzung der Bindungsenergien in den Sternhaufen an.

Vorausgesetzt wird dabei, daß die Universalität der Sternverteilung auf einzelne Helligkeitsbereiche im Sinne einer gemeinsamen Leuchtkraftfunktion in den offenen Sternhaufen besteht und nachzuweisen ist und daß alle möglichen Fehlerquellen bei der Ableitung der Sternzahlen und ihrer Verteilung ausgeschlossen oder klein gehalten bleiben. Ferner ist zu berücksichtigen, daß nur in solchen Sternhaufen allgemeingültige Aussagen gemacht werden können, die hinreichend mit bekannten Mitgliedern ausgestattet sind. Sternreiche galaktische Haufen und Aggregate mittleren Sternreichtums der unterschiedlichen Konzentrationsklassen bieten sich hier an, wobei davon ausgegangen werden kann, daß die Reichtums- und Konzentrationsklassen offener Sternhaufen, wie wir sie von der Trumplerschen Klassifikation her kennen, die beobachtbaren Gegenstücke zur jeweiligen stellaren Haufenmasse und zur Raumverteilung in den Aggregaten darstellen.

Die möglichen Fehlerquellen, die die Bestimmung einer universellen Leuchtkraftfunktion aus einer Vielzahl von individuellen Verteilungen beeinflussen können, sind vielschichtiger Natur. Einmal sind es Fehler in der Fotometrie, die die Positionen einzelner Sterne im FHD relativ zur Haufenhauptreihe beeinträchtigen

oder die, wenn sie eine Vielzahl von Mitgliedern erfassen, zu systematischen Verschiebungen der jeweiligen Haufenhauptreihen führen und so die Haufenentfernungen beeinflussen. Demnach sind exakte fotometrische Daten die wesentlichste Voraussetzung zur Ableitung der Leuchtkraftfunktion.

Ein sehr ernsthaftes Problem ist die unvollständige Erfassung der Mitglieder eines Aggregates, die zur Verfälschung der tatsächlichen Sternverteilung führt. Im besonderen Maße trifft dies auf die schwachen Sterne eines Sternhaufens am unteren Ende der Hauptreihe zu. Weiterhin ist die Zahl der Sterne zu beachten, die aus den Sternhaufen zu entkommen versuchen. Diese Erscheinung, die eng mit der Auflösung der Aggregate gekoppelt ist, ist eher in den älteren als in den jüngeren Sternhaufen zu erwarten. Man entgeht folgerichtig diesen Einflüssen bei der Ableitung der Leuchtkraftfunktion durch die Auswahl jüngerer Aggregate.

Das Problem ist zweifellos die Prüfung der Hypothese der Universalität, die entweder über den Vergleich von Paaren von Leuchtkraftfunktionen aus individuellen Haufen nach dem Verfahren von Starikova [135] oder nach der Methode von van den Bergh [136] über die hellen und schwachen Enden der Haufenleuchtkraftfunktion mit Hilfe der Heaviside-Funktion erfolgen kann. Das letztere Verfahren zieht aber weder die entwicklungsbedingten Gegebenheiten am hellen Ende der Hauptreihe noch die Unvollständigkeit der Daten am schwachen Ende in Betracht, so daß aus diesem Grunde Taff [131] ein weiteres Verfahren vorschlug, das diese Beeinflussungen über das Maximumwahrscheinlichkeitsproblem in die Betrachtungen einbezieht und alle möglichen Fehlerquellen durch eine geeignete Sternhaufenauswahl berücksichtigt.

Die von Taff [131] durchgeführte Prüfung der Universalität und die Bestimmung der Leuchtkraftfunktion der Hauptreihe des Alters Null begründen sich auf Vielfarbenbeobachtungen an Sternen aus insgesamt 62 galaktischen Haufen. Als Ergebnis dieser Untersuchungen kann festgehalten werden, daß kein Grund besteht, die Hypothese der Universalität der Leuchtkraftfunktion zu verwerfen, wenn man die

Sternhaufen entsprechend der Trumplerschen Klassifikation in Reichtums- und Konzentrationsklassen einteilt.

Die für alle untersuchten Sternhaufen sowie für die Reichtumsklassen »reich« und »mittel« und für die Konzentrationsklassen I, II und III + IV abgeleiteten Leuchtkraftfunktionen sind in Tabelle 3.14 zusammengestellt. Die dortigen Angaben entsprechen $\log(N(M_V)) + 10$. Für jede Gruppe gilt außerdem $\sum_{M_V} N(M_V) = 1$.

Die für die ZAMS aus 62 galaktischen Sternhaufen von Taff [131] abgeleitete Leuchtkraftfunktion LF ist in Bild 3.33 der Leuchtkraftfunktion für Hauptreihensterne des allgemeinen Sternfeldes (φ) und der entsprechenden ursprünglichen Leuchtkraftfunktion (ψ) dieser Sterne gegenübergestellt. Die beiden letztge-

nannten Funktionen sind der Arbeit von Salpeter [137] aus dem Jahre 1955 entnommen. Als Ergebnis kann festgehalten werden, daß die Leuchtkraftfunktion aus den offenen Sternhaufen nahezu mit der ψ-Funktion übereinstimmt und daß die Leuchtkraftfunktion der Hauptreihensterne des allgemeinen Sternfeldes (φ) durch die fortgeschrittene Sternentwicklung geprägt ist.

Die Umwandlung der Leuchtkraftfunktion der ZAMS in eine Massenfunktion ergibt ein Potenzgesetz von der Art

$$\log(n(M)\Delta M) = \text{const.} - p\log(M) \qquad (3.22)$$

mit $p = 2.74 \pm 0.07$. Dieser Index des Potenzgesetzes ist innerhalb der Reichtums- und Konzentrationsklassen geringfügigen Schwankungen unterworfen. Die jeweils von Taff [131]

Tabelle 3.14   Leuchtkraftfunktionen der ZAMS aus 62 offenen Sternhaufen für verschiedene Reichtums- und Konzentrationsklassen nach Taff [131]

M_V	$\log(M/M_\odot)$	Alte Objekte	Reichtumsklassen		Konzentrationsklassen		
			reich	mittel	I	II	III und IV
−7.0	1.905			7.759			
−6.5	1.810	7.403		7.460		7.440	
−6.0	1.714	7.127		7.447		7.167	
−5.5	1.619	7.046	6.793	7.350	6.961	7.167	
−5.0	1.522	7.347	6.793	7.702	6.961	7.535	
−4.5	1.425	7.115	7.270	7.464	7.327	6.991	
−4.0	1.331	7.528	7.551	7.763	7.679	7.525	8.040
−3.5	1.235	7.389	7.377	7.663	7.463	7.387	8.341
−3.0	1.142	7.537	7.408	7.879	7.645	7.587	8.004
−2.5	1.049	7.575	7.445	7.815	7.763	7.498	8.151
−2.0	0.951	7.767	7.741	7.958	7.881	7.834	8.081
−1.5	0.858	7.849	7.835	7.939	7.933	7.952	8.191
−1.0	0.770	8.029	7.949	8.259	8.105	8.045	8.699
−0.5	0.680	8.103	7.976	8.315	8.170	8.169	8.728
0.0	0.598	8.278	8.199	8.466	8.382	8.322	8.777
0.5	0.520	8.340	8.269	8.533	8.431	8.386	8.897
1.0	0.441	8.423	8.334	8.728	8.543	8.414	8.994
1.5	0.376	8.521	8.513	8.744	8.663	8.495	9.006
2.0	0.316	8.642	8.663	8.847	8.809	8.590	9.155
2.5	0.257	8.719	8.739	8.864	8.768	8.781	9.236
3.0	0.201	8.802	8.828	8.896	8.917	8.810	9.198
3.5	0.157	8.811	8.872	8.900	8.909	8.780	
4.0	0.112	8.924	8.951	8.985	8.961	8.956	
4.5	0.068	8.921	8.903	9.033	9.002	8.894	
5.0	0.017	8.966	8.971	8.985	8.983	8.977	
5.5	−0.018	8.976	8.980	9.087	9.133	8.894	
6.0	−0.053	8.953	8.957		8.963	8.980	
6.5	−0.089	8.911	8.913			8.907	
7.0	−0.124	8.963	8.968			8.957	
p		2.74 ± 0.07	2.65 ± 0.10	2.50 ± 0.04	2.66 ± 0.08	2.63 ± 0.10	2.68 ± 0.05

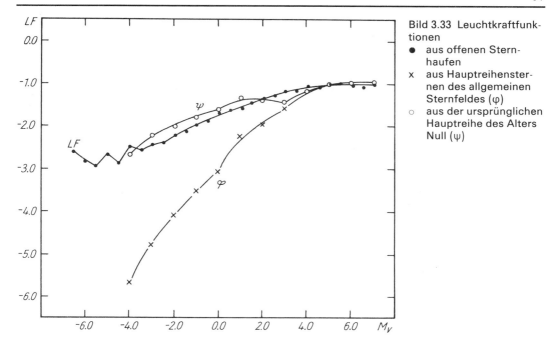

Bild 3.33 Leuchtkraftfunktionen
● aus offenen Sternhaufen
x aus Hauptreihensternen des allgemeinen Sternfeldes (φ)
○ aus der ursprünglichen Hauptreihe des Alters Null (ψ)

abgeleiteten Werte sind in Tabelle 3.14 in der unteren Zeile aufgeführt.

Die Leuchtkraftfunktion und die aus ihr resultierende Massenfunktion für die ZAMS sind in Bild 3.34 gemeinsam dargestellt. Die eingetragenen Fehlerbalken sind proportional zu $(N(M_V)\Delta V)^{-1/2}$. Die Darstellung ist der Arbeit von Taff entnommen.

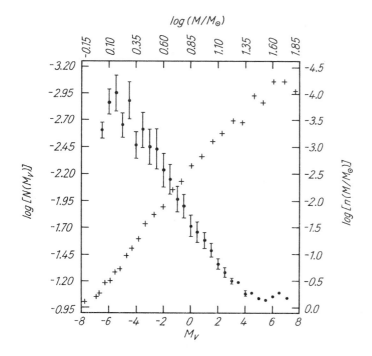

Bild 3.34 Darstellung der Leuchtkraftfunktion für die ZAMS und der zugehörigen Massenfunktion nach Taff [131]

Das kontinuierliche Ansteigen der Zahl der Sternhaufen, die fotoelektrisch im UBV-System untersucht sind, rechtfertigt die Hoffnung auf eine Wiederholung der Untersuchung von Taff an einem noch umfangreicheren Material unter Berücksichtigung neuester Erkenntnisse über die Massenverhältnisse, die, vergleicht man die entsprechenden Werte aus Tabelle 3.3 und Tabelle 3.14, geringfügige Diskrepanzen zeigen.

Die Massenspektren von 228 offenen Sternhaufen, die die Verteilung der stellaren Massen dieser Aggregate beschreiben und die deren Massenverteilungsfunktion $\varphi(M)$ entsprechen, wurden in jüngster Zeit von Stecklum [138] durch den Vergleich der entsprechenden Farben-Helligkeits-Diagramme mit Entwicklungsberechnungen bestimmt. Die Zuverlässigkeit dieser Methode der Massenbestimmung wurde in der Anwendung auf Doppelsterne erprobt. An die abgeleiteten Massenspektren wurden sowohl ein Potenzgesetz, $\varphi(M) = C \cdot M^{-\alpha}$, als auch ein Exponentialgesetz, $\varphi(M) = D \cdot \exp.(-\beta M)$, angepaßt, wobei gezeigt werden konnte, daß beide Darstellungsmöglichkeiten die Massenspektren mit dem gleichen mittleren Signifikanzniveau beschreiben.

Die Analyse des auf die beschriebene Weise abgeleiteten Materials ergab eine ausgeprägte Korrelation des Anstiegs der Massenspektren mit dem Haufenalter und im Vergleich dazu, eine schwächere Beziehung mit dem galaktozentrischen Abstand der Aggregate. Die Ergebnisse von Stecklum [138] weisen darauf hin, daß der Anstieg des Massenspektrums mit wachsendem Haufenalter und ansteigender galaktozentrischer Distanz zunimmt.

4. Zum Inhalt offener Sternhaufen

Zum Inhalt der offenen Sternhaufen zählen neben den sich im FHD »normal« verhaltenden Sternen unterschiedlicher Entwicklungsstadien Mitglieder besonderer stellarer Gruppen, die sich optisch, spektroskopisch, physikalisch, chemisch oder dynamisch von diesen unterscheiden, sowie Wolken interstellarer Materie der unterschiedlichen Erscheinungsformen in einem Teil der Aggregate.

Die Eigenschaften und das Verhalten der »normalen« Mitglieder offener Sternhaufen wurden bei der Behandlung des allgemeinen FHD oder HRD in Abschnitt 3.1. sowie bei der Darstellung spezieller Haufendiagramme in Abschnitt 3.2. erörtert. Im vorliegenden Kapitel gilt das besondere Augenmerk dem Vorkommen von pekuliaren Mitgliedergruppen und den einzelnen Komponenten der interstellaren Materie in den Aggregaten. Es werden aber auch allgemeine Eigenschaften der Inhalte offener Sternhaufen, wie die Häufigkeit chemischer Elemente und die Masse in Betracht gezogen. Dabei liegt es auf der Hand, das Alter der Sternhaufen und die Struktur unserer Galaxis mit zu berücksichtigen.

Die Unterteilung der Inhalte galaktischer Sternhaufen in die Teilgebiete stellare und nichtstellare Materie wird noch am ehesten dem komplexen Charakter in den Aggregaten gerecht. Zu berücksichtigen bleibt, daß beide Komponenten miteinander in enger wechselseitiger Beziehung stehen und ihr gleichzeitiges Vorkommen in den Sternhaufen kosmogonisch bedingt ist.

Auf kosmogonische Prozesse verweisen letztlich auch die besonderen stellaren Gruppen und Objekte, deren Verhalten im Einzelfall oder im Kollektiv Ausdruck individueller oder spezifischer Entwicklungsphasen ist und sich dadurch von der Mehrzahl der übrigen »normalen« Haufenmitglieder unterscheidet.

4.1. Interstellare Materie

Die nichtstellare Materie in galaktischen Sternhaufen setzt sich aus Ansammlungen neutralen und ionisierten Wasserstoffs sowie aus Staub- und Molekülwolken zusammen, die im Raum zwischen den Sternen angeordnet sind. Oft sind gerade die jüngeren Sternaggregate in Wolkenkomplexe größerer Ausdehnung eingebettet.

Zwischen den Sternen und der interstellaren Materie bestehen vielfältige wechselseitige Beziehungen, die einerseits durch die Umwandlung von interstellarer Materie in stellare und andererseits durch die Beeinflussung der interstellaren Materie durch die Sternmaterie geprägt sind. Dieser auch in den Sternhaufen auftretende Wechselwirkungsprozeß, der einmal in der Sternentstehung aus den interstellaren Gas-Molekül- und Staubwolken (siehe Abschnitt 6.2.) und zum anderen in der Sternentwicklung durch die Abgabe von stellarer Materie an das interstellare Medium zum Ausdruck kommt, kann auch als Masse- und Energieaustausch zwischen beiden Komponenten der Aggregate gewertet werden.

Die Eigenschaften der nichtstellaren Materie, ihr jeweiliges Gas-Staub-Gemisch, die in ihr vorkommenden Bestandteile, ihre chemische Zusammensetzung, ihr Energiehaushalt und ihr dynamisches Verhalten sind für den Sternentstehungsprozeß und somit auch für die Ausfällung bestimmter stellarer Massen und ihrer chemischen Ursprungszusammensetzung verantwortlich. Andererseits trägt die Entwicklung der

Sterne dazu bei, stellare Materie in Form des Sternwindes oder anderer entwicklungsbedingter Massenabgaben an das interstellare Medium zurückzuführen, um dieses mit schweren Elementen, entstanden aus den stellaren Kernumwandlungsprozessen, anzureichern.

Ein Teil der vor allem in der Früh- oder Spätphase der Sternentwicklung aus- oder abgestoßenen Stermaterie kondensiert zu Staub,

– der u. a. aus Silikaten, Eisen, Kohlenstoff, Si_3N_4 und unbekannten Dielektrika besteht,
– sich zunächst durch zirkumstellare Effekte, Extinktion und Verfärbung des Sternlichtes bemerkbar macht und schließlich
– in den interstellaren Raum diffundiert, wo er Einflüsse auf das Temperaturgleichgewicht der interstellaren Materie ausübt, zum Aufbau und Erhalt der Moleküle beiträgt und der teilweisen Zerstörung in den HII-Gebieten preisgegeben ist.

Die Wirkung kurzwelliger Strahlung von in Wolken interstellarer Materie eingeschlossenen heißen Sternen, wie sie in extrem jungen und jungen offenen Sternhaufen vorkommen, wird in den HII-Gebieten, deren Temperatur etwa 10^4 K beträgt, festgestellt. Die Einflußsphären dieser Sterne sind als Strömgren-Sphären und deren Ausdehnungen als Strömgren-Radien bekannt, die sowohl von den stellaren Zustandsgrößen (Radius, Temperatur) als auch von der Dichte des die Sterne umgebenden Wasserstoffs abhängig sind. Nur heiße Sterne bis etwa zum Spektraltypus B2 liefern beobachtbare Strömgren-Sphären der HII-Gebiete.

Neben der Anregung der Wolken durch die UV-Strahlung der heißen Sterne sind auch Einflüsse auf die innere und äußere Dynamik der Wolken und ihre Dichteverteilung zu erwarten, da der Strahlungsdruck der Sterne eine Funktion der Sterntemperatur ist und deshalb gerade bei den Sternen hoher Temperatur im verstärkten Maße wirksam wird.

Die Anregung der Atome, der Abbau von Molekülen, die Bildung von Turbulenzen, die Beeinflussung des interstellaren Strahlungsfeldes und die Bewegung ganzer Wolken sind einige Folgen der aufgezeigten stellaren Strahlungseinflüsse, die letztlich die Eigenschaften und die Qualität der interstellaren Materie und die Sternentwicklungsprozesse mitbestimmen.

Betrachten wir die Einflüsse der Sternstrahlung auf das interstellare Medium einerseits und die Einwirkung des interstellaren Staubes auf die Sternstrahlung durch Extinktion, Reflexion, Verfärbung und Polarisation andererseits, so ergibt sich eine andere Wechselwirkung zwischen der stellaren und nichtstellaren Komponente offener Sternhaufen.

Die interstellare Materie in offenen Sternhaufen, in der Regel Überreste aus den Ursprungswolken, aus denen die Sternaggregate entstanden sind oder noch entstehen, charakterisiert durch ihre Wechselwirkung mit den Sternen und über ihre vielfältigen Erscheinungsformen ihr Verhalten im Verlaufe der Entwicklung der Sternhaufen.

Das Vorhandensein von interstellarer Materie in galaktischen Sternhaufen, die uns dort im optischen Bereich in Form angeregter leuchtender Gaswolken (HII-Gebiete), von Dunkelgebieten oder Reflexionsnebeln entgegentritt, verhilft uns auch zu eindrucksvollen Bildern galaktischer Sternhaufen, von denen in Bild 4.1 bis Bild 4.6 einige wiedergegeben werden.

Das Objekt NGC 7023 in Bild 4.1, das einen Reflexionsnebel darstellt, der durch einen B3-Stern beleuchtet wird, birgt einen in Entstehung betriffenen Sternhaufen der derzeitigen Masse $M \approx 150 \, M_\odot$ in sich und wird von einer Molekül- und Staubwolke umgeben.

Die in dem entstehenden Sternhaufen beobachteten Sterne sind alle vom Spektraltypus später 0. Unter ihnen befinden sich auch 24 Objekte, die die Hα-Linie in Emission zeigen. Diese Sterne gehören zu den massearmen, extrem jungen, noch in der Kontraktionsphase des Vorhauptreihenstadiums befindlichen T-Tauri-Sternen, die in Abschnitt 4.4.3.2. behandelt werden und die in NGC 7023 ebenso wie in NGC 2264 (Bild 4.4) oder im Orionnebel (Bild 4.3) T-Assoziationen bilden. Auf den Sternhaufen NGC 7023 wird im Zusammenhang mit der Bildung und Entwicklung der Aggregate in Abschnitt 6.2.1. noch einmal eingegangen.

Ein Gebiet, in dem die Sternentstehung ebenfalls noch nicht abgeschlossen ist, stellt der

Bild 4.1 NGC 7023
(Aufnahme: W. Götz)

Rosetta-Nebel in Bild 4.2 dar, in dessen südlichem Teil sich der sehr junge galaktische Sternhaufen NGC 2244 befindet. Die dichtesten Nebelpartien bilden einen gestaltlosen Ring um das mit weniger dichten Nebelmassen ausgestattete Haufenzentrum. Das Fehlen der dichten Nebelgebiete in dieser Region wird der Stern- und Haufenbildung einerseits und dem Hinaustreiben des Gases infolge des Sternbildungsprozesses andererseits zugeschrieben.

Im und in der Umgebung des Orionnebels in Bild 4.3 befinden sich 4 offene Sternhaufen, die zum Teil durch den hellen Nebel überstrahlt werden, der scheinbar aus 2 Einzelobjekten besteht. In Wirklichkeit handelt es sich jedoch um einen Nebel, dessen Zweiteilung durch eine Brücke nichtleuchtender interstellarer Materie hervorgerufen wird. Der nördlich des kleinen Nebels gelegene Sternhaufen NGC 1981 ist in Bild 4.3 gut erkennbar. Die Mitglieder des Sternhaufens NGC 1977 sind im kleinen Nebel eingebettet, wohingegen sich der größte Sternhaufen dieses Gebietes um das Trapez anordnet und eine T-Assoziation in sich birgt. Der Sternhaufen NGC 1980 liegt in der Nähe von i Ori südlich des großen Nebels.

Der galaktische Sternhaufen NGC 2264 in Bild 4.4 gruppiert sich vorwiegend südlich von S Mon und wird von ausgedehnten Nebeln umgeben, die durch S Mon sowie durch frühe B-Sterne zum Leuchten angeregt werden. Die Gesamtmasse des Nebels wurde von Raimond [139] aus Profilmessungen der 21-cm-Linie mit $M = 8\,000\,M_\odot$ angegeben. Bei dem Sternhaufen NGC 2264 handelt es sich um ein relativ junges Aggregat, in welchem auch eine T-Assoziation, die in Bild 4.48 dargestellt ist, vorkommt.

Bild 4.5 zeigt die Reflexionsnebel in den Plejaden. Die streifige Struktur dieser angestrahlten Staubkomplexe wird in Bild 4.6 dargestellt. Die Plejaden sind als Flare-Stern-Aggregat bekannt.

4.1.1. Zur Verteilung der einzelnen Erscheinungsformen

Wesentliche Grundlagen für die nachfolgenden statistischen Betrachungen lieferten hinsichtlich der HII-Gebiete in offenen Sternhaufen u. a. die von Mayer [140] publizierte Liste von Aggregaten mit Emissionsnebeln, die radioastronomischen Arbeiten von Altenhoff und Mitautoren [141] sowie von Schwartz [142].

Bezüglich der Auffindung von HI-Gebieten in und in der Umgebung von offenen Sternhaufen sind die Arbeiten von Menon [143], Drake [61], Davies und Tovmassian [144], Schmidt-Kaler und Schwartz [145], Gordon und Mitautoren [146] sowie Schwartz [142] zu nennen.

Staubgebiete in offenen Sternhaufen wurden u. a. von D'Odoric [147] und Wallenquist [148, 149] untersucht.

Aus der angegebenen Literatur und aus anderen bis Mitte des Jahres 1984 erschienenen, im einzelnen nicht zitierten Arbeiten geht hervor, daß mindestens 169 offene Sternhaufen, das sind etwa 15 % aller in unserer Galaxis bekannten Aggregate, mit interstellarer Materie unterschiedlicher Erscheinungsformen behaftet sind. In 77 der Sternhaufen wurden HII-Gebiete festgestellt. Neutraler Wasserstoff (HI-Gebiete) wurden in 24 Objekten nachgewiesen, wohingegen interstellarer Staub in 64 offenen Sternhaufen vorhanden zu sein scheint. Staubgebiete finden sich aber auch in Aggregaten mit HII- und HI-Wolken, wie auch HI- und HII-Gebiete in gemischter Form auftreten. Aus 4 Sternhaufen sind einzig und allein Reflexionsnebel bekannt, die in anderen mit HI-, HII- oder Staubregionen behafteten Aggregaten eine zusätzliche Erscheinungsform bilden.

Von insgesamt 125 der mit interstellarer Materie behafteten offenen Sternhaufen sind die Alterswerte und die in den Aggregaten vorhandenen frühesten Spektraltypen der Haufenmitglieder bekannt. Die Verteilung dieser Sternhaufen auf einzelne Altersbereiche geht aus Bild 4.7a hervor. Das dort gezeigte Histogramm macht deutlich, daß interstellare Materie in Sternhaufen aller Altersbereiche vorkommt, wenn auch das Verteilungsmaximum im Altersbereich $7.0 < \log \tau < 8.5$ liegt.

Völlig andersgeartete Verteilungskurven ergeben sich dann, wenn man die in den offenen Sternhaufen befindliche interstellare Materie nach der Dominanz der einzelnen Erscheinungsformen ordnet, wie es in den Histogram-

Bild 4.2 Rosetta-Nebel mit dem Sternhaufen NGC 2244; Klasse der Erscheinungsform II3r
(Aufnahme: W. Götz)

Bild 4.3 Orion-Nebel mit den sichtbaren Sternhaufen NGC 1981 (III3p), NGC 1977 und NGC 1980 (III3m) (Aufnahme: W. Götz)

Bild 4.4 Offener Sternhaufen NGC 2264; Klasse der Erscheinungsform III3m
(Aufnahme: W. Götz)

Bild 4.5 Plejaden
Klasse der Erscheinungsform I3r
(Aufnahme: W. Götz)

Bild 4.6 Reflexionsnebel der Plejaden
(Aufnahme: W. Götz)

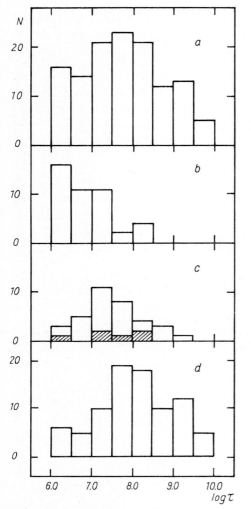

Bild 4.7 Altersmäßige Verteilung der einzelnen Komponenten der interstellaren Materie in offenen Sternhaufen
a Gesamtmaterial
b HII-Wolken
c HI-Gebiete
d Staub
Reflexionsnebel *schraffiert*

men in Bild 4.7b, Bild 4.7c und Bild 4.7d geschehen ist.

HII-Gebiete sind nach Bild 4.7b im Altersbereich $6.0 < \log \tau < 7.5$, also in extrem jungen und jungen offenen Sternhaufen zu erwarten, die heiße Sterne des Spektraltyps O5 bis B2 zu ihren Mitgliedern zählen und deren kurzwellige

UV-Strahlung für die Anregung des Wasserstoffgases verantwortlich ist.

Es ist deshalb auch verständlich, daß gerade in den älteren der jungen Sternhaufen, in denen die Strömgren-Radien der noch vorhandenen heißen Sterne nur geringe Ausmaße aufweisen, auch neutrales Wasserstoffgas vorhanden ist. Das Verteilungsmaximum im Bereich $7.0 < \log \tau < 8.0$ in Bild 4.7c entspricht diesem Sachverhalt. Neutraler, im optischen Bereich unsichtbarer Wasserstoff, der in jungen Sternhaufen in den Randzonen von HII-Gebieten auftritt, die in der Regel in größere HI-Wolken eingebettet sind, kommt aber auch in älteren Aggregaten vor, wie aus seinem ausgedehnten Verteilungsbereich auf Sternhaufen des Alters zwischen $\log \tau = 6.00$ und $\log \tau = 9.5$ zu ersehen ist.

Der interstellare Staub ist nach Bild 4.7d in den Sternhaufen aller Altersbereiche vertreten, wenn auch aus dem entsprechenden Histogramm zu entnehmen ist, daß extrem junge und junge offene Sternhaufen nur in relativ geringer Zahl mit dieser Erscheinungsform der interstellaren Materie behaftet sind. Dieser Sachverhalt ist sicherlich einerseits mit der Beteiligung des interstellaren Staubes an den Sternbildungsprozessen und andererseits mit seiner teilweisen Zerstörung in den durch UV-Strahlung der heißen Sterne aufgeheizten Gebieten zu erklären, in denen auch neuer Staub wegen der hohen Temperaturen nicht kondensieren kann. Ein völliges Fehlen von Staub in extrem jungen und jungen Aggregaten ist aber, wie aus dem Histogramm in Bild 4.7d hervorgeht, auszuschließen, wenn auch das entsprechende Verteilungsmaximum jenseits von $\log \tau \geqq 7.5$ liegt. In diesem Altersbereich sind, wie wir aus den Farben-Helligkeits-Diagramm offener Sternhaufen wissen, die heißen Sterne bereits von der Hauptreihe in das Gebiet des Nachhauptreihenstadiums abgewandert, so daß eine Kondensation des zerstörten Staubes und die Bildung neuer Staubansammlungen möglich wird. Zumindest zu diesem Zeitpunkt sollte in der Entwicklung der Sternhaufen mit einem vorübergehenden Ansteigen der Staubmassen in den Aggregaten gerechnet werden, wenn auch andererseits nicht übersehen werden darf, daß der Staub im weiteren

Verlauf der Entwicklung aus den Sternhaufen auswandert (siehe Abschnitt 4.1.3.).

Ähnlich wie der Staub verhalten sich übrigens auch die in die Aggregate eingelagerten Gas- und Molekülwolken, die infolge der Fortsetzung des Sternbildungsprozesses und dynamischer Vorgänge im Verlaufe ihrer Entwicklung an Masse verlieren und aus den Aggregaten hinauswandern. Dieses Verhalten wird auch durch Beobachtungen von Leisawitz, Thaddeus und Bash [150] an CO- und ^{13}CO-Molekülwolken in Sternhaufen jünger als $2 \cdot 10^7$ Jahren gestützt, bei denen die Tendenz zur Bildung molekülarmer oder molekülfreier Zonen in unmittelbarer Nachbarschaft der Aggregate nachgewiesen wurde. Diese Zonen vergrößern sich mit zunehmendem Haufenalter und dehnen sich mit einer mittleren Geschwindigkeit von $v = 2.8$ km/s aus. Diese »Expansion« kann entweder als das Fortschreiten einer Dissoziationsfront in den Molekülwolken oder als ein Auswandern infolge eines Abstoßungsprozesses dieser Objekte aus den Aggregaten gedeutet werden. Die abzuschätzende Zeitdauer dieser Zerstörung, die mit der Entstehung von Sternen einhergeht, beträgt etwa $2 \cdot 10^7$ Jahre.

Der Vergleich der in Bild 4.7 zusammengestellten Histogramme bestätigt die bereits getroffene Feststellung, daß in einigen offenen Sternhaufen sowohl beide Gaskomponenten als auch der interstellare Staub gemeinsam vorkommen.

In Bild 4.7c ist auch die altersmäßige Verteilung einiger Reflexionsnebel schraffiert eingetragen. Diese Objekte, von Gas- und Staubwolken eingeschlossene frühe Sterne vom Spektraltypus später B5, die nicht in der Lage sind, ihre Umgebung im beobachtbaren Maße aufzuheizen, reflektieren das Licht der eingeschlossenen Sterne.

4.1.2. Massen und Massenverhältnisse der einzelnen Komponenten

Aus 44 offenen Sternhaufen sind Abschätzungen der Massen einzelner, in den Aggregaten vorkommender Komponenten der interstellaren Materie bekannt. In vielen dieser Fälle liegen

auch Angaben über die stellaren Gesamtmassen (M) dieser Aggregate vor, so daß sowohl Aussagen über die gesamte Gasmasse in den Sternhaufen (M_G), $M_G = M_{HI} + M_{HII}$, über die Masse der Staubkomponente (M_D) und über die Gesamtmasse als auch über deren gegenseitige Verhältnisse möglich werden. Die entsprechenden Daten sind in Tabelle 4.1 zusammengefaßt, wo neben den einzelnen Masseangaben auch die jeweils frühesten Spektraltypen (eSp) in den Aggregaten und die Alterswerte (log τ) aus dem Lund-Katalog aufgeführt sind. Bezüglich der stellaren Gesamtmassen ist anzumerken, daß die von Bruch und Sanders [151] publizierten Werte verwendet wurden (siehe Abschnitt 4.3.).

Es ist verständlich, daß nicht für alle tabulierten Sternhaufen alle Massewerte erhältlich sind. In diesem Falle wurde für die Festsetzung der Gasmasse (M_G) in Sternhaufen mit den frühesten Spektraltypen später B2 der entsprechende Wert der HI-Masse verwendet. Umgekehrt wurde in sehr jungen Aggregaten mit sehr frühen Spektraltypen bei Fehlen der HI-Masse für die Gesamtmasse die des HII-Gases eingesetzt. So unsicher auch einzelne Werte sein mögen, so zeichnen sich doch bei der Vielzahl der Daten einige kosmogonische Beziehungen ab, die in der Gegenüberstellung der logarithmischen Massenverhältnisse $\log (M/M_G)$ und $\log (M_G/M_D)$ mit den jeweils frühesten Spektraltypen zum Ausdruck kommen.

Trotz relativ großer Streuung der Einzelwerte ist aus Bild 4.8 erkennbar, daß mit abnehmendem frühestem Spektraltyp oder, was gleichbedeutend ist (siehe Bild 4.8c), mit zunehmendem Haufenalter, das Verhältnis aus stellarer Gesamtmasse und Gasmasse ansteigt, wohingegen das aus den Gas- und Staubmassen gebildete Verhältnis abnimmt. Beide Beziehungen verweisen darauf, daß die Gasmassen der Aggregate offensichtlich mit zunehmendem Haufenalter abnehmen. Dieser Befund findet schließlich auch seine Bestätigung in der altersmäßigen Verteilung der Gaskomponenten (Bild 4.7).

Über das altersmäßige Verhalten der Staubmassen, die (siehe Tabelle 4.1) wesentlich kleinere Werte als die Gasmassen aufweisen, können allein aus den in der Liste aufgeführten Sternhaufen keine eindeutige Aussagen ge-

Tabelle 4.1   Stellare und nichtstellare Massen in offenen Sternhaufen

Sternhaufen	eSp.	$\log \tau$	M (in $10^3\,M_\odot$)	M_{HI} (in $10^3\,M_\odot$)	M_{HII} (in $10^3\,M_\odot$)	M_G (in $10^3\,M_\odot$)	M_D (in $10^2\,M_\odot$)
NGC 129	B3	8.18	0.474	0.600		0.600	0.230
				0.030		0.030	0.011
NGC 281	O6			16.000	0.880	16.880	
NGC 457	b0.5	7.40	0.589	>0.750		0.750	0.414
				0.050		0.050	0.019
NGC 581	B2	7.35	0.326	0.140		0.140	0.054
NGC 654	B0	7.18	0.474			1.500	
NGC 663	B1	7.35	0.800	1.900		1.900	0.784
NGC 744	B7	7.59	0.346	0.026		0.026	0.100
Tr. 2	B9	7.89	0.186	0.039		0.039	0.014
IC 1805	O5f	6.12	0.659		0.780	0.780	0.031
IC 1848	O7	6.00	0.282		0.840	0.840	0.015
NGC 1444	B0	7.40	0.262		0.005	0.005::	0.0004
NGC 1502	B0	7.30	0.256	<0.006	<0.0032	<0.009	
Plejaden	B5	7.89	0.234	0.010		0.010	
NGC 1662	A0	8.48	0.128				0.0008
NGC 1893	O5	6.00	0.723	1.08	>0.24::	>1.318::	1.800
Trapezium	O6		0.360	0.050	0.150	0.200	
NGC 2169	B1	7.70	0.083	0.011		0.011	
NGC 2175	O6	6.00			0.034		
NGC 2244	O5	6.48	0.977	3.800	11.000	14.800	
				2.900	9.400	12.300	
NGC 2251	b3	8.48:	0.205	2.900		2.900	0.013
NGC 2264	O7	7.30	0.122	0.070	0.010	0.080	
				0.070	0.007	0.077	
NGC 2362	O7	7.40	0.360		0.0007		
					0.005		
					0.008		
NGC 3293	O7	7.40		0.150	0.120	0.270	
NGC 6193	O6	6.00			0.0065	<0.500	
NGC 6204	O6	7.13			<0.0024		
NGC 6231	O8	6.50		0.150	0.040	0.190	
NGC 6383	O7	6.65			0.0135		
NGC 6514	O7				0.028		
NGC 6530	O5	6.30	0.321		1.450		
					0.840		
NGC 6604	O6	6.60	0.171		<0.030		
NGC 6611	O5	6.74	0.723		2.500		0.042
				1.550	0.350		0.303
NGC 6664	B3	7.57	0.186				0.520
NGC 6709	B5	7.89	0.243	0.024		0.024	0.240
NGC 6755	B2	7.55	0.934				0.732
NGC 6802	(B6), A7	9.22	0.499	0.025		0.025	0.023
NGC 6823	O7	6.70	0.646	1.100	1.900	3.000	0.113
					0.840	1.940	0.013
NGC 6834	B2	7.90	0.371				0.306
NGC 6910	O5	6.48	0.518	0.075	0.025	0.100	0.019
				0.080		0.105	0.028
IC 5146	B1-A3	8.36	0.097	0.670	0.020	0.690	0.045
NGC 7031	B5	7.75	0.262	0.041		0.041	0.047
NGC 7062	A1	8.80	1.297	1.200		1.200	0.073
NGC 7380	O6n	6.58	0.467		0.410		0.100
NGC 7510	O9	7.00	1.510	0.220			0.111
NGC 7654	B6	7.55	0.518	0.070		0.070	0.013

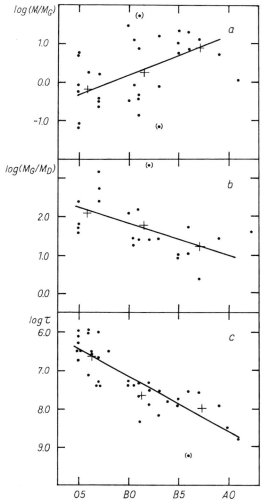

Bild 4.8 Abhängigkeit der Massenverhältnisse (M/M_G) und (M_G/M_D) vom Alter der Sternhaufen

Tabelle 4.2   Mittlere Massenverhältnisse

eSp.	log τ	log (M/M_G)	log (M_G/M_D)	log (M/M_D)
O 5.9	6.55	−0.18	2.09	1.90
B 1.6	7.40	0.24	1.77	1.69
B 7.1	8.20	0.89	1.26	2.05

hältnis der stellaren Gesamtmasse und der Staubmasse (M/M_D) aufgeführt.

Bemerkenswert erscheinen auch die aus offenen Sternhaufen aller Altersbereiche gebildeten Massenverhältnisse zwischen den HI- und HII-Komponenten und dem interstellaren Staub:

$$\overline{M_{HII}/M_D} = 112 \quad \text{und} \quad \overline{M_{HI}/M_D} = 31.5$$

Auch diese Mittelwerte verweisen letztlich auf die im Zusammenhang mit der altersmäßigen Verteilung der Komponenten erörterten Staubzu- und Gasabnahme mit zunehmendem Alter der Aggregate.

4.1.3.   Zum Verhalten des Staubes

Den Versuch, den interstellaren Staub in offenen Sternhaufen und sein Verhalten über dessen absorbierende Wirkung durch Sternzählungen nachzuweisen, hat Wallenquist [148, 149] an Objekten des Nord- und Südhimmels unternommen. Die in dieser Untersuchung definierten Parameter aus den Sternhaufen, die mit hoher Wahrscheinlichkeit mit der dunklen Materie verbunden sind, verweisen auf weitere mögliche altersmäßige Beziehungen, die in Bild 4.9 in den Mittelwerten zusammengestellt sind. Dort kennzeichnet die Größe a ein Maß für die Intensität der Absorption, der Parameter D_c ein Maß für die relative Absorption innerhalb eines Haufens und d die Entfernung eines möglichen Maximums in der Dichtekurve vom Haufenzentrum, ausgedrückt in Einheiten des jeweiligen Haufenradius.

In der Darstellung in Bild 4.9, in der die Werte aus Sternhaufen des Nordhimmels als Kreise und die Daten aus Objekten des Südhimmels als Punkte gekennzeichnet sind, ist zumindest angedeutet, daß die Absorption mit zu-

macht werden. Die Streuung in den Einzelwerten der Verhältnisse log (M/M_D) sind zu groß, um eine gesicherte Tendenz erkennen zu können. Aussagefähigere Resultate ergeben sich aus den Untersuchungen von Wallenquist [148, 149] (siehe Abschnitt 4.1.3.).

Das in Bild 4.8 dargestellte altersbedingte Verhalten der Massenverhältnisse M/M_G und M_G/M_D ist in den Mittelwerten, die dort als Kreuze eingetragen sind, in Tabelle 4.2 festgehalten. In dieser Zusammenstellung sind auch die entsprechenden Mittelwerte aus dem Ver-

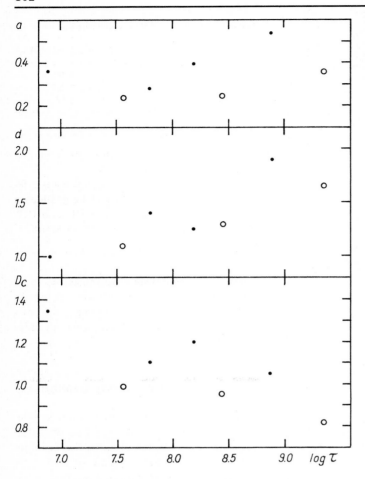

Bild 4.9 Altersmäßige Abhängigkeit der Parameter aus Untersuchungen von Wallenquist [148,
149], die den interstellaren Staub
in offenen Sternhaufen betreffen

nehmendem Alter bei gleichzeitiger Abnahme der relativen Dichte in den Aggregaten ansteigt und daß sich das jeweilige Maximum in der Dichtekurve mit zunehmendem Alter vom Haufenzentrum wegbewegt. Da nahezu gleiches Verhalten und gleiche Tendenzen aus zwei getrennten Untersuchungen gefunden wurden, können die angedeuteten Beziehungen zumindest indirekt als Bestätigung der bereits im Zusammenhang mit den Massenverhältnissen genannten Befunde, nämlich die Zunahme und die auswärts gerichtete Diffusion des Staubes mit zunehmendem Haufenalter, gewertet werden. Diesem Ergebnis entsprechen auch theoretische Betrachtungen von Danilov [152], der nachgewiesen hat, daß ein offener Sternhaufen, der O-Sterne enthält und deshalb vom Alter her zu den extrem jungen Aggregaten zu zählen ist,

in der Zeitspanne von 10^9 Jahren sich seiner ursprünglich in ihm befindlichen Staubwolke entledigt hat.

Dem Trend, den Sternhaufen mit zunehmendem Alter zu verlassen, unterliegt auch das interstellare Gas, bei dem auswärts gerichtete Geschwindigkeiten im Bereich $5\,\mathrm{km/s} < v < 20\,\mathrm{km/s}$ beobachtet werden, die auf dynamische Vorgänge und den Strahlungsdruck heißer Sterne zurückzuführen sind.

4.1.4. Molekülwolken

Es besteht wohl kein Zweifel, daß die interstellare Materie in den galaktischen Sternhaufen ebenso wie in der gesamten Galaxis mit Molekülen und Molekülwolken durchsetzt, untermischt und angereichert ist. Diese Feststellung läßt sich einmal aus entsprechenden Beobachtungen ableiten und ergibt sich andererseits aus der heute bekannten Tatsache, daß die Mehrzahl der Sterne in Molekülwolken entstanden ist und Molekülwolken bei der heute noch stattfindenden Entstehung offener Sternhaufen beteiligt sind.

Die Bildung von Molekülen geht in den interstellaren Gas- und Staubwolken vonstatten und unterliegt den Wechselwirkungsprozessen zwischen stellarer und nichtstellarer Materie und deren Komponenten.

Die Informationen über die Existenz von Molekülwolken in offenen Sternhaufen sind noch relativ spärlich, wenn man die Fülle der Publikationen über den Nachweis, die Eigenschaften und das Verhalten der Molekülwolken im gesamten galaktischen Raum betrachtet, wo nach einer Aufstellung von Henning und Gürtler [153] aus dem Jahre 1985 mehr als 60 Molekülarten bekannt sind.

Für einige offene Sternhaufen sind die in ihnen nachgewiesenen Molekülarten in der nachfolgenden Tabelle 4.3 zusammengestellt. Diese Übersicht, die auf ältere Literaturangaben [8] zurückgreift, erhebt nicht den Anspruch auf Vollständigkeit. Diese Feststellung trifft sowohl auf die Molekülarten als auch die Molekülwolken in offenen Sternhaufen zu. Es erscheint aber bemerkenswert, daß es sich bei den angeführten Molekülarten neben dem molekularen Wasserstoff (H_2) einmal um Verbindungen des atomaren Wasserstoffs mit den Elementen Kohlenstoff, Stickstoff und Sauerstoff oder zum anderen um Verbindungen der genannten Elemente untereinander und mit dem Wasserstoff handelt. Zu den Vertretern der ersten Gruppe sind das Methylidin-Ion (CH^+), das Hydroxylmolekül (OH), das Wassermolekül (H_2O) und das Ammoniakmolekül (NH_3) zu zählen. In die andere Gruppe gehören Kohlenmonoxid (CO), Blausäure (HCN) und Formaldehyd (HCHO). Ein bemerkenswertes Molekül ist auch das Kohlenstoffmonosulfid (CS), eine Kohlenstoff-Schwefel-Verbindung, die zusammen mit anderen Molekülarten in der interstellaren Materie des offenen Sternhaufens NGC 2264 nachgewiesen wurde.

Tabelle 4.3 Vorkommen einzelner Molekülarten in offenen Sternhaufen

Sternhaufen	Molekülart
Plejaden	H_2, CH
Trapezium	OH
NGC 2264	H_2, H_2O, OH, CS, HCN, HCHO, NH_3
NGC 6530	HCN
NGC 6618	H_2O, CO

Die in Tabelle 4.3 enthaltenen Molekülarten aus offenen Sternhaufen verweisen zum Teil auf unterschiedliche Entstehungsprozesse und Entwicklungszeiten in den Wolken des interstellaren Mediums. Sie sind aber nicht repräsentativ für die Häufigkeit der in den Aggregaten vorkommenden Molekülarten. So wurde das Kohlenmonoxid (CO), das nach der Übersicht nur für den Sternhaufen NGC 6618 vorliegt, in der Umgebung von 23 offenen Sternhaufen im Rahmen der Columbia-Durchmusterung der galaktischen Ebene von Leisawitz, Thaddeus und Bash [150] nachgewiesen. Von diesen Autoren ist außerdem eine Untersuchung im Gange, die die CO- und ^{13}CO-Emission aus der Umgebung von 128 offenen Sternhaufen mit Hilfe des 1.2-m-Millimeterwellen-Teleskops der Columbia-Universität prüft und aus der (siehe Abschnitt 4.1.1.) erste Ergebnisse vorliegen.

Weitere vorläufige Resultate aus dieser Untersuchung wurden von Leisawitz und Bash [154] im Jahre 1985 veröffentlicht. Aus ihnen geht hervor, daß bei Sternhaufen mit $\tau \leq 2 \cdot 10^7$ Jahre die Molekülwolken der Umgebung mit diesen Aggregaten assoziiert sind. Bei älteren Sternhaufen ($\tau \geq 2 \cdot 10^7$ Jahre) hingegen zeigt die Geschwindigkeit der die Aggregate umgebenden CO-Emission keine Übereinstimmung mit der der Sternhaufen.

Einige offene Sternhaufen, bei denen CO-Emission in der Umgebung festgestellt wurde und für die Konturenkarten von Leisawitz und Bash [154] vorliegen, sind in Tabelle 4.4 zusammengestellt. Die dort angegebenen Geschwindigkeiten aus der CO-Emission beziehen sich auf das örtliche Bezugssystem.

Die enge Verbindung der Molekülwolken mit den Gebieten der Sternentstehung und Stern-

Tabelle 4.4   Offene Sternhaufen mit CO-Emission in der unmittelbaren Umgebung nach Leisawitz und Bash [154]

Stern-haufen	Alter (in 10^6 a)	Geschwin-digkeit v (in km/s)	Entfernung d (in pc)
NGC 1502	<20	<14	950
NGC 1960	20	<13	1 300
NGC 2129	15	< 6	2 000
NGC 2175	2	4...9	1 950
NGC 2251	300	< 6	1 550

haufenbildung wird ausführlich in Abschnitt 6.2.1. behandelt. Neben den dort angeführten Objekten NGC 7023 (siehe auch Bild 4.1), IC 5146 und der Ophiuchus-Wolke ist hier auch der Rosetta-Nebel (Bild 4.2) zu nennen. Wie später noch gezeigt wird, ist die Ausbildung der Aggregate von der Masse der Molekülwolken abhängig, die im Bereich von einigen $10...10^6$ Sonnenmassen liegt. Von den massereichen Riesenmolekülwolken ist bekannt, daß sie durch ihre gravitativen Wirkungen bei zufälligen Begegnungen mit gebundenen Sternhaufen deren Auflösung bewirken.

Im Zusammenhang mit dem gemeinsamen Vorkommen von Molekülwolken und Sternentstehungsgebieten sind auch die Ergebnisse von Lang und Willson [155] über die Ammoniak-Wolke (NH$_3$-Wolke) im Sternhaufen NGC 2264 erwähnens- und bemerkenswert, die dort neben einer ausgedehnten OH-Wolke und anderen Molekülansammlungen vorkommt und von ihrer Struktur her in 2 Komponenten zerfällt. Aus beiden NH$_3$-Wolken liegt ein systematischer Geschwindigkeitsgradient von 3 km/s vor, dem eine Rotation der beiden Komponenten senkrecht zur galaktischen Ebene unterstellt wird. Die entsprechende Rotationsperiode beträgt $4 \cdot 10^6$ Jahre. Die zugehörige Kepler-Masse wurde mit 10^3 Sonnenmassen abgeschätzt und läßt hinter der gesamten Erscheinung der NH$_3$-Emission ein in der Entstehung begriffenes Doppelsternsystem vermuten.

Neuere Beobachtungsbefunde von White [156, 157] aus den Plejaden und ihre Auswertung im Zusammenhang mit radioastronomischen Karten zeigen, daß dort zwei getrennte, li-

nienbildende Regionen der interstellaren Materie vorhanden sind. Einmal ist es ein Gebiet atomaren Gases, das eine Geschwindigkeit von $v = 7$ km/s aufweist und das mit $d = 1$ pc weit genug vom Sternhaufen entfernt ist, um eine relativ einheitliche Absorption zu erzeugen. Die andere Region jedoch stellt eine im Sternhaufen plazierte Konzentration überwiegend molekularen CH$^+$-Gases dar, die stark ionisiert und aufgeheizt ist und deren Geschwindigkeit $v = 10$ km/s beträgt. Entsprechend der unterschiedlichen Geschwindigkeiten und der derzeitigen Entfernungen müssen beide Wolken vor etwa 10^6 Jahren aufeinander eingewirkt haben. Neben dieser gerade abgeschlossenen Kollision der beiden Wolken hat sicher auch eine Begegnung mit dem Sternhaufen selbst stattgefunden. Es wird vermutet, daß die Molekülwolke mit der Geschwindigkeit von $v = 10$ km/s den dichten Teil einer expandierenden Hülle darstellt, wohingegen die neutrale Gaskonzentration durch den Stoßdruck des umgebenden Mediums in ihrer Geschwindigkeit verlangsamt wurde. Diese Vermutung beruht nicht nur auf den bereits skizzierten Befunden, sondern ergibt sich auch aus dem »Loch« in der Karte der 21-cm-Linie, das die ursprüngliche Position des 10-km/s-Gases charakterisiert.

Die angeführten Beispiele und Erörterungen zeigen, welche Bedeutung der Untersuchung von Molekülwolken und einzelnen Molekülarten in offenen Sternhaufen zukommt. Nur über sie und ihre Wechselbeziehungen zu den Gas- und Staubwolken werden wir letztlich detaillierte Auskünfte über die Entstehung offener Sternhaufen und ihres Massenspektrums erhalten.

4.2. Zur Häufigkeit chemischer Elemente

Wenn man vom Wasserstoff, dem häufigsten Element im Kosmos absieht, so beziehen sich die Angaben über die Häufigkeit chemischer Elemente in offenen Sternhaufen zur Zeit noch im wesentlichen auf die Metallhäufigkeit. Allein aus Mangel an geeigneten Beobachtungen spielt die Häufigkeit des Heliums sowie die der

Elemente Kohlenstoff, Stickstoff und Sauerstoff in den Darstellungen eine scheinbar untergeordnete, in Wirklichkeit aber eine nicht weniger wichtige Rolle.

Es ist allgemein bekannt, daß die Informationen und Kenntnisse über die Häufigkeit chemischer Elemente und ihr Verhalten in offenen Sternhaufen für einige astronomische Forschungsgebiete von grundlegender Wichtigkeit und Bedeutung sind. Wie wir an anderer Stelle noch sehen werden, erschweren auftretende Häufigkeitsdifferenzen zwischen einzelnen Sternhaufen, vor allem dann, wenn sie nicht erkannt werden, die Angleichung ihrer Hauptreihen an die Standardhauptreihe des Alters Null. Die Folgen sind unsichere Entfernungsbestimmungen und Schwierigkeiten bei der Aussage über stellare Strukturen und deren Entwicklung. Andererseits liefern Häufigkeitsbestimmungen in offenen Sternhaufen durch die Kenntnis deren Alters und Entstehungsortes wichtige Informationen über die chemische Entwicklung unserer Galaxis, schon allein deshalb, weil Alter, Häufigkeit und Raumgeschwindigkeit für Sternhaufen und Assoziationen sicherer bestimmt werden können als für Einzelsterne.

Wenn man davon ausgeht, daß alle Mitglieder eines Sternhaufens aus der gleichen Materiewolke innerhalb einer relativ kurzen Zeitspanne entstanden sind, ist es begründet, anzunehmen, daß die ursprüngliche Häufigkeit chemischer Elemente zwischen einzelnen Mitgliedern eines Aggregates nicht variiert. Diese Annahme gestattet es zumindest, das Hauptaugenmerk in der Häufigkeitsbestimmung chemischer Elemente in offenen Sternhaufen auf Unterschiede einzelner Aggregate oder Gruppen zu richten.

4.2.1. Möglichkeiten und Methoden der Häufigkeitsbestimmungen

Die Untersuchung der Häufigkeit chemischer Elemente in offenen Sternhaufen beruht auf spektroskopischen und photometrischen Verfahren und bezieht sich immer auf gleichgeartete Gruppen von Mitgliedern eines Aggregates.

Die Gleichartigkeit der auszuwählenden Sterne wechselt dabei von Methode zu Methode.

4.2.1.1. Zur Metallhäufigkeit

Die Metallhäufigkeit wird durch das logarithmische Eisen-Wasserstoff-Verhältnis eines offenen Sternhaufens relativ zu dem der Sonne definiert, für das die folgende Beziehung gilt:

$$(Fe/H) = \log{(N_{Fe}/N_H)_{Cl}} - \log{(N_{Fe}/N_H)_\odot} \qquad (4.1)$$

Diese Beziehung kann für F-Sterne $(2.59 < \beta < 2.72)$ auf sichere Weise aus dem Index $m_1 (= (v - b) - (b - y))$ der Strömgren-Fotometrie *(uv, b, y)* unter Berücksichtigung der Verfärbung abgeleitet werden. Der zu diesem Zwecke notwendige Metallhäufigkeitsindikator δm_0 ergibt sich entsprechend dem β-Index aus der Differenz des Standardwertes m_1 aus den Hyaden und dem jeweiligen m_1-Wert eines Sterns. Seine Eichung erfolgte an Metallliniengruppen, die repräsentativ für die Metallhäufigkeit sind. Unter Einbeziehung der Hβ-Linie (β-Index) wird von Nissen [158] für F-Sterne eines Aggregates die Metallhäufigkeit aus folgender Beziehung hergeleitet:

$$(Me/H) = -(10.5 + 50(\beta - 2.626))\delta_{m_0} + 0.16$$
$$\pm 0.5 \quad \pm 20 \qquad\qquad\qquad \pm 0.02$$
$$(4.2)$$

Neben der Strömgren-Fotometrie eignet sich auch das fotometrische System des David-Dunlap-Observatoriums (DDO-System) zur Bestimmung der Metallhäufigkeit, die in diesem Falle über den δCN-Index aus der Cyan-Absorption ($\lambda < 4216$A) erfolgt. Aus 44 K-Riesensternen leitete Janes [159] in einer grundlegenden Arbeit folgende Beziehung ab:

$$(Fe/H) = 4.5 \, \delta CN - 0.2 \qquad (4.3)$$

Er wies auch nach, daß der δCN-Index mit dem Farbexzeß aus dem UBV-System korreliert. Zwischen beiden Parametern gilt nach Janes [159] der Zusammenhang

$$\delta CN = -1.07 \, \delta(U-B) + 0.020. \qquad (4.4)$$

Neben der Untersuchung der Metallhäufigkeit aus dem Eisen-Wasserstoff-Verhältnis sind durchaus auch noch andere Möglichkeiten über andere Elemente gegeben. Zu nennen ist in diesem Zusammenhang eine Fotometrie der Calciumlinie K bei A-Sternen, die gleiche Verhältnistendenzen hinsichtlich hoher und niedriger Häufigkeiten erkennen läßt, wie sie sich auch aus der Strömgren-Fotometrie ergeben.

Mit den angeführten Zusammenhängen und Beziehungen aus den Schmal- und Zwischenbandfotometrien und dem UBV-System sind hinreichende Möglichkeiten zur Bestimmung der Metallhäufigkeit in offenen Sternhaufen unterschiedlichen Alters gegeben. Es versteht sich von selbst, daß die fotometrischen Methoden hinsichtlich der Bewältigung großer Sternzahlen wesentlich effektiver sind als die aufwendigeren spektroskopischen Verfahren. Trotzdem behalten letztere gerade im Hinblick auf das Studium des Verhaltens anderer Metalle und Elemente ihre Bedeutung bei, wie neuere Untersuchungen von Cohen [160] und Gratton [161] zeigen und bestätigen.

Über die Genauigkeit einzelner Methoden der Metallhäufigkeitsbestimmung gibt Tabelle 4.5 Auskunft, wo für die Hyaden die entsprechenden Werte zusammengestellt sind.

Tabelle 4.5   Metallhäufigkeit der Hyaden aus unterschiedlichen Verfahren

Methode	Me/H bzw. Fe/H	Fotometrisches System
δm_0	0.13 ± 0.01	uv b y, β, Strömgren
δ CN	0.10 ± 0.03	DDO
δ (U−B)	0.08	UBV
Liniengruppe	0.12 ± 0.02	

4.2.1.2.   Zur Heliumhäufigkeit

Die Heliumhäufigkeit wird in der Literatur einerseits als das Anzahlverhältnis von Helium zu Wasserstoff, $\varepsilon = n_{He}/n_H$, und andererseits als Anteil Y des stellaren chemischen Mischungsverhältnisses und Massenanteils angegeben. Eine befriedigende Bestimmung des absoluten Wertes aus $\varepsilon = n_{He}/n_H$ liegt jedoch nicht vor.

In der Regel bezieht sich die Ableitung der Heliumhäufigkeit auf Hauptreihensterne des Spektraltyps B. In alten offenen Sternhaufen

wurde auch der Versuch mit roten Riesensternen unternommen.

Neben spektroskopischen Verfahren, wie sie von Peterson und Shipman [162] durchgeführt wurden, hat Nissen [163, 164] eine fotometrische Methode zur Bestimmung der Heliumhäufigkeit vorgeschlagen. Er definierte aus der Beobachtung der HeI-Linie mit der Wellenlänge $\lambda = 4026\,A$ einen Schmalbandindex I (4026), den er für B0- und B2-Sterne mit dem Hβ-Index aus der Strömgren-Fotometrie vergleicht. Die Gegenüberstellung beider Indizes wird aus Bild 4.10 ersichtlich, wo auch das theoretische Verhalten unterschiedlicher Heliumhäufigkeiten durch Linien eingetragen ist. Die Darstellung zeigt, daß aus der Gegenüberstellung beider Parameter durchaus auf das Helium-Wasserstoff-Verhältnis geschlossen werden kann.

Eine Methode zur direkten Abschätzung des Heliumanteils Y hat Gratton [161] vorgeschlagen. Er leitete den Y-Wert aus der Helligkeit des Horizontalastes und dem Verhältnis von Horizontalaststernen zu roten Riesensternen ab. Dieses Verfahren ist nur für alte Sternhaufen anwendbar.

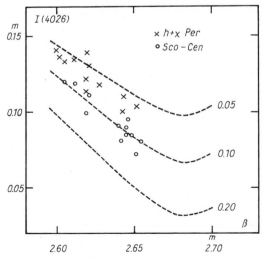

Bild 4.10 I(4026)-β-Diagramm nach Nissen [163, 164]
Die theoretischen Beziehungen sind für das Helium-Wasserstoff-Verhältnis (He) = 0.05, 0.10 und 0.20 eingetragen

4.2.1.3. CNO-Häufigkeiten

Die Aussagen bezüglich der C-, N- und O-Häu-
figkeiten beziehen sich in erster Linie auf spektroskopische Befunde aus 09- bis B0.7-Sternen
sowie B-Überriesen. Es wurden aber auch Versuche an F-Sternen durch einfache Linienin-
spektionen unternommen.

Bezüglich des Radikals CN (Cyon) sei auf
den entsprechenden Index aus der CN-Adsorp-
tion verwiesen, der aus der DDO-Fotometrie erhältlich ist.

4.2.2. Zum Verhalten der Elementen- häufigkeit

Eingehende Untersuchungen an Sternen und
Sterngruppen offener Sternhaufen zeigen, daß
Unterschiede in der Elementenhäufigkeit von
Aggregat zu Aggregat vorliegen. Dieser Sachver-
halt kommt vor allem in der Metallhäufigkeit
zum Ausdruck und betrifft auch Sternhaufen
gleichen Alters und gleicher galaktozentrischer
Entfernung.

Zweifellos führen Unterschiede in den Häufigkeiten, wie man diese auch definieren mag,
zu Änderungen in den Mischungsanteilen der
ursprünglichen chemischen Zusammensetzung
der Sterne. Die Anteile Z und Y unterliegen dabei im besonderen Maße der Beeinflussung
durch die Metall- und Heliumhäufigkeit und
führen bei vorhandenen Unterschieden auch zu
Unterschieden in der absoluten bolometrischen
Helligkeit für Sterne gleichen Spektraltyps oder
gleicher effektiver Temperatur. Für F-Sterne der
Hauptreihe des Alters Null (ZAMS) geben Perrin, Hejlesen, Cayrel de Strobel und Cayrel
[165] beispielsweise folgende Beziehung an:

$$M_{bol} = -16 \Delta Z + 3 \Delta Y \qquad (4.5)$$

Dabei ist anzumerken, daß ein Unterschied
von $\Delta Z = 0.02$ die ZAMS um $\Delta M_{bol} = -0.3$
und von $\Delta Y = 0.1$ um $\Delta M_{bol} = +0.03$ verschiebt. Im Hinblick auf nachfolgende Ergebnisse und Betrachtungen ergibt sich aus diesem
Befund die Schlußfolgerung, daß Unterschiede
der angegebenen Größenordnung ($\Delta Y \approx 5 \Delta Z$)
in den Anteilen Y und Z zu keiner Lageände-

rung der ZAMS führen. Anders verhält es sich
jedoch, wenn die Unterschiede in Y und Z
nicht oder nicht im richtigen Verhältnis miteinander gekoppelt sind. In diesem Falle können
bei gleicher effektiver Temperatur Lageände-
rungen der ZAMS bis zu $\Delta M_{bol} = 0.6$ mag auftreten. Dieser Sachverhalt birgt bei Angleichun-
gen von Haufenhauptreihen unbekannter chemischer Zusammensetzung Unsicherheiten in
der Entfernungsbestimmung von 30 % in sich.

Die Darlegungen und Erörterungen unterstreichen, welche Bedeutung der Ermittlung der
Elementenhäufigkeiten und ihres Verhaltens in
offenen Sternhaufen neben der Information
über die chemische Entwicklung unserer Galaxis zukommt.

4.2.2.1. Metallhäufigkeitsverhalten

Metallhäufigkeitsbestimmungen liegen aus insgesamt 60 offenen Sternhaufen vor. Diese Objekte verteilen sich auf den galaktozentrischen
Distanzbereich 8.25 kpc $< R_{GC} < 14.85$ kpc und
weisen Alterswerte in den Grenzen
$7.30 < \log \tau < 9.85$ auf. Der Wert für die Metallhäufigkeit der Aggregate bewegt sich zwischen
(Fe/H) $= -1.20$ und (Fe/H) $= 0.20$.

Von 11 der Sternhaufen bekannter Metallhäufigkeit sind Abstände von der galaktischen
Ebene mit $|z| \geqq 0.3$ kpc bekannt, wohingegen
die übrigen Objekte in oder nahe der galakti-
schen Ebene mit $|z| \leqq 0.3$ kpc angeordnet sind.
Die Aggregate hoher $|z|$-Distanzen sind in der
Regel in den nachfolgenden Bildern mit Krei-
sen gekennzeichnet. In speziellen Fällen wurde
diese Gruppe überhaupt von den übrigen Sternhaufen getrennt.

Auf das Metallhäufigkeitsverhalten hat erstmals Janes [159] im Jahre 1979 hingewiesen. Bei
der Bestimmung der Metallhäufigkeit aus 41 offenen Sternhaufen nach unterschiedlichen Methoden hat er herausgefunden, daß folgender
Häufigkeitsgradient mit dem galaktozentrischen
Radius (R_{GC}) in diesen Daten wirksam ist:

$$d(Fe/H)/dR_{GC} = -0.05 \pm 0.01 \text{ kpc}^{-1} \qquad (4.6)$$

Die Metallhäufigkeit nimmt in offenen Sternhaufen mit zunehmender Distanz vom galaktischen Zentrum ab.

In der Zwischenzeit liegen für eine Reihe von offenen Sternhaufen Neubestimmungen der Metallhäufigkeit vor. Außerdem wurde das Datenmaterial auf 60 Aggregate, zum Teil durch Objekte größerer galaktozentrischer Abstände, erweitert. Auch an diesem Material, das dem Lund-Katalog entnommen ist, bestätigt sich die Abhängigkeit der Metallhäufigkeit vom galaktozentrischen Abstand, wie auch aus Bild 4.11 ersichtlich wird, wo beide Parameter gegeneinander aufgetragen sind. Aus den dort als Kreuze eingezeichneten Mittelwerten folgt die mittlere Beziehung

$$(Fe/H) = -0.163\,R_{GC} + 1.56. \qquad (4.7)$$

Daraus ergibt sich für den Ort der Sonne ($R_{GC} = 10.0$ kpc) der Wert $(Fe/H) = -0.07$, der gegenüber der allgemein bekannten und verwendeten Metallhäufigkeit, $(Fe/H)_{\odot} = -0.04$, befriedigende Übereinstimmung zeigt.

Betrachtet man die Sternhaufen großer $|z|$-Abstände ($|z| \geqq 0.3$ kpc) als getrennte Gruppe, so ergibt sich dort neben der Abhängigkeit der Metallhäufigkeit vom galaktozentrischen Radius zusätzlich noch eine Beziehung zum $|z|$-Abstand, die auf eine Abnahme der Metallhäufigkeit mit zunehmender $|z|$-Distanz verweist. Insgesamt gilt für die Metallhäufigkeit dieser Gruppe die Beziehung

$$(Fe/H) = -0.163\,R_{GC} - 1.5\,|z| + 2.41. \qquad (4.8)$$

Für Sternhaufen der galaktischen Ebene sind trotz der Wirksamkeit der mittleren Beziehung aus Gleichung *(4.7)* die Einzelwerte der Metallhäufigkeit starken Streuungen unterworfen, die selbst Aggregate betreffen, die gleiche galaktozentrische Abstände und gleiche Alterswerte aufweisen.

Den Grund für diese starken Abweichungen hat der Autor [166] im Jahre 1986 in einer Untersuchung des bislang vorliegenden Datenmaterials aufgezeigt. Es konnte nachgewiesen werden, daß die in oder nahe der galaktischen Ebene gelegenen Sternhaufen neben ihrer Bindung zum galaktozentrischen Radius auch einer Abhängigkeit von der galaktischen Länge unterliegen. Diese Abhängigkeit, die Doppelwellencharakter aufweist, Maxima bei $l \approx 40°$ und $l \approx 220°$ und Minima bei $l \approx 130°$ und $l \approx 310°$ erkennen läßt, wird durch die in radialer Richtung wirkende, mit einem Gradienten versehene Metallhäufigkeitskomponente und ihre Projektion auf die durch die galaktische Länge definierte Sichtlinie Sonne – Sternhaufen hervorgebracht und bedarf der Berücksichtigung.

Die galaktische Längenabhängigkeit der Metallhäufigkeit wird in Bild 4.12 veranschaulicht, wo die Häufigkeitsdifferenzen

$$\Delta(Fe/H) = (Fe/H)_{\text{beob.}} - (Fe/H)_{R_{GC}}, \qquad (4.9)$$

die aus den beobachteten Metallhäufigkeiten und den nach Gleichung *(4.7)* anhand der galaktozentrischen Abstände erhaltenen Werten gebildet wurden, über der galaktischen Länge aufgetragen sind.

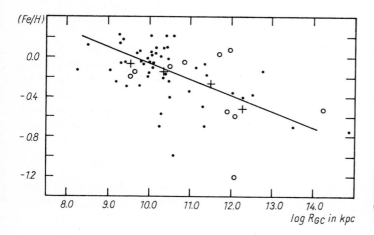

Bild 4.11 Gegenüberstellung der Metallhäufigkeiten Fe/H mit den galaktozentrischen Abständen R_{GC} der Sternhaufen

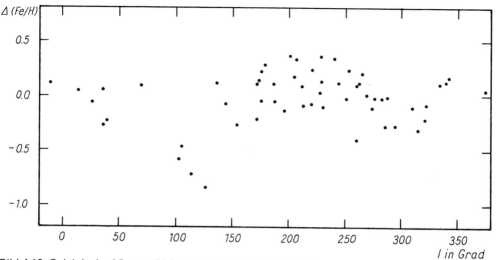

Bild 4.12 Galaktische Längenabhängigkeit der Metallhäufigkeit

Auf der Grundlage von Gleichung *(4.7)* und unter Berücksichtigung der Wirksamkeit der galaktischen Längenabhängigkeit läßt sich die Metallhäufigkeit der Sternhaufen mit $|z| \leqq 0.3$ kpc durch die folgende mittlere Beziehung darstellen:

$$(Fe/H) = -0.163\, R_{GC} + 0.35 \sin 2l + 1.41 \quad (4.10)$$

Die in radialer Richtung wirkende Metallhäufigkeit $((Fe/H)_r)$ ist aus der beobachteten Metallhäufigkeit mit Hilfe des durch die Strecken Sonne – Sternhaufen *(d)* und Sternhaufen – galaktisches Zentrum (R_{GC}) eingeschlossenen

Winkels α zu bestimmen. Es gilt

$$(Fe/H)_r = (Fe/H)_{beob.} \cos (180 - \alpha)$$
$$= (Fe/H)_{beob.} (-\cos \alpha). \quad (4.11)$$

Die Projektion in tangentialer Richtung kommt durch folgende Beziehung zum Ausdruck:

$$(Fe/H)_t = (Fe/H)_{beob.} \sin (180 - \alpha)$$
$$= (Fe/H)_{beob.} \sin \alpha \quad (4.12)$$

Aus der Gegenüberstellung der radialen Komponente mit den galaktozentrischen Radien, die in Bild 4.13 in den Einzelwerten dar-

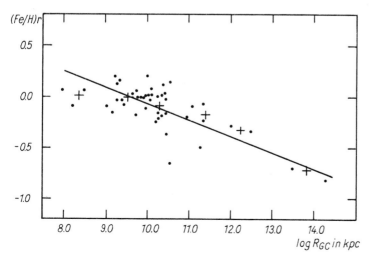

Bild 4.13 Gegenüberstellung der radialen Komponenten der Metallhäufigkeit mit den galaktozentrischen Abständen der Sternhaufen

gestellt wird, folgt letztlich der grundlegende Zusammenhang zwischen beiden Größen, der sich in der einen oder anderen Weise in den vorangegangenen Beziehungen widerspiegelt.

Die in Bild 4.13 eingetragene mittlere Beziehung folgt Gleichung *(4.7)*, aus der der Häufigkeitsgradient $d(Fe/H)/dR_{GC} = -0.163\,\mathrm{kpc}^{-1}$ abzuleiten ist und aus der sich ein Änderungsfaktor der Metallhäufigkeit im Distanzbereich $8.0\,\mathrm{kpc} < R_{GC} < 14.3\,\mathrm{kpc}$ von etwa 3 ergibt, den auch Janes [159] nachgewiesen hat und aus dem eine Variation des Z-Anteils zwischen $Z = 0.1$ und $Z = 0.3$ folgt. Kombiniert man diese Variation des Z-Anteils mit der des Heliumanteils, $\Delta Y = 0.1$, so ergibt sich nach Gleichung *(4.5)* keine Lageveränderung der Hauptreihe.

Zusammenfassend kann nach den vorliegenden Befunden festgestellt werden, daß die Metallhäufigkeit in offenen Sternhaufen und ihr Verhalten im starken Maße durch den Ort der Aggregate in der Galaxis bestimmt werden. Diese Aussage trifft sowohl auf die Sternhaufen in der galaktischen Ebene als auch für die Gruppe von Aggregaten mit großen Abständen von der galaktischen Ebene zu. Da die Metallhäufigkeit mit zunehmender Distanz vom galaktischen Zentrum und von der galaktischen Ebene abnimmt, liegt die Vermutung nahe, daß

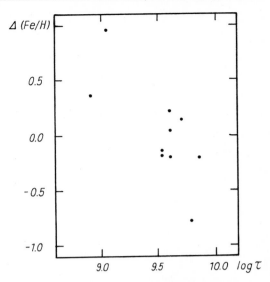

Bild 4.14 Beziehungen der Metallhäufigkeit zu den Alterswerten von Sternhaufen großer $|z|$-Distanzen

das erörterte Verhalten der Metallhäufigkeit mit der Dichteabnahme in der galaktischen Scheibe gekoppelt ist.

Hinsichtlich des Verhaltens der Metallhäufigkeit zu anderen, nicht mit dem Ort der Aggregate in der Galaxis in Verbindung stehenden

Tabelle 4.6   Elementenhäufigkeit in den Sternhaufen NGC 2243, Melotte 66 und NGC 2420

Z	Element	NGC 2243	Melotte 66	NGC 2420
8	O	$+0.1 \pm 0.5$	–	0.2 ± 0.4
11	Na	-1.0 ± 0.2	-0.8 ± 0.2	-0.8 ± 0.2
12	Mg	-1.2 ± 0.2	-0.9 ± 0.2	-1.0 ± 0.3
14	Si	-0.7 ± 0.2	-0.1 ± 0.2	-0.5 ± 0.3
20	Ca	-1.31 ± 0.13	-0.72 ± 0.22	-0.4 ± 0.2
21	Sc	-0.5 ± 0.2	0.0 ± 0.2	-0.1 ± 0.2
22	Ti	-1.02 ± 0.07	-0.44 ± 0.11	0.08 ± 0.11
23	V	-0.80 ± 0.09	-0.42 ± 0.14	0.06 ± 0.08
24	Cr	-0.78 ± 0.15	-0.58 ± 0.12	-0.53 ± 0.11
25	Mn	-1.20 ± 0.2	-0.78 ± 0.14	-0.36 ± 0.11
26	Fe	-1.22 ± 0.05	-0.73 ± 0.11	-0.52 ± 0.04
27	Co	-0.4 ± 0.2	-0.2 ± 0.2	-0.2 ± 0.3
28	Ni	-1.20 ± 0.11	-0.40 ± 0.14	-0.2 ± 0.3
29	Cu	-0.7 ± 0.3	-0.6 ± 0.2	-0.6 ± 0.3
39	Y	-1.4 ± 0.3	-0.8 ± 0.2	-0.6 ± 0.4
40	Zr	-1.6 ± 0.5	-1.4 ± 0.5	-0.8 ± 0.4
56	Ba	-1.1 ± 0.3	0.0 ± 0.3	0.2 ± 0.3
58	Ce	–	$+0.6 \pm 0.5$	–
60	Nd	-0.4 ± 0.3	0.5 ± 0.5	0.6 ± 0.3

Parametern bleibt anzumerken, daß in der Gruppe von Sternhaufen mit $|z| \lesssim 0.3$ kpc keine merkliche Beziehung zum Alter der Aggregate besteht.

Anders verhält es sich jedoch bei den Sternhaufen mit großen Abständen von der galaktischen Ebene. In dieser Gruppe, bei deren Mitgliedern es sich durchweg um Objekte mit Alterswerten von $\log \tau \gtrsim 8.9$ handelt, zeichnet sich (siehe Bild 4.14) eine Beziehung ab, nach der die jüngeren Sternhaufen höhere Metallhäufigkeiten aufweisen als die älteren unter ihnen.

Im Zusammenhang mit der Behandlung der Methoden zur Bestimmung der Metallhäufigkeit wurde bereits darauf verwiesen, daß vor allem spektroskopische Verfahren dazu geeignet sind, über das Eisen-Wasserstoff-Verhältnis hinaus auch andere Elementenhäufigkeiten zu untersuchen. Als Beispiele sind in Tabelle 4.6 die von Cohen [160] und Gratton [161] publizierten Elementenhäufigkeiten in den offenen Sternhaufen NGC 2243, Melotte 66 und NGC 2420 angeführt.

4.2.2.2. Zum Verhalten der Helium- und CNO-Häufigkeiten

Die erste systematische Untersuchung der Heliumhäufigkeit in offenen Sternhaufen und Assoziationen wurde von Peterson und Shipman [162] durchgeführt. In den Assoziationen Sco OB2 und Lac OB1 stellten sie fest, daß ein »normales« Helium-Wasserstoff-Verhältnis $\varepsilon = 0.10$ vorliegt, wohingegen im offenen Sternhaufen NGC 2264, der etwa 800 pc in Richtung des Antizentrums von der Sonne entfernt ist, ein Wert von $\varepsilon = 0.08$ gefunden wurde. Die sich ergebende Differenz liegt im Bereich der Streuungen, so daß zwar die Möglichkeit von Unterschieden in der Heliumhäufigkeit angedeutet erschien, aber keine sichere Aussage getroffen werden konnte.

Die umfangreichste Beschäftigung mit der Heliumhäufigkeit und ihrem Verhalten geht auf Nissen [163, 164] zurück, der mit Hilfe des von ihm definierten Schmalbandindex I (4026) und des Hβ-Index an B0- bis B2-Sternen herausgefunden hat, daß sich die entsprechenden Objekte der Scorpio-Centaurus-Assoziation, in

NGC 6231 und in den Assoziationen Lac OB1 und Ori OB1b bezüglich der Heliumhäufigkeit ähnlich wie die nahen Feldsterne verhalten, wohingegen in den Sternhaufen h und χ Persei (NGC 869 und NGC 884) und in der Assoziation Cep OB3 die jeweiligen Häufigkeiten systematisch abweichen und im Helium-Wasserstoff-Verhältnis um den Faktor 1.7 niedriger liegen.

Ordnet man dem Anzahlverhältnis $\varepsilon(\mathrm{He}) = (n_{\mathrm{He}}/n_{\mathrm{H}}) = 0.10$ den Mischungs- oder Massenanteil der chemischen Zusammensetzung $Y = 0.28$ zu, so entspricht das Verhältnis $\varepsilon = 0.06$ aus den defizitären Aggregaten dem Anteil $Y = 0.19$. Für den Sternhaufen NGC 2264 ergibt sich mit $\varepsilon(\mathrm{He}) = 0.08$ der Wert $Y = 0.24$.

Die angeführten Mischungsanteile aus früheren Untersuchungen lassen sich durchaus mit neueren Resultaten aus Arbeiten von Strömgren und Mitautoren [167], Hardorp [168] und Gratton [161] vergleichen. Einen Überblick über bislang bekannte Heliumhäufigkeiten in offenen Sternhaufen gibt Tabelle 4.7, wo neben den jeweiligen Y-Anteilen auch die galaktischen Längen der Aggregate mit aufgeführt sind. Wie die Zusammenstellung zeigt, beträgt der Unterschied in der Heliumhäufigkeit $\Delta Y = 0.30 - 0.19 = 0.11$. Bezüglich des Einflusses dieser Unterschiede auf die Änderungen in der absoluten Helligkeit der Sterne und auf die damit verbundene mögliche Verschiebung der Haufenhauptreihe bleibt festzustellen, daß die aus der Metall- und Heliumhäufigkeit bislang abgeleiteten ΔY- und ΔZ-Werte keinen Anlaß zu einer diesbezüglichen Lageänderung geben. Zu bedenken bleibt allerdings, daß sich diese Feststellung nur auf wenige Bestimmungen der Heliumhäufigkeit in offenen Sternhaufen stützt.

In Tabelle 4.7 sind für den Sternhaufen Melotte 66 zwei Werte für den Heliumanteil Y angegeben. Bei nachfolgenden Betrachtungen wird auf $Y = 0.22$ zurückgegriffen.

Nach dem gegenwärtig bekannten Verhalten der Heliumhäufigkeiten in offenen Sternhaufen kann mit Sicherheit festgestellt werden, daß zwischen den einzelnen Aggregaten Unterschiede bestehen. Für definitive Aussagen, mit

Tabelle 4.7 Offene Sternhaufen bekannter Heliumhäufigkeiten

Sternhaufen	Y	Galaktische Länge
NGC 869	0.19	134°.6
NGC 884	0.19	135.1
Hyaden	0.24	180.0
NGC 2420	0.29	198.1
NGC 2264	0.23	202.9
NGC 2682	0.30	215.6
Melotte 111	0.28	221.2
NGC 2243	0.25	239.5
Melotte 66	0.22, 0.17	259.6
NGC 6231	0.28	343.5

eine mögliche Längenabhängigkeit und eine Abnahme der Heliumhäufigkeit mit galaktozentrischem Abstand angedeutet scheint. Zu erwähnen ist in diesem Zusammenhang ein Hinweis von Nissen [169], daß junge Aggregate, die 1 kpc…2 kpc von der Sonne entfernt liegen, niedrigere Heliumhäufigkeiten als Sternhaufen in der Nachbarschaft der Sonne vermuten lassen.

Hinsichtlich des Verhaltens der CNO-Häufigkeiten, die wichtige Beiträge zur Opazität der Sterne liefern, ist für Mitglieder offener Sternhaufen sehr wenig bekannt. Aber auch bei diesen Häufigkeiten werden Unterschiede zwischen einzelnen Aggregaten erkennbar. In einigen Sternhaufen scheinen Stickstoffdefizite vorhanden zu sein, wohingegen deren Kohlenstoff- und Sauerstoffwerte denen aus der Sonnenumgebung entsprechen.

welchen Parametern die Verhaltensweisen der Häufigkeiten in Verbindung gebracht werden können, ist jedoch das vorliegende Material zu klein, wenn auch (siehe Bild 4.15 und Bild 4.16)

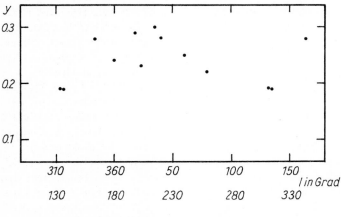

Bild 4.15 Reduktion der Heliumhäufigkeiten auf ein gemeinsames Längenmaximum bei $l = 40°$

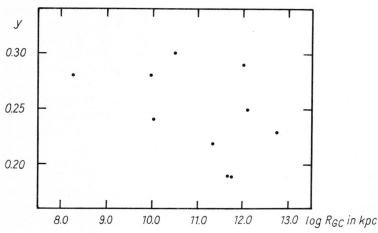

Bild 4.16 Gegenüberstellung der Heliumhäufigkeiten offener Sternhaufen mit deren galaktozentrischen Abständen

4.3. Zu den stellaren Gesamtmassen

4.3.1. Zur Bestimmung der stellaren Gesamtmassen

Die stellare Masse offener Sternhaufen wird aus der Leuchtkraftfunktion der Hauptreihensterne oder aus der Geschwindigkeitsstreuung der Haufenmitglieder mit Hilfe des Virialsatzes abgeleitet. Dies ist eine schwierige Aufgabe, da einerseits immer die Gefahr besteht, einen Teil der Mitgliedssterne eines Aggregates nicht zu identifizieren oder zu beobachten und andererseits kinematische oder Leuchtkraftbeobachtungen selten in befriedigender Zahl oder Präzision für diese Zwecke zur Verfügung stehen.

Die häufigsten Massenabschätzungen wurden unter Zuhilfenahme der Leuchtkraftfunktion durchgeführt. Aus diesem Grunde gilt der Vorrang diesen Methoden. Dafür ist die Wahl der ursprünglichen oder Anfangsleuchtkraftfunktion nicht zuletzt deshalb von ausschlaggebender Bedeutung, weil die Masse eines offenen Sternhaufens zur Zeit seiner Entstehung aus der jeweiligen Anzahl n (M_1, M_2) seiner Hauptreihensterne zwischen den absoluten Helligkeiten M_1 und M_2 hervorgeht und durch folgenden formelmäßigen Zusammenhang charakterisiert werden kann:

$$M_0 = \frac{1\,000}{\sum\limits_{-\infty}^{M_2} \psi - \sum\limits_{-\infty}^{M_1} \psi} \, n(M_1, M_2) \qquad (4.13)$$

In dieser Beziehung, die der Arbeit von Schmidt [86] entnommen ist, wird unter ψ die auf 1 000 Sonnenmassen normierte Anfangsleuchtkraftfunktion verstanden.

Die Normierung auf 1 000 Sonnenmassen wird jedoch nach Angaben von Wielen [172] aus dem Jahre 1971 als unrealistisch eingeschätzt, da die untere Hauptreihe der offenen Sternhaufen im allgemeinen nicht entsprechend der Leuchtkraftfunktion der Feldsterne bevölkert ist. Als realistischerer Wert werden 500 Sonnenmassen vorgeschlagen und angenommen. Wie jedoch nachfolgend noch gezeigt wird, befinden

sich gerade die größeren, im Lund-Katalog verzeichneten Masseangaben offener Sternhaufen in Übereinstimmung mit den von der Leuchtkraftfunktion unabhängigen und über die Geschwindigkeitsdispersionen abgeleiteten Werten.

Die gegenwärtig vorhandenen Massen der Sternhaufen gehen aus Gleichung *(4.14)* hervor. Angenommen wird, daß die Sterne, die sich ursprünglich oberhalb des Abknickpunktes auf der Hauptreihe befunden haben, bereits den Zustand der Weißen Zwerge erreicht haben und jeweils nur noch Massen von einer Sonnenmasse aufweisen. In diesem Falle gilt für die gegenwärtig vorhandene Masse M_g eines Sternhaufens folgende Beziehung:

$$M_g = M_0 \left[1 - \frac{1}{1\,000} \left(\sum_{-\infty}^{M_T} M\psi - \sum_{-\infty}^{M_T} \psi \right) \right] \qquad (4.14)$$

M_T absolute Helligkeit der Hauptreihensterne am Abknickpunkt

M Masse eines Sterns

Die angegebenen Gleichungen berücksichtigen nicht die dynamischen Einflüsse, durch die vor allem bei den älteren Aggregaten ein Teil der Mitglieder zum Verlassen des Sternhaufens gezwungen wurde. Dieser Umstand führt möglicherweise zu zu kleinen Sternzahlen.

Nachdem vorher die Massen von nur wenigen offenen Sternhaufen bekannt gewesen sind, hat Schmidt [86] auf der Grundlage der von von Hoerner [170] gegebenen Leuchtkraftfunktion anhand der gegebenen Gleichungen die Massen von 129 Aggregaten bestimmt, die letztlich und wahrscheinlich über Umwegen auch Eingang in den Lund-Katalog offener Sternhaufen gefunden haben und dort bis zum Jahre 1983 beibehalten wurden.

In der Zwischenzeit wurde von Bruch und Sanders [151] eine Neuabschätzung von 72 Sternhaufenmassen auf der Grundlage der von Reddish [171] abgeleiteten relativen Haufenmassen $(RM)_R$ und anhand einiger empirisch bestimmter Massen (M 11, NGC 2362, NGC 6067) vorgenommen. Als Ergebnis dieser Untersuchung kann festgehalten werden, daß die Massewerte der Neubestimmung generell kleiner ausfallen als die im Lund-Katalog verzeichneten diesbezüglichen 148 Angaben. Lyngå [91] gibt für die Überführung der im Lund-Katalog angegebenen Massen ($\log M_\mathrm{L}$) in die des Systems von Bruch und Sanders ($\log M_\mathrm{B+S}$) die Formel

$$\log M_\mathrm{B+S} = 0.62 \log M_\mathrm{L} + 0.51 . \qquad (4.15)$$

Diese resultiert aus der Gegenüberstellung der entsprechenden Massewerte, die auch in Bild 4.17 gezeigt wird.

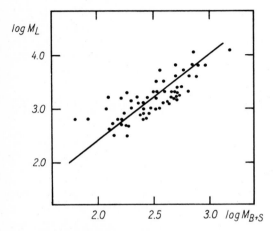

Bild 4.17 Gegenüberstellung der logarithmischen Massen aus dem Lund-Katalog mit denen aus der Arbeit von Bruch und Sanders [151]

Aus Gleichung *(4.15)* geht hervor, daß der mittlere Massewert aus allen offenen Sternhaufen, der sich aus den Angaben des Lund-Katalogs zu $\log \overline{M} \approx 3.08$ ergibt, bei Bruch und Sanders auf $\log \overline{M} = 2.45$ absinkt.

Für die Überführung der von und nach Reddish [171] bestimmten relativen Massen offener Sternhaufen in absolute Werte geben Bruch und Sanders [151] folgende Beziehung an:

$$M_\mathrm{B+S} = M_\mathrm{C} = 64\,(RM)_\mathrm{R} \pm 6\,(RM)_\mathrm{R} \qquad (4.16)$$

$(RM)_\mathrm{R}$ relative Masse (nach Reddish)

Anzumerken ist, daß Reddish [171] für die Abschätzung der relativen Masse eines Sternhaufens die für alle Aggregate als gültig angesehene Anfangsleuchtkraftfunktion von Salpeter [137] und eine universelle Beziehung zwischen der

stellaren Masse und der stellaren Leuchtkraft zugrunde legte. Letztere Beziehung besagt, daß die Zahl der Sterne, die in einem gegebenen Bereich absoluter Helligkeit gebildet wird, auf die Gesamtmasse verweist.

Die Methode der relativen Massebestimmung erfordert eine Vollzähligkeit der Sternpopulation über einige Größenklassenintervalle, für die angenommen wird, daß es diejenigen sind, die die größten Sternzahlen aufweisen. In der Anwendung der Methode ist die ursprüngliche oder Anfangsleuchtkraftfunktion an die Größenklassenintervalle $\log N(M_\mathrm{V})$ gegen M_V anzupassen. Der Wert $\log N(M_\mathrm{V})$ stellt dabei ein Maß der relativen Gesamtzahl der Sterne oder, was gleichbedeutend ist, ein Maß der relativen Gesamtmasse eines Aggregates zur Zeit seiner Bildung dar.

Ein Vorteil der Methode der relativen Massebestimmung ist es, daß die den Beobachtungsdaten anhaftenden Fehler einander entgegenwirken. Da die UBV-Messungen, die den einschlägigen Untersuchungen zugrunde liegen, aus Sternfeldern ungeachtet der Haufenzugehörigkeit der Einzelsterne gewonnen werden, ist einerseits besonders bei den schwachen Sternen mit einer Überbestimmung der Leuchtkraftfunktion zu rechnen. Andererseits wirken aber gerade in diesem Bereich die starken Veränderungen in der Feldsterndichte, vor allem, wenn man Aussagen über die Feldsternzahlen anhand von Sternzählungen machen kann, dieser Überbestimmung der Leuchtkraftfunktion entgegen.

Es besteht kein Zweifel, daß die Abschätzung der Sternhaufenmasse über die relative Masse allein wegen der Angleichung der Sternzahlen aus dem ausgewählten Größenklassenintervall an die für alle Sternhaufen als gültig angenommene Anfangsleuchtkraftfunktion Vorteile bietet, wenn auch der Absolutanschluß bislang nur auf drei empirisch bestimmten Sternhaufenmassen beruht und so die Anwendung unsicher macht.

Auf diese Unsicherheit verweisen die an einigen Sternhaufen erhaltenen Ergebnisse der Massenbestimmung mit Hilfe der Geschwindigkeitsdispersionen oder Pekuliarbewegungen, bei der folgende aus dem Virialtheorem abgeleitete Beziehung zur Anwendung kommt:

$$(v^2)^{-1/2} = 4.63 \cdot 10^{-2} \, (M_C/r)^{1/2} \qquad (4.17)$$

M_C Masse des Sternhaufens in Sonnenmassen
r Radius des Aggregates in pc
v Geschwindigkeitsdispersion in km/s

Wie aus Tabelle 4.8 und Bild 4.18 hervorgeht, wo für die einzelnen Aggregate die aus verschiedenen Verfahren der Massenbestimmung ermittelten Werte einander gegenübergestellt sind, entsprechen die aus den Geschwindigkeiten abgeleiteten Massen eher den Angaben aus dem Lund-Katalog als denen von Bruch und Sanders. Die Geschwindigkeitsdispersionen ergeben sich aus den relativen Eigenbewegungen und Radialgeschwindigkeiten der Sternhaufen und sind somit unabhängig von der Leuchtkraftfunktion. Die in Tabelle 4.8 gegebenen Pekuliarbewegungen sind aus Tabellen des nachfolgenden Abschnittes 5. entnommen. Die aus ihnen erhaltenen Resultate und die aufgezeigten Diskrepanzen verweisen darauf, welche Bedeutung und welche Notwendigkeit dem Sammeln einschlägiger Daten in den nächsten Jahrzehnten zukommt.

Neben der stellaren Masse offener Sternhaufen ist auch die Anzahl n der zu den Aggregaten gehörigen Mitglieder von Interesse, weil sich aus beiden Parametern die mittlere Sternmasse eines offenen Sternhaufens, die im besonderen Maße die kosmogonische Entwicklung der Aggregate widerspiegelt, ergibt:

$$\log \overline{M} = \log \overline{M} - \log n \qquad (4.18)$$

Für die Mitgliederzahlen der Aggregate bekannter Masse bieten sich dabei die im Lund-Katalog verzeichneten Angaben (beobachtete Sternzahlen) an.

4.3.2. Statistische Betrachtungen

Zweifellos werden die statistischen Betrachtungen durch die unterschiedlichen Angaben über die stellare Gesamtmasse der Sternhaufen be-

Tabelle 4.8   Massen einiger offener Sternhaufen aus verschiedenen Verfahren

Sternhaufen	Geschwindig-keits-dispersion v (in km/s)	Radius r (in pc)	$\log M_C$ (in $M_\odot$)	$\log M_L$ (in $M_\odot$)	$\log M_{B+S}$ (in $M_\odot$)
Plejaden	0.42	2.0	2.22 2.31	2.26	2.37
Praesepe	0.46	2.2	2.34	2.89	2.31
NGC 6705	1.70	3.5	3.67	3.80	2.87
NGC 2682	1.21	3.5	3.38	3.40	2.62
NGC 3532	1.49	3.3	3.53	3.50	2.68

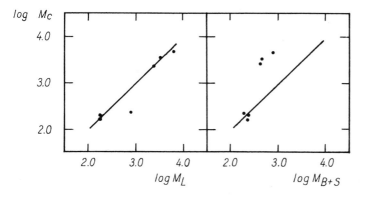

Bild 4.18 Gegenüberstellung der aus den Geschwindigkeitsdispersionen einiger Sternhaufen abgeleiteten Massewerte (M_C) mit den entsprechenden Werten aus dem Lund-Katalog (M_L) oder nach Bruch und Sanders (M_{B+S}) [151]

einflußt. Es erscheint deshalb in dem einen oder anderen Fall der nachfolgenden Darstellungen sinnvoll und ratsam, sowohl die im Lund-Katalog verzeichneten Massen als auch die auf das System von Bruch und Sanders umgerechneten Werte zu benutzen.

Insgesamt liegen Masseangaben von 148 offenen Sternhaufen vor, die im Bereich $2.00 < \log M < 4.10$ nach dem Lund-Katalog und im Bereich $1.75 < \log M_{B+S} < 3.18$ nach Bruch und Sanders mit Mitgliederzahlen zwischen $n = 15$ und $n = 1\,911$ Sternen angesiedelt sind. Die Verteilung der Sternhaufen auf einzelne Massebereiche nach dem Lund-Katalog wird aus dem Histogramm in Bild 4.19 ersichtlich, wo neben der Gesamtverteilung auch das

entsprechende Verhalten aus den einzelnen Reichtumsklassen dargestellt wird. Die in das Histogramm gestrichelt eingetragenen Verteilungen entsprechen den Massewerten nach Bruch und Sanders. Es ist nach Gleichung *(4.15)* verständlich, daß diese Verteilungskurven systematisch nach kleineren Werten hin verschoben sind.

Betrachtet man die Masseverteilung der Sternhaufen in den einzelnen Reichtumsklassen, so ist festzustellen, daß die höheren Massewerte der Reichtumsklasse r zugeordnet sind und eine Abnahme dieser Werte mit abnehmendem Sternreichtum zu verzeichnen ist. Besonders deutlich wird dieser Sachverhalt in Tabelle 4.9, in der die mittleren Massewerte für

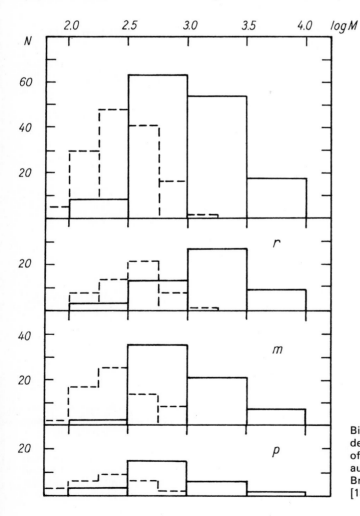

Bild 4.19 Häufigkeitsverteilung der stellaren Gesamtmassen offener Sternhaufen nach Daten aus dem Lund-Katalog und nach Bruch und Sanders (– – – –) [151]

Tabelle 4.9 Mittlere Massen aus den einzelnen Reichtumsklassen

Reichtums-klasse (RC)	n	$\log \bar{M}$	$\Delta \log M =$ $\log \bar{M}_{RC} - \log \bar{M}$
Alle Objekte	143(147)	3.08(2.45)	
r	53 (55)	3.22(2.55)	+0.14(+0.10)
m	65 (65)	3.03(2.41)	−0.05(−0.04)
p	25 (23)	2.92(2.32)	−0.16(−0.13)

das Gesamtmaterial und die einzelnen Reichtumsklassen zusammengestellt und die für die Angaben von Bruch und Sanders zutreffenden Daten in Klammern gesetzt sind. Dort sind auch die logarithmischen Massendifferenzen, $\Delta \log M = \log M_{RC} - \log \bar{M}$, enthalten, die auf die jeweiligen Mittelwerte des Gesamtmaterials ($\log \bar{M} = 3.08$ bzw. $\log \bar{M} = 2.45$) bezogen sind und nicht nur die Abnahme der mittleren Massen mit abnehmendem Sternreichtum erkennen lassen, sondern auch der Berücksichtigung bei vergleichenden Abschätzungen individueller Haufenmassen bedürfen.

Angesichts der in Abschnitt 6.1. zu behandelnden dynamischen Entwicklung offener Sternhaufen liegt es auf der Hand, zu prüfen, inwieweit die stellaren Gesamtmassen diese Entwicklungsvorgänge zeigen. Optimale Aussagen sind dabei aus der Gegenüberstellung der stellaren Gesamtmassen mit dem dynamischen Alter (τ/T) zu erwarten, das als das Verhältnis aus dem Alter τ der Sternhaufen und ihrer Lebensdauer T definiert ist und auch als dynamische Entwicklungsphase angesprochen werden kann.

Während das Alter eines Sternhaufens innerhalb gewisser Grenzen relativ genau bestimmt werden kann, weil es aus der stellaren Entwicklung abzuleiten ist, ergeben sich hinsichtlich der Abschätzung seiner Lebensdauer, die die Zeitdauer von der Bildung eines Aggregates bis zu seiner völligen Auflösung umfaßt und sowohl inneren als auch äußeren Gegebenheiten unterliegt, große Unsicherheiten (siehe Abschnitt 6.1.).

Im vorliegenden Fall fanden die von Wielen [172] auf der Grundlage der beobachteten Altersfrequenzen, unabhängig von der Leuchtkraftfunktion abgeschätzten wahrscheinlichen

mittleren Lebensdauern $T_{1/2}$ Berücksichtigung, die aussagen, daß jeweils 50 % der Sternhaufen des Alters τ Lebensdauern länger $T_{1/2}$ aufweisen.

Die aus diesen Werten und dem jeweiligen Alter τ der Sternhaufen abgeleiteten dynamischen Alterswerte $\tau/T_{1/2}$ sind in Bild 4.20 dem aus dem Lund-Katalog entnommenen und wegen der Reichtumsklassen korrigierten logarithmischen Massenwerten ($\log \bar{M}_L = \log M - \Delta \log M$) gegenübergestellt. Die Darstellung, die aus Sternhaufen der galaktischen Ebene erhalten wurde, zeigt, daß die stellare Gesamtmasse der Aggregate mit ansteigender Entwicklungsphase und zunehmender Auflösung abnimmt. Dabei liegt die starke Streuung der Einzelwerte allein darin begründet, daß einerseits die Masseangaben relativ unsicher sind und andererseits die individuelle Lebensdauer eines Sternhaufens zwischen $T \approx 10^8$ Jahren und dem Alter der Galaxis variieren kann.

Wie aus Bild 4.21 hervorgeht, tritt die Abnahme der stellaren Gesamtmasse mit zunehmender Auflösung auch bei Verwendung einer weitaus höheren Lebensdauer T, wie sie beispielsweise von Schmidt [86] gegeben wird, zutage.

Eine Abnahme mit zunehmender Entwicklungsphase ist auch bei den nach Gleichung (4.18) aus den stellaren Gesamtmassen der Sternhaufen und ihrer Mitgliederzahl gebildeten mittleren Sternmassen ($\bar{M}^*$) zu verzeichnen.

Mit großen Unsicherheiten sind die Aussagen bezüglich der in den Sternhaufen auftretenden Stern- und Massedichten behaftet. Abgesehen von der Unsicherheit, die in der stellaren Gesamtmasse steckt, und den Unzulänglichkeiten in den Mitgliederzahlen spielt hier auch die unsichere Erfassung der Haufenradien eine Rolle.

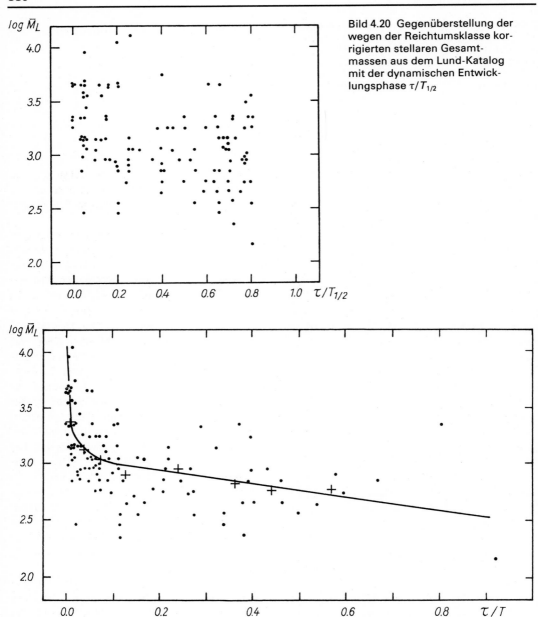

Bild 4.20 Gegenüberstellung der wegen der Reichtumsklasse korrigierten stellaren Gesamtmassen aus dem Lund-Katalog mit der dynamischen Entwicklungsphase $\tau/T_{1/2}$

Bild 4.21 Gegenüberstellung der wegen der Reichtumsklasse korrigierten stellaren Gesamtmassen aus dem Lund-Katalog mit der dynamischen Entwicklungsphase τ/T aus Werten nach Schmidt [86]

Die sich auf der Grundlage der Parameter des Lund-Katalogs ergebende Häufigkeitsverteilung der Massedichten ($M_\odot$/pc³) aus Sternhaufen der galaktischen Ebene ist in Tabelle 4.10 zusammengestellt. Die unter Verwendung der Sternmasse nach Bruch und Sanders erhaltenen entsprechenden Ergebnisse sind dort in Klammern gesetzt. Während nach den Daten des Lund-Katalogs 35 % aller untersuchten Aggregate Massedichten $M/V \leqq 10\,M_\odot\ \mathrm{pc}^{-3}$ aufweisen und allein

Tabelle 4.10 Häufigkeitsverteilung der Massendichte (in M$_\odot$/pc^3) in offenen Sternhaufen der galaktischen Ebene

Massebereich (in M$_\odot$/pc^3)	Anzahl der Sternhaufen
0... 2.5	9 (44)
> 2.5... 5	9 (25)
> 5... 10	20 (19)
> 10... 15	12 (13)
> 15... 20	7 (8)
> 20... 25	7 (6)
> 25... 30	8 (4)
> 30... 35	1 (2)
> 35... 40	7 (3)
> 40... 50	3 (5)
> 50... 60	5 (3)
> 60... 70	7 (7)
> 70... 80	4 (7)
> 80... 90	5 (7)
> 90...100	1 (7)
>100...150	5 (7)
>150...200	5 (7)
>200...300	8 (7)
>300...400	4 (7)
>400...500	3 (7)
>500	6

Tabelle 4.11 Häufigkeitsverteilung der Sterndichte (Anzahl der Sterne pro pc^3) in offenen Sternhaufen der galaktischen Ebene

Bereich (in n/pc^3)	Anzahl der Sternhaufen
0... 1.0	39
> 1.0... 2.5	29
> 2.5... 5.0	20
> 5.0...10.0	17
>10.0...15.0	10
>15.0...20.0	4
>20.0...30.0	5
>30.0...40.0	3
>40.0	5

nannten Dichtebereich, und 30 % aller Objekte weisen Massedichten $M/V \leq 2.5$ m$_\odot$ pc^{-3} auf.

Das Häufigkeitsverhalten der Sterndichten (n pc^{-3}) wird in Tabelle 4.11 aufgezeigt. Von insgesamt 132 Sternhaufen befinden sich 67 % im Bereich $n/V \leq 5$ Sterne pc^{-3}. Die mittlere Sterndichte aus allen untersuchten Aggregaten der galaktischen Ebene beträgt $n/V \approx 2.34$ Sterne pc^{-3}.

Masse- und Sterndichten in galaktischen Sternhaufen sind offensichtlich miteinander verbunden (siehe Bild 4.22). Die dort eingetragene mittlere Beziehung, die auf den Daten des Lund-Katalogs beruht, folgt der Gleichung

$$\log(M/V) = 0.925 \log(n/V) + 1.25. \qquad (4.19)$$

13 % aller Objekte im Dichtebereich $M/V \leq 5$ M$_\odot$ pc^{-3} liegen, befinden sich bei Verwendung der Massewerte von und nach Bruch und Sanders 47 % aller Sternhaufen im letztge-

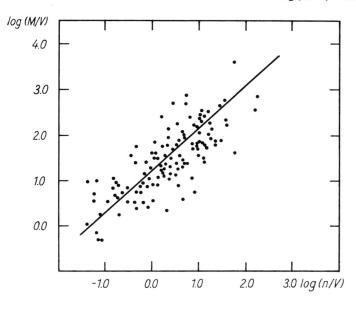

Bild 4.22 Gegenüberstellung der Masse- und Sterndichten aus Sternhaufen der galaktischen Ebene

Diese Beziehung verweist darauf, daß im Mittel hohe Massedichten immer mit hohen Sterndichten verbunden sind. Da jeweils von gleichen Volumina bei beiden Größen ausgegangen werden kann, bedeutet ein hoher Wert der stellaren Gesamtmasse eines Aggregates auch eine große Mitgliederzahl. Umgekehrt sind bei Sternhaufen geringer Masse auch kleine Anzahlen von Mitgliedssternen zu erwarten. Von diesem Befund wird vor allem in theoretischen Untersuchungen, wo bei vorgegebener Masse auf die Mitgliederzahl geschlossen wird, Gebrauch gemacht (siehe Abschnitt 6.1.).

4.4. Besondere stellare Gruppen

Die besonderen stellaren Gruppen in offenen Sternhaufen sind sehr vielschichtiger Natur und charakterisieren im Einzelfall oder im Kollektiv individuelle oder spezifische Phasen der Sternentwicklung. Zu diesen Sternen zählen die verschiedenen Gruppen der physikalisch und chemisch pekuliaren Sterne, Objekte mit besonderen Charakteristiken sowie die veränderlichen Sterne unter den Haufenmitgliedern, in die auch die Bedeckungssterne einbezogen sind.

4.4.1. Pekuliare Sterne

Die Bezeichnung »pekuliarer Stern« wird im Zusammenhang mit dem Sternspektrum gebraucht und charakterisiert Abweichungen der Linienstärken innerhalb und zusätzlich zu den Spektraltypsequenzen. Grundsätzlich lassen sich zwei Arten von Pekuliaritäten unterscheiden:

- physikalische Pekuliarität, deren wesentliches Merkmal der Emissionsliniencharakter in den Sternspektra ist, und
- chemische Pekuliarität, die durch anormale Intensitäten der Spektrallinien bestimmter Elemente zum Ausdruck kommt, wodurch sich die verschiedenen Gruppen chemisch pekuliarer Sterne von der Vielzahl normaler Sterne unterscheiden.

Wegen ihrer Anormalitäten lassen sich die pekuliaren Sterne nicht in die Spektralklassifikation normaler Sterne einordnen. In der Regel verteilen sie sich über alle Teile des Hertzsprung-Russel-Diagramms und über das gesamte Sternfeld unserer Galaxis.

Die Anwesenheit der pekuliaren Sterne in offenen Sternhaufen, von denen wir in vielen Fällen Entfernung, Alter und Leuchtkraftfunktion sowie andere Parameter kennen, bietet die Möglichkeit, detaillierte Aussagen im Verhalten nahezu gleichaltriger pekuliarer und normaler Sterne zu machen. Das Vorkommen von Vertretern der verschiedenen pekuliaren Gruppen in galaktischen Sternhaufen unterschiedlichen Alters führt darüber hinaus zu kosmogonischen Betrachtungen und zu der bereits bekannten Schlußfolgerung, daß die verschiedenen Gruppen der pekuliaren Sterne verschiedene Phasen der Sternentwicklung repräsentieren. Dabei kann es sich um Stadien handeln, die nur von wenigen, mit spezifischen Parametern behafteten Sternen einer Gruppe gleicher Masse durchlaufen werden, oder um solche der allgemeinen Sternentwicklung, denen jeweils alle Sterne gleicher Masse unterliegen.

Die Lage der verschieden Gruppen pekuliarer Objekte im M_{bol}-$\log_{T eff}$-Diagramm geht aus Bild 4.23 hervor, wo neben den nachfolgend zu behandelnden Sternen auch die Region der heliumschwachen Sterne eingetragen ist. Diese Objekte, von denen nur 3 Sterne aus 3 Aggregaten (Melotte 20, NGC 2287, NGC 6231) nach dem Lund-Katalog bekannt sind, werden nachfolgend nicht beschrieben. Erwähnenswert ist es aber in diesem Zusammenhang, daß es sich bei den heliumschwachen Sternen um Objekte des späten B- und frühen A-Spektraltyps handelt, die ungewöhnlich schwache He-Linien zeigen und eigentlich auch in offenen Sternhaufen in einer größeren Anzahl erwartet werden können.

Die Darstellung in Bild 4.23 enthält auch das Gebiet der planetarischen Nebel, obwohl, wie nachfolgend noch gezeigt wird, wegen der Kurzlebigkeit dieser Objekte nur relativ wenig Vertreter dieser Gruppe in den galaktischen Sternhaufen vorkommen können.

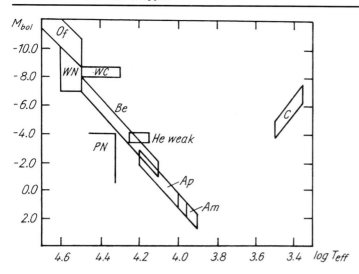

Bild 4.23 Lage der verschiedenen Gruppen pekuliarer Objekte im $M_{bol} - \log T_{eff}$-Diagramm

4.4.1.1. Physikalisch pekuliare Sterne

Der Emissionsliniencharakter der physikalisch pekuliaren Sterne ist auf mehr oder weniger ausgedehnte und dichte zirkumstellare Hüllen zurückzuführen. Dabei werden die mehr oder weniger dichten Gaswolken im zirkumstellaren Raum durch die durch sie eingeschlossenen Sterne angeregt. In den meisten Fällen sind die Ursachen für die Umhüllungen in Akkretions- und Abstoßungsprozessen der Sterne zu suchen.

Zur Gruppe der physikalisch pekuliaren Sterne in offenen Sternhaufen gehören

- die Of-Sterne,
- die Be- und Shell (= Hüllen)-Sterne sowie
- die Wolf-Rayet-Sterne und
- die planetarischen Nebel.

Ergänzend zu erwähnen bleibt, daß entsprechend der Definition auch die Herbig-Haro-Objekte, wie sie von Adams, Strom und Strom [173] im Aggregat NGC 2264 nachgewiesen wurden, ebenso wie die in Abschnitt 4.4.3.2.1. zu behandelnden T-Tauri-Sterne, die Emissionslinien niedriger Anregung zeigen und von zirkumstellaren Hüllen umgeben sind, in die Gruppe der physikalisch pekuliaren Sterne gehören. In beiden Fällen handelt es sich um Objekte des Vorhauptreihenstadiums.

Während die Of-Sterne und die Be-Sterne

dem Hauptreihenstadium angehören und mit Ausnahme einer Gruppe von Be-Sternen zu den unentwickelten Sternen zählen, handelt es sich bei den Wolf-Rayet-Sternen und den planetarischen Nebeln um entwickelte Objekte, die das Stadium der roten Riesensterne bereits durchlaufen haben und sich im FHD auf dem Wege in Richtung der Weißen Zwerge befinden.

Of-Sterne

Diese Objekte zählen zu den leuchtkräftigsten Sternen höchster effektiver Temperatur. Das wesentliche Charakteristikum, das sie von den anderen O-Sternen und deren Absorptionsspektrum unterscheidet, ist das zusätzliche Hervortreten der HeII-Linie $\lambda = 4685$ A und der NIII-Linien $\lambda = 4631$ A, $\lambda = 4640$ A und $\lambda = 4641$ A in Emission. Der Anteil der Of-Sterne an der Gesamtzahl der O-Sterne beträgt etwa 12 %.

Nach dem Lund-Katalog sind 34 Of-Sterne aus 15 offenen Sternhaufen bekannt. Die Verteilung der Objekte auf die einzelnen Aggregate ist in Tabelle 4.12 festgehalten, wo auch die entsprechenden Alterswerte der Sternhaufen angeführt sind. Aus dieser Verteilung geht auch das Histogramm in Bild 4.24 hervor, wo die Anzahlen der Of-Sterne aus einzelnen Altersbereichen dargestellt sind. Entsprechend dem frühen Spektraltyp und dem frühen Entwicklungsstadium dieser Sterne verteilen sie sich auf den Al-

Tabelle 4.12   Of-Sterne in offenen Sternhaufen

Sternhaufen	Alte Benennung	N_{Of}	$\log \tau$
C 0228 +612	IC 1805	3	6.12
C 0629 +049	NGC 2244	2	6.48
C 0638 +099	NGC 2264	1	7.30
C 1033 −579	NGC 3293	1	7.40
C 1041 −597	Collinder 228	6	6.00
C 1041 −593	Trumpler 14	3	7.00
C 1043 −594	Trumpler 16	5	7.00
C 1637 −486	NGC 6193	3	6.00
C 1650 −417	NGC 6231	3	6.50
C 1801 −243	NGC 6530	1	6.30
C 1815 −122	NGC 6604	1	6.60
C 1816 −138	NGC 6611	1	6.74
C 1941 +231	NGC 6823	2	6.70
C 2004 +356	NGC 6871	1	7.00
C 2322 +613	NGC 7654	1	7.55

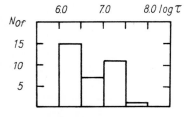

Bild 4.24 Altersmäßige Häufigkeitsverteilung der Of-Sterne

tersbereich $6.0 < \log \tau < 7.55$. Das entsprechende Verteilungsmaximum liegt im Bereich $6.0 < \log \tau < 6.49$. Es verweist darauf, daß Of-Sterne mit extrem jungen Sternhaufen, die meist auch die Zentren von OB-Assoziationen bilden, in Verbindung stehen. Bemerkenswert ist auch, daß 13 der 15 offenen Sternhaufen, in denen sich Of-Sterne befinden, mit angeregten Gasnebeln gekoppelt sind.

Be-Sterne

Be-Sterne sind nach der Definition von M. Jaschek, Hubert-Delpla, Hubert und C. Jaschek [174] Objekte vom Spektraltypus B0 bis A0 der Leuchtkraftklassen III bis V mit Emissionslinien und, wenn man die Ergebnisse von Slettebak [175] berücksichtigt, mit hohen Rotationsgeschwindigkeiten ($v \sin i$) ausgestattet. Übergiganten ähnlichen spektralen Verhaltens bleiben

bei dieser Gruppe ausgeschlossen. Zu den Mitgliedern der Gruppe der Be-Sterne zählen jedoch die frühen Shell-(Hüllen-)Sterne, bei denen man Wasserstoffhüllensterne, metallische Shell-Sterne und Heliumhüllensterne unterscheidet. Das Hauptcharakteristikum aller Shell-Sterne ist das Vorkommen dunkler Absorptionslinien in den Emissionen des Wasserstoffs, der Metalle und des Heliums, die auf ausgedehnte Hüllen und unterschiedliche Temperaturen in ihnen hinweisen.

Nach Jaschek und Mitautoren [174] läßt sich die Gruppe der Be-Sterne entsprechend dem spektroskopischen Verhalten in 5 Untergruppen aufteilen. Ihre Charakterisierung in Form einer Übersicht in Tabelle 4.13 ist im Hinblick auf das reichhaltige Vorkommen und das Verhalten der Be-Sterne in offenen Sternhaufen nicht zuletzt deshalb gerechtfertigt, weil gerade dort enge verwandtschaftliche Beziehungen dieser Untergruppen zu den von Mermilliod [176] abgeleiteten fotometrischen Klassen der Be-Sterne herzustellen sind.

Neben den Angaben der Untergruppen und der Streubereiche in den Spektraltypen enthält die nachfolgende Übersicht auch Vermerke über das jeweilige Maximum der Häufigkeitsverteilung der einzelnen Untergruppen. Ferner werden dort Merkmale des spektroskopischen Verhaltens aufgezeigt und die Zugehörigkeit der jeweiligen Untergruppenmitglieder zu den einzelnen Leuchtkraftklassen angegeben. Angaben und Hinweise über den Shell-Stern-Charakter der Objekte (S) sind der letzten Spalte zu entnehmen.

Für die Ableitung der fotometrischen Klassen von Be-Sternen in offenen Sternhaufen, die, wie bereits erwähnt, mit den aus Feld- und Haufensternen erhaltenen spektroskopischen Untergruppen in Verbindung gebracht werden können, standen Mermilliod [176] 88 fotoelektrisch vermessene Be-Sterne aus 32 Aggregaten zur Verfügung. Diese Sterne zählen zu jenen Mitgliedern aus 75 offenen Sternhaufen, die für die Herleitung der von Mermilliod definierten Altersgruppen galaktischer Sternhaufen benutzt wurden. Insgesamt betrug nach den Angaben von Mermilliod die Zahl der Be-Sterne in offenen Sternhaufen Ende des Jahres 1980 etwa

Tabelle 4.13   Spektroskopische Untergruppen der Be-Sterne

Unter-gruppe	Streubereich des Spektral-typs	Maximum der Häufigkeits-verteilung	Charakteristika	Leuchtkraft-klasse
I	B0...B6	B2	FeII-Linien in Emission	V
II	B3...B8	B3	Hα- u. Hβ-Emission mit Absorption	V, Shell-Stern
III	B5...A0	B8	Hα- u. Hβ-Emission, Absorption in höheren·Balmerlinien, metallische Absorption	V, Shell-Stern
IV	B3...A0	B8	frühe Sterne: permanente Emission in H, Hβ; in Hγ-Emission Absorption eingelagert späte Sterne: Hα- und Hβ-Emission; in Hα-Emission Absorption eingelagert späteste Sterne: ausschl. zentrale Hα-Emission	V, IV, III
V	B1...A0	frühe Typen	Änderung des spektroskopischen Charakters von B auf Be und umgekehrt	V, II, III, IV

180 Objekte aus 60 Aggregaten. Ein Katalog der Be-Sterne in offenen Sternhaufen wird nach Slettebak [175] von Sanduleak und Robertson vorbereitet. An Be-Sternen reiche offene Sternhaufen sind NGC 663 ($n = 18$), h und χ Persei ($n = 30$), NGC 3766 ($n = 15$) und NGC 4755 ($n = 10$).

Das Verhalten der 88 Be-Sterne aus 32 offenen Sternhaufen im M_V-$(U-B)_0$-Diagramm geht aus Bild 4.25 hervor. Neben den Positio-

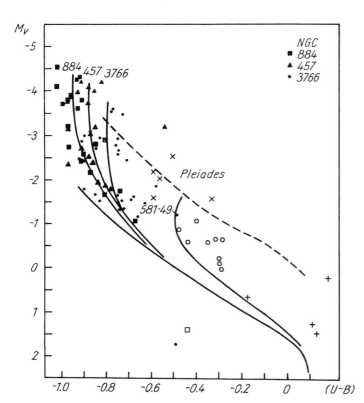

Bild 4.25 Verhalten der Be-Sterne im M_V-$(U-B)_0$-Diagramm nach Mermilliod [176]

nen der einzelnen Sterne sind dort die ZAMS, die die untere Begrenzungslinie bildet, und die Linie des Endes der Hauptreihenphase (TAMS) nach Maeder und Mermilliod [104] eingezeichnet. Ferner enthält die Darstellung auch die Hauptreihen der Altersgruppen NGC 884 ($\log \tau < 7.35$), NGC 457 ($\log \tau < 7.35$), NGC 3766 ($\log \tau = 7.35$) und der Plejaden ($\log \tau = 7.89$). Die diesen Altersgruppen zugehörigen Be-Sterne sind entsprechend gekennzeichnet.

Nach der Lage der Be-Sterne aus offenen Sternhaufen im vorliegenden M_V-$(U-B)_0$-Diagramm sind folgende fotometrischen Untergruppen zu unterscheiden:

1. *Sterne vom Spektraltyp B8.5 bis A2,* die sich in den meisten Fällen als Shell-Sterne erweisen und in Bild 4.25 mit dem Zeichen (+) versehen sind;

2. *Sterne vom Spektraltypus B3 bis B8,* die an drei verschiedenen Orten im FHD erscheinen:

   – Die erste Gruppe von ihnen befindet sich auf der Hauptreihe bei $M_V = -0.5 \pm 0.5$. In der Regel handelt es sich bei diesen Objekten um B8-Sterne (o).

   – Die zweite Gruppe ist nahe der oberen Begrenzung der Hauptreihe (x) angeordnet.

   – Die Mitglieder der dritten Gruppe sind an dem Ort im FHD zu finden, wo sich im allgemeinen die »Blauen Vagabunden« (blue stragglers) aufhalten.

3. *Be-Sterne vom Spektraltypus B1 und B2,* die sich auch nach der Lage im FHD in drei Gruppen unterscheiden:

   – Zur ersten Gruppe gehören nahezu unentwickelte Sterne mit $M_V > -2.0$, die sich nahe der ZAMS befinden.

   – Zur zweiten Gruppe gehören frühe Be-Sterne, die ihre Entwicklung innerhalb des Hauptreihenstadiums zur Hälfte vollzogen haben und im Helligkeitsbereich $-3.25 < M_V < -2.25$ anzutreffen sind.

   – Zur dritten Gruppe sind schließlich noch frühe Be-Sterne zu zählen, die sich am Ende des Hauptreihenstadiums nahe der TAMS befinden. Die absolute visuelle Helligkeit dieser Sterne wird mit $M_V < -3.5$ angegeben.

Die Be-Sterne des Spektraltyps B1 und B2 in den offenen Sternhaufen weisen eine starke Häufung auf und erscheinen dort viel zahlreicher und häufiger als die frühen O- bis B0e-Sterne.

Nach den vorliegenden Betrachtungen über das fotometrische Verhalten von Be-Sternen in offenen Sternhaufen wird klar, daß das spektroskopische Verhalten dieser Objekte an das Alter der Sternhaufen, in die sie eingebettet sind, und an ihre Lage im FHD gebunden ist. Sie erscheinen also nicht ziel- und wahllos auf der Hauptreihe.

Das Verhalten der Be-Sterne offener Sternhaufen im ZFD geht aus Bild 4.26 hervor. Dort wird ein Befund bestätigt, der auch bei hellen Feldsternen vom Typus Be gefunden wurde und der zeigt, daß die Farbe der B1e- und B2e-Sterne von denen normaler Sterne ähnlicher Spektraltyps abweichen. Die Farbenindizes $(B-V)_0$ sind bei den Emissionsobjekten röter als bei den normalen Sternen, wohingegen die

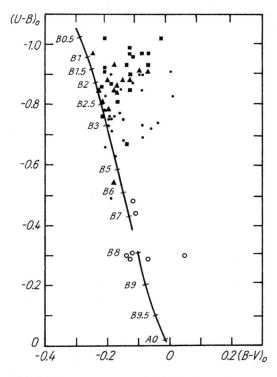

Bild 4.26 Verhalten der Be-Sterne im $(U-B)_0$-$(B-V)_0$-Diagramm nach Mermilliod [176]

Farbenindizes $(U-B)_0$ blauer erscheinen. Die angezeigte Rötung der B1e- und B2e-Sterne wurde auch von Slettebak [175] bestätigt, der Be-Sterne aus 12 offenen Sternhaufen hinsichtlich ihres spektroskopischen Verhaltens und ihrer Lage im FHD untersuchte. Er kommt zu dem Schluß, daß die Rötung des überwiegenden Teils der von ihm untersuchten Sterne auf unterschiedliche Ursachen und deren gemeinsame Wirkung zurückgeführt werden kann. Zum einen können es Rötungserscheinungen der zirkumstellaren Hüllen sein und zum anderen gravitative Abdunklungserscheinungen bei den Sternen selbst. In beiden Fällen wandern die Sterne im FHD nach rechts, ohne daß ein entwicklungsbedingter Effekt zugrunde liegt. Nach Slettebak [175] ist deshalb das Entwicklungsstadium der Be-Sterne noch völlig ungewiß. Auch die durch die Rötung möglicherweise herbeigeführten Gruppenbildungen müssen nicht kosmogonischer Natur sein.

Für die weitere Interpretation dieses Sachverhaltes sind noch umfangreiche fotoelektrische Beobachtungen an entsprechenden Haufenmitgliedern, weitere Bestimmungen der Emissionslinienstärken und vor allem weitere Abschätzungen der Rotationsgeschwindigkeiten ($v \sin i$) dieser Objekte notwendig.

Wolf-Rayet-Sterne

Wolf-Rayet-Sterne, so benannt nach ihrem Entdecker, sind Objekte, deren Charakter durch ein vorrangiges Emissionslinienspektrum, das einem »heißen« kontinuierlichen Spektrum überlagert ist, geprägt wird. Die Gemeinsamkeit allen spektroskopischen Verhaltens ist ursächlich gebunden an sehr hohe Sterntemperaturen $2 \cdot 10^4$ K...$1 \cdot 10^5$ K) und optisch dicke stellare Winde, die Geschwindigkeiten bis zu 2 000 km/s aufweisen. Die damit gekoppelten Massenverluste der Sterne können bis zu $dM/dt = 10^{-5}$ M$_\odot$/Jahr betragen.

Die Massen und die Leuchtkräfte der Wolf-Rayet-Sterne erstrecken sich über einen weiten Bereich. Nach Conti [177] liegen sie in den Grenzen

$$1.0 \, M_\odot < M_{WR} < 100 \, M_\odot \quad \text{und}$$
$$10^4 \, L_\odot < L_{WR} < 10^8 \, L_\odot \, .$$

Die sehr intensiven Emissionslinien der Objekte, die einen hohen Anteil am Strahlungsstrom dieser Sterne ausmachen, werden im wesentlichen durch die Elemente Stickstoff (N), Kohlenstoff (C), Sauerstoff (O) und Helium (He) hervorgebracht. Diese Emissionen repräsentieren einen breiten Anregungs- und Ionisationsbereich. Oft sind die entsprechenden Anregungsniveaus höher als sie durch das kontinuierliche Spektrum angezeigt erscheinen. Entsprechend der hohen stellaren Windgeschwindigkeiten sind die Emissionslinien sehr breit.

Je nach der Dominanz der Stickstoff- oder Kohlenstoff- und Sauerstoffionen werden bei den Wolf-Rayet-Sternen die Untertypen WN, WC und WO unterschieden. Die Untertypen weisen starke Linien des Heliums auf. In einigen Fällen werden auch Wasserstoffionen in Emission beobachtet.

Nach der gegenwärtigen Interpretation ist der WN-Untertypus mit der Beobachtung der entwicklungsbedingten CNO-Gleichgewichtsprodukte auf der Sternoberfläche und im stellaren Wind in Verbindung zu bringen, wohingegen die WC-Untertypen auf die Erscheinung von Produkten des Heliumbrennens, das eine Erhöhung des Kohlen- und Sauerstoffs gegenüber Stickstoff und Helium bedingt, zurückzuführen sind. Entsprechend dem Vorkommen unterschiedlicher Entstehungsmechanismen erstrecken sich die Wolf-Rayet-Erscheinungen auf einen breiten Entwicklungsbereich der Sterne. So werden sie in Population-I-Sternen des Untertyps WN, WC und WO festgestellt, sind unter den Zentralsternen planetarischer Nebel mit den Untertypen WC und WO zu finden und werden letztlich bei leuchtkräftigen, große HII-Gebiete anregenden Sternen beobachtet. Die Wolf-Rayet-Erscheinungen sind demnach sowohl in sehr jungen Sternen als auch in älteren Objekten der Scheibenpopulation zu erwarten.

Wolf-Rayet-Sterne zeigen zum Teil Helligkeitsänderungen. In einer Anzahl von Fällen bilden sie die Komponenten massereicher Doppelsternsysteme.

Nach dem 6. Katalog galaktischer Wolf-Rayet-Sterne von van der 'Hucht und Conti [178] sind in unserem Milchstraßensystem bislang 159 Wolf-Rayet-Sterne bekannt. Etwa 10 % von ihnen sind Mitglieder offener Sternhaufen. Dieser Prozentsatz kann sich durchaus noch erhöhen, wenn von einer Anzahl von Wolf-Rayet-Sternen oder von galaktischen Sternhaufen, in die sie eingebettet sind, genauere fotometrische Daten und Distanzen bekannt werden.

Erste statistische Betrachtungen und Versuche der Zuordnung von Wolf-Rayet-Sternen zu offenen Sternhaufen haben nach dem Erscheinen des 6. Katalogs von galaktischen WR-Sternen Lundström und Stenholm [179] vorgenommen. Zu diesem Zweck haben sie alle Wolf-Rayet-Sterne untersucht, die sie jeweils in Gebieten innerhalb des drei- bis fünffachen Haufenradius gefunden haben. Insgesamt handelte es sich um 28 Objekte, aus denen sie nach Prüfung und Vergleich der entsprechenden Entfernungsmodulen 15 sichere oder wahrscheinliche Haufenmitglieder selektierten. Für 7 Sterne stellten sie sichere oder wahrscheinliche Nichtmitgliedschaft fest, wohingegen für die restlichen Objekte hauptsächlich deshalb keine Aussagen gemacht werden konnten, weil die zur Verfügung stehenden Beobachtungen aus Sternhaufen und an Wolf-Rayet-Sternen unstimmig oder sehr begrenzt waren.

Wesentlich ist das vorliegende Ergebnis hinsichtlich der Nichtmitgliedschaft. Aus ihm ergibt sich die Schlußfolgerung, daß von der Position der Wolf-Rayet-Sterne in der unmittelbaren Nachbarschaft offener Sternhaufen allein nicht auf deren sichere oder wahrscheinliche Haufenzugehörigkeit geschlossen werden kann. Diese Feststellung sollte vor allem dort beachtet werden, wo Zuordnungen der WR-Sterne zu offenen Sternhaufen allein von der Lage her vorgenommen wurden. Dies trifft sowohl für den Lund-Katalog als auch für den 6. Katalog galaktischer WR-Sterne [178] zu, in denen in Verbindung mit offenen Sternhaufen insgesamt 37 WR-Sterne aus 30 Aggregaten angegeben werden. Nur bei 19 Sternen liegt aber eine Identität vor.

Die angegebenen Kataloge bieten zusammen mit den von Hidayat, Supelli und van der Hucht [180] abgeleiteten fotometrischen Distanzen für 132 WR-Sterne die Möglichkeit einer erneuten Überprüfung der Haufenmitglied-

schaft, die bei einer Übereinstimmung der Sternhaufen- und WR-Stern-Distanzen im Streubereich $d = \pm 0.25$ kpc vorliegen sollte. Auf dieser Grundlage ergeben sich 11 Wolf-Rayet-Sterne aus 11 offenen Sternhaufen als sichere Haufenmitglieder. Der wahrscheinlichen Mitgliedschaft werden 2 Sterne aus 2 Aggregaten im Streubereich $d = \pm 0.50$ kpc verdächtigt, wohingegen bei 2 weiteren Objekten die Möglichkeit einer Haufenzugehörigkeit nicht ausgeschlossen werden kann. Alle genannten Sterne sind in Tabelle 4.14 zusammengestellt, wo neben der Bezeichnung der Sterne aus dem WR-Stern-Katalog der zugehörige Sternhaufen und dessen Alter, der Spektraltypus der Sterne und ihre scheinbare Helligkeit angegeben werden. In der Spalte »Anmerkungen« wird auf die wahrscheinliche und mögliche Mitgliedschaft sowie auf die Zugehörigkeit der Sterne zu Doppelsternsystemen (D) verwiesen.

Es ist bemerkenswert, daß 4 der insgesamt 15 wirklichen, wahrscheinlichen oder möglichen Mitglieder offener Sternhaufen unter den WR-Sternen Doppelsterne sind. Unter ihnen befinden sich die bekannten Bedeckungssterne CV Ser (WR 113) sowie V 444 Cyg (WR 139).

Auffällig ist in Tabelle 4.14 auch die Verteilung der Sternhaufenmitglieder auf die spektralen Untertypen. Dabei entfallen auf den Untertypus der WN-Sterne 8 Objekte, wohingegen die WC-Sterne nur mit 3 Einzelsternen vertreten sind. Bei den Doppelsternsystemen hingegen sind beide Untertypen gleichmäßig verteilt.

Nicht alle in Tabelle 4.14 aufgeführten WR-Sterne sind identisch mit denen aus der Untersuchung von Lundström und Stenholm [179]. Dieser Sachverhalt kommt auch in der Verteilung der Objekte auf die einzelnen Untertypen zum Ausdruck. Neun Objekte aus Tabelle 4.14 sind identisch mit den von Pitault [181] publizierten Wolf-Rayet-Sternen in offenen Sternhaufen und Assoziationen. Von 6 dieser 9 Sterne ist bekannt, daß sie sich im Gebiet des jeweiligen einfachen Haufenradius befinden.

Wenn man davon ausgeht, daß alle WR-Sterne bis zur scheinbaren Helligkeit $m_V = 12\overset{m}{.}0$ erfaßt sind, so liegen nach Tabelle 4.14 9 sichere, 1 wahrscheinliches und 2 mögliche Mitglieder offener Sternhaufen in

Tabelle 4.14 Wolf-Rayet-Sterne in offenen Sternhaufen

WR-Nr.	Sternhaufen	Sp.	V	log τ	Anmerkungen
10	Ruprecht 44	WN 4.5	11ᵐ08	6.00	
11	Collinder 173	WC 8+09I	1.74	–	Spektrum D,
24	Collinder 228	WN 7+abs.	6.49	6.00	
25	Trumpler 16	WN 7+abs.	8.17	7.00	
47	Hogg 15	WN 6+05	11.09	6.90	wahrscheinliches Mitglied, D
67	Pismis 20	WN 6	12.21	6.00	wahrscheinliches Mitglied
78	NGC 6231	WN 7	6.61	6.50	
95	Trumpler 27	WC 9	14.10	7.00	
113	NGC 6604	WC 8+08-9	9.43	6.60	mögliches Mitglied, Spektrum D,
134	NGC 6883	WN 6	8.31	7.17	
135	NGC 6883	WC 8	8.51	7.17	mögliches Mitglied
138	IC 4996	WN 5+abs.	8.21	7.00	
139	Berkeley 86	WN 5+06	8.27	6.78	Spektrum D,
142	Berkeley 87	WC 5pec	12.96	–	
157	Markarian 50	WN 4.5	10.03	7.00	

diesem Bereich, in dem nach dem Katalog der galaktischen WR-Sterne insgesamt 76 WR-Sterne vertreten sind. Der prozentuale Anteil der Haufenmitglieder an diesen Sternen beträgt demnach 16 %.

Große Unterschiede treten in der Verteilung der Wolf-Rayet-Sterne dieses Helligkeitsbereiches auf die einzelnen Untertypen auf. Im angegebenen Helligkeitsintervall befinden sich 45 WN-Sterne und 30 WC-Sterne, von denen jeweils, die Doppelsternkomponenten einbezogen, in 9 Fällen (= 20 %) der WN-Sterne aber nur in 3 Fällen (= 10 %) der WC-Sterne eine Haufenmitgliedschaft nachgewiesen wurde. Die Dominanz des WN-Untertyps in offenen Sternhaufen ist nach dem voliegenden Befund unverkennbar. Auf ähnliche Resultate haben auch Lundström und Stenholm [179] hingewiesen.

Die Verteilung der wirklichen, wahrscheinlichen und möglichen Haufenmitglieder unter den Wolf-Rayet-Sternen aus Tabelle 4.14 auf die einzelnen spektralen Untertypen geht aus Tabelle 4.15 hervor. Dort ist offensichtlich bei

den WN-Sternen des Typs WN6 und WN7 eine leichte zahlenmäßige Überhöhung angedeutet, die jedoch nicht die Konzentration erreicht, wie sie von Lundström und Stenholm [179] angezeigt wurde. Aussagen bezüglich der Nichtbesetzung der Spektralklassen WN8 und WN9 sind wegen des geringen zur Verfügung stehenden Materials nicht möglich.

Erwähnenswert ist die sich zumindest bei den WN-Sternen abzeichnende Abhängigkeit des Spektraltyps vom galaktozentrischen Abstand der Aggregate, die in Bild 4.27 dargestellt ist und die die Ergebnisse von Hidayat, Supelli und van der Hucht [180] aus Untersuchungen der galaktischen Verteilung von 159 Wolf-Rayet-Sternen auch für die offenen Sternhaufen bestätigen.

Bezüglich der Altersverteilung der Wolf-Rayet-Sterne in offenen Sternhaufen ist festzustellen, daß sie sich unabhängig von der Zugehörigkeit zu den Untertypen auf den Bereich $6.00 < \log \tau < 7.17$ erstreckt. In diesem Falle sind die Wolf-Rayet-Erscheinungen mit jungen Sternen der Population I gekoppelt und charakterisieren Entwicklungsstadien, die denen der roten Riesen und Überriesen in Richtung auf die Hauptreihe folgen. Der fortgeschrittene Entwicklungsstand der Sterne ist dabei in Anbetracht ihrer relativ großen Massen (siehe auch Tabelle 4.16) nicht verwunderlich. Letztlich kennzeichnen die Wolf-Rayet-Erscheinungen die Phasen der Sternentwicklung, in denen die

Tabelle 4.15 Verteilung der Haufenmitglieder unter den WR-Sternen auf die einzelnen spektralen Untertypen

Untertypus	Spektraltypus						Gesamt
	4.5	5	6	7	8	9	
WN	2		2	3	3		10
WC			1		3	1	5

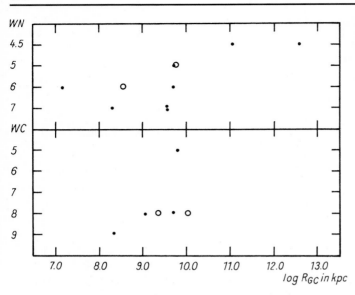

Tabelle 4.16   Wolf-Rayet-Stern-Komponenten aus Doppelsternen in offenen Sternhaufen

WR-Nr.	Spektrum	M_{WR} (in $M_\odot$)	M_2 (in $M_\odot$)	M_{WR}/M_2	P (in d)
11	WC 8+O5	20	56	0.36	8.893
47	WN 6+O5V	50	60	0.84	6.34
113	WC 8+O8−9	11…14	30	0.37	29.71
139	WN 5+O6	12	31	0.39	4.212

äußeren Schichten der Sterne von ihren Kernen abgestoßen werden.

Die für Wolf-Rayet-Sterne aus in offenen Sternhaufen vorkommenden Doppelsternen abgeleiteten Massen sind in Tabelle 4.16 zusammengestellt. Alle Daten wurden dem 6. Katalog galaktischer Wolf-Rayet-Sterne [178] entnommen.

Planetarische Nebel

Die Kerne planetarischer Nebel sind Sterne in den letzten Stadien der Sternentwicklung, die durch Abstoßung ihrer äußeren Schichten für das den planetarischen Nebeln eigene Erscheinungsbild sorgen und entwicklungsmäßig unmittelbar vor dem Stadium der Weißen Zwerge stehen. Von diesem Entwicklungsprozeß zeugen die diese Sterne ringförmig oder symmetrisch und durch sie angeregten sowie mit Expansions-

geschwindigkeiten von 10 km/s…50 km/s ausgestatteten Nebel und die heißen zentralen Kerne, die Temperaturen zwischen $T_{eff} \approx 2 \cdot 10^4$ K und $T_{eff} \approx 14 \cdot 10^4$ K aufweisen.

Aus den Expansionsgeschwindigkeiten der Nebelmassen ergeben sich Alterswerte der Erscheinung zwischen 100 Jahren und 10 000 Jahren. Daraus folgt, daß die planetarischen Nebel mit der ihnen typischen Erscheinungsform kosmogonisch junge und kurzlebige Objekte sind, die gerade wegen ihrer Kurzlebigkeit nur selten in offenen Sternhaufen zu erwarten sind.

Der Lund-Katalog enthält einen planetarischen Nebel als Mitglied des Sternhaufens NGC 2818. Dieses Objekt ist jedoch in dem von Acker und Mitautoren [182] herausgegebenen Katalog von Zentralsternen wahrer oder möglicher planetarischer Nebel nicht enthalten. Dort ist auch nicht der Wolf-Rayet-Stern WR 157 verzeichnet, der Mitglied des offenen Sternhau-

Tabelle 4.17 Mögliche planetarische Nebel in offenen Sternhaufen

Nebel	Ort 1950.0	Hellig-keit	Spektrum, Farbe	Ent-fernung (in kpc)	Sternhaufen	Ort 1950.0	Ent-fernung (in kpc)	$\log \tau$
FC 87	$7^h39^m5\ -14°6$	$B = 15^m09$	kontinu-ierlich B-V = 0.07	0.9	NGC 2437	$7^h39^m\ -14°7$	1.41	8.48
FC 172	15 02.2 −55.8	$B = 17.61$	−	1.7	NGC 5823	15 02 −55.4	1.26	8.30
FC 324	18 36.7 −04.4	pg > 21	−	−	Dolidze 32	18 37 −04.1	−	−

fens Markarian 50 ist und nach den Angaben von van der Hucht und Conti [178] zu den Objekten zählt, die in einem ringförmigen oder symmetrischen Nebel stehen. In beiden Fällen ist also eine Zugehörigkeit zu den planetarischen Nebeln auszuschließen.

Aus der Inspektion der im Katalog von Acker und Mitautoren [182] angegebenen Umgebungskarten gehen jedoch drei andere Objekte hervor, die zumindest von ihrer Position her der Mitgliedschaft in offenen Sternhaufen zu verdächtigen sind. Im einzelnen handelt es sich um die Objekte FC 87, FC 172 und FC 324 aus dem genannten Katalog wahrer oder möglicher planetarischer Nebel, wobei allerdings für das Objekt FC 324 wegen seiner geringen Helligkeit die geringste Wahrscheinlichkeit einer Haufenzugehörigkeit besteht.

Die Positionen der planetarischen Nebel für das Äquinoktium 1950.0 und die entsprechenden Daten der galaktischen Sternhaufen, in die sie möglicherweise eingebettet sind, sind in Tabelle 4.17 einander gegenübergestellt. Dort werden auch die Helligkeiten der Objekte, spektroskopische und fotometrische Befunde und die bei Acker und Mitautoren [182] verzeichneten Entfernungen gegeben. Die Tabelle enthält auch die Entfernungen und das Alter der entsprechenden Sternhaufen. Wegen der Unsicherheiten, die bei der Abschätzung der Distanzen planetarischer Nebel bestehen, bleibt eine Zuordnung zu den offenen Sternhaufen über diesen Parameter zweifelhaft.

4.4.1.2. Chemisch pekuliare Sterne

Zu den chemisch pekuliaren Sternen in offenen Sternhaufen gehören die Gruppen der Ap-

Sterne, der Am-Sterne, der heliumschwachen Sterne und der Kohlenstoffsterne. Besonders den Ap- und Am-Sternen wurde in den letzten Jahrzehnten große Aufmerksamkeit geschenkt.

Die Gruppe der chemisch pekuliaren Sterne läßt sich auch in magnetische und nichtmagnetische chemisch pekuliare Objekte unterteilen. Im vorliegenden Fall zählen die Ap-Sterne zu den magnetischen Sternen.

Im Hinblick auf die chemischen Pekuliaritäten ist festzustellen, daß deren Ursachen meistens in anormalen chemischen Zusammensetzungen begründet sind, obwohl bei einigen Gruppen auch besondere physikalische Gegebenheiten in den Sternatmosphären als Gründe der Pekuliarität nicht ausgeschlossen werden können.

Ap-Sterne

Die pekuliaren A-Sterne werden durch das Auftreten verstärkter Linienintensitäten von Silicium (Si), Strontium (Sr), Chromium (Cr) und Europium (Eu) in ihren Spektren charakterisiert. Wie eine Arbeit von Maitzen [183] zeigt, werden in jüngster Zeit auch die im optischen Bereich (U, V) in den Spektren der Ap-Sterne auftretenden Flußdepressionen über fotometrische Methoden für die Selektierung der pekuliaren Objekte aus der Schar der normalen A-Sterne herangezogen.

Ap-Sterne sind magnetische Hauptreihensterne im Bereich der Spektraltypen F0 bis B5, die in der Regel kurzperiodische Helligkeitsänderungen zeigen und dem Modell des schiefen Rotators genügen. Von den normalen Sternen des angegebenen Spektralbereiches unterschei-

det sich die Gruppe der Ap-Sterne durch geringere Rotationsgeschwindigkeiten ($v \sin i$) und
durch die inhomogene Verteilung der chemischen Elemente an der Sternoberfläche, die
wahrscheinlich auf die äußeren Atmosphären-
schichten beschränkt bleibt und durch die
Wechselwirkung zwischen Schwerkraft und
Strahlungsdruck hervorgerufen wird.

Es ist noch nicht klar, ob die bei diesen Sternen beobachtete Temperatursequenz von den
heißen Siliciumsternen über die kühleren
SrCrEu-Sterne zu den im Mittel mit den niedrigsten effektiven Temperaturen ausgestatteten
Sr-Sternen ein Anregungseffekt ist oder ob es
sich hier um echte Unterschiede in der chemischen Zusammensetzung der Objekte handelt.

Ap-Sterne zeichnen sich durch individuelle
Besonderheiten aus, die die Untersuchung der
allgemeinen Eigenschaften der Ap-Erscheinung
erschweren. Insofern ist das Vorkommen dieser
Sterne in offenen Sternhaufen von besonderer
Bedeutung, weil gerade hier aufgrund bekannter
Haufenalter und Haufendistanzen bei einer
Vielzahl untersuchter Sterne wichtige Aussagen
über das zeitliche Verhalten des Ap-Phänomens
und über die Leuchtkräfte der Objekte gemacht
werden können. Die Anwesenheit von pekuliaren A-Sternen in offenen Sternhaufen neben
normalen Mitgliedern des gleichen Spektraltyps
zeigt aber auch, daß es sich bei dem Ap-Phäno-
men nicht um ein allgemeines Stadium der
Sternentwicklung handelt, das alle Sterne einer
bestimmten Masse durchlaufen, sondern um
eine spezifische Entwicklungserscheinung, die
wahrscheinlich an das Vorhandensein von Ma-
gnetfeldern in diesen Objekten gekoppelt ist.

Aus dem Lund-Katalog sind 77 Ap-Sterne
aus 31 offenen Sternhaufen bekannt. Diese
Zahl erhöht sich um weitere 92 Ap-Sterne aus
43 Aggregaten, wenn man die Ergebnisse einer
Untersuchung von Zelwanowa und Popowa
[184] berücksichtigt. Diese Untersuchung geht
von der allgemeinen Erfahrung aus, daß einerseits Ap-Sterne in der Regel in den Randgebieten galaktischer Sternhaufen vorzufinden sind
und andererseits 50 % der Haufenmitglieder in
den Halogebieten der Aggregate angetroffen
werden, und nimmt auf dieser Grundlage eine

Zuordnung der Ap-Sterne aus dem 1981 erschienenen Katalog von Jaschek und Egret
[185] bis zu einer Entfernung von 5 Haufenradien zu den im CSCA (1970) verzeichneten Aggregaten vor. Die Berücsichtigung bestimmter
Auswahlkriterien läßt die angegebene Zahl zu-
sätzlicher Ap-Sterne in offenen Sternhaufen
realistisch und relativ gesichert erscheinen.

Die Häufigkeitsverteilung der im Lund-Katalog verzeichneten Ap-Sterne auf einzelne Altersbereiche geht aus Bild 4.28 hervor. Aus dem
dortigen Histogramm wird ersichtlich, daß Ap-
Sterne in galaktischen Sternhaufen des Altersbereiches $7.0 < \log \tau < 9.5$ angesiedelt sind und
daß das entsprechende Maximum der Häufigkeitsverteilung bei $\log \tau \approx 8.25$ liegt. Erwähnenswert ist auch, daß sich gerade im Altersbereich $8.0 < \log \tau < 8.5$ die an Ap-Sternen rei-
chen Aggregate NGC 2516 und NGC 3134
befinden.

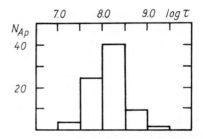

Bild 4.28 Altersmäßige Häufigkeitsverteilung der
Ap-Sterne in offenen Sternhaufen

Die Frage nach dem Zeitpunkt der Entstehung des Ap-Phänomens ist wohl bei den bislang bekannten relativ geringen Objektzahlen in
offenen Sternhaufen zu früh gestellt. Einschlägige Untersuchungen von Klotschkova und Kopylov [186] zeigen jedoch, daß im untersuchten
Altersbereich $6.4 < \log \tau < 8.7$ keine systematischen Änderungen der Rotationsgeschwindigkeiten und der Stärke der Linienpekuliaritäten
mit dem Alter festgestellt werden. Wenn sich
dieses Verhalten durch weitere Untersuchungen
erhärten sollte, verschiebt sich der Zeitpunkt
der Herausbildung des Ap-Phänomens in sehr
frühe Stadien der Sternentwicklung oder in die
Phase der Sternentstehung.

Der aufgezeigte Ap-Charakter verweist auf

dessen Bedeutung für die Theorie der Sternentstehung und Sternentwicklung, die auch mit der
Entwicklung der offenen Sternhaufen verbunden ist (siehe Abschnitt 6.).

»sn«-Sterne

Wahrscheinlich mit den Bp- und Ap-Sternen
verwandt sind die »sn«-Sterne, deren Bezeichnung auf Abt und Levato [187] zurückgeht. Die
Spektra der »sn«-Sterne werden durch die
gleichzeitige Erscheinung scharfer Linien des
TiIII, CaII, CII und FeII und verwaschene Linien des neutralen Heliums (HeI), die stärker
als bei normalen Sternen scharfer Linienkontu-
ren sind, charakterisiert. Zusätzlich zu anormalen Linienerscheinungen zeichnen sich die
»sn«-Sterne durch niedrige Rotationsgeschwindigkeiten aus.

Nach einer Untersuchung von Mermilliod
[188] gehören bislang 17 Sterne aus 6 offenen
Sternhaufen zur Gruppe der »sn«-Sterne. Der
Kandidatenschaft werden 11 weitere Objekte
aus 4 weiteren Aggregaten verdächtigt. Alle
Sterne und Sternhaufen sind bei Mermilliod
[188] listenmäßig erfaßt.

Aus der Lage der »sn«-Sterne im Farbenhelligkeitsdiagramm $M_V/(U - B)_0$ geht hervor, daß
die meisten dieser Objekte nahe der Hauptreihe
des Alters Null (ZAMS) liegen. Etwa 33 % von
ihnen sind jedoch etwas weiter entwickelt und
erscheinen nahe der mittleren Hauptreihe. Dieses Verhalten bestätigt die Feststellung Abts
und Levatos [187], daß die »sn«-Sterne in einem
breiten Temperaturbereich (B2 bis B9) mit verschiedenen Leuchtkraftklassen (Lkk V bis III)
oder unterschiedlichen Entwicklungsstadien erscheinen. Auch hinsichtlich ihres Alters liegt
eine breite Streuung vor, die sich von dem des
Orion-Haufens ($\tau \approx 2 \cdot 10^6$ Jahre) bis zu dem
des Sternhaufens NGC 7092 ($\tau \approx 2 \cdot 10^8$ Jahre)
erstreckt.

Als allgemeine Charakteristik erweist sich
auch bei den »sn«-Sternen offener Sternhaufen
die niedrige Rotationsgeschwindigkeit, die für
16 Haufenmitglieder mit $v \sin i \leq 100$ km/s angegeben wird. Für 12 dieser 16 Sterne gilt sogar
$v \sin i = 50$ km/s. Mermilliod [188] konnte in
diesem Zusammenhang auch nachweisen, daß

in den älteren Sternhaufen, in denen A-Sterne
geringer Rotationsgeschwindigkeit vorkommen,
diese Objekte, soweit sie nicht den Ap-Sternen
zuzuordnen sind, die »sn«-Charakteristika zeigen.

Dieser Befund gilt jedoch nicht für entsprechende Gegebenheiten in jungen Sternhaufen.

Ungeklärt ist auch die Frage, ob die
»sn«-Sterne ein allgemeines Stadium in der
Entwicklung langsam rotierender normaler
Sterne ohne Magnetfeld darstellen oder ob es
sich bei der »sn«-Erscheinung um eine Pekula-
rität handelt. Da alle älteren Sterne niedriger
Rotationsgeschwindigkeit »sn«-Charakteristika
zeigen, würde es im letzteren Fall bedeuten,
daß normale langsam rotierende Sterne nicht
länger als $5 \cdot 10^7$ Jahre existieren könnten.

Am-Sterne

Am-Sterne sind Metalliniensterne, bei denen
das wesentliche Kriterium ihrer Abweichungen
von den normalen Sternen darin besteht, daß
bei der Klassifikation dieser Objekte je nach
Verwendung der CaII-Linie K, der Wasserstofflinien (H) oder von Metallinien (m) Unterschiede im Spektraltyp auftreten.

Die Am-Erscheinung wird durch die Bedingung

$$Sp(K) \leq Sp(H) \leq Sp(m)$$

mit $Sp(K) < Sp(m)$ charakterisiert, wobei zu bemerken ist, daß die Am-Erscheinung oder der
Am-Charakter der Sterne nichts mit der in
einem der vorangegangenen Abschnitte behandelten Metallhäufigkeit zu tun hat.

Am-Sterne erweisen sich in der Regel als
langsame Rotatoren. Über die Ursachen des
Am-Charakters dieser Objekte ist noch wenig
bekannt. Ihre typische mittlere absolute Helligkeit liegt bei $\bar{M}_V = 1.2$, so daß die herkömmli-
che spektroskopische Untersuchung von Am-
Sternen in offenen Sternhaufen begrenzt ist.

Nach den im Lund-Katalog gemachten Angaben und nach Inspektion der dort ebenfalls angegebenen Literatur sind aus 28 offenen Sternhaufen 73 sichere Am-Sterne bekannt. Ihre
Zahl erhöht sich auf 140 Objekte aus 36 Aggre-

gaten, wenn man die von Nicolet [189] anhand des fotometrischen m-Parameters verdächtigten Sterne mit einbezieht, und bedenkt, daß die Sicherheit der Zuordnung dieser Objekte mit 70 % abgeschätzt wird.

Nach Hauck [190] wurde nunmehr der 3. Katalog von Am-Sternen mit bekanntem Spektraltyp fertiggestellt, der sicherlich auch zu einer Erweiterung und Vervollständigung der diesbezüglichen Sternzahlen und einschlägigen Daten von Am-Sternen in galaktischen Sternhaufen führt.

Der fotometrische m-Parameter, der sich aus dem Genfer fotometrischen System ergibt und in den vorliegenden Fällen in den Bereichen $0.035 < m < 0.060$ und $0.06 < m$ liegt, ist besonders für die Entdeckung von Am-Sternen unter den A3- bis F5-Sternen geeignet und erweist sich gerade für schwächere Objekte, für die spektroskopische Untersuchungen nicht mehr oder nur schwierig durchführbar sind, als vorteilhaft.

Die Gesamtzahlen der Sterne mit Am-Charakter in offenen Sternhaufen, die auch in Tabelle 4.19 enthalten sind, sind in Bild 4.29 über dem Alter aufgetragen. Dort sind auch die alleinigen Angaben aus dem Lund-Katalog schraffiert dargestellt. Aus dem Histogramm geht hervor, daß Am-Sterne in Sternhaufen aller Altersbereiche anzutreffen sind und daß das Verteilungsmaximum dieser Objekte bei $\log \tau = 8.75$ liegt. Bemerkenswert ist auch, daß die sicheren Am-Sterne und die Am-Kandidaten gleiche Verteilungstendenzen aufweisen.

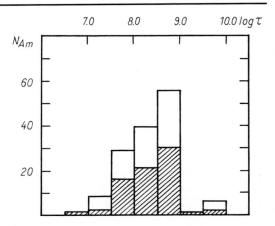

Bild 4.29 Altersmäßige Verteilung der Am-Sterne in offenen Sternhaufen

Mit der Verteilung der Am-Sterne auf alle Altersbereiche bestätigt sich auch eine Aussage Nicolets, die er allein aus Sternen bekannten m-Parameters gewonnen hat. Die Ergebnisse von Nicolet [189] sind in Tabelle 4.18 zusammengefaßt, wo neben den von Mermilliod definierten Altersgruppen galaktischer Sternhaufen und deren Alter auch die Anzahlen der fotometrierten A-Sterne in diesen Gruppen sowie die aus dieser Fotometrie hervorgehenden Anzahlen an Am-Kandidaten aufgeführt sind. Der Anteil der Am-Sterne an der Gesamtzahl der jeweiligen A-Sterne, der ebenfalls in Tabelle 4.18 enthalten ist, beträgt in den ältesten Altersgruppen 0 bis 1 (Hyaden, Coma Berenices) etwa 40 %, wohingegen sich aus den übrigen Gruppierungen ein Mittelwert von 15 % ableitet. Be-

Tabelle 4.18   Verhalten von Am-Kandidaten in den Altersgruppen offener Sternhaufen nach Nicolet [189]

Alters- gruppe	Repräsentativer Sternhaufen	$\log \tau$	Gesamtzahl der A-Sterne	Anzahl der Am-Kandidaten	Anteilrate (in %)
0	Coma Berenice	8.75	16	6	38
1	Hyaden	8.8	86	35	41
2	NGC 2281	8.6	21	2	10
3	NGC 3532	8.5	61	7	11
4	NGC 6475	8.4	41	4	10
5	NGC 1545	8.25	27	2	8
6	NGC 2516	8.1	47	7	15
7	Plejaden	8.0	40	17	30
8	NGC 6405	7.9	15	1	7
9	NGC 2451	7.8	35	6	17
13...14	NGC 2244	≈7	22	5	23

merkenswert ist in diesem Zusammenhang, daß das Verteilungsmaximum aus Bild 4.29 mit dem Alter der Gruppen hohen Am-Anteils zusammenfällt.

Zum fotometrischen Verhalten der Am-Kandidaten aus der Untersuchung von Nicolet [189] ist festzustellen, daß die Mitglieder der Altersgruppen 14...2 $(7.0 < \log \tau < 8.6)$ auf der Hauptreihe im FHD angeordnet sind. Anders hingegen verhalten sich die bereits geringfügig entwickelten Am-Sterne aus den ältesten Grup-

pen 0 und 1, die einen Platz im FHD oberhalb der Hauptreihe einnehmen.

Die Anzahlen der Am-Sterne und Am-Kandidaten im offenen Sternhaufen sind für die einzelnen Aggregate in Tabelle 4.19 zusammengefaßt. Neben den einzelnen Sternhaufen und ihren Alterswerten sind dort die jeweiligen Gesamtzahlen der Am-Objekte und, getrennt davon, die Anzahlen der spektroskopisch gesicherten Am-Sterne aufgeführt.

Kohlenstoffsterne

Kohlenstoffsterne sind Riesen- oder Überriesensterne mit anormalen Elementenhäufigkeiten. Ihre Spektren zeigen eine Überhöhung der CH-, CN-, C_2- und C_3-Banden. Die effektiven Temperaturen der Kohlenstoffsterne nehmen mit zunehmendem Spektraltypus (C0 bis C9) bei ansteigender absoluter visueller Helligkeit von etwa $T_{eff} \approx 4\,400$ K auf $T_{eff} \approx 2\,230$ K ab.

Kohlenstoffsterne überdecken einen breiten Masse- und Altersbereich. Das ist u. a. auch der Grund, weshalb gerade bei diesen Objekten kein ausgeprägtes einheitliches Verhalten zustande kommt. Die Mehrheit der Objekte, die vom Spektraltypus später C4 ist, scheint eine Mischung von Population-I-Sternen und jungen Scheibenobjekten zu sein. Die in offenen Sternhaufen vorkommenden Kohlenstoffsterne charakterisieren zweifellos den Population-I-Typus.

Ähnlich wie sich die absoluten Helligkeiten mit zunehmendem Spektraltypus verändern, vergrößern sich auch die Radien der Kohlenstoffsterne. Sie ergeben sich beim Spektraltypus C2 zu $R/R_\odot \approx 8.5$ und beim Spektraltypus C9 zu $R/R_\odot \approx 1\,500$. Detaillierte Angaben über die Eigenschaften und das Verhalten der Kohlenstoffsterne, bei denen auch der Prozentsatz an veränderlichen Sternen mit zunehmendem Spektraltypus ansteigt, werden von Seitter und Duerbeck [4] gemacht.

Die meisten der in unserer Galaxis bekannten kühlen Kohlenstoffsterne wurden von Stephenson [191] katalogmäßig erfaßt. Insgesamt sind dort 3 219 Objekte verzeichnet, die sowohl als Feldsterne als auch als Mitglieder offener Sternhaufen vorkommen. Später gefundene Ob-

Tabelle 4.19   Am-Sterne und Am-Kandidaten in offenen Sternhaufen

Sternhaufen	$\log \tau$	Gesamtzahl der Am-Objekte	Sichere Am-Sterne
Blanco 1	7.70	1	1
NGC 1039	8.29	1	1
Melotte 20	7.71	4	4
IC 348	8.10	1	1
Plejaden	7.89	11	4
NGC 1545	8.29	2	
Hyaden	8.82	14	9
Orion Cl.	7.40	2	
NGC 2168	8.03	1	
NGC 2251	8.48	1	1
NGC 2264	7.30	2	
NGC 2281	8.48	2	
NGC 2287	8.00	3	3
NGC 2301	8.03	3	3
Collinder 132	7.40	1	1
NGC 2422	7.89	5	4
NGC 2451	7.56	2	
NGC 2516	8.03	3	1
NGC 2632	8.82	22	9
IC 2391	7.56	2	1
NGC 2682	9.60	6	2
NGC 3228	7.62	1	1
NGC 3532	8.54	6	3
Melotte 111	8.60	5	4
NGC 6231	6.50	1	1
NGC 6405	7.71	1	
IC 4665	7.56	2	1
NGC 6475	8.35	6	2
NGC 6633	8.82	7	5
IC 4756	8.76	1	
NGC 6811	8.73	1	
NGC 6940	9.04	1	1
NGC 7039	8.10	6	6
NGC 7092	8.43	5	2
NGC 7160	7.00	3	1
NGC 7243	8.03	5	1

jekte sowie Befunde über das Verhalten und die Eigenschaften von Kohlenstoffsternen sind der Publikationsreihe des radioastronomischen Observatoriums Vilnius der Jahre 1977 [193], 1981 [194, 195, 196], 1982 [197] sowie dem Buch von Z. Alksnis, A. Alksnis und Dzervitis [192] zu entnehmen.

Mit dem Vorkommen von Kohlenstoffsternen

in offenen Sternhaufen hat sich Dzervitis [198] bereits im Jahre 1974 befaßt. Er erstellte durch Positionsvergleiche bekannter Kohlenstoffsterne und galaktischer Sternhaufen eine Liste möglicher Sternhaufenmitglieder. Insgesamt verdächtigte er 100 Kohlenstoffsterne aus 87 Aggregaten des Nord- und Südhimmels der Mitgliedschaft, die jedoch allein aus der Über-

Tabelle 4.20   Sichere oder sehr wahrscheinliche Mitglieder offener Sternhaufen unter den Kohlenstoffsternen

Sternhaufen	Alte Benennung	Stern	ϱ/r	M_V	Spektrum	Lw.-Typ	P (in d)	$\log \tau$
C 0022 +610	NGC 103	P 18	1.2	+0.53				7.58
C 0115 +580	NGC 457	V645 Cas	1.7	−1.10	N	SRB	425	7.40
C 0247 +602	IC 1848	CCS 124	2.4	0.00	N			
		CCS 126	2.8	−3.09	R8-Na			6.00
C 0411 +511	NGC 1528	FR Per	3.0	−0.12	C	LB		8.43
		SY Per	3.0	−0.82	Ne, C6.4	SRA	476	8.43
C 0447 +436	NGC 1664	HN Aur	0.3	0.35	N5	SRB	165:	8.48
C 0634 +094	Tr 5	V493 Mon	0.4	0.20	C, N6	SRB		9.10
C 0644 −206	NGC 2287	CCS 590	2.3	−0.05	C6.3			8.00
C 0750 −384	NGC 2302	W Mon	3.4	−0.51	C4.5	LB		7.80
C 0706 −130	NGC 2345	CCS 678	3.2	−1.08	N			7.90
C 0712 −102	NGC 2353	CCS 697	2.3	0.40				7.10
C 0750 −384	NGC 2477	C 2	1.5	−0.80	N3	LB?		8.85
C 0805 −297	NGC 2533	CCS 1045	2.8	−0.63				8.26
C 0815 −369	Pism. 1	WO23-07		0.54				7.93
C 0816 −304	NGC 2567	WO21-10	1.4	−0.34				7.83
C 0820 −360	Cr 185	He 54	1.8	−0.51				7.90
C 0840 −469	NGC 2660	9009	0.5	−1.04	N6	LB?	100	9.20
C 1001 −598	NGC 3114	SZ Car		−1.90	C, N3	SRB	126	8.03
C 1041 −597	Cr 228	W062-09	1.3	−0.57				6.00
C 1501 −541	NGC 5822	V Lup	0.9	−0.61	C5.5	LB		8.95
C 1732 −334	Tr 27	CCS 2459	4.0	−3.30				7.00
C 1817 −162	NGC 6618	CCS 2567	3.2	−1.88				
C 1834 −082	NGC 6664	CCS 2620	4.7	−3.60	N			7.57
C 1919 +377	NGC 6791	U Lyr	1.3	−3.34	C4.5e	M	451.7	9.85
C 2007 +353	Byurak. 2	V1423 Cyg	2.6	−1.20	Na, C	LB		6.00
C 2008 +412	Dol. 2	AY Cyg		−2.50*	C4.8−7.4	LB		
C 2009 +357	NGC 6883	RY Cyg	1.7	−3.50	C4.8−6.4	LB		7.17
		V429 Cyg	2.0	−1.09	C5.4	SRA	163.9	7.17
C 2151 +470	IC 5146	CCS 3078	2.6	−1.05	R6-8			8.36
C 2252 +605	NGC 7419	MZ Cep	1.6	−0.90	C(N)	LB		7.11
		MV Cep*		−0.90	C(N)	LB		7.11
		OO Cep*		−0.40	C(N)	LB:		7.11
		OP Cep*		−0.10	C(N)	LB:		7.11
		MW Cep*		−2.70	C(N)	M	400	7.11
		CCS 3158*		−1.81	C(N)			7.11
C 2322 +613	NGC 7654	V353 Cas		−0.80	C4.5	SRA	365	7.55
C 2354 +564	NGC 7789	V532 Cas		−1.73	C6.3	SRA	450	9.20

Anmerkungen
M_V*   absolute visuelle Helligkeit ergibt sich aus dem Spektraltyp
Stern*   Haufenmitgliedschaft geht auf Daten von Daube [197] zurück

einstimmung der Positionen innerhalb einer Ausdehnung von 3 bis 5 Sternhaufenradien noch keine hohe Wahrscheinlichkeit und Sicherheit besitzt. Immerhin geben aber auch Alksne, Alksnis und Dzervitis [192] für den nördlichen Himmel unter Einbeziehung fotometrischer Untersuchungen 32 Kohlenstoffsterne aus 25 Aggregaten an.

Geht man davon aus, daß wahre und sehr wahrscheinliche Mitglieder offener Sternhaufen unter den Kohlenstoffsternen hinsichtlich ihrer Mitgliedschaft nicht nur die Positionsbedingungen $\varrho/r \leqq 3$ bzw. $\varrho/r \leqq 5$ sondern auch die fotometrischen Bedingungen $M_V \leqq 0.0$ bzw. $M_V \leqq 0.5$ erfüllen müssen, ergeben sich unter Berücksichtigung der im Lund-Katalog verzeichneten Entfernungen und visuellen Extinktionen und der scheinbaren visuellen Helligkeiten der Kohlenstoffsterne die in Tabelle 4.20 aufgeführten sicheren oder sehr wahrscheinlichen 38 Haufenmitglieder aus 30 Aggregaten. In dieser Zusammenstellung sind auch einige Objekte enthalten, die aus einem eigenen Positionsvergleich unter Verwendung des Katalogs von Stephenson [191] und des Lund-Katalogs hervorgegangen sind. Weiterhin sind dort einige Kohlenstoffsterne aufgeführt, die bereits von Alksne, Alksnis und Dzervitis [192] als Haufenmitglieder ausgewiesen wurden.

Die Aufstellung in der Tabelle 4.20 enthält neben den Stern- und Aggregatsbezeichnungen

Angaben über die jeweiligen Positionen der Kohlenstoffsterne in den Sternhaufen, über ihre absoluten visuellen Helligkeiten, über die Art ihres Lichtwechsels und die Spektraltypen sowie über entsprechende Alterswerte aus den Aggregaten. Bei den veränderlichen Sternen unter den Kohlenstoffobjekten mit regelmäßigem, halbregelmäßigem oder unregelmäßigem Lichtwechsel sind die entsprechenden Kennzeichnungen M, SRA, SRB und L angeführt. Bei den regelmäßigen und halbregelmäßigen Lichtwechselarten werden auch die Periodenwerte angegeben.

Einige mögliche Mitglieder offener Sternhaufen unter den Kohlenstoffsternen sind in Tabelle 4.21 zusammengefaßt. Bei diesen Objekten handelt es sich um Sterne, die von ihrer Position her den Bedingungen einer Haufenzugehörigkeit genügen. Von einigen unter ihnen sind entweder keine scheinbaren visuellen Helligkeiten bekannt oder es fehlen die Angaben notwendiger Sternhaufenparameter. Bei den Objekten in Tabelle 4.21, für die geeignete Daten vorliegen, handelt es sich durchweg um Sterne mit $M_V \leqq 1.0$, die unter weniger strengen Auswahlkriterien in anderen Publikationen zum Teil als Mitglieder offener Sternhaufen geführt werden.

Die Verteilung der Kohlenstoffsterne aus offenen Sternhaufen auf einzelne Helligkeitsbereiche geht aus dem Histogramm in Bild 4.30

Tabelle 4.21 Mögliche Mitglieder offener Sternhaufen unter den Kohlenstoffsternen

Sternhaufen	Alte Benennung	Stern	ϱ/r	M_V	Spektrum	Lw.-Typ	P (in d)	$\log \tau$
C 0149 +568	Stock 4	EW Per			N, C	L		
C 0155 +552	NGC 744	V437 Per	0.82		N, C	SRA	470	7.59
C 0233 +557	Tr 2	VZ Per	0.85		C3, C4			7.89
C 0524 +343	Stock 8	OP Aur		1.90*	C0-1	M	500:	
C 0537 +379	Stock 10	V342 Aur			N, C	SR:	400:	
C 0549 +325	NGC 2099	CCS 414	1.7	0.93	N			8.48
C 0652 −245	Cr 121	CCS 619	1.8	0.80				
C 0810 −374	NGC 2546	BM 68	0.5	0.97				
C 1001 −598	NGC 3114	WO 54-12		0.70				8.03
C 1848 −063	NGC 6705	AI Sct	4.0		C8.2e	M	408	8.35
C 2013 +366	Dol 3	V432 Cyg			C4.5	L		
C 2354 +564	NGC 7789	V533 Cas	2.9	0.77	C, N	SRA	305	9.20

Anmerkung
M_V^* nach Spektraltyp bestimmt

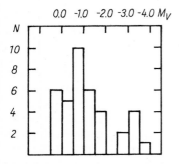

Bild 4.30 Häufigkeitsverteilung von Kohlenstoffsternen auf einzelne Helligkeitsbereiche

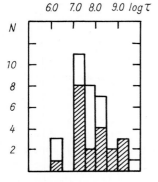

Bild 4.31 Häufigkeitsverteilung von Kohlenstoffsternen auf einzelne Altersbereiche

hervor. Das Maximum der Häufigkeitsverteilung liegt in den Grenzen $-1.0 < M_V < -0.5$.

Die Verteilung der Sterne auf einzelne Altersbereiche wird in Bild 4.31 dargestellt. Das Verteilungsmaximum liegt dort zwischen $\log \tau = 7.0$ und $\log \tau = 7.50$. Es ist fraglich, ob die Zuordnung der Kohlenstoffsterne zu den extrem jungen Aggregaten ($\log \tau = 6.00$) reell ist.

Die Besetzung eines breiten Massebereiches durch die Kohlenstoffsterne wird auch aus dem vorliegenden Material erkennbar. So wurde die Masse des Sterns V 645 Cas im Sternhaufen NGC 457 mit $M = 10\,M_\odot$ abgeschätzt, wohingegen der Stern Nr. 9009 des Aggregates NGC 2660 nur $M = 1.8\,M_\odot$ aufweist und die Masse von V 493 Mon im Sternhaufen Trumpler 5 mit $M \leq 1.4\,M_\odot$ angegeben wird.

Die in Tabelle 4.20 und Tabelle 4.21 zusammengestellten Daten über die Kohlenstoffsterne

in offenen Sternhaufen sind zu lückenhaft, um allgemeine Aussagen machen zu können. Im Zusammenhang mit der Veränderlichkeit dieser Objekte zeichnen sich jedoch einige Beziehungen ab.

Wie aus Tabelle 4.20 hervorgeht, sind 22 ($= 58\,\%$) der insgesamt 38 Kohlenstoffsterne offener Sternhaufen zu den veränderlichen Sternen zu zählen. Ihre Verteilung auf einzelne Altersbereiche ist aus dem entsprechenden allgemeinen Histogramm in Bild 4.31 ersichtlich, wo diese Anteile schraffiert dargestellt sind. Schließt man die Sterne der Maximumverteilung, die durch 6 Kohlenstoffobjekte eines Sternhaufens geprägt wird, einmal aus, so zeichnen sich besonders die Bereiche höheren Alters durch höhere Anteile an veränderlichen Sternen aus.

Die Zuordnung der Veränderlichen unter den Kohlenstoffsternen zu den einzelnen Lichtwechseltypen ergibt 2 Mira-Sterne (M), 4 halbregelmäßig veränderliche Sterne mit Amplituden $\Delta V < 2^{m}5$ (SRA), 4 halbregelmäßige Objekte mit wenig wirksamer Periodizität (SRB) und 12 unregelmäßig Veränderliche des Typs L.

Zwischen den einzelnen Lichtwechselarten und der absoluten visuellen Helligkeit zeichnet sich eine Beziehung ab, nach der die Mira-Sterne die höchste mittlere Helligkeit mit $\bar{M}_V = -3.02$ aufweisen. Diesen Objekten folgen die SRA-Sterne mit $\bar{M}_V = -1.11$ und die SRB-Sterne mit $\bar{M}_V = -0.61$. Die geringste absolute visuelle Helligkeit weisen in der Regel die L-Sterne mit $\bar{M}_V = -0.57$ auf, wenn man von den beiden leuchtkräftigen Objekten dieses Typs, AY, Cyg und RY Cyg, absieht.

Aus den mittleren Alterswerten der einzelnen Veränderlichengruppen zeichnet sich ab, daß die Mira-Sterne zu den älteren Objekten zählen, wohingegen die L-Sterne den jüngeren Vertretern der Kohlenstoffsterne offener Sternhaufen zuzuordnen sind. Das vorliegende Material ist jedoch zu gering, um sichere Aussagen machen zu können.

Eine Zusammenstellung des beschriebenen Verhaltens veränderlicher Kohlenstoffsterne offener Sternhaufen wird in Tabelle 4.22 gegeben. Dort sind den einzelnen Lichtwechselarten, die

Tabelle 4.22 Veränderliche Kohlenstoffsterne aus offenen Sternhaufen

Veränder- lichen- typus	n	$\bar{M}_V$	log $\bar{\tau}$
M	2	−3.02	8.48
SRA	4	−1.11	8.08
SRB	4	−0.61	8.25
L	12	−0.57 (−1.03)	7.71

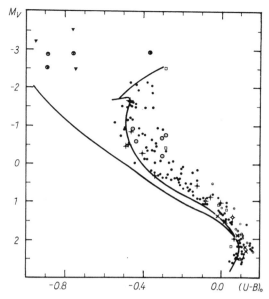

Bild 4.32 Lage der Blauen Vagabunden im M_V-$(U-B)_0$-Diagramm

entsprechenden Anzahlen und deren mittlere Helligkeits- und Alterswerte gegenübergestellt. Im Zusammenhang mit der Behandlung der veränderlichen Sterne in Abschnitt 4.4.3. wird auf diese Befunde noch einmal eingegangen.

4.4.2. Sterne mit besonderen Charakteristika

In diesem Abschnitt werden Sterngruppierungen in offenen Sternhaufen behandelt, deren Verhaltensweisen in anderen Besonderheiten zum Ausdruck kommen. Zu diesen Gruppierungen zählen

– die Blauen Vagabunden (»blue stragglers«), die durch ihre Lage im FHD auffällig sind, und
– die Röntgenquellen, deren auf der Erde nicht beobachtbare kurzwellige Strahlung sie von den übrigen Haufenmitgliedern unterscheidet.

4.4.2.1. Blaue Vagabunden (»blue stragglers«)

Diese Gruppe von Sternen, die nicht direkt mit den spektroskopisch anormalen oder pekuliaren Sternen in Verbindung steht, aber durchaus blaue, diesen Gruppen zugehörige Sterne zu ihren Mitgliedern zählt, hat ihre Bezeichnung »blue stragglers« vom Verhalten dieser Objekte im Farbenhelligkeitsdiagramm (FHD) erhalten. Dort sind sie links neben und oberhalb der jeweiligen Haufenhauptreihe angeordnet, obwohl ihre Haufenmitgliedschaft durch ihre Lage in den Aggregaten, durch ihre Eigenbewegungen und ihre Radialgeschwindigkeiten gesichert ist.

Bild 4.32, das einer Arbeit von Mermilliod [199] entnommen ist, verdeutlicht die Lage der Blauen Vagabunden im FHD. Dort sind neben den normalen Sternen der Plejadenaltersgruppe auch die »blue stragglers« dieser Gruppierung eingetragen. Bei den eingezeichneten Linien handelt es sich um die ZAMS und die Isochrone für log τ = 7.90. Während die Abknikkung der mittleren Haufenhauptreihe bei B7 bis B8 liegt, weisen die Blauen Vagabunden Spektraltypen B2 bis B3IVe auf.

Wie die vorliegenden Befunde zeigen, sind die Blauen Vagabunden in einem offenen Sternhaufen vorwiegend durch ihr fotometrisches Verhalten bei gesicherter Haufenzugehörigkeit zu ermitteln.

Eine eingehende Untersuchung an Sternen dieser Art hat Mermilliod [199] erstmals für Mitglieder offener Sternhaufen durchgeführt. Ihm standen für seine Arbeit die Farbenhelligkeitsdiagramme von 75 fotoelektrisch vermessenen offenen Sternhaufen jünger als die Hyaden zur Verfügung. In 32 dieser Aggregate fand er insgesamt 39 Blaue Vagabunden, an deren Haufenmitgliedschaft nicht zu zweifeln ist und die sich im FHD links der jeweiligen Haufenhaupt-

reihe befinden. Neben dem Nachweis der
Gruppe der Blauen Vagabunden gelang es Mermilliod im Jahre 1982 auch, einige allgemeine
Eigenschaften dieser Sterne, die bis zu dieser
Zeit lediglich in Kugelsternhaufen, als Popula-
tion-II-Feldsterne oder im galaktischen Sternhaufen als Mitglieder von Aggregaten hohen
und mittleren Alters bekannt waren, aufzuzeigen.

Nach den von Mermilliod [199] gegebenen
Listen, die Blaue Vagabunden gleichen oder
niedrigeren Alters als die Hyaden enthalten,
sind 85 % der von ihm untersuchten Sterne in
den Aggregaten innerhalb eines Haufenradius
angeordnet. Die Verteilung der Objekte auf einzelne Altersbereiche zeigt, daß sie in Sternhaufen aller Altersgruppen vorkommen. Bemerkenswert ist jedoch, daß das Verhältnis aus der
Anzahl der Blauen Vagabunden zur Anzahl der
Sternhaufen in einer Altersgruppe mit zunehmendem Alter ansteigt. In Sternhaufen höheren
Alters ($\log \tau \geqq 8.5$) kann (siehe auch Bild 4.33)
in jedem Aggregat jeweils mit einem Blauen Vagabunden gerechnet werden. In jungen Sternhaufen hingegen treten die »blue stragglers« nur
sporadisch auf.

Aus den Untersuchungen von Mermilliod
[199] geht auch hervor, daß die Blauen Vagabunden mit Ausnahme von zwei Objekten im
FHD oberhalb der Hauptreihe des Alters Null
(ZAMS) liegen. Sie sind demzufolge entwik-
kelte Sterne, deren obere Lage im FHD durch
die Linie begrenzt wird, die das Ende des
Hauptreihenstadiums charakterisiert, und gehören in der Regel zur Leuchtkraftklasse IV.

Interessant ist auch, daß zahlreiche Blaue Vagabunden, die in Aggregaten jünger als die Hyaden angesiedelt sind, Emissionslinien oder
anormale Linienintensitäten aufweisen. Andere
Mitglieder der Gruppe wurden hingegen bei
spektroskopischen Durchmusterungen als normale Sterne klassifiziert. Zu den anormalen
Blauen Vagabunden gehören solche mit Ap-
und Bp-Charakter, Am-Sterne, heliumschwache
Sterne sowie Be- und Of-Sterne. Der Anteil der
pekuliaren Sterne unter den Blauen Vagabunden beträgt etwa 50 %. Die Verteilung der »blue
stragglers« auf den Bereich der normalen Sterne
und auf die verschiedenen pekuliaren Gruppen
geht aus Tabelle 4.23 hervor, die der Arbeit von
Mermilliod [199] entnommen ist und in der
eine Altersunterteilung nach Objekten jünger
und älter als $\log \tau = 8.03$ vorgenommen
wurde.

Aus der Zusammenstellung in Tabelle 4.23
kann entnommen werden, daß in jüngeren
Sternhaufen die pekuliaren Sterne mit Be- und
Of-Charakter dominieren. In älteren Aggregaten
hingegen herrschen die Sterne der anderen pekuliaren Gruppen vor. Es entspricht der Pekuliarität dieser Gruppen, daß bei den Blauen Vagabunden unterschiedliche Rotationsgeschwindigkeiten zu erwarten sind. »Blue stragglers«
der Spektralklassen O6 bis B4 zeichnen sich
durch hohe und mittlere Rotationsgeschwindigkeiten aus, wohingegen diejenigen aus den
Spektralklassen B5 bis A0 als langsame Rotatoren mit $v \sin i = 50$ km/s bekannt sind.

Aus dem bislang gesammelten Beobachtungs-
material wird durch Vergleich von Sternen glei-

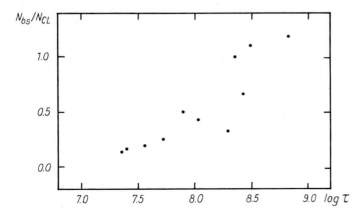

Bild 4.33 Zunahme der Zahl
Blauer Vagabunden pro Sternhaufen mit zunehmendem Alter

Tabelle 4.23 Verteilung der normalen und pekuliaren Blauen Vagabunden

Altersbereich	Normal	Am	Ap	Bp	Be, Of	Gesamt
$\log \tau \leqq 8.03$	7	0	0	1	7	15
$\log \tau \geqq 8.03$	7	2	4	2	0	15
Gesamt	14	2	4	3	7	30

chen Spektraltyps oder gleicher Pekuliarität nicht erkennbar, welche der Sterne eines Aggregates die Voraussetzungen für einen Blauen Vagabunden besitzen. Die vorhandenen Beobachtungsdaten sind auch noch zu lückenhaft, um gesicherte theoretische Betrachtungen anzustellen.

4.4.2.2. Röntgenquellen

Über Röntgenquellen in offenen Sternhaufen wird in der Literatur im Verlaufe des letzten Jahrzehnts immer häufiger berichtet. Diese Beobachtungen stehen besonders im Zusammenhang mit dem Röntgenteleskop an Bord des orbitalen Einstein-Observatoriums, das mit einer Bandbreite von 0.2 KeV...4.0 KeV, einer Auflösung von einer Bogenminute und einem Gesichtsfeld von einem Quadratgrad ausgestattet ist. Entsprechend der Leistungsgrenze dieses Teleskops ist es naheliegend, daß offene Sternhaufen geringer Entfernungen Gegenstand der Untersuchungen sind. Bislang sind Röntgenquellen aus den Plejaden- und Hyadenhaufen sowie aus dem Orion-Ic-Haufen und dem Aggregat NGC 2264 bekannt.

Die Durchmusterung der zentralen Gebiete dieser Sternhaufen haben gezeigt, daß die weiche Röntgenstrahlung stellaren Ursprungs ist, die entweder der Korona der Sterne oder rasch umlaufenden Doppelsternen zugeschrieben werden muß. Sterne als Röntgenstrahler sind sowohl im Vorhauptreihenstadium und Hauptreihenstadium als auch im Riesenstadium bekannt. Die Röntgenquellen in offenen Sternhaufen umfassen Sterne vom Spektraltyp B bis M, wobei jedoch die sonnenähnlichen Sterne und die späten Sterne des Vorhauptreihenstadiums dominieren.

Die Röntgenstrahlung für Sterne gleichen Spektraltyps ist nicht einheitlich. Es existieren bei ihnen Streuungen in den Röntgenleuchtkräften von ein bis zwei Größenordnungen. Auch Kurz- und Langzeitvariabilität der Röntgenstrahlung ist von Mitgliedern offener Sternhaufen bekannt. Bemerkenswert sind besonders die Röntgenflares, die Leuchtkräfte der Größenordnung $L_X \approx 10^{31.5}$ erg/s erreichen, 100...1 000mal heller als entsprechende Sonnenflares sind und in verschiedenen Aggregaten beobachtet wurden. In den Hyaden beträgt nach einer Untersuchung von Zolcinski und Stern [200] die Flare-Rate bekannter Röntgenflare-Sterne einen Flare pro Tag und pro Stern.

Im Orion-Ic-Haufen haben Smith, Pravdo und Ku [201] Post-T-Tauri-Sterne mit bekannter Rotationsgeschwindigkeit ($v \sin i$) hinsichtlich des Verhaltens ihrer Röntgenleuchtkräfte, die im Bereich 10^{30} erg/s $< L_X < 2 \cdot 10^{31}$ erg/s liegen, untersucht. Das Ergebnis zeigt, daß schnell rotierende G-Sterne mit 1...2 Sonnenmassen stärkere Röntgenstrahlung aufweisen, als es bei T-Tauri-Sternen der Fall ist. Eine allgemeine Beziehung zwischen dem Verhältnis aus den Röntgen- und bolometrischen Leuchtkräften L_X/L_{bol} und der Rotationsgeschwindigkeit erscheint angedeutet. Schlußfolgerung: Da die Sterne von zirkumstellaren Scheiben umgeben sind, liegen die Quellen der Röntgenemission nahe der Sternoberfläche. Smith, Pravdo und Ku [201] verweisen darauf, daß Röntgenstrahlung und magnetischer Fluß besonders bei späten Sternen des Vorhauptreihenstadiums erscheinen.

Ein ähnlicher Befund wird auch von Simon, Cash und Snow [202] für Röntgenquellen in NGC 2264 angezeigt. Alle 7 in diesem Gebiet entdeckten hellen Röntgenquellen sind identisch mit Vorhauptreihensternen dieses Sternhaufens. Die Leuchtkräfte der genannten Objekte liegen im Bereich $1 \cdot 10^{31}$ erg/s $< L_X < 4 \cdot 10^{31}$ erg/s und sind mit entsprechenden Werten aus dem Gebiet des Orionnebels vergleichbar.

Die Röntgendurchmusterung des zentralen Gebietes der Hyaden hat gezeigt, daß koronale weiche Röntgenemission eine allgemeine Eigenschaft der Sterne in den Sternhaufen zu sein scheint. Von 85 untersuchten Haufenmitgliedern dieses Aggregates erwies sich nach den Angaben von Zolcinski und Stern [203] etwa die Hälfte der Sterne als Röntgenquellen, die identisch sind mit etwa 80 % der F- und G-Zwergsterne. Zu den Röntgenstrahlern gehören nach Stern, Zolcinski, Antiochos und Underwood [204] aber auch 3 Riesensterne des Hyadenhaufens.

Die Kurz- und Langzeitüberwachung von 19 Sternen dieses Aggregates führte hinsichtlich des Verhaltens der Röntgenemission zu der allgemeinen Charakteristik, wie sie zu Beginn dieses Abschnittes gegeben wurde. Bei dieser Überwachung wurden aber auch 4 Röntgenflare-Sterne entdeckt, deren Maxima im Leuchtkraftbereich $10^{29.5}$ erg/s $< L_X < 10^{31}$ erg/s liegen.

Von einem übermäßig starken Flare im Röntgenbereich mit der Leuchtkraft $L_X \gtrsim 10^{31}$ erg/s bei dem als Röntgenquelle bekannten Stern HD 27 130 = VB 22 = BD + 16 577 berichten Stern, Underwood und Antiochos [205]. Bei diesem Stern handelt es sich um ein Doppelsternsystem, das aus einem G-Zwerg als primäre und einem K-Zwerg als sekundäre Komponente gebildet wird und eine Periode von 5.6 Tagen aufweist. Das Verhältnis der Flarespitze zur ruhigen Röntgenstrahlung betrug im vorliegenden Fall etwa 35. Die für den Flare abgeschätzte Temperatur wird mit $T \approx 4 \cdot 10^7$ K angegeben. Es wird angenommen, daß die Riesenflares typisch für junge Sterne oder schnell rotierende Doppelsterne sind.

Der in jüngster Zeit bezüglich der Röntgenemission wohl am eingehendsten untersuchte offene Sternhaufen sind die Plejaden, für die zusammenfassende Arbeiten von Caillaut und Helfand [206, 207] aus dem Jahre 1984 sowie Detailuntersuchungen von Micela, Scortino, Serio, Variana, Golub, Harnden, Rosner [208] und Johnson [209] aus dem Jahre 1983 vorliegen.

Letzterer untersuchte 26 Haufensterne hinsichtlich ihrer Röntgenemission in zwei getrennten Feldern von 24 Quadratbogenminuten und fand 5 Röntgenquellen vom Spektraltyp G0 bis dM0e mit einer mittleren Leuchtkraft $L_X = 10^{30}$ erg/s unter ihnen. Ein Stern dieser Röntgenstrahler erwies sich als ein schneller Rotator.

Micela und Mitautoren [208] berichten von einer Röntgendurchmusterung eines Plejadenfeldes von einem Quadratgrad Fläche, in dessen Zentrum der B7III-Stern 20 Tauri steht. Das Feld enthält unter 270 Sternen heller als $14^{\mathrm{m}}0$ 62 Haufenmitglieder unter denen sich 16 Röntgenstrahler befinden. Caillaut und Helfand [206] geben schließlich für ein Plejadenfeld von 4 Quadratgrad 62 Röntgenquellen an, unter denen sich 45 Haufenmitglieder des Spektraltyps B bis M befinden. Für Vergleiche mit Rotationsgeschwindigkeiten wurden schließlich von Caillaut und Helfand [207] Röntgenflußdichten von 84 Plejadensternen herangezogen.

Für Sterne einzelner Spektralklassen ergibt sich nach Caillaut und Helfand [206, 207] folgendes Bild hinsichtlich ihres Röntgenemissionsverhaltens:

Bei den frühen Sternen beträgt das Verhältnis der Röntgenleuchtkräfte zu den bolometrischen Leuchtkräften $L_X/L_{\mathrm{bol}} \approx 10^{-7}$. A-Sterne hoher Röntgenleuchtkraft lassen eine Altersabhängigkeit vermuten, wenn auch angenommen werden muß, daß bei allen A-Sternen mit $L_X > 10^{28}$ erg/s in Wirklichkeit die Leuchtkraft von späten Begleitern hervorgebracht wird.

Die F-Sterne unter den Röntgenquellen der Plejaden weisen, ähnlich wie die entsprechenden F-Sterne der Hyaden und die des allgemeinen Sternfeldes, mittlere Röntgenleuchtkräfte auf. Die entwicklungsbedingten Änderungen dieser Leuchtkräfte sind geringfügig und sind im Altersbereich zwischen $\tau = 5 \cdot 10^7$ Jahren und $\tau = 10^9$ Jahren mit einem Änderungsfaktor von ≤ 2 gekennzeichnet.

Zu den Röntgenquellen des Aggregates zählen 25 % der G-Sterne. Für sie ergibt sich eine mittlere Leuchtkraft von $L_X = 3.7 \cdot 10^{29}$ erg/s, die nur um 60 % höher liegt als die der sonnenähnlichen Sterne in den Hyaden. Die Analysen des Röntgenemissionsverhaltens der sonnenähnlichen Plejadensterne und der der Hyaden zeigen, daß die koronalen Aktivitäten dieser Objekte im Zeitintervall zwischen $\tau = 10^{7.7}$ Jahren und $\tau = 10^{8.7}$ Jahren langsamer abfallen, als es nach einem $t^{-1/2}$-Gesetz zu erwarten ist. Die Emissionsdaten der G-Sterne aus den Plejaden lassen eine Abhängigkeit des Leuchtkraftverhältnisses L_X/L_{bol} von der Rotationsperiode der Sterne vermuten.

Die Röntgenemission später Sterne stimmt mit einer altersabhängigen Abnahme der koronalen Aktivität dieser Objekte überein.

Der Vergleich von Röntgenflußdichten aus 84 Sternen mit den jeweiligen Rotationsgeschwindigkeiten ($v \sin i$) zeigt, daß keine quadratische Abhängigkeit der Röntgenleuchtkraft von der Rotationsgeschwindigkeit vorliegt.

Zur Überprüfung der Kurz- und Langzeitveränderlichkeit der Röntgenquellen in den Plejaden haben Micela und Mitautoren [208] im Leuchtkraftbereich 10^{29} erg/s $< L_X < 10^{30}$ erg/s 20 Sterne identifiziert und untersucht.

Bemerkenswert ist ein von Caillaut und Helfand [206, 207] nachgewiesener Röntgenflare eines K-Zwerges, dessen Leuchtkraft mit $L_X = 10^{31.5}$ erg/s angegeben wird. Dieser Flare ist mit dem des Hyadensterns HD 27 130 oder mit denen von Vorhauptreihensternen in der Taurus- und Ophiuchus-Wolke vergleichbar.

4.4.3. Veränderliche Sterne

Veränderliche Sterne sind Sterne, deren Lichtstärke sich im optischen Bereich innerhalb von höchstens Jahrzehnten mit einer Amplitude von mindestens $0^{m}.2 \ldots 0^{m}.3$ ändert und deren regelmäßiger oder unregelmäßiger Lichtwechsel durch physikalische Vorgänge in den Sternen und in ihren Atmosphären hervorgerufen wird. Zu den Veränderlichen werden auch die Bedeckungssterne gezählt, Doppelsterne, deren Lichtwechsel durch optischen Effekt infolge des gegenseitigen Umlaufs der einzelnen Komponenten zustande kommt und in vielen Fällen durch zusätzlichen Lichtwechsel, hervorgerufen durch gegenseitige physikalische Beeinflussungen der Komponenten, überlagert ist.

Das Studium veränderlicher Sterne in offe-nen Sternhaufen und ihre Zuordnung zu bekannten Lichtwechseltypen bieten anhand des oftmals bekannten Alters der Aggregate die Möglichkeit, Aussagen über den Entwicklungsstand dieser zur Sternpopulation I gehörigen Objekte zu machen. Die bekannten Haufendistanzen und Extinktionswerte ermöglichen außerdem die Bestimmung der absoluten Helligkeiten und Farben der Veränderlichen einzelner Lichtwechseltypen.

Die auf der Theorie der Sternentwicklung aufbauende Feststellung, daß in offenen Sternhaufen unterschiedlichen Alters jeweils solche Veränderliche enthalten sind, die dem Alter der Aggregate und ihrem Entwicklungsstand entsprechen, erscheint uns heute als eine Selbstverständlichkeit. Aber noch in den späten 40er Jahren unseres Jahrhunderts war die Meinung verbreitet, daß veränderliche Sterne in offenen Sternhaufen, im Gegensatz zu den Kugelsternhaufen, nicht vorkommen. Der entscheidende und ausschlaggebende Impuls zur Revision dieser Meinung ging von Kholopov [52] im Jahre 1956 aus, der durch eine Positionsanalyse der Gesamtheit der offenen Sternhaufen und der veränderlichen Sterne sowie durch das Studium der stellaren Zusammensetzung offener Sternhaufen aus der Nachbarschaft der Sonne nachgewiesen hat, daß in diesen Aggregaten sehr wohl veränderliche Sterne vorhanden sind und daß dort neben Bedeckungssternen unregelmäßig veränderliche Sterne, magnetische Sterne mit Helligkeitsänderungen (α_2 CVn), δ-Cephei-Sterne sowie langperiodische und halbregelmäßige Objekte angetroffen werden. Läßt man einige wenige zur Sternpopulation II gehörige Feldsterne außer Betracht, die fälschlicherweise den offenen Sternhaufen zugeordnet wurden, so enthält die Liste von Kholopov [52] insgesamt 201 veränderliche Sterne aus 78 Sternhaufen, die der Haufenmitgliedschaft verdächtigt wurden und sich in Gebieten von jeweils zwei Haufenradien Ausdehnung um das entsprechende Haufenzentrum anordnen.

Die Verteilung der Sterne bekannten Lichtwechseltyps aus dem Material von Kholopov [52] und aus dem Gebiet eines Haufenradius geht aus Tabelle 4.24 hervor. Danach entfallen etwa 1.23 Veränderliche auf einen Sternhaufen.

Tabelle 4.24   Verteilung veränderlicher Sterne in offenen Sternhaufen auf einzelne Veränderlichentypen nach Kholopov [52]

Veränderlichentypus	Zahl der Veränderlichen	Zahl der Sternhaufen
δ Cephei	5	5
Algol	13	11
β Lyrae	2	2
Nicht klassifizierte Bedeckungssterne	8	6
Mira	3	2
Halbregelmäßig, langsam irregulär	6	6
Irregulär	13	7
Unbekannt, raschwechselnd	14	13
RV Tau	1	1
	65	53

In den Jahren nach der Veröffentlichung der Arbeit von Kholopov [52] erhöhte sich die Zahl der veränderlichen Sterne in offenen Sternhaufen infolge einer intensiven Suche in einer Vielzahl von Sternhaufen stetig. Diese Zunahme wird in Tabelle 4.25 veranschaulicht, in der für einige Veränderlichengruppen aus der Arbeit von Kholopov die Steigerung der Veränderlichenzahlen und der Anzahl der Sternhaufen mit bekannten Veränderlichen, wie sie sich für das Gebiet eines Haufenradius ergeben, darge-

stellt wird. Die dort angegebenen Jahreszahlen entsprechen der Herausgabe der von Kukarkin und Mitautoren [210] 1969 veröffentlichten 3. Ausgabe des Generalkatalogs Veränderlicher Sterne (GCVS) und seiner Ergänzungen sowie der von Kholopov [213] erstellten Ausgabe des GCVS. Im unteren Teil der Tabelle werden Angaben über die Gesamtzahl der Veränderlichen aller Typen in offenen Sternhaufen gemacht. Ausgeschlossen blieben bei der Ermittlung dieser Zahlen die irregulären Veränderlichen (I), die im erhöhten Maße zu den Sternen des Vorhauptreihenstadiums zählen.

Die im Laufe der Jahre ansteigenden Gesamtzahlen aller Veränderlichen (n_V) und die Anzahl der Sternhaufen (n_{Cl}), in denen sich diese Sterne befinden, ermöglichen Aussagen hinsichtlich der Verteilungsdichte (ϱ). Die Anzahl der Veränderlichen pro Sternhaufen ist seit 1956 im stetigen Anstieg begriffen (siehe Tabelle 4.25).

Geht man von der Tatsache aus, daß die Sternkonzentrationen offener Sternhaufen von einem Halo von Mitgliedern umgeben werden, so sind auch außerhalb eines Gebietes von einem Haufenradius noch zu den Aggregaten gehörige Veränderliche zu erwarten. Ihre Zahl ist nicht zu unterschätzen, wenn man bedenkt, wieviel Haufenmitglieder in den Halogebieten liegen.

Während Kholopov [52] in seiner Untersu-

Tabelle 4.25   Zeitlicher Anstieg der Veränderlichenzahlen in offenen Sternhaufen im Gebiet eines Haufenradius

Veränderlichentypus	Jahr					
	1956	1969	1971	1974	1976	1985
E	8	4	4	10	14	27
EA	13	36	38	40	50	83
EB	2	7	8	10	16	18
EW		7	7	10	11	19
Cδ	5	16	19	20	27	27
M	3	12	12	13	18	41
SR, L	6	16	20	31	55	70
Anzahl der Sternhaufen (n_{cl})	<53	66	72	88	127	130
Gesamtzahl der Veränderlichen (n_v)	65	106	116	156	239	285
$\varrho = \dfrac{n_v}{n_{cl}}$	1.23	1.61	1.61	1.77	1.88	2.19

chung noch von einem Gebiet von zwei Haufenradien ausging, in dem zu den Aggregaten gehörige Veränderliche zu erwarten sind, hat Popova [211] im Jahre 1975 diese Region auf 5 Haufenradien erweitert und insgesamt 2 253 Veränderliche aus 362 offenen Sternhaufen der Mitgliedschaft zu diesen Aggregaten verdächtigt. Erstes und leider einziges Auswahlkriterium für die Haufenzugehörigkeit dieser Objekte war deren Abstand vom jeweiligen Haufenzentrum. Deshalb sind hier wie auch bei der Statistik aus Tabelle 4.25 Fehleinschätzungen unausbleiblich. Im Hinblick auf detaillierte Untersuchungen erwächst deshalb die Forderung, die der Haufenmitgliedschaft verdächtigten Sterne bezüglich ihrer Haufenzugehörigkeit nicht nur von der Position her, sondern auch über die Helligkeiten, die Eigenbewegungen und die Radialgeschwindigkeiten zu prüfen.

Eine vorläufige statistische Untersuchung aus dem Datenmaterial von Popova [211] verweist auf eine bemerkenswerte Konzentration der veränderlichen Sterne in Richtung auf das Haufenzentrum. Die Änderung der relativen Verteilungsdichte dieser Objekte mit der Entfernung vom Haufenzentrum in Einheiten des Haufenradius wird in Tabelle 4.26 gegeben. Danach erhält man für den inneren Bereich eine Durchschnittszahl von 2.5 Veränderlichen pro Sternhaufen. Diese Zahl, an sich die entsprechenden Werte aus Tabelle 4.25 offensichtlich schrittweise angleichen, ist etwa doppelt so groß wie die aus der grundlegenden Arbeit von Kholopov [52].

Sieht man einmal von den veränderlichen Sternen früher Entwicklungsstadien ab, auf die nachfolgend noch näher eingegangen wird und die nur in einer relativ geringen Zahl von Sternhaufen vorkommen, so entspricht nach Hoffmeister, Richter und Wenzel [212] die Anzahl der in offenen Sternhaufen gefundenen Veränderlichen einfach der Sternzahl. Es ergibt sich eine befriedigende Übereinstimmung der an offenen Sternhaufen gemachten Erfahrungen mit denen an normalen großen Sternfeldern in der Milchstraßennähe, in denen auf etwa 400 konstante Sterne ein bekannter Veränderlicher kommt.

Eine Verteilungsanalyse der veränderlichen Sterne aus der Zusammenstellung von Popova [211] auf die verschiedenen Veränderlichenoder Lichtwechseltypen bestätigt den bereits von Kholopov [52] gemachten Befund.

Nach dem heutigen Stand der Kenntnisse über die Zugehörigkeit einzelner Veränderlichentypen zu den Sternpopulationen sind in offenen Sternhaufen (Population I) in der Hauptsache folgende Arten von veränderlichen Sternen zu erwarten:

1. *Bedeckungssterne* (E) mit den Untertypen der Algol (EA)-, β-Lyrae (EB)- und W-UMa (EW)-Sterne;

2. Veränderliche des Vorhauptreihenstadiums (I), bei denen die mit und ohne Emissionslinien versehenen und als T-Tauri-Sterne (INT) bekannten Sterne mittleren und späten Spektraltyps sowie die UV-Ceti- oder Flare-Sterne (UV) und die BY-Draconis-Sterne (BY) von besonderem Interesse sind;

3. *Pulsationsveränderliche*, zu denen die nahe der Hauptreihe im FHD oder HRD gelegenen δ-Scuti-Sterne (DSCT), die im Bereich der gelben Überriesen gelegenen δ-Cephei-Sterne (DCEP) sowie die im roten Riesenund Überriesenbereich vorkommenden Mira-Sterne (M), die Halbregelmäßigen (SR) und die langsam unregelmäßig Veränderlichen (L) gehören;

4. *Veränderliche sehr kleiner Lichtwechselamplituden*, zu denen zum einen die magnetischen Veränderlichen (ACV), die in offenen Sternhaufen durch die Ap-Sterne repräsentiert werden, und zum anderen die Be-Sterne des Typs γ Cas (GCAS) gehören.

Tabelle 4.26   Relative Dichte von Veränderlichen in offenen Sternhaufen

Zone	$0 < r < 1$	$> 1 < r < 2$	$> 2 < r < 3$	$> 3 < r < 4$	$> 4 < r < 5$
	1	0.47	0.39	0.32	0.29

Die in der Aufzählung der Veränderlichentypen verwendeten Kurzbezeichnungen sind der von Kholopov [213] herausgegebenen 4. Ausgabe des Generalkatalogs Veränderliche Sterne (GCVS 1985) entnommen.

In den nachfolgenden Abschnitten werden die Veränderlichen der 4. Gruppe nicht behandelt, da ihre wesentlichsten Eigenschaften im Zusammenhang mit den pekuliaren Sternen beschrieben wurden. Außerdem liegen sie mit ihren Lichtwechselamplituden in der Regel unterhalb des für veränderliche Sterne definierten Amplitudenbereiches. Dem an Einzelheiten des Lichtwechsels der genannten Typen interessierten Leser wird die Lektüre der entsprechenden Abschnitte bei Hoffmeister, Richter und Wenzel [212] empfohlen. Dort ist beispielsweise die Lichtkurve des Hüllen- und Be-Sterns BU Tau (Pleione) aus den Plejaden angeführt, der zu den Sternen des Typs γ Cas gehört.

Die Lage der in offenen Sternhaufen zu erwartenden Veränderlichentypen im HRD geht aus Bild 4.34 hervor, wo ganz allgemein die zur Population I gehörigen Gruppen eingetragen sind. Die unterschiedliche Lage der einzelnen Untertypen der Pulsationsveränderlichen wird dort besonders deutlich erkennbar.

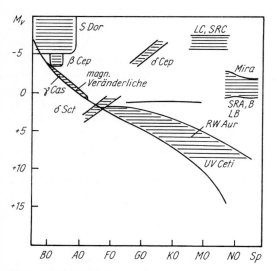

Bild 4.34 Lage der einzelnen zur Population I gehörigen Veränderlichengruppen im HRD

4.4.3.1. Bedeckungssterne

Im Gegensatz zu den Kugelsternhaufen, wo weite Doppelsternsysteme aufgrund gravitativer Wirkungen nicht existieren können und enge Bedeckungssterne bislang nur auf indirekte Weise als Röntgensterne oder Kataklysmische Veränderliche nachgewiesen wurden, sind offene Sternhaufen schon lange dafür bekannt, daß sie reich an Doppelsternen sind. Untersuchungen von Bettis [214] und Brosche und Hoffmann [215] verweisen darauf, daß sich die Doppelsternzahl in den Sternhaufen wenig von der des allgemeinen Sternfeldes unterscheidet. Dort allerdings, so geht aus Schätzungen hervor, spielen die Doppelsterne eine dominierende Rolle. Etwa ein Viertel bis nahezu die Hälfte aller Sterne unserer Galaxis sind Doppelsterne, die bei entsprechend günstiger Lage der Umdrehungsachse und bei relativ eng beieinander stehenden Komponenten Bedeckungslichtwechsel zeigen. Im anderen Falle kommt, wie bei den Bedeckungssternen zusätzlich, der Doppelsterncharakter nur im Spektrum zum Ausdruck, wo die infolge der Umlaufbewegung durch Dopplereffekt verschobenen Linien beider Komponenten erkennbar sind. Sterne dieser Art werden als spektroskopische Doppelsterne (SB) bezeichnet.

Aus der Sicht der inneren Kinematik und Dynamik offener Sternhaufen ist es wesentlich, daß in den Aggregaten möglichst viele Doppelsterne von Beginn der Haufenbildung an vorhanden sind. Dabei wird angenommen, daß sich diese Objekte, da sie massereicher als Einzelsterne gleichen Spektraltyps sind, aufgrund gravitativer Wirkungen innerhalb einer Gleichverteilungszeit in Richtung auf das Haufenzentrum konzentrieren und auf diese Weise mehr oder weniger kontinuierlich als Energiequellen über die gesamte Lebenszeit der offenen Sternhaufen wirken. Dieser Auffassung von Mathieu [216], die durch Simulationsrechnungen unter Annahme realistischer Sternzahlen und Haufenmassen gestützt wird, widersprechen allerdings die beobachteten Konzentrationen von Doppelsternen gerade in alten Sternhaufen.

Die verschiedenen Lichtwechseltypen der Bedeckungsveränderlichen ergeben sich aus der relativen Größe der Komponenten und dem Umstand, in welcher Weise die jeweiligen Sternpaare die Äquipotentialflächen (Rochesche Grenzfläche) ausfüllen.

Sterne nahezu gleicher Größe und nahezu gleicher Helligkeit, die ihre entsprechenden Rocheschen Grenzflächen ausfüllen und somit ein Kontaktsystem bilden, liefern Lichtkurven ohne Stillstände und gleichtiefer Minima. Sie sind als W-UMa-Sterne bekannt.

Ein Kontaktsystem mit Komponenten ungleicher Flächenhelligkeit bringt ebenfalls eine Lichtkurve ohne Stillstände hervor. In diesem Falle zeigen aber die Minima, je nach dem, welche Komponente des Sternpaares die andere verdeckt, ungleich tiefe Minima. Diese Sterne werden als β-Lyrae-Sterne bezeichnet.

Getrennte und halbgetrennte Systeme, in beiden Fällen wird die Rochesche Grenzfläche von beiden Sternen oder nur von einer Komponente eines Paares nicht ausgefüllt, liefern Lichtkurven mit einem hellen horizontalen Teil, der auch als Normallicht bezeichnet wird. Da in solchen Systemen die Sterne in der Regel von

unterschiedlicher Flächenhelligkeit sind, entstehen bei den gegenseitigen Bedeckungen Minima unterschiedlicher Tiefe. Sterne dieser Art bilden die Gruppe der Algol-Sterne (EA).

Zur Veranschaulichung der einzelnen Arten des Bedeckungslichtwechsels sind die Lichtkurven der in Tabelle 4.27 aufgeführten Sterne und Haufenmitglieder in Bild 4.35, Bild 4.36, Bild 4.37 und Bild 4.38 dargestellt. Anzumerken ist, daß die Lichtkurven von S Cnc und TX Cnc einer Arbeit von Götz [217] entnommen sind und dem Farbbereich B entsprechen. Die Lichtkurve des β-Lyrae-Sterns V 448 Cyg wurde von Hartigan [218] veröffentlicht, wohingegen bei der des W-UMa-Sterns ES Cep auf eine Arbeit von Vasilyanovskaya [219] zurückgegriffen wurde.

Um einen Sonderfall unter den Bedeckungssternen offener Sternhaufen, der in keine der drei Typengruppen einzuordnen ist, handelt es sich bei dem Hyadenstern V 471 Tau. Er ist ein Doppelstern, der aus einem K0-Stern ($M \approx 0.7\,M_\odot$, $R \approx 0.8\,R_\odot$) und einem Weißen Zwerg ($M \approx 0.7\,M_\odot$, $R \approx 1.3$ Erdradien) gebil-

Tabelle 4.27 Daten ausgewählter Bedeckungssterne offener Sternhaufen

Bedeckungs- stern	Sternhaufen	Typus	Periode	V-Helligkeiten		Spektrum
				Maximum	Minimum	
S Cnc	NGC 2632	EA	9^d48	8^m45	11^m1	B9V+G8IV
V448 Cyg	NGC 6871	EB	6.52	7.9	8.72	O9.5eV+B1Ib-II
ES Cep	NGC 188	EW	0.34	15.52	15.90	
TX Cnc	NGC 2632	EW	0.38	10.45	10.78	F0V

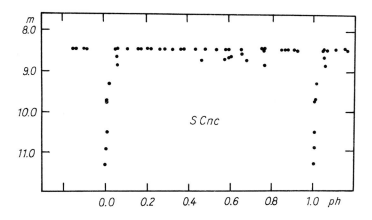

Bild 4.35 Lichtkurve des Algolsterns S Cnc aus der Praesepe

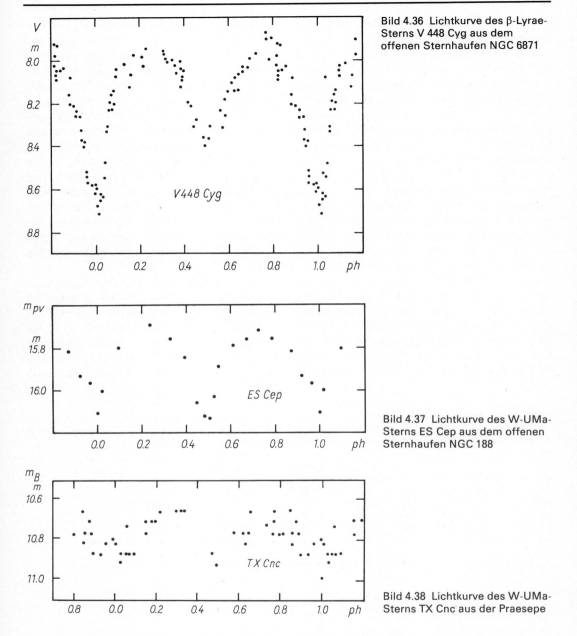

Bild 4.36 Lichtkurve des β-Lyrae-Sterns V 448 Cyg aus dem offenen Sternhaufen NGC 6871

Bild 4.37 Lichtkurve des W-UMa-Sterns ES Cep aus dem offenen Sternhaufen NGC 188

Bild 4.38 Lichtkurve des W-UMa-Sterns TX Cnc aus der Praesepe

det wird und eine Periode von 0^d52 aufweist. Einzelheiten über dieses Objekt sind bei Hoffmeister, Richter und Wenzel [212] nachzulesen.

Der neuste Katalog von Bedeckungssternen und spektroskopischen Doppelsternen in offenen Sternhaufen datiert aus dem Jahre 1984 und wurde von Popova und Kraicheva [220] herausgegeben. Dieser Katalog enthält aus einem Gebiet von jeweils 5 Haufenradien mehr als 979 Doppel- und Bedeckungssterne aus 210 Sternhaufen. In ihm sind jedoch auch einige Objekte verzeichnet, bei denen entweder die Existenz des zugehörigen Sternhaufens oder die Haufenmitgliedschaft der Sterne zu den entsprechenden Aggregaten fraglich erscheinen. In den angegebenen Sternzahlen- und Haufenzahlen ist dieser Sachverhalt weitgehend berücksichtigt.

Die Verteilung der Sterne aus dem Katalog von Popova und Kraicheva [220] auf die einzelnen Typen des Bedeckungslichtwechsels und auf die Gruppe der ausschließlichen spektroskopischen Doppelsterne geht aus Tabelle 4.28 hervor. Dort ist auch die Anzahl der Sterne aufgeführt, bei denen im Katalog eine gesicherte, wahrscheinliche oder mögliche Haufenmitgliedschaft vermerkt wird. Bei allen übrigen Objekten hingegen liegt als einziges Auswahlkriterium für die Haufenmitgliedschaft deren Distanz vom Haufenzentrum vor. Bei genauer Prüfung erweist sich deshalb auch ein Teil dieser Sterne als Nichtmitglieder.

Erste Anzeichen für diese Vermutung ergeben sich bereits aus dem Vergleich der prozentualen Anteile aus dem Gesamtmaterial und den sicheren, wahrscheinlichen und möglichen Mitgliedern in Tabelle 4.28. Während dort bei den E-, EB- und EW-Sternen gute Übereinstim-

mung in beiden Gruppen zu verzeichnen sind, ergeben sich bei den Algol-Sternen und bei den spektroskopischen Doppelsternen merkliche Unterschiede, die in diesen Fällen eine zu große Ausdehnung der Auswahlgebiete vermuten lassen.

Bekräftigt wird dieser Verdacht durch einen Vergleich der für ein Gebiet von drei Haufenradien aus dem Katalog von Popova und Kraicheva [1984] abgeleiteten Stern- und Haufenzahlen mit 183 Bedeckungssternen und 62 offenen Sternhaufen, die bei gleicher Feldgröße von Sahade und Davila [221] sowohl über ihre Positionen in den Aggregaten als auch anhand ihrer absoluten Helligkeiten sowie ihrer Eigenbewegungen und Radialgeschwindigkeiten als Haufenmitglieder bestimmt wurden. Die Gegenüberstellung der Sternzahlen pro Sternhaufen aus den beiden Listen sowie ihre Verteilung auf die einzelnen Lichtwechseltypen werden in Tabelle 4.29 gegeben. Dort liegt für beide Reihen und ihre prozentualen Anteile, auch bei den Al-

Tabelle 4.28   Verteilung der Sterne aus der Liste von Popova und Kraichewa [220] auf einzelne Typen des Bedeckungslichtwechsels und auf die Gruppe der ausschließlichen spektroskopischen Doppelsterne (SB)

Typus	Anzahl	Anteil (in %)	Anzahl sicherer, wahrscheinlicher und möglicher Mitglieder	Anteil (in %)
EA	448	46	68	27
EB	91	9	17	7
EW	65	7	17	7
E	127	13	28	11
SB	248	25	121	48
Gesamt	979	100	251	100

Tabelle 4.29   Gegenüberstellung der Anzahlen verschiedener Typen von Bedeckungssternen pro Haufen aus dem Katalog von Sahade und Davila [221] und aus der Liste von Popova und Kraichewa [220] aus einem Gebiet des dreifachen Haufenradius

Typus	N/n_{cl} (Sahade)	Anteil (in %)	N/n_{cl} (Popova und Kraichewa)	Anteil (in %)
EA	1.87	77	1.13	75
EB	0.24	10	0.21	14
EW	0.31	13	0.17	11

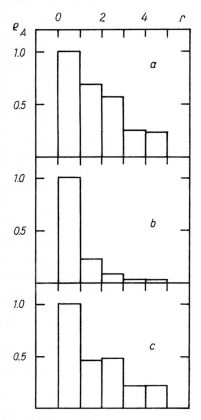

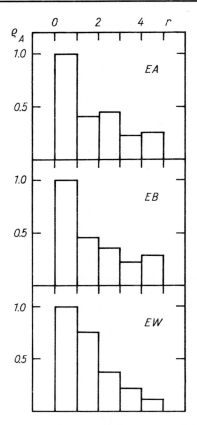

Bild 4.39 Verlauf der Flächendichte (Anzahl der Sterne pro Sternhaufenfläche) in Abhängigkeit vom Haufenradius
a   für alle Doppelsterne
b   für spektroskopische Doppelsterne
c   für die Gesamtheit der Bedeckungssterne

Bild 4.40 Verlauf der Flächendichte in Abhängigkeit vom Haufenradius für Sterne der einzelnen Arten des Bedeckungslichtwechsels

gol-Sternen und spektroskopischen Doppelsternen, eine gute Übereinstimmung vor.

Der Verlauf der Flächendichte ϱ_A (Anzahl der Sterne pro Sternhaufenfläche), wie er sich aus dem Material von Popova und Kraicheva [1984] für alle Doppelsterne (a) sowie getrennt für die spektroskopischen Doppelsterne (b) und die Gesamtheit der Bedeckungssterne (c) ergibt, geht aus Bild 4.39 hervor. Die entsprechenden Histogramme für die einzelnen Arten des Bedeckungslichtwechsels sind in Bild 4.40 zusammengefaßt. Bei den spektroskopischen Doppelsternen ist eine wesentlich stärkere Konzentration in Richtung auf das Zentrum der Sternhaufen zu verzeichnen als bei den Bedek-

kungssternen (siehe Bild 4.39). Dieser Befund ist damit zu erklären, daß sich die spektroskopischen Untersuchungen bislang hauptsächlich auf die Sterne der zentralen Gebiete beschränkten und entsprechende Objekte in den Haloregionen der Aggregate weitgehend außer Betracht ließen.

Anders hingegen ist das unterschiedliche Aussehen der Verteilungshistogramme aus den einzelnen Lichtwechselarten in Bild 4.40 zu interpretieren, wo die Sternzahlen pro Sternhaufen nach dem Rande hin bei Algol- und β-Lyrae-Sternen wesentlich flacher verlaufen als bei den W-UMa-Sternen. Hier machen sich neben den bereits gemachten Einschränkungen kosmogonische Einflüsse bemerkbar, die daraus resultieren, daß die Häufigkeitsverteilung der einzelnen Lichtwechseltypen durch deren Verteilung auf einzelne Alters- und Spektraltypenbereiche mitbestimmt wird.

In Bild 4.41, Bild 4.42 und Bild 4.43 ist Anzahl der jeweiligen Sterne pro Sternhaufen (ϱ) den Alterswerten der zugehörigen Aggregate ge-

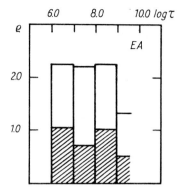

Bild 4.41 Altersmäßige Verteilung der Anzahlen der Algol-Sterne pro Sternhaufen für das Gebiet von 5 und 3 Haufenradien

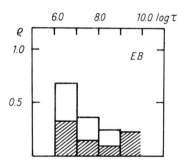

Bild 4.42 Altersmäßige Verteilung der Anzahlen der β-Lyrae-Sterne pro Sternhaufen für das Gebiet 5 und 3 Haufenradien

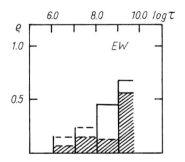

Bild 4.43 Altersmäßige Verteilung der Anzahlen der W-UMa-Sterne pro Sternhaufen für das Gebiet von 5 und 3 Haufenradien

genübergestellt. Daraus ergeben sich auch hier für die einzelnen Lichtwechselarten Histogramme unterschiedlichen Aussehens. Diese Histogramme wurden sowohl für Sterne aus Gebieten mit 5 Haufenradien als auch für solche aus 3 Haufenradien dargestellt. Die Histogramme aus den kleineren Regionen sind in den Bildern schraffiert gekennzeichnet.

Während bei den Algol-Sternen (EA) eine gleichmäßige Verteilung über alle Altersbereiche vorliegt, zeigen die β-Lyrae-Sterne (EB) ein eindeutiges Verteilungsmaximum im Bereich $6.0 < \log \tau < 7.0$. Die W-UMa-Sterne hingegen sind offensichtlich in ihrer Mehrzahl älteren und alten offenen Sternhaufen im Bereich $8.0 < \log \tau < 0.9$ zugeordnet. Dabei bleibt es fraglich, ob die in das entsprechende Histogramm aufgenommenen jungen und jüngeren Objekte wirklich Haufenmitglieder sind.

Im Zusammenhang mit dem altersmäßigen Verhalten der Algol-, β-Lyrae- und W-UMa-Sterne ist auch deren Verteilung auf einzelne Spektralklassen (siehe Bild 4.44) bemerkenswert. Die dort gezeigten Histogramme wurden aus dem Gesamtmaterial des Katalogs von Popova und Kraicheva [220] abgeleitet. Schraffiert ist dort die entsprechende Verteilung aus den sicheren, wahrscheinlichen und möglichen Haufenmitgliedern, die das Gesamtmaterial enthält, eingetragen.

Aus den für die einzelnen Bedeckungslichtwechselarten abgeleiteten Histogrammen in Bild 4.44 geht hervor, daß die Algol-Sterne ein relativ breites Verteilungsmaximum zwischen B0 und A5 aufweisen. Das entsprechende Maximum für die β-Lyrae-Sterne liegt zwischen B0 und B5, wohingegen die W-UMa-Sterne gehäuft zwischen den Spektralklassen G0 und K0 auftreten.

Kombiniert man für die einzelnen Lichtwechselarten die Maxima aus der altersmäßigen Verteilung mit denen aus der Verteilung auf die einzelnen Spektralklassen, so ergibt sich die Darstellung in Bild 4.45, die die Abhängigkeit der einzelnen Lichtwechselarten vom Entwicklungsalter der Sternhaufen charakterisiert. Während die relativ massereichen β-Lyrae-Sterne gehäuft in sehr jungen Aggregaten vorkommen, sind die mit Perioden $P < 1^{d}.0$ versehenen mas-

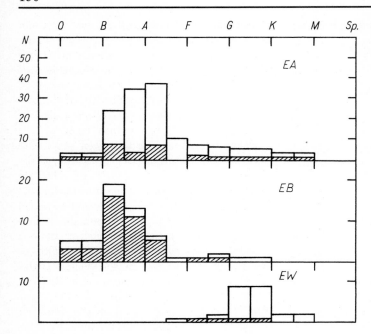

Bild 4.44 Gegenüberstellung der
Sterne aus den einzelnen Arten
des Bedeckungslichtwechsels
mit ihrem Spektraltypus

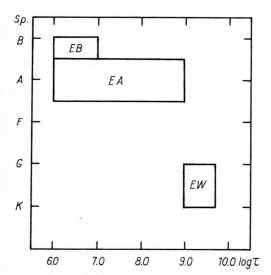

Bild 4.45 Gegenüberstellung der Maxima aus der
spektralen Häufigkeitsverteilung der einzelnen
Lichtwechselarten mit denen aus der altersmäßigen Verteilung

seärmeren W-UMa-Sterne erst in größerer Zahl
in alten Sternhaufen zu erwarten.

Nach diesen Befunden, die das gehäufte Auftreten der einzelnen Arten des Bedeckungslichtwechsels bei unterschiedlichem Haufenalter

herausstellen, wird eine von Götz [222] in ausgewählten Sternhaufen gefundene Beziehung
zwischen der Periodenlänge und dem mittleren
Alter der Aggregate verständlich, die besagt,
daß mit zunehmendem Haufenalter eine Abnahme der Periodenlänge und eine Verringe-
rung der Abstände zwischen den Komponenten
der Sternpaare eintritt.

Wie aus Bild 4.46 hervorgeht, wo die Periodenlängen für die Bedeckungssterne mit
$P < 50^d$ über dem jeweiligen Haufenalter aufgetragen sind, bestätigt sich dieser Zusammenhang auch bei den sicheren, wahrscheinlichen
und möglichen Haufenmitgliedern aus dem Katalog von Popova und Kraicheva [220]. Aus dem
Verlauf der in dieser Darstellung als Kreuze
eingetragenen Mittelwerte wird die Abnahme
der Perioden jenseits von $\log \tau \geqq 8.0$ deutlich erkennbar. Im Altersbereich $6.0 < \log \tau < 8.0$ hingegen ist eher ein langsames Ansteigen der Periodenlänge angedeutet. Es erscheint auch
bemerkenswert, daß gerade in Sternhaufen extrem jungen und hohen Alters die Kontaktsy-
steme unter den Bedeckungssternen die dominierende Rolle spielen.

Einerseits geht man davon aus, daß die Sternhaufen kontinuierlich entstehen oder entstan-

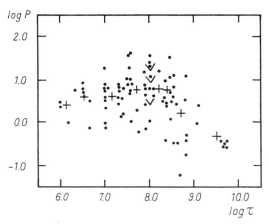

Bild 4.46 Gegenüberstellung der Periodenlängen von Bedeckungssternen mit $P < 50^d$ mit dem jeweiligen Haufenalter

den sind und die Ausbildung der Aggregate in der Regel vom Zentrum nach dem Rande hin abläuft. Andererseits unterstellt man, daß sich die Mitglieder ihrem Entwicklungsalter entsprechend anordnen. Darum ist es verständlich, daß das beschriebene altersabhängige Verhalten auch Auswirkungen auf die Verteilung und Konzentration der einzelnen Lichtwechseltypen in den Sternhaufen und in ihrer unmittelbaren Umgebung hervorruft. Für die W-UMa-Sterne bedeutet das, daß ihr Erscheinen erst in den Aggregaten möglich wird, in denen vom Alter her Sterne späten Spektraltyps zu erwarten sind.

Die Konzentration von Sterngruppen in bestimmten Gebieten offener Sternhaufen hängt, wie der Autor [222] anhand von Entwicklungsdiagrammen zeigen konnte, von der mittleren Masse solcher Gruppen, ihrem Entwicklungsstand sowie vom jeweiligen mittleren Alter der Sternhaufen und ihrer überbrückten Ausbildungsdauer (Dauer der Entstehung der Sterne) ab. Diese Feststellung resultiert aus Untersuchungen heller Doppelsterne und gelber Riesensterne in offenen Sternhaufen, die durch starke Häufungserscheinungen dieser Gruppen in den Zentren der nahezu gleichaltrigen ($8.60 < \log \tau < 8.90$) Aggregate Praesepe, Hyaden und Coma Berenices veranlaßt wurden.

Es konnte gezeigt werden, daß die starke Konzentration dieser Gruppen in den genann-

ten Sternhaufen nicht gravitativ, sondern kosmogonisch bedingt und typisch für Sternhaufen dieses Alters ist und daß ähnliche Erscheinungen in jüngeren und älteren Aggregaten nicht auftreten. Dieses seinerzeit an 11 ausgewählten offenen Sternhaufen erhaltene Resultat bestätigt sich auch an den sicheren, wahrscheinlichen und möglichen Haufenmitgliedern aus dem Bedeckungs- und Doppelsternkatalog von Popova und Kraicheva [220] (siehe Bild 4.47). Dort sind sowohl die als Kreise gekennzeichneten Mittelwerte einzelner Altersbereiche aus diesem Material als auch die mittleren Konzentrationsgrade aus spektroskopischen Doppelsternen und Bedeckungssternen der Untersuchung des Autors [222] über dem mittleren Haufenalter eingetragen. Für beide Reihen zeigt die Darstellung gleichen Verlauf, wenn auch die Konzentrationsgrade selbst, wegen der Benutzung von Sternen aus Gebieten unterschiedlicher Ausdehnung, von unterschiedlicher Größe sind.

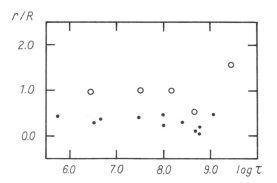

Bild 4.47 Altersmäßiges Verhalten der mittleren Konzentrationsgrade von spektroskopischen Doppel- und Bedeckungssternen

4.4.3.2. Veränderliche des Vorhauptreihenstadiums

Unter dieser Gruppe von Sternen werden massearme, im Vorhauptreihenstadium befindliche unregelmäßig veränderliche Sterne geringer Leuchtkraft mittleren bis späten, meist aber späten Spektraltyps mit und ohne Emissionslinien verstanden. Die relativ massereicheren unter ihnen, die sich oft noch in dunklen und hellen

Nebeln am Ort ihrer Entstehung befinden, sind unter der verallgemeinernd benutzten Bezeichnung »T-Tauri-Sterne« bekannt. Die kosmogonisch älteren, masseärmeren, mit Massen $M \leq 0.5\,M_\odot$ ausgestatteten Sterne dieser Gruppe hingegen werden wegen ihrer oft nur in Minuten ablaufenden Helligkeitsausbrüche (Flares) entweder nach dem Prototyp als UV-Ceti-Sterne oder einfach als Flare-Sterne bezeichnet.

Sowohl die T-Tauri-Sterne als auch die Flare-Sterne werden in der Regel in lokal begrenzten Gebieten der galaktischen Ebene gehäuft angetroffen und sind auch in offenen Sternhaufen, deren untere Hauptreihe noch mehr oder weniger oberhalb der Nullhauptreihe (ZAMS) liegt, aufzufinden.

T-Tauri-Sterne

Die örtlich begrenzten Ansammlungen der T-Tauri-Sterne bezeichnete Kholopov [223] in Analogie zu den OB-Aggregaten als T-Assoziationen, von denen in offenen Sternhaufen nach dem Katalog der Emissionsliniensterne der Orionpopulation von Herbig und Rao [224] sowie aus anderer Literatur die in Tabelle 4.30 verzeichneten Aggregate zu erwarten sind. Während der obere Teil dieser Zusammenstellung

sichere T-Assoziationen enthält, sind im unteren Teil einige Sternhaufen aufgeführt, in denen Herbig [225] anhand des Vorkommens von Sternen mit der Hα-Linie in Emission das Vorhandensein einer T-Assoziation vermutete. Das gehäufte Vorkommen von Sternen späten Spektraltyps mit Hα-Emission ist übrigens eines der Hauptcharakteristika der T-Assoziationen, von denen die im offenen Sternhaufen NGC 2264 in Bild 4.48 dargestellt wird. Dort ist ein Teil der von Herbig [226] entdeckten Hα-Sterne mit Kreuzen gekennzeichnet.

Neben der offiziellen und traditionellen Bezeichnung der Sternhaufen, in denen T-Assoziationen angetroffen oder vermutet werden, sind in Tabelle 4.30 auch die mittleren Haufenalter angegeben und Vermerke gemacht, ob sich auch Wolken interstellarer Materie in den Aggregaten befinden. Ferner werden dort die Anzahlen der Sterne mit Hα-Emission ($N_{H\alpha}$) und die im Katalog von Herbig und Rao [224] (HRC) verzeichneten spektrographisch untersuchten T-Tauri-Sterne aufgeführt.

Anzumerken bleibt, daß die für den Orionnebel anhand der beobachteten Zahl der Hα-Sterne abgeschätzte Gesamtzahl dieser Objekte von Parmasian [227] mit $n = 450$ angegeben wird. Auffällig ist auch, daß in 11 von 13 angeführten Sternhaufen interstellare Materie vor-

Tabelle 4.30   T-Assoziationen in offenen Sternhaufen

Sternhaufen	Alte Benennung	$\log\tau$	Interstellare Materie vorhanden?	$N_{H\alpha}$	HRC
C 0040 +615	NGC 225	8.15	—	7	2
C 0341 +321	IC 348	8.10	—	16	4
C 0532 −054	Orion-Nebel	7.40	ja	255	77
C 0629 +049	NGC 2244	6.48	ja	20	
C 0638 +099	NGC 2264	7.30	ja	84	34
C 1759 −230	NGC 6514	—	ja	4	1
C 2059 +679	NGC 7023	—	ja	>24	3
C 2137 +572	IC 1396	6.00	ja	125	1
C 2151 +470	IC 5146	8.36	ja	24	3
C 0247 +602	IC 1848	6.00	ja	—	
C 0532 −048	NGC 1977	—	—	s. Orion-Nebel	
C 1801 −243	NGC 6530	6.30	ja	19	
C 1816 −138	NGC 6611	6.74	ja	2*	

Anmerkungen
*   Sterne heller $m = 18^m0$
Anzahl der Veränderlichen: $n_V = 52$

Bild 4.48 T-Assoziation im offenen Sternhaufen NGC 2264

handen ist. Die Aggregate, für die keine diesbezüglichen Vermerke vorliegen, zählen zu den älteren der Sternhaufen, deren Alter, das dem Lund-Katalog entnommen ist, allerdings sehr hoch erscheint. Bei den jüngsten der in Tabelle 4.30 angeführten Aggregate liegt der Verdacht nahe, daß in ihnen die Sternbildung noch nicht abgeschlossen ist.

T-Assoziationen wurden in den 50er Jahren vor allem durch spektroskopische Durchmusterungen anhand der Hα-Emission lichtschwacher Sterne von Chavira, Dolidze, Iriarte, Joy, Haro, Herbig und Manova (Literatur siehe Götz [228]) gefunden. Als dafür gut geeignete Instrumente erwiesen sich die seinerzeit gerade in Dienst gestellten Schmidt-Kameras mit Objektivprismen geringer reziproker Dispersion.

Durch fotometrische Untersuchungen dieser neu entdeckten Hα-Objekte und der bereits vorher bekannten Emissionsliniensterne konnten Kholopov [223], der Autor [228] und andere nachweisen, daß ein hoher Prozentsatz, wenn nicht die Gesamtheit dieser Hα-Sterne, deren Emissionsliniencharakter durch die Existenz einer zirkumstellaren Gashülle geprägt wird, den für diese Objekte typischen RW-Aurigae-Lichtwechsel zeigt. Es konnte aber ebenso festgestellt werden, daß in den Aggregaten der Hα-Sterne auch gleichartige Veränderliche ohne oder mit nur sehr schwacher, oft unterhalb der Wahrnehmungsgrenze der Aufnahmeapparatur liegender Hα-Emission vorkommen.

Der unregelmäßige Lichtwechsel der T-Tauri-Sterne ist sehr vielgestaltig (siehe auch Hoffmeister, Richter, Wenzel [212]) und zeigt von Stern zu Stern unterschiedliche Nuancen, die durch rasche unregelmäßige, langsame, ruhige und quasiperiodische oder eruptive Helligkeitsänderungen unterschiedlicher Amplitude ($0^m5 < \Delta m < 4.0$) sowie durch Helligkeitsminima zum Ausdruck kommen. Eine typische Eigenschaft des Lichtwechsels der T-Tauri-Sterne ist die Bevorzugung einer oder mehrerer Ruhehelligkeiten, die an verschiedenen Stellen des jeweiligen Amplitudenbereiches eingenommen werden können und von denen aus die individuellen Helligkeitsänderungen erfolgen.

Ein Beispiel dieses Helligkeitsverhaltens ist die der Arbeit von Parenago [229] entnommene Langzeitlichtkurve des im Orion-Nebel befindlichen Veränderlichen T Orions in Bild 4.49. Neben der Einnahme des Ruhelichtes im oberen Helligkeitsbereich ist für diesen Stern typisch, daß er Helligkeitsminima in unregelmäßiger Folge und Dauer zeigt.

Der individuelle Charakter der Lichtkurven der T-Tauri-Sterne kommt auch in Bild 4.50 zum Ausdruck, wo für einige Mitglieder des Sternhaufens NGC 2264 jeweils 11 fotovisuelle Helligkeiten aus einem Zeitintervall von 113 Tagen nach Beobachtungen von Hopp und Surawski [230] eingetragen sind. Bei den Sternen NW Mon und MM Mon wurden Helligkeitsänderungen von 0.4 mag innerhalb von 30 min beobachtet.

Es gibt bei den T-Tauri-Sternen eine Vielzahl

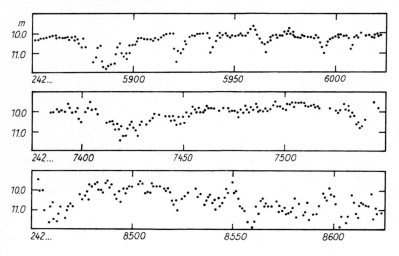

Bild 4.49 Lichtkurve von T Orionis nach Parenago [229]

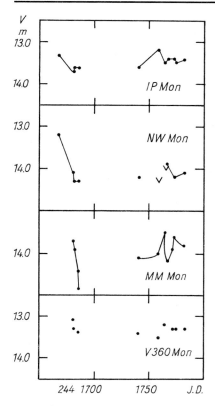

Bild 4.50 Helligkeitsänderungen bei T-Tauri-Sternen nach Hopp und Surawski [230]

hauptreihenstadium, so daß es folgerichtig erscheint, daß Sterne späterer Entwicklungsphase ohne Emissionslinien erscheinen und sich im Post-T-Tauri-Stadium befinden.

Die enge Bindung des Verhaltens der spektroskopischen und fotometrischen Parameter, die zweifellos durch die zirkumstellaren Hüllen der Sterne mitgeprägt werden, an die Entwicklung der Sterne im Vorhauptreihenstadium geht aus der nachfolgenden Übersicht hervor, die der Arbeit des Autors [235] entnommen ist.

Übersicht: Verhaltensweisen aus den zirkumstellaren Hüllen von T-Tauri-Sternen

Entwicklungsphase der Sterne	früh	später
Mittlere Hα-Intensität	stark	schwach
Farbindizes (B − V) und (U − B)	klein	groß
Farbexzesse	stark	geringer
Lage der Maxima i. Flußdichten verl.	kurzwelliger Bereich	längerwelliger Bereich
Hüllentemperatur	hoch	niedriger
Absolute Helligkeit des Gesamtlichtes M_λ	klein	groß

von Zusammenhängen zwischen den spektroskopischen und fotometrischen Parametern. Nicht zuletzt anhand der T-Assoziationen in offenen Sternhaufen und ihre Einbindung in entsprechende Strukturuntersuchungen konnte der Autor [128, 231, 126, 232, 233, 234, 235, 130] nachweisen, daß die offenen Sternhaufen kontinuierlich entstehen und daß die Zusammenhänge zwischen den spektroskopischen und fotometrischen Parametern der Entwicklung der Sterne im Vorhauptreihenstadium unterliegen. Es zeigt sich unter anderem, daß die Intensität der Hα-Emission, die einen wichtigen Indikator für die Eigenschaften der zirkumstellaren Gas- und Staubhüllen darstellt, eng mit dem Massenverlust der Sterne gekoppelt ist und im Verlaufe der Entwicklung im Vorhauptreihenstadium abklingt. Die Emissionslinienphase der Sterne beträgt nur 5%...10% ihrer Verweilzeit im Vor-

Da die Hα-Emission und ihre Intensität auch an die Eigenschaften der Sterne selbst gebunden sind, unterliegt ihr Gesamtverhalten kosmogonischen Einflüssen. Bereits Wenzel [236] hat im Rahmen einer Untersuchung der Hα-Sterne des Sternhaufens NGC 2264 darauf hingewiesen, daß die Intensität der Hα-Emission auch mit der Aktivität der Sterne gekoppelt ist. Dieser Befund bestätigte sich auch an Mitgliedern anderer T-Assoziationen und besagt, daß der Lichtwechsel der Sterne in der Frühphase der Sternentwicklung des Vorhauptreihenstadiums, in der die T-Tauri-Sterne in der Regel starke Hα-Emission zeigen, ruhiger abläuft als in späteren Phasen, in denen das Emissionsverhalten der Sterne schwächer in Erscheinung tritt und die Aktivität der Sterne zugenommen hat.

Dieses vom Alter einzelner Sternhaufenregionen und einzelner Aggregate abhängige Aktivitätsverhalten der T-Tauri-Sterne setzt sich schließlich bei den Flare-Sternen in älteren Sternhaufen fort. Dort steigt mit zunehmendem Alter die Aktivität der Sterne ebenfalls an, was bedeutet, daß sich die Ausbruchsamplituden vergrößern und das Verhältnis der Zahl der aktiven Sterne zur jeweiligen Gesamtzahl der Flare-Sterne angehoben wird. Es ist verständlich, daß in dieser Phase auch bei den Flare-Sternen die Hα-Emission völlig abgeklungen ist und nicht mehr in Erscheinung tritt.

Das beschriebene Verhalten der mittleren Hα-Intensität und der mittleren Aktivität der Sterne und seine Abhängigkeit vom Entwicklungsalter wird in Bild 4.51 gezeigt. Die dort verwendeten Daten wurden in den T-Assoziationen der Taurus-Region, des Orionnebels und der offenen Sternhaufen NGC 2264 und NGC 6530 sowie in den Flare-Stern-Aggregaten der Plejaden, des Coma-Berenices-Haufens, der Praesepe und aus der Nachbarschaft der Sonne gewonnen [235]. Das Beispiel zeigt, welche kosmogonische Bedeutung der Erforschung der T-Assoziationen und der Flare-Stern-Aggregate in offenen Sternhaufen zukommt.

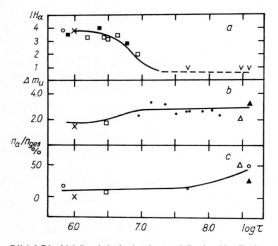

Bild 4.51 Abhängigkeit der Intensität der Hα-Emission und der Aktivität bei T-Tauri- und Flare-Sternen vom Entwicklungsalter

Flare-Sterne

Flare-Sterne sind nach Ambartsumian und Mirzoyan [237] in allen Sternaggregaten mit $\log \tau \geqq 8.0$ zu erwarten. Sie kommen aber auch in jüngeren Sternhaufen vor, in denen sich bereits Sterne geringer Masse ($M \leqq 0.5\,M_{\odot}$) gebildet haben.

Wie bereits angedeutet, ist auch bei den Flare-Sternen das Erscheinen der Emissionslinien alters- und entwicklungsbedingt. Während die Hα-Emission bei jüngeren Sternen noch zu erwarten ist, fehlt sie bei älteren Objekten. Da die Leuchtkraft der Flare-Sterne mit zunehmendem Alter der Aggregate abnimmt, treten in jüngeren Sternhaufen vorwiegend K-Sterne als Flare-Sterne auf, wohingegen in den älteren Aggregaten diejenigen des Spektraltyps M die Eigenschaften dieser Gruppe zeigen. Die Flare-Stern-Populationen in offenen Sternhaufen charakterisieren in jedem Fall die untere Hauptreihe dieser Aggregate.

Die hauptsächlichsten Flare-Stern-Aggregate in offenen Sternhaufen, die an den Oservatorien Byurakan, Tonantzintla, Asiago und Budapest entdeckt und bearbeitet wurden, sind in Tabelle 4.31 zusammengestellt. Neben der offiziellen und traditionellen Bezeichnung der Sternhaufen sind dort die mittleren Alter der Aggregate, die jeweiligen Anzahlen der bekannten Flare-Sterne sowie ihre zu erwartenden Gesamtzahlen angegeben. Während bei den Sternzahlen aus den Plejaden, dem Orion-Nebel und der Praesepe auf die neueste Literatur zurückgegriffen werden konnte, beziehen sich die mit dem Zeichen > versehenen Angaben auf die Publikation von Haro [238]. Diese Zahlen sind in der Zwischenzeit sicherlich revisionsbedürftig, weil nach den Erfahrungen die Anzahl der Flare-Sterne in einem Aggregat mit zunehmender Überwachungszeit ansteigt. Die zu erwartenden Gesamtzahlen der Flare-Sterne ($N_{F_{ges}}$) sind den Publikationen von Mirzoyan [239] und Mirzoyan und Mitautoren [240] entnommen.

Der Lichtwechsel der Flare-Sterne wird durch Bild 4.52, Bild 4.53 und Bild 4.54 veranschaulicht. Die dort gezeigten Lichtkurven der Haufenmitglieder V 677 Tauri (Plejaden-Flare-Stern Nr. 413), PP Ori und Orion-Flare-Stern Nr. 153

Tabelle 4.31   Flare-Stern-Aggregate in offenen Sternhaufen

Sternhaufen	Alte Benennung	$\log \tau$	n_F	$n_{F_{ges}}$
C 0344 +239	Plejaden	7.89	540	≈1 100
C 0424 +157	Hyaden	8.82	>2	
C 0532 −054	Orionnebel	7.40	445	>1 000
C 0638 +099	NGC 2264	7.30	>13	> 100
C 0837 +201	Praesepe	8.82	46	≈ 300
C 1222 +263	Coma-Berenices	8.60	>4	
C 2059 +679	NGC 7023	–	10	

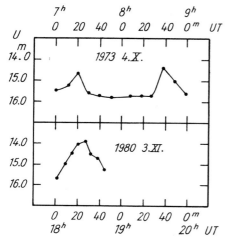

Bild 4.52 Lichtkurve des Flare-Sterns V 677 Tau aus den Plejaden

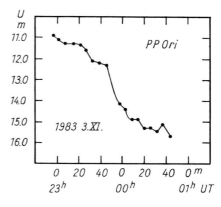

Bild 4.53 Abstieg eines dem normalen Lichtwechsels überlagerten Flares bei dem T-Tauri-Stern PP Orionis

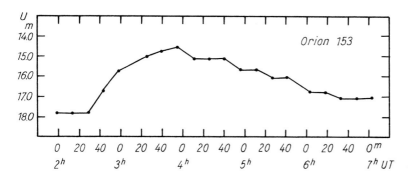

Bild 4.54 Langsamer Flare bei dem Orion-Flare-Stern Nr. 153

wurden aus Beobachtungen von Mirzoyan und Mitautoren [240] sowie von Parsamian [227] erhalten und charakterisieren die in Minuten und Stunden ablaufenden Helligkeitsausbrüche (Flares) der Sterne. Der Flare-Lichtwechsel tritt in reiner Form in der Regel bei älteren Objekten auf, bei jüngeren hingegen ist er oft anderen Helligkeitsänderungen überlagert. Als Beispiel

ist in Bild 4.53 der T-Tauri-Stern PP Ori angeführt, bei dem der Abstieg eines langsamen Flares am 3. November 1980 festgestellt wurde. Überlagerter Flare-Lichtwechsel tritt aber auch bei den nachfolgend zu behandelnden BY-Draconis-Sternen auf.

Die Aktivität der Flare-Sterne kommt durch ihre Ausbruchsamplituden (Δm_U) und ihre

Flare-Sequenzen zum Ausdruck. Der letztere Parameter widerspiegelt sich vor allem im Verhältnis der aktiven Flare-Sterne zur Gesamtzahl dieser Objekte in einem Sternhaufen und findet seinen Niederschlag in der Darstellung der Abhängigkeit der Aktivität vom mittleren Haufenalter in Bild 4.51.

BY-Draconis-Sterne

BY-Draconis-Sterne sind Sterne vom Spektraltypus dKe und dMe, die kurz vor dem Eintritt in die Hauptreihe des Alters Null (ZAMS) stehen und eine periodische Veränderlichkeit von einigen Zehntel bis einige Tage mit Amplituden bis zu 0.4 mag aufweisen. Dabei variiert sowohl die Amplitude als auch die Kurvenform der Sterne. Eine Anzahl von BY-Draconis-Sternen sind als Flare-Sterne bekannt. Fleckenmodelle, gekoppelt mit der Rotation der Sterne, liefern die plausibelste Erklärung für deren fotometrisches Verhalten.

Das Vorkommen von BY-Draconis-Sternen in offenen Sternhaufen wurde von van Leeuwen und Alphenaar [241, 242] sowie von Meys [243] in den Plejaden nachgewiesen. Aus der Untersuchung von 3 späten G- und 16 frühen K-Sternen, die als veränderlich erkannt wurden, konnten sie von 13 Sternen Periode und Lichtkurve ableiten und sie als BY-Draconis-Sterne klassifizieren. Diese Sterne sind in Tabelle 4.32 zusammengestellt, wo neben den Veränderlichenbenennungen die Nummern der Objekte aus dem Hertzsprung-Katalog [244], die abgeleite-

ten Periodenwerte, die scheinbaren visuellen Helligkeiten sowie die Spektraltypen der Sterne eingetragen sind. Dort werden auch Angaben über die Amplituden des BY-Draconis-Lichtwechsels (ΔV) und möglicherweise vorhandenen Flare-Lichtwechsel (F-Lw) gemacht. In Ergänzung zu Tabelle 4.32 ist anzumerken, daß bei dem Stern V 660 Tauri (Hz 1883) eine Rotationsgeschwindigkeit von $v = 150$ km/s nachgewiesen wurde und auch der Stern V 816 Tauri (Hz 3163) eine Rotationsgeschwindigkeit von $v = 75$ km/s aufweist.

Einige Lichtkurven der von van Leeuwen und Alphenaar [241] untersuchten Sterne werden in Bild 4.55 und Bild 4.56 gezeigt. Dort werden unterschiedliche Kurvenformen und unter-

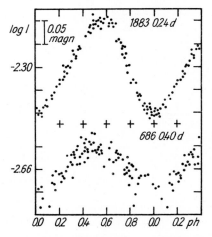

Bild 4.55 Lichtkurven der BY-Draconis-Sterne V 660 Tau und OU Tau

Tabelle 4.32   BY-Draconis-Sterne in den Plejaden

Stern	Hz-Nr.	m_v	P	ΔV	Spektrum	F-Lw
OU Tau	686	13^m44	0^d40	0^m11	dK7e	ja
QX Tau	1 531	13.58	0.48	0.11	dK7e-dMOe	ja
V545 Tau	2 034	12.65	0.36			ja
V641 Tau	1 039	13.05	1.22		KO	ja
V660 Tau	1 883	12.61	0.24	0.20	K3Ve	ja
V810 Tau	34	12.06	1.17	0.03		
V811 Tau	625	12.66	0.43			
V812 Tau	882	12.90	0.58	0.11		
V813 Tau	879	12.83	0.88	0.07		
V814 Tau	1 124	12.32	0.86	0.07		
V815 Tau	1 332	12.52	1.14			
V816 Tau	3 163	12.73	0.42	0.11	K3Ve	

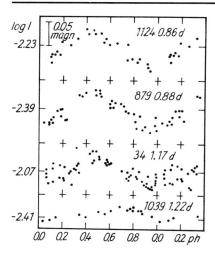

Bild 4.56 Lichtkurven der BY-Draconis-Sterne V 814 Tau, V 813 Tau, V 810 Tau und V 641 Tau

schiedliche Amplituden erkennbar. Neben regelmäßigen Formen zeichnet sich bei einigen Sternen der Kurvenverlauf durch breite Minima aus. Bemerkenswert ist auch, daß sich bei BY-Draconis-Sternen eine Perioden-Amplituden-Beziehung abzeichnet, bei der die Amplitude mit zunehmender Periode abnimmt. Betrachtungen über die Drehmomentenverteilung der Sterne führen zu dem Schluß, daß bei den K-Sternen mit dem Erreichen der Hauptreihe (ZAMS) eine Rückverteilung stattfindet, die letztlich zur Bildung von Doppelsternen oder Planetensystemen führen kann.

Die Perioden und Amplituden der BY-Draconis-Sterne sind verständlicherweise nicht über lange Zeitintervalle stabil.

4.4.3.3. Pulsationsveränderliche

Pulsationsveränderliche sind Sterne, deren Veränderlichkeit durch radiale Pulsationen, die in den äußeren Schichten der Sterne über den κ-Mechanismus (Absorptionsmechanismus) in Verbindung mit der Heliumionisation entstehen und ablaufen, hervorgebracht wird. Die Pulsationen können in reiner Form auftreten, wie beispielsweise bei den δ-Cephei-Sternen. Sie können aber auch durch nichtradiale Pulsationen überlagert werden, wie es bei einigen δ-Scuti-Sternen der Fall ist, oder es finden in den

äußeren Schichten zusätzlich Durchlässigkeitsänderungen statt, die bei den langsam pulsierenden Sternen festgestellt wurden.

Da die roten Überriesensterne, die zur Gruppe der langsamen Pulsationsveränderlichen zählen, nahe der Stabilitätsgrenze liegen, führen geringfügige Parameteränderungen zu Störungen, die halbregelmäßigen oder unregelmäßigen Lichtwechsel hervorbringen.

Wie bereits aus Bild 4.34 bekannt, besetzen die einzelnen Arten der Pulsationssterne unterschiedliche Bereiche im FHD oder HRD. Während die δ-Scuti-Sterne im Spektralbereich A bis F angesiedelt sind, befinden sich die δ-Cephei-Sterne im Bereich der gelben Überriesen (Spektrum F5 bis K0). Die langsam pulsierenden Sterne hingegen ordnen sich im Bereich der roten Riesen- und Überriesen an.

Ausgehend von der Lage der δ-Cephei-Sterne im FHD, bei denen die Leuchtkräftigsten mit den größten Perioden ausgestattet sind, verläuft ein Instabilitätsstreifen über die weniger leuchtkräftigen δ-Cephei-Sterne bis hin zu den zur Population II gehörigen RR-Lyrae-Sternen und mündet letztlich im Bereich der δ-Scuti-Sterne in die Hauptreihe. Diese Gegebenheit im FHD wird in Bild 4.57 für die nachfolgend zu behandelnden δ-Scuti- und δ-Cephei-Sterne aus offenen Sternhaufen dargestellt. Die dort eingetragene Haufenhauptreihe entspricht der der Sternhaufen h und χ Persei.

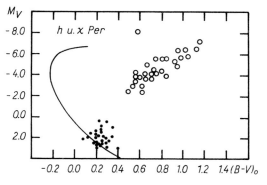

Bild 4.57 Instabilitätsstreifen im FHD, dargestellt durch δ-Cephei-Sterne und δ-Scuti-Sterne offener Sternhaufen

δ-Scuti-Sterne

Bei dieser Gruppe von Pulsationssternen handelt es sich um Veränderliche der Spektraltypen A oder F mit Pulsationsperioden unterhalb von $P < 0\overset{d}{.}3$, die Helligkeitsamplituden von einigen Tausendsteln bis einigen Zehnteln Größenklassen aufweisen. Von ihrer Lichtwechselamplitude her liegen diese Objekte eigentlich außerhalb des Definitionsbereiches, wie er für veränderliche Sterne üblich ist. Betrachten wir jedoch die kosmogonische Bedeutung der δ-Scuti-Sterne, so ergeben sich, wie wir nachfolgend noch sehen werden, aus dem Verhalten dieser Sterne gerade in offenen Sternhaufen wichtige Hinweise.

Eine Zusammenstellung der δ-Scuti-Sterne in offenen Sternhaufen haben Frolov und Irkaev [245] besorgt. Diese Liste (Tabelle 4.33) ist in der Zwischenzeit durch ein weiteres in NGC 6405 gelegenes und von Schneider [246] angezeigtes Objekt, dessen Lichtkurve in Bild 4.58 dargestellt wird, zu erweitern. Insgesamt enthält die Zusammenstellung 31 Sterne aus 8 offenen Sternhaufen unterschiedlichen Alters. Diese Zahl liegt weitaus höher als sie sich aus dem GCVS 1969 und seinen Ergänzungen ($n = 22$) ergibt.

Frolov und Irkaev [245] haben anhand der δ-Scuti-Sterne in offenen Sternhaufen gezeigt, daß bei diesen Objekten eine Beziehung zwischen der mittleren absoluten visuellen Helligkeit und der mittleren Periode in Abhängigkeit vom Haufenalter vorliegt. Diese Beziehung besagt, daß einerseits die mittlere Periodenlänge mit zunehmender Leuchtkraft der Sterne größer wird und daß andererseits das Ansteigen der Leuchtkraft mit zunehmendem Haufenalter er-

Tabelle 4.33   δ-Scuti-Sterne in offenen Sternhaufen

Sternhaufen	Stern	Periode	Spektrum
Praesepe (NGC 2632)	BT Cnc	$0\overset{d}{.}102$	F0III
	BR Cnc	0.038	F0Vn
	BS Cnc	0.051	A9Vn
	BU Cnc	0.053	A7Vn
	BN Cnc	0.039	A8V
	BQ Cnc	0.074	F2Vn
	BV Cnc		F0V
	BW Cnc	0.072	F0Vn
	BX Cnc	0.053	A7V
	BY Cnc	0.058	A7Vn
Plejaden	V479 Tau	0.076	F3II–III
	V534 Tau	0.032	A9V
	V624 Tau	0.020	A7V
	V647 Tau	0.047	A7V
	V650 Tau	0.031	A3V
Coma Berenices (Melotte 111)	FM Com	0.055	A7V
Hyaden	ν_2 Tau	0.133	A8V
	θ Tau	0.080	A5V
	ϱ Tau	0.067	A8Vn
	V480 Tau	0.042	A7IV
	V483 Tau	0.054	F0V
	V696 Tau	0.036	A9V
	V775 Tau	0.062	F0m
	V777 Tau	0.162	A8Vn
α Per (Melotte 20)	V459 Per	0.037	F0IV
	V461 Per	0.035	A8V
	V465 Per	0.030	A6Vn
NGC 2264	V588 Mon	0.11:	A7III–IV
	V589 Mon	0.124	F2III
NGC 7789	V521 Cas	0.17::	
NGC 6405	Stern 31	0.043	

folgt. Gerade der letztere Zusammenhang konnte auch an den δ-Scuti-Sternen der Praesepe anhand der dort abgeleiteten strukturbedingten Alterswerte nachgewiesen werden [234].

Die Interpretation dieser beobachteten und

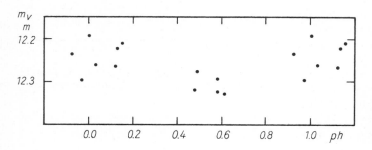

Bild 4.58 Lichtkurve des δ-Scuti-Sterns 31 im offenen Sternhaufen NGC 6405 nach Schneider [246]

oben beschriebenen Beziehungen, die für die Gesamtheit der δ-Scuti-Sterne aus offenen Sternhaufen in Tabelle 4.34 zusammengestellt und in Bild 4.59 und Bild 4.60 dargestellt sind, erfolgte durch Breger [247]. Anhand theoretischer Überlegungen hat er nachgewiesen, daß die Beziehung zwischen der mittleren absoluten Helligkeit und dem Haufenalter einfach als Reflexion der Hauptreihenentwicklung aufzufassen ist, wohingegen die Perioden-Alters-Beziehung durch die Sternentwicklung und die damit verbundene Perioden-Leuchtkraft-Farben-Beziehung hervorgebracht wird.

Anzumerken ist, daß die in Tabelle 4.34 zusammengestellten Alterswerte dem Lund-Katalog und die absoluten mittleren Helligkeiten und mittleren Perioden der Arbeit von Frolov und Irkaev [245] entnommen sind. Berücksichtigung fand außerdem die Korrektur von P und M_V für NGC 7789, wie sie von Breger [247] vorgenommen wurde. Die Daten für den von Schneider [246] angezeigten Stern aus NGC 6405 ergaben sich aus der bekannten scheinbaren Helligkeit unter Berücksichtigung von $d = 600$ pc und $A_V = 0.51$ mag aus dem Lund-Katalog. Bei der Darstellung in Bild 4.59 und Bild 4.60 blieben die entsprechenden Werte des Sternhaufens NGC 2264 wegen des besonderen Entwicklungsstatus der dort befindlichen δ-Scuti-Sterne ausgeschlossen.

Die aus den bislang bekannten δ-Scuti-Sternen offener Sternhaufen erhaltenen Befunde und Ergebnisse unterstreichen die Notwendigkeit der Suche nach weiteren Objekten in den Aggregaten, weil sie letztlich dem Verständnis von Fragen (Population, Altersbereich, Massebereich u. a.) aus dem Gesamtkomplex der δ-Scuti-Sterne dienen.

Tabelle 4.34 Abhängigkeit der mittleren absoluten Helligkeit und der mittleren Periode der δ-Scuti-Sterne vom mittleren Haufenalter

Sternhaufen	$\bar{M}_V$	P	$\log \tau$
Praesepe	+2.0	0^{d}055	8.82
Plejaden	+2.5	0.032	7.89
Melotte 111	+1.9	0.055	8.60
Hyaden	+1.7	0.080	8.82
Melotte 20	+2.7	0.034	7.71
NGC 2264	+0.7	0.117:	7.30
NGC 7789	+1.56	0.147	9.20
NGC 6405	+2.86	0.043	7.71

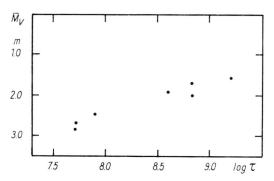

Bild 4.59 Gegenüberstellung der absoluten Helligkeiten M_V der δ-Scuti-Sterne mit dem Haufenalter

δ-Cephei-Sterne

Die δ-Cephei-Sterne sind diejenigen unter den physisch veränderlichen Sternen, bei denen die geringsten Unregelmäßigkeiten hinsichtlich der Periodenlänge und der Kurvenform zu erwarten

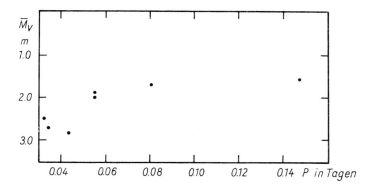

Bild 4.60 Gegenüberstellung der absoluten Helligkeiten M_V der δ-Scuti-Sterne mit den Perioden dieser Objekte

sind. Typische δ-Cephei-Lichtkurven, deren Amplitude und Form von der Periodenlänge abhängig sind, werden in Bild 4.61 gegeben. Sie sind Hoffmeister, Richter und Wenzel [212] entnommen und gehen auf Payne-Gaposchkin zurück.

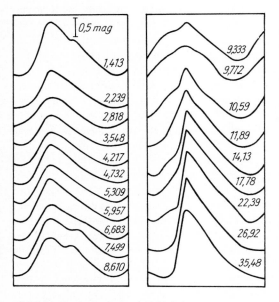

Bild 4.61 Typische δ-Cephei-Lichtkurven

Soweit δ-Cephei-Sterne Mitglieder von offenen Sternhaufen und Assoziationen sind, sind sie wichtige Objekte, die für die Kalibrierung der Entfernungen und der absoluten Helligkeiten gebraucht werden. Auf diesen Sachverhalt wurde bereits im Abschnitt 3.1.4. hingewiesen. Neues Datenmaterial führt zur Ergänzung und Vervollständigung der dort nach Sandage und Tammann [109] gegebenen Perioden-Helligkeits-Beziehung.

Moderne und umfangreiche Untersuchungen an δ-Cephei-Sternen aus offenen Sternhaufen und Assoziationen haben Fernie und McGonegal [248] sowie Opolski [249] durchgeführt. Die aus den Zusammenstellungen dieser Publikationen entnommenen δ-Cephei-Sterne in offenen Sternhaufen sind in Tabelle 4.35 zusammengefaßt. Dort sind auch Objekte angeführt, die nicht in den zitierten Arbeiten vorkommen und die dem GCVS 1969 und seinen Ergänzungen entnommen sind und zusammen mit den im Lund-Katalog gegebenen Parametern der allgemeinen, von Fernie und McGonegal [248] abgeleiteten Perioden-Leuchtkraft-Beziehung genügen. Die Liste in Tabelle 4.35, die 23 δ-Cephei-Sterne aus 17 offenen Sternhaufen enthält, erhebt keinesfalls Anspruch auf Vollständigkeit.

Neben der offiziellen und traditionellen Bezeichnung der Sternhaufen sind in Tabelle 4.35 die in diesen Aggregaten vorkommenden δ-Cephei-Sterne, deren absolute visuelle Helligkeiten, ihre Farbenindizes $(B-V)_0$, die Logarithmen ihrer Perioden sowie die Spektraltypen aufgeführt. Die angegebenen Periodenwerte liegen im Bereich $0.49 < \log P < 2.115$. Die absoluten Helligkeiten der Sterne befinden sich im Intervall zwischen $M_V = -2.49$ und $M_V = -8.18$. Bemerkenswert ist auch, daß sich unter den angeführten Sternen die Komponenten zweier Doppelsterne befinden. Bei dem Sternpaar CE Cas zeigen beide Komponenten δ-Cephei-Lichtwechsel, wohingegen der Doppelstern V 810 Cen durch einen δ-Cephei-Stern und einen B1Iab-Stern gebildet wird.

Die δ-Cephei-Sterne aus offenen Sternhaufen sind in Tabelle 4.35 in zwei Gruppen unterteilt. Während sich die Objekte der ersten Gruppe nach den Untersuchungen von Opolski [249] als gut brauchbare Distanzindikatoren erweisen, sind die im unteren Abschnitt angeführten Sterne weniger für diesen Zweck verwendbar.

Fernie und McGonegal [248] leiteten aus den Daten der von ihnen zusammengestellten 27 δ-Cephei-Sterne in offenen Sternhaufen und Assoziationen die Perioden-Leuchtkraft-Beziehung ab:

$$M_V = -1.61 - 2.82 \log P \qquad (4.20)$$
$$\pm 0.10 \pm 0.084$$

Dieser formelmäßige Zusammenhang ist in Bild 4.62 als Gerade II der von Sandage und Tammann [109] abgeleiteten und in Abschnitt 3.1.4. angegebenen Beziehung I gegenübergestellt. Eingetragen sind dort auch die in Tabelle 4.35 verzeichneten Objekte, bei denen brauchbare (•) und weniger geeignete (o) Distanzindikatoren unterschieden werden.

Zweifellos liegt mit der Perioden-Helligkeits-Beziehung von Fernie und McGonegal [248] eine Verbesserung des entsprechenden Zusam-

Tabelle 4.35   δ-Cephei-Sterne in offenen Sternhaufen

Sternhaufen	Alte Benennung	Stern	M_V	$(B-V)_0$	log P	Spektrum
C 0027+599	NGC 129	DL Cas	−4.10	0.69	0.903	F5Ib−G2Ib
C 0215+569 }	h, χ Per	UY Per	−3.70	0.68	0.730	F7−G1
C 0218+568 }		VX Per	−4.41	0.73	1.037	F6−G1
		VY Per	−4.10	0.66	0.743	F5−G0
C 0443+189	NGC 1647	SZ Tau	−3.33	0.50	4.98	F5Ib−F9.5Ib
C 0532+323	CV Mon	CV Mon	−3.78	0.57	0.731	
C 1109−604	Tr. 18	GH Car	−3.87		0.760	
C 1601−517	Lyngå 6	TW Nor	−4.26	0.79	1.033	
C 1609−540	NGC 6067	GU Nor	−2.91	0.62	0.538	
C 1614−577	NGC 6087	S Nor	−4.22	0.75	0.989	F8−G0Ib
C 1828−192	IC 4725	U Sgr	−4.05	0.70	0.829	F5Ib−G1.5Ib
C 1834−082	NGC 6664	Y Sct	−3.92	0.84	1.015	F7−G4
		EV Sct	−2.90	0.53	0.490	G0II
C 1840−041	Tr. 35	RU Sct	−5.60	0.75	1.294	F3−G5
C 2355+609	NGC 7790	CEa Cas	−3.75	0.66	0.711	F9Ib
		CEb Cas	−3.68	0.58	0.651	F8Ib−G0Ib
		CF Cas	−3.57	0.68	0.688	F8Ib−G0Ib
		CG Cas	−3.42	0.63	0.640	G0
C 0215+569 }	h, χ Per	SZ Cas	−4.99	0.67	1.134	F6−G4
C 0218+568 }						
C 0939−536	Rup. 79	CS Vel	−2.49	0.62	0.771	
C 1141−622	Stock 14	V810 Cen	−8.18	0.58	2.115	F5−G0Ia+B1Iab
C 1431−563	NGC 5662	V Cen	−3.50	0.56	0.740	F5Ib/II−G0
C 1830−104	NGC 6649	V367 Sct	−4.07	0.56	0.799	

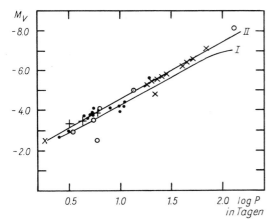

Bild 4.62 Perioden-Leuchtkraft-Beziehung der δ-Cephei-Sterne aus offenen Sternhaufen
Gerade I   Beziehung nach Sandage und Tammann
Gerade II Beziehung nach Fernie und McGonegal
+   neu hinzugefügte Sterne
×   Mitglieder aus Assoziationen

menhangs vor. Eine merkliche Abweichung von der in Bild 4.62 eingezeichneten mittleren Beziehung II zeigt nur der Stern CS Vel aus dem Aggregat Ruprecht 79.

Die sich aus der Gegenüberstellung der Periodenwerte mit den Farbenindizes $(B-V)_0$ ergebende Perioden-Farben-Beziehung wird in Bild 4.63 zusammen mit den entsprechenden Einzelwerten dargestellt. Die Kennzeichnung der Einzeldaten entspricht der aus Bild 4.62. Die eingetragene mittlere Beziehung lautet

$$(B-V)_0 = 0.32 + 0.418 \log P \qquad (4.21)$$
$$\pm 0.04 \pm 0.32$$

Sie geht auf Fernie und McGonegal [248] zurück. Eine merkliche Abweichung von der mittleren Beziehung zeigt allein der langperiodische Cepheid V 810 Cen aus dem Aggregat Stock 14.

Aus den angegebenen Gleichungen für die Perioden-Helligkeits-Beziehung und die Perioden-Farben-Beziehung leiteten Ciurla und

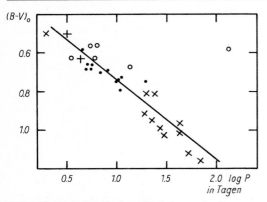

Bild 4.63 Perioden-Farben-Beziehung der δ-Cephei-Sterne offener Sternhaufen

Opolski [250] unter Verwendung eines einheitlichen Verhältnisses von Gesamt- zur selektiven Absorption, $R = 3.20$, die Perioden-Leuchtkraft-Farben-Beziehung (PLC) ab:

$$M_V = 5.40 \, (B - V)_0 - 5.20 \log P - 3.44 \qquad (4.22)$$
$$\pm 0.81 \qquad\qquad \pm 0.84 \qquad \pm 0.60$$

Gleichung *(4.22)* zeigt die Abhängigkeit der absoluten Helligkeiten der δ-Cephei-Sterne sowohl von der individuellen Periode als auch der Farbe der Objekte.

Unter Verwendung der Gleichung *(4.22)* und der aus den Beobachtungen ableitbaren Parametern, Periode, scheinbare Helligkeit V, Farbenindex $(B-V)$ und Verfärbung $E_{(B-V)}$ ergibt sich nach Opolski [249] schließlich der Entfernungsmodul

$$Mod_0 = (V_0 - M_{V0}) = V - 5.40(B-V) + 5.20 \log P$$
$$+ 3.20 \, E_{(B-V)} + 3.44 \qquad (4.23)$$

Der Entfernungsmodul kann mit dem entsprechenden Wert aus der Untersuchung von Fernie und McGonegal verglichen werden. Die aus beiden Modulen gebildeten Differenzen ΔMod sind schließlich ein Maß für die Brauchbarkeit der Sterne als Distanzindikatoren. Als brauchbare Indikatoren erweisen sich Sterne mit $\Delta Mod \leq 0.45$, wohingegen die weniger geeigneten Objekte Werte mit $\Delta Mod \geq 0.60$ zeigen. Nach diesen Kriterien erfolgte die Gruppeneinteilung in Tabelle 4.35.

Veränderliche rote Riesen- und Überriesensterne

In dieser Gruppe von Sternen sind

– die Mira-Sterne (M),
– die Halbregelmäßigen (SR) und
– die langsam unregelmäßig Veränderlichen (L)

zusammengefaßt. Ihre Gesamtzahl in offenen Sternhaufen, jeweils für ein Gebiet von einem Haufenradius ausgedrückt, beläuft sich nach dem von Kukarkin und Mitautoren [210] herausgegebenen GCVS 1969 und seinen Ergänzungen (1971, 1974, 1976) sowie unter Berücksichtigung einiger aus Tabelle 4.20 entnommener Kohlenstoffsterne auf etwa 80 Objekte aus 45 offenen Sternhaufen. Nicht in jedem Fall ist die Haufenzugehörigkeit der Sterne gesichert.

Die Verteilung der veränderlichen roten Riesen- und Überriesensterne auf die einzelnen Lichtwechseltypen ergibt sich wie folgt:

Mira-Sterne $N = 18 \ (= 22.5 \%)$
Halbregelmäßige $N = 26 \ (= 32.5 \%)$ und
Unregelmäßige $N = 36 \ (= 45.0 \%)$.

Es erscheint bemerkenswert, daß die den Katalogen entnommenen sicheren und fraglichen, langsam und regelmäßig pulsierenden Mira-Sterne den geringsten Anteil an der Gesamtzahl aufweisen, wohingegen die Unregelmäßigen (L) offensichtlich die dominierende Rolle spielen. Mit diesem Befund wird eine Aussage aus dem Verhalten der veränderlichen Kohlenstoffsterne bestätigt. Auch dort weisen die Mira-Sterne unter ihnen den geringsten Anteil auf, wohingegen die Mehrzahl der Kohlenstoffsterne zur Gruppe der langsam Unregelmäßigen (L) gehört.

Zur Charakterisierung der einzelnen Lichtwechseltypen werden die Lichtkurven der Sterne MW Cep (M) und MV Cep (L) aus dem Sternhaufen NGC 7419 sowie die des Sterns FG Vul (SR) aus dem Sternhaufen NGC 6940 in Bild 4.64, Bild 4.65 und Bild 4.66 gegeben. Bei den Sternen MW Cep und MV Cep handelt es sich um Kohlenstoffsterne, wohingegen der halbregelmäßige Stern FG Vul, der zu den ältesten Mitgliedern seines Aggregates zählt, den Spektraltyp M5II aufweist. Die Beobachtungen, die den Lichtkurven zugrunde liegen, sind

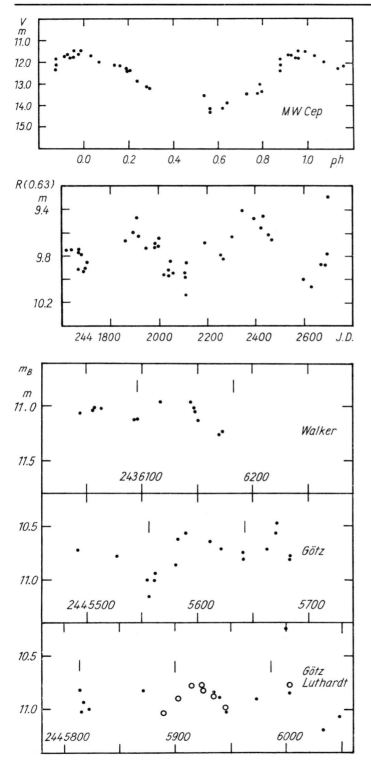

Bild 4.64 Lichtkurve des Mira-Sterns MW Cephei aus dem Sternhaufen NGC 7419

Bild 4.65 Lichtkurve des langsam Unregelmäßigen MV Cephei aus dem Sternhaufen NGC 7419

Bild 4.66 Lichtkurve des halbre-gelmäßigen Sterns FG Vul aus dem Sternhaufen NGC 6940

den Publikationen von Daube [197], Walker [120], Götz [251] sowie Götz und Luthardt [254] entnommen.

Der Lichtwechsel des Mira-Serns MW Cep folgt den Elementen

Max = 244 1993 + 390 d · E .

Die auf eine einheitliche Periode reduzierten Beobachtungen in Bild 4.64 wurden aus einem Zeitintervall von 3 274 d erhalten.

Der Halbregelmäßige FG Vul, der in seiner Lichtkurve ausgeprägte Minima zeigt, folgt zeitweilig einer Periode von $P = 86$ d. Zu anderen Zeiten ist der Stern regellos oder er vertauscht die Zeiten der Maxima und Minima.

Der langsam unregelmäßige Lichtwechsel von MV Cep wird in Bild 4.65 dargestellt, wo die Helligkeiten aus dem roten Farbbereich über der Zeit aufgetragen sind und eine überhöhte Amplitude zeigen, die im V- und B-Bereich wegen des Spektraltyps des Sterns wesentlich niedriger erscheint. Die in der Lichtkurve erkennbaren Wellen ordnen sich regellos an. Ganz allgemein bleibt in diesem Zusammenhang anzumerken, daß es zwischen den Mira-Sternen und den Halbregelmäßigen einerseits und den Halbregelmäßigen und den Unregelmäßigkeiten andererseits fließende Übergänge im Lichtwechselverhalten gibt.

Die Statistik der in offenen Sternhaufen vorkommenden Mira-Sterne zeigt, daß diese Sterne Perioden zwischen 110 d und 616 d aufweisen und daß das entsprechende Verteilungsmaximum zwischen 200 d und 250 d liegt. Der Periodenbereich der halbregelmäßigen roten Riesen und Überriesen ist wesentlich weiter aufgefächert. Die entsprechenden Werte bewegen sich hier zwischen 71 d und 900 d. Das Maximum in der Periodenverteilung liegt bei den SR-Sternen zwischen 350 d und 450 d. Der zugehörige Mittelwert beträgt $\bar{P} = 368$ d.

Die Verteilung der Mira-Sterne, der Halbregelmäßigen und der Unregelmäßigen aus offenen Sternhaufen auf einzelne Altersbereiche geht aus den Histogrammen in Bild 4.67 hervor. Während das Verteilungsmaximum der Mira-Sterne in den Grenzen $8.0 < \log\tau < 9.0$ angeordnet ist und (siehe Abschnitt 4.4.1.2.) auf relativ alte Objekte verweist, zeigt die Verteilung

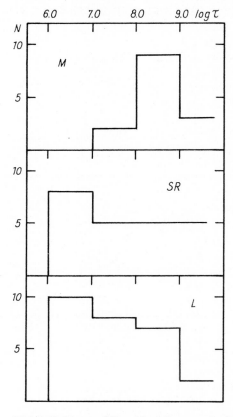

Bild 4.67 Altersmäßige Verteilung veränderlicher roter Riesen- und Überriesensterne auf einzelne Lichtwechselarten

der langsam unregelmäßigen Sterne und der Halbregelmäßigen ein Maximum zwischen $\log\tau = 6.0$ und $\log\tau = 7.0$. Diese Sterne sind offensichtlich jünger als die Mira-Sterne, wie auch die Untersuchungen an den entsprechenden Kohlenstoffsternen allein gezeigt haben. Die nahezu gleichmäßige Verteilung der Halbregelmäßigen über alle Altersbereiche und die Abnahme der Zahl der langsam Unregelmäßigen mit zunehmendem Haufenalter verweisen darauf, daß es sich bei den letztgenannten Sternen um die jüngsten Objekte handelt.

Eng mit der altersmäßigen Verteilung der Sterne auf die für rote Riesen- und Überriesensterne typischen Lichtwechselstarten scheint auch deren spektroskopisches Verhalten gekoppelt zu sein. Zumindest verweist die altersmäßige Verteilung der Gruppe der Sterne vom

Spektraltypus K und M einerseits und der R-, S- und C-Sterne andererseits auf diesen Sachverhalt. Wie aus dem Histogramm in Bild 4.68 hervorgeht, ist der Hauptanteil der Sterne vom Spektraltypus K und M in jungen Aggregaten angeordnet. Die Sterne vom Spektraltypus R, S und C hingegen lassen jenseits des Verteilungsmaximums der K- und M-Sterne eine nahezu gleichmäßige Verteilung erkennen.

Kombiniert man das beschriebene altersmäßige Verhalten der Spektraltypen mit dem der Sterne aus den einzelnen Lichtwechselarten, so sind die meisten Sterne mit normalem K- und M-Spektrum den jüngeren Unregelmäßigen zuzuordnen, wobei die Kohlenstoffsterne unter ihnen sicherlich die älteren dieser jungen Gruppe bilden. Bei den relativ alten Mira-Sternen hingegen dominieren die Sterne vom Spektraltypus R, S und C.

Dieser sich aus dem Gesamtmaterial der veränderlichen roten Riesen- und Überriesensterne ergebende Befund bestätigt sich auch für die aus den einzelnen Lichtwechselarten gebildeten Zahlenverhältnisse, in denen die Anzahl der K-

und M-Sterne (N_M) zum einen der Anzahl der R-, S- und C-Sterne und zum anderen der jeweiligen Gesamtzahl (N_{ges}) gegenübergestellt sind. Die Zusammenstellung dieser Zahlenverhältnisse und ihre Gegenüberstellung mit den entsprechenden Alterswerten erfolgt in Tabelle 4.36. Aus ihr geht hervor, daß der Anteil der Sterne vom Spektraltypus K und M mit zunehmendem Alter stetig abnimmt, soweit man der Statistik einer geringen Zahl von Objekten Vertrauen schenken kann. Auch in diesem Zusammenhang erhebt sich die Forderung nach der Erweiterung des Datenmaterials an gesicherten Mitgliedern in den offenen Sternhaufen und ihren Halogebieten.

Die roten Riesen- und Überriesensterne, insbesondere aber die Mira-Sterne, besitzen ausgedehnte zirkumstellare Hüllen und erleiden infolge ihrer Entwicklung starke Massenverluste. In vielfältiger Weise kann auch nachgewiesen werden, daß sich in einer Anzahl von Sternhaufen mit $\log \tau \leqq 8.9$, beispielsweise in den Hyaden und in den Plejaden, massearme Sterne im Entwicklungsstadium der Weißen Zwerge befinden. Da sich in diesen Aggregaten wegen ihres Alters nur massereiche Sterne von der Hauptreihe haben wegbewegen können, liegt es nahe anzunehmen, daß die Weißen Zwerge das Resultat starker Massenverluste in der Endphase der Sternentwicklung sind. Die Entwicklungswege der roten Riesen und Überriesen bis hin zu den Weißen Zwergen sind noch wenig bekannt. Unbekannt ist auch, ob dieser Weg zu den Weißen Zwergen nur den relativ massearmen Mira-Sternen vorbehalten ist oder ob er eine allgemeine Erscheinung aller roten Riesen- und Überriesensterne darstellt.

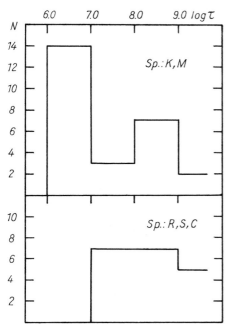

Bild 4.68 Altersmäßige Verteilung veränderlicher roter Riesen- und Überriesensterne auf einzelne Spektralklassen

Tabelle 4.36 Verhältnisse aus den Anzahlen der K- und M-Sterne mit den Anzahlen der R-, S- und C-Sterne und der Gesamtzahl der Veränderlichen für die einzelnen Lichtwechseltypen und ihre Abhängigkeit vom Alter

Lichtwechsel-typus	$\log \tau$	$N_M/N_{R,S,C}$	N_M/N_{ges}
Unregelmäßig (L)	7.41	2.0	0.67
Halbregelmäßig (SR)	7.62	1.0	0.50
Mira-Stern (M)	8.56	0.5	0.33

5. Zur Kinematik und Dynamik offener Sternhaufen

5.1. Allgemeines

Die Kinematik und Dynamik offener Sternhaufen wird im wesentlichen durch zwei Fragenkomplexe charakterisiert, die sich einmal mit der Bewegung dieser Sternsysteme relativ zum allgemeinen Sternfeld und in der Galaxis und zum anderen mit der Stabilität dieser Aggregate, ihren inneren Bewegungen, ihrer Rotation, Expansion und Auflösung beschäftigen. In beiden Fällen werden Antworten aus den Beobachtungen der in Rektaszensions- und Deklinationsrichtung wirkenden Eigenbewegung *(EB)* sowie aus den Radialgeschwindigkeiten *(RG)* der Haufenmitglieder gesucht, wobei die Bestimmung der Eigenbewegungen eine rein astrometrische Aufgabe darstellt und die der Radialgeschwindigkeiten Spektren geeigneter Auflösung erfordert.

Anfangs ging die Sternhaufenvermessung mit Hilfe der Eigenbewegung von der Konzeption aus, über die internen Bewegungen Aufschluß über die Dynamik der Aggregate zu erhalten. Später wurde in Anbetracht der Bedeutung der Theorie der Sternentstehung und Sternentwicklung und der Rolle, die dabei den von Feldsternen freien Farben-Helligkeits-Diagrammen offener Sternhaufen zukommt, das Hauptgewicht der astrometrischen Untersuchungen auf die Klärung der Haufenmitgliedschaft gelegt. Zur Lösung dieser Aufgabe genügen relative Eigenbewegungen und Radialgeschwindigkeiten, die auch Aussagen über interne Bewegungen bei nahen Sternhaufen gestatten.

Offene Sternhaufen bieten aber auch eine günstige Möglichkeit zur Untersuchung von wichtigen Teilgebieten der allgemeinen stellaren Dynamik, die beispiels- und vergleichsweise in Kugelsternhaufen nicht angesprochen werden können. Im einzelnen sind offene Sternhaufen geeignete Untersuchungsobjekte für die Dynamik an Mitgliedern kleinzahliger stellarer Systeme, für die Wirkungen eines ausgedehnten Massenspektrums und für die Wirkungen der äußeren Umgebung. Von Vorteil für diese Untersuchungen sind die Vielzahl der Objekte, ihre relative Nähe und ihr breites Altersspektrum.

Gerade die relative Nähe der offenen Sternhaufen erlaubt im Gegensatz zu den Kugelsternhaufen eine Untersuchung von Sternen geringerer Masse und die räumliche Auflösung der Aggregate. Nicht zuletzt trifft diese Feststellung auf die dynamisch aktiven Doppelsterne zu, die die einzig günstige Gelegenheit bieten, die Theorie bezüglich deren Rolle als Energiequellen der Sternhaufen zu prüfen.

Obwohl sich die offenen Sternhaufen vielfältig als aussagekräftige kinematische und dynamische Untersuchungsobjekte eignen, ergeben sich im praktischen Umgang mit ihnen erhebliche Schwierigkeiten, die nicht zuletzt in den zu erwartenden, sehr kleinen Geschwindigkeitsdispersionen und in der Trennung von Feld- und Haufensternen zu suchen sind.

Wegen der sehr kleinen Geschwindigkeitsdispersionen und der zu erwartenden Überlagerung der äußeren und inneren Bewegungen unterliegen sowohl die Eigenbewegungs- als auch die Radialgeschwindigkeitsbestimmungen höchsten Genauigkeitsanforderungen, deren Realisierbarkeit mehr oder weniger starken Einschränkungen unterworfen ist. Während die Eigenbewegungen durch distanzabhängige Meßfehler behindert sind und erfolgversprechende Untersuchungen in nahen und entfernteren Aggregaten nur unter Aufwand höchster Präzision erhalten werden, ist die Genauigkeit der Radialgeschwindigkeiten prinzipiell unabhängig von der Entfernung der Objekte. Das Problem lag bislang in der mit großem zeitlichem Aufwand verknüpften Gewinnung geeigneter Spektrogramme für schwächere Sterne ($m > 6^m_.0$), dessen Lösung jedoch im letzten Jahrzehnt durch die Einführung unkonventioneller Radialgeschwindigkeitsbestimmungen wesentlich vorangebracht wurde. Zu erwähnen sind in diesem Zusammenhang die hochgenauen fotoelektrischen Methoden von Griffin [253] und Baranne [254] und Mitautoren für Sterne des Spektraltyps später F und die Objektivprismenmethode von Gieseking [255, 256]. Diese Methode läßt mit Hilfe eines Fehrenbach-Prismas unter geringem Zeitaufwand relative Radialgeschwindigkeitsmessungen für Sterne vom Spektraltypus früher F5 mit einer Qualität (mittlerer Fehler: ± 1.5 km/s) zu, die mit der aus konventionellen Radialgeschwindigkeitsbestimmungen zu vergleichen ist. Durch den technischen Fortschritt sind allerdings hier mittlerweile Radialgeschwindigkeitsmessungen mit einer Präzision von 0.5 km/s für Sterne bis zur Helligkeit $m_V = 15^m$ an mehreren Observatorien der Welt möglich geworden.

Eigenbewegungen werden durch den Vergleich von Sternpositionen auf fotografischen Platten unterschiedlicher Epochen erhalten. In der Vergangenheit wurden Plattenpaare unterschiedlichen Aufnahmedatums, die mit dem gleichen Instrument unter gleichem Stundenwinkel und zur gleichen Jahreszeit aufgenommen wurden, im überlagerten Zustand auf Positionsdifferenzen hin vermessen. Die Genauigkeit manueller Messungen variierte bei diesem Verfahren nach den Angaben von van Leeuwen [259] zwischen $1.5 \cdot 10^{-4}$ cm und $4 \cdot 10^{-4}$ cm. Die modernen manuellen und automatisch maschinellen Vermessungsmethoden beziehen sich hingegen auf relative Koordinatensysteme, wobei diese Verfahren die Verwendung von Platten unterschiedlicher Stundenwinkel und die Kombination von Aufnahmen unterschiedlicher Epochen gestatten. Besonders die Anwendung automatischer Meßmaschinen brachte eine Verbesserung der Meßgenauigkeit, die durch die Reproduzierbarkeit von $0.8 \cdot 10^{-4}$ cm charakterisiert wird. Durch diese verbesserte

Genauigkeit und die Verwendung von Computern für die Auswertung wird gegenüber früheren Verfahren eine Verbesserung um den Faktor 2...4 erzielt.

Wesentliche Fortschritte in der Messung von Eigenbewegungen offener Sternhaufen werden von dem europäischen Astrometrie-Satelliten »Hipparcos« erwartet. Das Programm sieht nach Detterban und Wielen [157] die Vermessung von mindestens 3 nahezu sicheren Haufenmitgliedern in jedem Aggregat vor. Insgesamt wurden 821 Sterne aus 212 offenen Sternhaufen für die orbitale Vermessung vorgeschlagen.

Die angegebenen Meßgenauigkeiten sind immer unter dem Gesichtspunkt, auf den Vasilevskis [258] im Jahre 1962 aufmerksam gemacht hat, zu betrachten, daß bei der Trennung von Feld- und Haufensternen nur dann brauchbare Ergebnisse zu erwarten sind, wenn sich der wahrscheinliche Fehler einer einzelnen Eigenbewegung dem Wert $\pm 0.''001$ (Bogensekunde) nähert. Bei den angegebenen älteren Meßgenauigkeiten wird diese Forderung nur mit der Vermessung von zwei bis drei Plattenpaaren relativ großer Epochendifferenzen und mit Instrumenten geeigneter Brennweite erfüllt. Die notwendigen Epochendifferenzen betragen in diesem Falle, beispielsweise bei Verwendung von Aufnahmen der Allegheny- oder Yerkes-Astrographen, deren Auflösung mit $14.''7$/mm und $10''$/mm angegeben wird, 30 bzw. 60 Jahre.

Sichere Eigenbewegungsbestimmungen können nur mit astrometrischen Platten großer Epochendifferenzen erhalten werden. Daher rühren die großen Schwierigkeiten, die in der Vergangenheit bei der astrometrischen Untersuchung offener Sternhaufen von der praktischen Seite her bestanden haben. Geeignetes Plattenmaterial ist demnach nur an den Observatorien zu erwarten, an denen vor vielen Jahrzehnten in Vorausschau Platten der ersten Epoche zum Zwecke der Eigenbewegungsbestimmung aufgenommen wurden, auch wenn diese Aufnahmen in bezug auf die offenen Sternhaufen nicht immer die richtige Feldverteilung und die notwendige Reichweite aufweisen. Große Beiträge zum Studium der Eigenbewegung von Sternen in und in der Umgebung von offenen Sternhaufen verdanken wir nach van Leeuwen [259] den

Astronomen an den Sternwarten Bonn, Wien, Greenwich, Mt. Wilson, Lick, Allegheny, Moskau, Pulkovo, Sydney, Taschkent, Yerkes und Zo-Se. An diesen Observatorien werden in unserer Zeit die Früchte einer Jahrzehnte vorher begonnen Arbeit geerntet.

Die Notwendigkeit großer Epochendifferenzen bei der Eigenbewegungsbestimmung von Sternen in und in der Umgebung von offenen Sternhaufen kommt auch im zeitlichen Verhalten der Zahl der entsprechenden Veröffentlichungen zum Ausdruck (siehe Tabelle 5.1). Die dortige Zusammenstellung resultiert aus Angaben von Vasilevskis [258] und van Leeuwen [259]. Letzterer hat in dankenswerter Weise die Literatur der Eigenbewegungsbestimmungen an Sternen in und in der Umgebung von offenen Sternhaufen zusammengetragen. Eine entsprechende Sammlung von Radialgeschwindigkeiten hat Mermilliod [260, 261, 262] veröffentlicht.

Tabelle 5.1 Eigenbewegungsbestimmungen an Sternen in und in der Umgebung von offenen Sternhaufen im Verlaufe der Jahre

Zeitspanne	Anzahl der Publikationen
...1909	2
1910...1919	22
1920...1929	14
1930...1939	12
1940...1949	11
1950...1959	40
1960...1969	46
1970...1979	55
1980...	14

Aus Tabelle 5.1 geht hervor, daß die meisten Publikationen über Eigenbewegungsmessungen in galaktischen Sternhaufen ab 1950 erschienen sind. Es ist die Zeit, in der die Platten der ersten Epoche, die am Ende des 19. Jahrhunderts bis in die 20er Jahre unseres Jahrhunderts erhalten wurden, »reif« geworden sind. Sicherlich wird aber auch die gestiegene Zahl von Publikationen mit der Ausdehnung der Eigenbewegungsuntersuchungen auf den Südhimmel, mit der Weiterentwicklung der Meßmethoden sowie mit dem gestiegenen Interesse an umfassenden Mit-

gliedschaftsbestimmungen in Verbindung stehen.

Nach van Leeuwen [259] sind es bislang 81 offene Sternhaufen, aus denen zum Teil mehrmalige Eigenbewegungsbestimmungen vorliegen.

Die Bestimmung der Eigenbewegung an Einzelsternen in und in der Umgebung von offenen Sternhaufen führt zur Trennung von Feld- und Haufensternen. Letztlich ergibt sich aus den Eigenbewegungen der Haufenmitglieder die Bewegung der Haufenschwerpunkte. Soweit diese Eigenbewegungen gute und gesicherte Werte darstellen, können sie in absolute Eigenbewegungen der Haufenschwerpunkte umgewandelt werden. Notwendig dazu ist ein wohldefiniertes Fundamentalsystem, wie es beispielsweise in den Fundamentalkatalogen FK4 und FK5 gegeben ist, in das die relativen Messungen eingebunden werden können.

Die Schwerpunktbewegungen der offenen Sternhaufen, die aus der Analyse der entsprechenden absoluten Eigenbewegungen hervorgehen, lassen eine weitere Klärung der Gesetzmäßigkeiten in der Sonnenbewegung (Apexbestimmung) zu. Darüber hinaus liefern sie einen Beitrag zur Bestimmung der galaktischen Rotation, insbesondere zur Ableitung der Größe der Oortschen Konstante B, weil sich die aus den Beobachtungen abgeleitete und in galaktische Koordinaten überführte Eigenbewegung eines Sternhaufens ($\mu(l, b)$) aus dem durch die Sonnenbewegung bedingten parallaktischen Anteil μ_{par}, dem durch die galaktische Rotation bedingten Betrag μ_{gal} sowie aus der Pekuliarbewegung des Sternhaufens μ_{pec} wie folgt zusammengesetzt:

$$\mu(l, b) = \mu_{par} + \mu_{gal} + \mu_{pec} \qquad (5.1)$$

Letztlich ergeben sich Hinweise über die Größe der tangentialen Pekuliarbewegung, die von besonderer Bedeutung für die Klärung der Spiralstruktur unserer Milchstraße ist. Die Kombination der rechtwinkligen Pekuliarbewegungskomponenten liefert schließlich Aufschlüsse über die Raumgeschwindigkeiten der Sternhaufen in unserer Galaxis.

Brauchbare absolute Eigenbewegungen im FK4-System liegen von de Vegt, Gail und Geh-

lich [263] für 12 Aggregate und von van Schewick [264] für 61 offene Sternhaufen vor. Auf
sie wird nachfolgend im Zusammenhang mit
der Bewegung der Haufenschwerpunkte näher
eingegangen.

Im Hinblick auf die Behandlung dynamischer Probleme im vorliegenden Abschnitt ist
anzumerken, daß die Fragen, die sich speziell
mit der dynamischen Entwicklung der Aggregate beschäftigen, hier ausgeklammert bleiben.
Sie werden im Zusammenhang mit der Entwicklung offener Sternhaufen in Abschnitt 6.
behandelt.

5.2. Zur Bewegung der Haufensterne

5.2.1. Gemeinsame Bewegung

Die Bewegung der Haufenmitglieder kommt besonders in deren individuellen relativen Eigenbewegungen und Radialgeschwindigkeiten zum
Ausdruck, mit denen sie sich von den ihnen un-
termischten Feldsternen durch eine gemeinsame und nahezu gleichgerichtete, für jeden
Sternhaufen typische mittlere Geschwindigkeit
unterscheiden. Dieser Befund ist seit dem Jahre
1908 bekannt, als Boss [108] an den Hyaden-
Sternen nachweisen konnte, daß die Eigenbewegungen dieser Objekte, nach Größe und Richtung in ein Diagramm (siehe Bild 5.1)

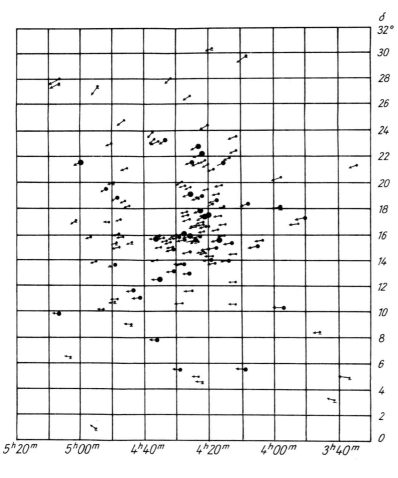

Bild 5.1 Karte der Hyaden
für Sterne heller $m_v = 9\overset{m}{.}0$
nach van Bueren [265]
Größe der Punkte kenn-
zeichnet die Helligkeit der
Sterne
Pfeile zeigen die jährliche
Eigenbewegung an

eingetragen, wegen der Nähe dieses Aggregates auf einen gemeinsamen Zielpunkt weisen. Diese auf den Vertex ausgerichtete Bewegung ist auf die Parallelität der Bewegungsrichtung aller Haufenmitglieder mit einer gemeinsamen mittleren Geschwindigkeit zurückzuführen. Durch dieses kollektive Verhalten werden die relativen Eigenbewegungsmessungen und neuerdings auch die relativen Radialgeschwindigkeitsbestimmungen zum strengsten Kriterium für die Trennung von Feld- und Haufensternen. Nur die auf diese Weise ermittelten Haufenzugehörigkeiten gewährleisten die Erfassung von Mitgliedern in den Haufenhalos und solchen mit pekuliarem und anormalem fotometrischen Verhalten in den Kernen der Aggregate.

Die Bestimmung der Haufenmitgliedschaft von Sternen gestaltet sich in Sternhaufen ähnlich dem der Hyaden, wo große Eigenbewegungen der Haufenschwerpunkte nachgewiesen werden, relativ einfach. Es ist in diesem Falle nicht schwer, aufgrund der allen Haufenmitgliedern gemeinsamen Eigenbewegung auch solche Sterne noch als Haufenmitglieder zu identifi-

zieren, die außerhalb des Kerns im allgemeinen Sternfeld liegen. Sehr hilfreich sind in diesem Falle Eigenbewegungsdiagramme, in die die gemessenen Eigenbewegungen von Feld- und Haufensternen eingetragen werden. Wie aus Bild 5.2 hervorgeht, wo ein von Klein Wassink [266] für die Praesepe erstelltes Eigenbewegungsdiagramm gegeben wird, gruppieren sich alle Haufenmitglieder um einen außerhalb des Nullpunktes gelegenen Ort, der der Schwerpunktbewegung des Aggregates entspricht. Dagegen verteilt sich die jeweilige Eigenbewegung aus den Feldsternen nach dem Gesetz des Zufalls um den Nullpunkt, weil unter ihnen keine bevorzugte Richtung in den Eigenbewegungen besteht.

Leider läßt sich dieses Verfahren nur auf wenige Sternhaufen (Hyaden, Plejaden, Praesepe sowie Bewegungshaufen) anwenden. Die Methode versagt mit zunehmender Entfernung der Aggregate und kleineren Schwerpunktbewegungen, weil sich die Eigenbewegung eines Haufens dann nicht mehr sehr von der mittleren Eigenbewegung des Sternfeldes unterscheidet.

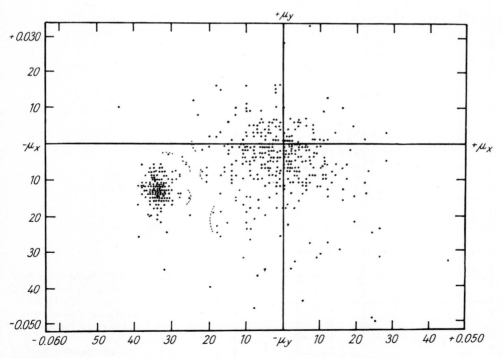

Bild 5.2 Eigenbewegungsdiagramm der Praesepe nach Klein Wassink [266]

In diesem Falle helfen nur statistische Verfahren mit Mitgliedschaftswahrscheinlichkeiten weiter, wie sie Vasilevskis [258] für die relativen Eigenbewegungen und Gieseking [256] für die relativen Radialgeschwindigkeiten vorgeschlagen haben, wenn man sich nicht auf die fotometrische Anpassung von Sternen aus dem Halogebiet an die jeweilige Haufenhauptreihe verlassen will oder kann. Beide Verfahren sind für alle Sternhaufen, auch für die großer Eigenbewegung, anwendbar.

In beiden Fällen geht man von der Häufigkeitsverteilung der aus den Eigenbewegungen oder den relativen Radialgeschwindigkeiten erhaltenen Vektorpunkte einer beliebigen Zahl von gemessenen Sternen in und um den Sternhaufen aus. Zur Veranschaulichung wird in Bild 5.3 eine schematische Häufigkeitsverteilung nach Vasilevskis [258] gezeigt. Ein praktisches Beispiel nach Gieseking [267] wird in Bild 5.4 vorgestellt.

Den ausgezogenen Kurven in Bild 5.3 und Bild 5.4 liegt das kinematische Modell zugrunde, das besagt, daß die Verteilung der Komponenten der stellaren Raumgeschwindigkeiten nahezu einer Gauß-Verteilung folgt. Die beobachteten Vektor- und Radialgeschwindigkeits-

verteilungen können demnach durch die Summe der Gauß-Funktionen wie folgt dargestellt werden:

$$G = G_F + G_C \qquad \text{bzw.} \qquad (5.2)$$
$$F = F_F + F_C \qquad (5.3)$$

G_F bzw. F_F und G_C bzw. F_C eingetragene Verteilungsfunktionen für Feld- und Haufensterne

Anzumerken ist dabei, daß die Funktionen G_F und G_C bzw. F_F und F_C aus der aus den Beobachtungen resultierenden Gesamtfunktion G bzw. F abzuleiten sind. Die relative Eigenbewegung oder die relative Radialgeschwindigkeit des Haufenschwerpunktes ist mit dem Maximum der Funktionen G_C bzw. F_C identisch, wohingegen die mittlere Geschwindigkeit des Sternfeldes aus den Maxima der Funktionen G_F bzw. F_F abzuleiten ist.

Für irgendeinen Punkt im Diagramm der Eigenbewegungen entspricht die Wahrscheinlichkeit P einer Haufenmitgliedschaft der Beziehung

$$P = F_C/(F_C + F_F) \qquad (5.4)$$

F_C und F_F sind die für diesen Punkt geltenden Häufigkeiten der Vektorpunkte des Feldes und

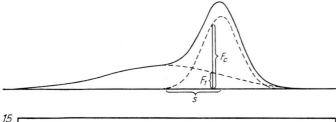

Bild 5.3 Häufigkeitsverteilung der Vektorpunkte aus der Eigenbewegung nach Vasilevskis [258] Erklärung siehe Text

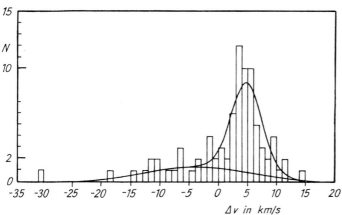

Bild 5.4 Beobachtete Häufigkeitsverteilung der relativen Radialgeschwindigkeiten, dargestellt durch zwei Gauss-Verteilungen nach Gieseking [267]

des Sternhaufens. Einige Sonderfälle aus diesen Beziehungen, die die Grenzen des Verfahrens aufzeigen, sind der Erörterung wert:

Wenn die Eigenbewegung eines Sternhaufens groß genug ist, wie es bei den Hyaden und einigen anderen Aggregaten der Fall ist, liegen die Vektorpunkte der Haufensterne außerhalb der Verteilungskurve des Feldes. Eine Mitgliedschaft kann hier leicht mit großer Sicherheit zuerkannt werden.

Beträgt hingegen die Eigenbewegung eines Haufens gegenüber der des Feldes null, so wird es schwierig, die separaten Häufigkeitsverteilungen aus der beobachteten Verteilung abzuleiten. Die Wahrscheinlichkeit erreicht in diesem Falle ihren geringsten Wert, der optimal $p = 0.75$ betragen kann, wenn man die Wahrscheinlichkeit aus den Standardabweichungen σ_f und σ_c des Feldes und des Haufens definiert,

$$p = \sigma_f / (\sigma_f + \sigma_c) \qquad (5.5)$$

und wenn $\sigma_f = 3\,\sigma_c$ gelten soll.

Die Abtrennung der Haufenmitglieder wird auch dann schwierig, wenn die Häufigkeitsverteilungskurve aus dem Sternhaufen geringere Ausmaße aufweist als die des Sternfeldes. Das ist der Fall, wenn die Population eines Aggregates gegenüber der des Feldes klein ist.

Bei Verwendung der Standardabweichungen für die Mitgliedschaftswahrscheinlichkeiten nach Gleichung *(5.4)* ist es verständlich, daß die Abtrennung der Haufenmitglieder unmöglich wird, wenn die Standardabweichung eines Haufens die des Feldes erreicht. In diesem Falle liegen meistens Messungen geringer Genauigkeit vor, was leider in Arbeiten aus früheren Jahren – sicherlich wegen Verwendung von Platten zu kleiner Epochendifferenzen –, nach den kompetenten Angaben von Vasilevskis [258] öfter vorgekommen ist.

Bezüglich der Ableitung der Mitgliedschaftswahrscheinlichkeit aus den relativen Radialgeschwindigkeiten gilt nach Gieseking [256] für den i-ten Stern einer Gesamtzahl N von Feld- und Haufensternen die den Gleichungen *(5.4)* und *(5.5)* analoge Beziehung

$$P_i = G_C \langle \Delta V_i \rangle / G \langle \Delta V_i \rangle. \qquad (5.6)$$

Hier sind die Verteilungsfunktionen G_C und G_F durch folgende Gleichungen gegeben:

$$G_F = \frac{N_F}{(2\pi\sigma_F)^{1/2}} \exp. \left[-\frac{1}{2} \left(\frac{\langle \Delta V \rangle - \langle \Delta V_F \rangle}{\sigma_F} \right)^2 \right] \qquad (5.7)$$

$$G_C = \frac{N - N_F}{(2\pi\sigma_F)^{1/2}} \exp. \left[-\frac{1}{2} \left(\frac{\langle \Delta V \rangle - \langle \Delta V_C \rangle}{\sigma_C} \right)^2 \right] \qquad (5.8)$$

N	Gesamtzahl der Sterne
N_F	Zahl der Feldsterne
$\langle \Delta V_F \rangle$	relatives Geschwindigkeitszentrum des Feldes
$\langle \Delta V_C \rangle$	relatives Geschwindigkeitszentrum des Haufens
σ_F	Standardabweichung der Radialgeschwindigkeiten der Feldsterne
σ_C	Standardabweichungen der Radialgeschwindigkeiten der Haufensterne

Alle genannten Parameter ergeben sich aus der in Bild 5.4 dargestellten Verteilungskurve.

Außer vielleicht bei den Hyaden, wo bei einer mittleren Geschwindigkeit von $v = 45.3$ km/s nach van Schewick [264] mittlere Eigenbewegungen von $\mu_\alpha \cos\delta = +10''69$ und $\mu_\delta = -2''81$ pro Jahrhundert nachgewiesen werden, können Eigenbewegungen allein nicht über die Mitgliedschaft eines Einzelsterns mit absoluter Sicherheit entscheiden. Diese Feststellung gilt in analoger Weise auch für die relativen Radialgeschwindigkeiten. Fotometrische Prüfungen oder die Zugehörigkeit zu Sterngruppen, die für offene Sternhaufen typisch sind, sind deshalb zusätzliche Kriterien.

Ein Mangel bisheriger Bewegungsuntersuchungen von Haufensternen liegt in der Auffindung von Haufenmitgliedern in den Halogebieten der Aggregate. Diese Lücke, die durch das Fehlen geeigneter Platten der ersten Epoche verursacht wird, läßt z. Z. wichtige Fragen zur Struktur und Dynamik offener Sternhaufen noch unbeantwortet. So sind nach Mathieu [216] die Hyaden der einzige Sternhaufen, der jenseits des theoretischen Gezeitenradius, der dort bei $R = 9.5$ pc liegt, untersucht wurde. Aber auch hier sind bislang nur 9 Sterne im Bereich $10 < R < 14$ pc bekannt, die Mitglieder des Sternhaufens sein könnten, wenn sie nicht Mitglieder der Hyadenbewegungsgruppe sind.

Es wird vermutet, daß es noch mehr derartige Sterne gibt, die möglicherweise im Begriff sind, den Sternhaufen zu verlassen.

Das Fehlen geeigneter, umfangreicher astrometrischer Halountersuchungen läßt auch keine endgültigen Erklärungen auf die von der Theorie und der numerischen Simulation vermutete Abflachung der Außenregionen von Sternhaufen infolge galaktischer Gezeitenwirkungen zu. Diese Abflachung sollte im axialen Verhältnis 2:1 bzw. 4:1 in Richtung auf das galaktische Zentrum und zwar in der galaktischen Ebene senkrecht zum galaktischen Zentrum bzw. senkrecht zur galaktischen Scheibe erfolgen. Nach Mathieu [216] wurden zwar eindeutige Abflachungen in den Sternhaufen Hyaden, Plejaden, NGC 3532 und NGC 2682 (M67) zum Teil in der richtigen Orientierung gefunden. Ob jedoch der Grad der Abflachung mit der Gezeitentheorie übereinstimmt, bleibt völlig offen.

Verläßt man sich bei der Klärung dieser Frage allein auf die Eigenbewegungsbestimmungen, so sind ernsthafte Ergebnisse erst in 10...15 Jahren zu erwarten. Kurzzeitige Lösungen bieten jedoch die relativen Radialgeschwindigkeiten nach Gieseking [267].

5.2.2. Gegenseitige Bewegung

Über die gegenseitige oder interne Bewegung der Mitglieder offener Sternhaufen, die ihrer gemeinsamen Bewegung überlagert ist, war bislang wegen der Kleinheit dieser Geschwindigkeiten wenig bekannt. Die Zeit, die hinsichtlich der Eigenbewegungen zwischen den frühesten und hinreichend genauen Positionsbestimmungen und der Gegenwart liegt, reichte einfach nicht aus, die internen Bewegungen meßtechnisch präzise zu erfassen. Seitens der Radialgeschwindigkeitsbestimmungen ergaben sich die Einschränkungen durch die Reichweite der Spektrographen und den hohen Zeitaufwand beim Erhalt von Spektrogrammen großer Genauigkeit. Diese Behinderungen sind durch den technischen Fortschritt und hinreichend große Epochendifferenzen behoben, so daß innerhalb des nächsten Jahrzehnts geeignete Daten zu erwarten sind, die eine Gegenüberstellung mit theoretischen Erkenntnissen erlauben und die

die nachfolgenden Betrachtungen nur als vorläufige Ergebnisse erscheinen lassen.

Nennenswerte Arbeiten aus der Vergangenheit bezüglich der inneren Bewegungen sind bei Becker [268] zusammengefaßt. Zu erwähnen sind hier die Radialgeschwindigkeitsuntersuchungen von Struve und Smith [269] an 69 Plejadensternen, aus denen sich eine interne Bewegung von $v = 1$ km/s ableiten ließ. Von ähnlicher Größenordnung sind auch die wenigen inneren Eigenbewegungen in offenen Sternhaufen. Nach Hertzsprung [270] beträgt die durchschnittliche Pekuliarbewegung der Plejadensterne etwa $\pm 0''001$ im Jahr, wohingegen Titus [271] hierfür $\pm 0''00079$ findet. Dieser Betrag entspricht bei einer Entfernung von 125 pc einer linearen Geschwindigkeit von $v = \pm 0.474$ km/s. Für die Praesepe werden von Schilt und Titus [272] interne Eigenbewegungen von $\pm 0''0011$ im Jahr angegeben. Bei einer Entfernung von 180 pc entspricht dieser Wert einer linearen Geschwindigkeit von $v = \pm 0.94$ km/s. Von der gleichen Größenordnung, ± 1.0 km/s, ist nach Miller [273] auch die Relativbewegung der Mitglieder des weitgehend aufgelösten Scorpio-Centaurus-Bewegungshaufens. Für den Perseus-Haufen wird von Smart und Ali [274] eine interne Bewegung der Haufensterne von $v = \pm 4.5$ km/s angegeben. Die gemessenen internen Bewegungen entsprechen der Größenordnung, wie sie allgemein anhand des Virialtheorems vorausgesagt wird.

Es muß immer wieder betont werden, daß die Frage der Erkennbarkeit der inneren Bewegungen eine Frage der Meßgenauigkeit ist und daß diesbezüglich sichere Aussagen nur in solchen Aggregaten zu erwarten sind, in denen eine gut aufgelöste Geschwindigkeitsverteilung vorliegt. Optimistisch stimmt in diesem Zusammenhang die inzwischen erreichte Präzision in den Radialgeschwindigkeitsbestimmungen und die Brauchbarkeit der relativen Radialgeschwindigkeitsmessungen für diese Untersuchungen. So hat Gieseking [267] mit Hilfe dieser Methode erfolgreich die interne Bewegung im Sternhaufen NGC 3532 abgeleitet. Aus allen Haufenmitgliedern findet er eine Geschwindigkeitsdispersion $\sigma = 1.49 \pm 0.29$ km/s. Er vermutet darüber hinaus die Anwesenheit einer Halopopulation,

die gegenüber den Sternen im Kern des Aggregates mit einer 2...3fachen Geschwindigkeitsdispersion ausgestattet ist.

Eine Einschränkung erfährt die Bestimmung
der inneren Kinematik mit Hilfe der relativen
Radialgeschwindigkeiten durch die spektroskopischen Doppelsterne, wenn man bedenkt, daß
die inneren Bewegungen der Haufenmitglieder
mit Geschwindigkeiten langperiodischer Doppelsterne verglichen werden können. So beträgt
beispielsweise die orbitale Geschwindigkeit bei
einer Periode von 100 Jahren $v_r \approx 0.5$ km/s
...1.0 km/s. Bei der angegebenen Periodenlänge
ist ohnehin die Doppelsternnatur nicht leicht
erkennbar, so daß gerade die unentdeckten
Doppelsterne die Flügel der Geschwindigkeitsverteilung überbevölkern. Es scheint zwar so zu
sein, daß die Doppelsternpopulationen in offenen Sternhaufen ähnlich denen im allgemeinen
Sternfeld sind, doch können systematische Fehler durch sie dann hervorgebracht werden, wenn
sie von Haufen zu Haufen variieren.

Nach Mathieu [216] zeigt der Vergleich der
beobachteten und der theoretischen Radialgeschwindigkeitsdispersion, daß die beobachteten
Haufenstrukturen und die innere Kinematik der
Aggregate sehr enge Verknüpfungen zur Theorie der stellaren Dynamik zeigen.

Die Eigenbewegungsbestimmungen sind im
Hinblick auf die internen Bewegungen aus
Gründen der Genauigkeit zur Zeit noch denen
aus der Radialgeschwindigkeitsbestimmung un-
terlegen. Die Meßgenauigkeit von 0.5 km/s aus
den Radialgeschwindigkeiten entspricht beispielsweise bei einer Distanz von 500 pc einer
Eigenbewegung von 0''.02 pro Jahrhundert. Dieses Beispiel und die Tatsache, daß die Präzision
linear mit der Entfernung abnimmt, bekräftigen
die eingangs gemachte Feststellung. Hinzu
kommt, daß die entsprechenden Messungen wesentlich aufwendiger sind, wenn Informationen
über die Geschwindigkeiten in zwei Richtungen
erhalten werden sollen, die die direkte Beobachtung der Anisotropie bei allen Sternen in den
Sternhaufen erlauben.

Neue Ergebnisse aus Untersuchungen inter-
ner Bewegungen in offenen Sternhaufen, die
aus Eigenbewegungen abgeleitet wurden, sind
in Tabelle 5.2 zusammengestellt.

Tabelle 5.2   Neuere Ergebnisse über interne Bewegungen aus Eigenbewegungsmessungen

Sternhaufen	Dispersion (in km/s)	Literatur
Plejaden	0.42 ± 0.18	Jones [275]
Praesepe	0.46 ± 0.03	Jones [361]
NGC 6705 (M11)	1.7 ± 0.4	McNamara, Sanders [362]
NGC 2682 (M67)	0.95...1.48	McNamara, Sanders [363]

Anzumerken ist, daß der von Jones [275] für
die Plejaden angegebene Wert von van Leeuwen
[259] bestätigt wird. Dieser findet innere Geschwindigkeiten zwischen $v = 0.09$ km/s und
$v = 0.59$ km/s und verweist darauf, daß die inneren Geschwindigkeiten für Sterne der Helligkeit $m_{pg} \geq 11^m5$ nur den halben Wert der helleren Objekte zeigen.

Der sicherlich interessanteste Befund aus der
Untersuchung der inneren Bewegung war die
Entdeckung einer Anisotropie in den Plejaden
[275] und der Praesepe. Die Gegenüberstellung
der tangentialen mit der radialen Geschwindigkeitskomponente in Abhängigkeit vom Haufenradius zeigt, daß die Anisotropie der Geschwindigkeitsverteilung in den Plejaden jenseits des
Kernradius ($R \approx 0.5$ pc) beginnt. Während sich
die Radialgeschwindigkeitsdispersion mit dem
Radius gleichbleibend verhält, nimmt die tan-
gentiale Geschwindigkeitsdispersion nach van
Leeuwen [259] vermutlich mit $1/R$ ab. Der Grad
der Anisotropie ist in den Plejaden und der
Praesepe ähnlich.

Nach Mathieu [216] stellen gegenwärtig Terlevich und van Leeuwen dattaillierte Vergleiche
zwischen den Plejadendaten und den Ergebnissen aus der von Terlevich unternommenen
1000-Körper-Simulationsrechnung an. Ein bereits bekannter Befund ist der, daß die Abnahme der beobachteten tangentialen Geschwindigkeitsdispersion mit zunehmendem
Radius geringer erscheint, als sie in den Simulationsrechnungen isolierter Haufen gefunden
wurde. Die Abnahme der beobachteten tangentialen Geschwindigkeitsdispersion ist aber derjenigen sehr ähnlich, wie sie bei Simulationen
von Sternhaufen im galaktischen Gezeitenfeld

auftritt. Zur Klärung der Fragen sind zusätzliche Eigenbewegungsuntersuchungen außerhalb der Sternhaufenkerne notwendig.

Eine der für die stellare Dynamik fundamentalen beobachtbaren Größen ist das Verhalten der Geschwindigkeitsverteilung als eine Funktion der Sternmasse. Leider gibt es auf diesem Gebiet sehr wenig Daten, die sich im letzten Jahrzehnt auch nicht wesentlich vermehrt haben und die deshalb bislang zu keinen eindeutigen Aussagen führten. Die von van Leeuwen [259] angekündigte diesbezügliche Untersuchung an Sternen der Plejaden ist ein hoffnungsvoller und sicherlich bedeutsamer Schritt nach vorn. Dabei bleibt anzumerken, daß sowohl die Fragen der Abhängigkeit der Geschwindigkeitsverteilung von der stellaren Masse als auch die Erforschung der Halostrukturen Gegenstand der Untersuchungen von Anbeginn der Haufendynamik an gewesen sind. Oft sind hier die theoretischen Erörterungen und Erwägungen weiter fortgeschritten, als es eigentlich die spärlichen Beobachtungen erlauben.

Viele grundlegende Fragen der Sternhaufendynamik sind noch völlig offen. Wenn auch nunmehr die Anfangsmassenspektra von 228 offenen Sternhaufen durch eine Untersuchung von Stecklum [138] bekannt sind, so gilt es Antworten zu finden auf die anfängliche stellare Raumverteilung der Haufenmitglieder. Es ist zu

untersuchen, ob die in einer Anzahl von Sternhaufen festgestellte Massentrennung, die in der Konzentration der massereichen Sterne in Richtung auf das Zentrum zum Ausdruck kommt, durch dynamische Prozesse hervorgebracht wird oder ob sich die Sternhaufen mit solchen Strukturen bilden. Es ist ebenfalls von Interesse, ob die in den Plejaden und der Praesepe festgestellte Anisotropie der Geschwindigkeitsverteilung auch in jungen Sternhaufen in Erscheinung tritt. Die aus der Beantwortung dieser Fragen resultierenden Ergebnisse führen zweifellos zur Vertiefung unserer Kenntnisse über die Sternbildung in den Aggregaten, über die Größenordnungen von Zeitskalen und über die stellare Dynamik selbst. Detaillierte theoretische Fragen, wie die dynamischen Beeinflussungen bei der Bildung der Sternhaufen, die stellare Dynamik in den Regionen der Sternbildung oder die Ungebundenheit der jungen Sternhaufen bleiben dabei noch völlig außer Betracht.

5.3. Bewegung der Haufenschwerpunkte

Wer die Literatur vor dem Jahre 1950 nach der Bewegung der Haufenschwerpunkte durchsieht, wird feststellen, daß nur wenig darüber bekannt gewesen ist. Außer Beobachtungen der Radial-

Tabelle 5.3 Schwerpunktbewegungen von 61 offenen Sternhaufen

Sternhaufen	Alte Benennung	l 1950.0	b	$\mu_\alpha \cos\delta$ (in Bogensekunden ''/100 a)	μ_δ (in Bogensekunden ''/100 a)	$\mu l \cos b$ (in Bogensekunden ''/100 a)	μb (in Bogensekunden ''/100 a)	d (in pc)	Vr (in km/s)
C 0027+599	NGC 129	120°1	−2°6	−0''19	−0''08	−0''19	−0''07	1 660	−13(3)
C 0115+580	NGC 457	126.6	−4.4	+0.05	+0.44	−0.01	+0.46	2 760	−34(3)
C 0129+604	NGC 581	128.0	−1.8	−0.25	+0.34	−0.31	+0.28	2 400	−37(2)
C 0132+610	Tr. 1	128.2	−1.1	−0.20	+0.25	−0.24	+0.20	2 190	
C 0142+610	NGC 663	129.5	−1.0	−0.26	+0.09	−0.27	+0.03	2 130	−32(2)
C 0154+374	NGC 752	137.2	−23.4	+0.74	−1.40	+1.13	+1.56	355	−3(3)
C 0215+569	NGC 869	134.6	−3.7	+0.02	+0.42	−0.13	+0.40	2 150	−40(5)
C 0218+568	NGC 884	135.1	−3.6	−0.16	+0.54	−0.35	+0.44	2 200	
C 0228+612	IC 1805	134.7	+1.0	−0.54	−0.06	−0.47	−0.27	1 700	−36
C 0238+425	NGC 1039	143.6	−15.6	+0.22	−1.76	+0.99	−1.45	430	
C 0318+484	Mel 20, α Per	147.0	−7.1	+2.69	−1.91	+3.30	−0.05	148	−2(5)
C 0341+321	IC 348	160.4	−17.7	+0.51	−0.77	+0.88	−0.25	350	+18(1)

Tabelle 5.3. *(Fortsetzung)*

Sternhaufen	Alte Benennung	l 1950.0	b	$\mu_\alpha \cos\delta$ (in Bogensekunden "/100 a)	μ_δ (in Bogensekunden "/100 a)	$\mu l \cos b$ (in Bogensekunden "/100 a)	μb (in Bogensekunden "/100 a)	d (in pc)	Vr (in km/s)
C 0344+239	Plejaden	166.6	−23.5	+1.81	−4.22	+4.21	−1.84	125	+7(5)
C 0403+622	NGC 1502	143.6	+7.6	+0.34	+0.65	−0.20	+0.70	880	−18(2)
C 0424+157	Hyaden	179.1	−23.9	+10.69	−2.81	+8.97	+6.47	40	+43(5)
C 0524+352	NGC 1907	172.6	+0.3	−0.08	−0.20	+0.12	−0.18	1 320	
C 0525+358	NGC 1912	172.3	+0.7	+0.07	−0.29	+0.20	−0.22	1 320	
C 0532+341	NGC 1960	174.5	+1.0	+0.16	−0.06	+0.14	+0.10	1 260	−4(3)
C 0532−048	NGC 1977	208.5	−19.2	+0.30	+0.12	+0.03	+0.33	410	
C 0532−054	Trapezium	209.0	−19.4	+0.07	+0.17	−0.12	+0.14	410	+23(5)
C 0532−059	NGC 1980	209.5	−19.6	−0.14	+0.22	−0.26	−0.02	365	
C 0549+325	NGC 2099	177.7	+3.1	+0.29	−0.23	+0.34	+0.14	1 280	
C 0604+241	NGC 2158	186.6	+1.8	−0.12	−0.30	+0.20	−0.25	3 300	
C 0605+243	NGC 2168	186.6	+2.2	+0.09	−0.45	+0.44	−0.14	870	−10(2)
C 0629+049	NGC 2244	206.4	−2.2	−0.41	−0.35	+0.12	−0.53	910	+33(3)
C 0649+005	NGC 2301	212.6	+0.3	+0.03	−0.50	+0.46	−0.20	750	
C 0734−143	NGC 2422	231.0	+3.1	−1.29	−0.28	−0.42	−1.25	480	+29(3)
C 0734−137	NGC 2423	230.5	+3.5	−0.55	−0.15	−0.15	−0.55	870	
C 0743−378	NGC 2451	252.4	−6.7	−1.74	+0.47	−1.30	−1.23	280	+27(2)
C 0757−607	NGC 2516	274.0	−15.9	+0.40	+0.96	−0.63	+0.83	365	+19(4)
C 0837+201	Praesepe	205.5	+32.5	−3.43	−2.02	+0.67	−3.93	158	+33(4)
C 0838−528	IC 2391	270.4	−6.9	−2.01	+1.65	−2.49	−0.63	153	+15(4)
C 0846−423	Tr. 10	262.8	+0.6	−1.44	−0.94	−0.24	−1.70	420	+19(2)
C 0847+120	NGC 2682	215.6	+31.7	−0.72	−0.47	+0.11	−0.85	830	+32(1)
C 1019−514	NGC 3228	280.7	+4.6	−0.78	−0.46	−0.44	−0.79	500	
C 1041−641	IC 2602	289.6	−4.9	−1.08	+0.67	−1.26	+0.13	155	+22(3)
C 1104−584	NGC 3532	289.6	+1.5	−1.06	−0.01	−0.99	−0.39	430	+7(3)
C 1222+263	Mel 111	221.1	+84.1	−1.50	−1.65	+0.92	−2.03	80	0(5)
C 1250−600	NGC 4755	303.2	+2.5	−0.60	+0.66	−0.57	+0.68	830	−18(4)
C 1614−577	NGC 6087	327.7	−5.4	−0.06	+0.23	+0.12	+0.20	920	+1(3)
C 1650−417	NGC 6231	343.5	+1.2	−0.07	−0.59	−0.50	−0.31	1 620	−23(3)
C 1743+057	IC 4665	30.6	+17.1	−0.50	−0.49	−0.67	+0.22	330	−15(4)
C 1816−138	NGC 6611	17.0	+0.8	+0.12	+0.14	+0.18	−0.04	1 700	+23(3)
C 1825+065	NGC 6633	36.1	+8.3	−0.39	+0.22	+0.01	+0.45	320	−28(2)
C 1828−192	IC 4725	13.6	−4.5	−0.66	+0.37	+0.03	+0.76	600	+3(3)
C 1848−063	NGC 6705	27.3	−2.8	+0.13	−0.14	−0.06	−0.18	1 720	+25(0)
C 1836+054	IC 4756	36.4	+5.3	+0.32	−0.27	−0.09	−0.41	440	−18(1)
C 1950+182	Harv. 20	56.3	−4.7	+0.66	+0.19	+0.51	−0.46	800	
	NGC 6838	56.7	−4.6	+0.25	−0.66	−0.43	−0.56	1 400	
C 2004+356	NGC 6871	72.6	+2.1	−0.06	−0.13	−0.14	−0.02	1 660	−15(3)
	NGC 6882	65.6	−4.0	−0.40	−0.13	−0.34	+0.25	680	
C 2009+263	NGC 6885	65.5	−4.1	+0.09	−0.54	−0.39	−0.38	320	
C 2014+374	IC 4996	75.4	+1.3	−0.22	−0.39	−0.44	−0.05	1 690	−22(0)
C 2021+406	NGC 6910	78.7	+2.0	−0.28	−0.40	−0.49	+0.15	1 600	−30(2)
C 2030+604	NGC 6839	95.9	+12.3	−0.21	+0.56	+0.32	+0.50	1 250	
C 2032+281	NGC 6940	69.9	−7.2	+0.14	−0.88	−0.61	−0.65	800	+4(2)
C 2130+482	NGC 7092	92.5	−2.3	−0.96	−1.39	−1.63	−0.43	250	
C 2203+462	NGC 7209	95.5	−7.3	+0.05	+0.06	+0.07	+0.02	910	
C 2213+496	NGC 7243	98.9	−5.6	+0.11	+0.11	+0.15	+0.03	875	−9(4)
C 2322+613	NGC 7654	112.8	+0.5	+0.22	+0.21	+0.27	+0.14	1 550	−35(2)
C 2354+564	NGC 7789	115.5	−5.4	−0.06	−0.14	−0.08	−0.13	1 820	

geschwindigkeiten von hellen Sternen aus etwa 30 Sternhaufen mit Geschwindigkeiten von $v = \pm 40$ km/s durch Hayford [35] ergaben Positionsmessungen nur bei den Hyaden, den Plejaden und der Praesepe beträchtliche Eigenbewegungen der Schwerpunkte.

Aus den bekannten Gründen hat sich dieser Sachverhalt seit den 50er Jahren völlig geändert. So verwendete van Schewick [264] bereits 1971 für die Ableitung der absoluten Eigenbewegungen die Schwerpunktbewegungen aus 61 offenen Sternhaufen, deren Zahl nach der Zusammenstellung von van Leeuwen [259] aus dem Jahre 1985 mittlerweile auf 81 Aggregate angestiegen ist. Mittlere Radialgeschwindigkeiten der Schwerpunkte sind nach dem Lund-Katalog aus 116 Sternhaufen mit mehr oder weniger guter Genauigkeit bekannt.

Eine Liste der Bewegung von Haufenschwerpunkten für 61 Aggregate ist in Tabelle 5.3 zusammengestellt. Die dort aufgeführten Daten sind der Publikation von van Schewick [264] und dem Lund-Katalog entnommen. Neben der Bezeichnung der Sternhaufen enthält die Tabelle die galaktischen Koordinaten der Objekte sowie deren Eigenbewegungen, die auf den FK4 bezogen sind und in Bogensekunden pro Jahrhundert für das Äquinoktium 1950.0 angegeben werden. Die Angaben der Eigenbewegung sind sowohl auf das äquatoriale als auch galaktische Koordinatensystem bezogen. Die Zusammenstellung enthält ferner die Entfernungen der Sternhaufen in Parsek. In der letzten Spalte von Tabelle 5.3 sind schließlich die Radialgeschwindigkeiten (in km/s) angegeben. Die in Klammern gesetzten Zahlen charakterisieren die Sicherheit dieser Daten, die mit ansteigender Zahl von 0...5 zunimmt. Die angeführten Eigenbewegungen und Radialgeschwindigkeiten betreffen Haufenschwerpunkte von Objekten des Nord- und Südhimmels.

5.3.1. Kinematisches Verhalten der Haufenschwerpunkte

Die beobachteten Eigenbewegungen sind aus den Anteilen der Sonnenbewegung und der galaktischen Rotation sowie der Pekuliarbewegung der Sternhaufen selbst zusammengesetzt. In den Radialgeschwindigkeiten ist darüber hinaus noch die Bewegung der Erde um die Sonne enthalten, die jedoch in der Regel bei den publizierten Werten bereits berücksichtigt ist. Für spezielle Untersuchungen ist die Bewegung der Sonne in Richtung des Apex aus den Beobachtungen zu entfernen. Dabei gelten für die einzelnen Geschwindigkeitsanteile folgende Beziehungen:

$$(\mu_\alpha \cos \delta)_{\text{par}} = 1/R \, (X \sin \alpha - Y \cos \alpha) + \mu'_\alpha \cos \delta \tag{5.9}$$

$$(\mu_\delta)_{\text{par}} = 1/R \, (X \cos \alpha + Y \sin \alpha \sin \delta - Z \cos \delta) + \mu'_\delta \tag{5.10}$$

$$(\mu_r)_{\text{par}} = -X \cos \alpha \cos \delta - Y \sin \alpha \cos \delta - Z \sin \delta + \mu'_r \tag{5.11}$$

X, Y und Z rechtwinklige Komponenten der Sonnenbewegung
R Entfernung der Objekte in pc
α und δ äquatoriale Koordinaten

Die Pekuliarbewegung $\mu'_\alpha \cos \delta$, μ'_δ und μ'_r übernimmt in den angegebenen Beziehungen die Rolle der zufälligen Beobachtungsfehler. Aus der Gleichung für die Radialgeschwindigkeitskomponente (μ_r) ist ersichtlich, daß sie unabhängig von R ist.

Die Koordinaten des Sonnenapex ergeben sich aus den rechtwinkligen Geschwindigkeitskomponenten:

$$\tan A = Y/X \tag{5.12}$$
$$\tan D = (Z^2/(X^2 + Y^2))^{1/2} \tag{5.13}$$

Die Sonnengeschwindigkeit ist durch folgende Beziehung definiert:

$$v = (X^2 + Y^2 + Z^2)^{1/2} \tag{5.14}$$

Für die Eigenbewegung der Schwerpunkte offener Sternhaufen empfiehlt es sich, sie in das galaktische Koordinatensystem umzurechnen. Aus den in der galaktischen Länge und Breite wirkenden Eigenbewegungen $\mu_l \cos b$ und μ_b ergeben sich dann die entsprechenden tangentialen Geschwindigkeiten v_l und v_b (in km/s) aus den Beziehungen

$$v_l = K \, R \mu_l \cos b \tag{5.15}$$
$$v_b = K \, R \mu_b \tag{5.16}$$

in die die Entfernungen R in pc und die Eigenbewegungen in Bogensekunden pro Jahr einzusetzen sind. Die Konstante K hat den Wert K = 4.738 in (km/s)/(1''/a).

Hinsichtlich der Orientierung der rechtwinkligen Geschwindigkeitskomponenten der Sonne ist zu bemerken, daß X ebenso wie die später allgemein verwendete Bezeichnung $U = U + U_\odot$ mit $l = 0°$ und $b = 0°$ auf das galaktische Zentrum gerichtet sind. Y und das später allgemein gebrauchte $V = V + V_\odot$ zeigen mit $l = 90°$ und $b = 0°$ in Richtung der galaktischen Rotation, wohingegen Z und das nachfolgend verwendete $W = W + W_\odot$ senkrecht zur galaktischen Ebene orientiert sind.

Analog zu den Gleichungen *(5.9)* und *(5.10)* gilt für die Anteile der parallaktischen Tangentialgeschwindigkeit

$$v_{l,\,par} = X \sin l - Y \cos l ; \qquad (5.17)$$
$$v_{b,\,par} = X \cos l \sin b + Y \sin l \sin b - Z \cos b. \qquad (5.18)$$

Dabei sind die rechtwinkligen Geschwindigkeitskomponenten der Sonne durch die galaktischen Apexkoordinaten L_A und B_A mit der Sonnengeschwindigkeit v_0 durch folgende Beziehungen miteinander verbunden:

$$X = v_0 \cos L_A \cos B_A \qquad (5.19)$$
$$Y = v_0 \sin L_A \cos B_A \qquad (5.20)$$
$$Z = v_0 \sin B_A \qquad (5.21)$$
$$v_0 = (X^2 + Y^2 + Z^2)^{1/2} \qquad (5.22)$$
$$\tan L_A = Y/X, \; \sin B_A = Z/v_0 \qquad (5.23)$$

Die Anteile der galaktischen Rotation an den tangentialen Längen- und Breitengeschwindigkeiten, Kreisbahngeschwindigkeiten vorausgesetzt, ergeben sich aus den Beziehungen

$$v_{l,\,gal} = R \cos b \, (A \cos 2l - B) \qquad (5.24)$$
$$v_{b,\,gal} = (R/2) \, A \sin 2l \sin 2b \qquad (5.25)$$

A und B Oortsche Konstanten

In den angegebenen Gleichungen widerspiegelt sich der bekannte Sachverhalt der Längenabhängigkeit der Eigenbewegung und der Radialgeschwindigkeit in Form einer Doppelwelle, der für die in Tabelle 5.3 enthaltenen offenen Sternhaufen für die Radialgeschwindigkeiten v_r und die Tangentialgeschwindigkeiten v_l in Bild 5.5 dargestellt wird. Neben den Einzelwerten sind dort auch die als starke Punkte gekennzeichneten Mittelwerte eingetragen.

Die Längenabhängigkeit der Eigenbewegung und der Radialgeschwindigkeit ist eine Folge

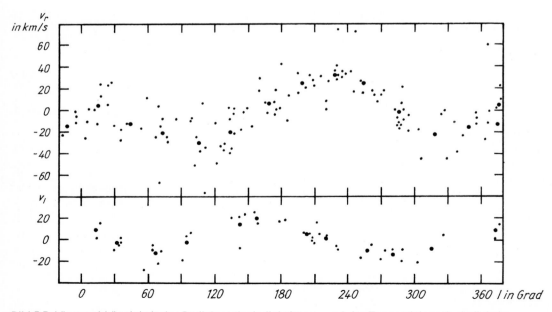

Bild 5.5 Längenabhängigkeit der Radialgeschwindigkeiten v_r und der Tangentialgeschwindigkeiten v_l

der differentiellen galaktischen Rotation, an der die offenen Sternhaufen offensichtlich teilnehmen. Gemäß der Theorie sind die Doppelmaxima aus dem Radialgeschwindigkeitsverlauf, die etwa bei $l \approx 30°$ und bei $l \approx 210°$ zu erwarten sind, gegenüber denen aus der Eigenbewegung bei $l \approx 160°$ und $l \approx 340°$ um $45°$ verschoben. Im allgemeinen gelten für den Verlauf folgende Beziehungen:

$$v_r = \text{Konst.} \sin 2\,(l + 15°) \qquad (5.26)$$
$$v_1 = \text{Konst.} \cos 2\,(l + 15°). \qquad (5.27)$$

Die unterschiedlichen Amplituden innerhalb der Doppelwellen aus Bild 5.5 sind in erster Linie auf unterschiedliche mittlere Distanzen der Sternhaufen zurückzuführen. Anzumerken ist in diesem Zusammenhang, daß für die Konstruktion der v_1-Kurve nur Sternhaufen mit Entfernungen $d \leq 1\,000$ pc verwendet wurden.

Unter Berücksichtigung der Gleichungen *(5.17)* und *(5.18)*, *(5.24)* und *(5.25)*, die die formelmäßigen Zusammenhänge aus der Eigenbewegung für die Anteile aus der Sonnenbewegung und aus der galaktischen Rotation enthalten, ergeben sich für die tangentialen Geschwindigkeiten v_1 und v_b gemäß der eingangs gemachten Feststellung die Gesamtbeziehungen

$$v_1 = X \sin l - Y \cos l + R \cos b\,(A \cos 2l + B)$$
$$+ \, v_{1,\,\text{pec}} \qquad (5.28)$$

und

$$v_b = X \cos l \sin b + Y \sin l \sin b - Z \cos b$$
$$- \,(R/2)\,A \sin 2l \sin 2b + v_{b,\,\text{pec}}. \qquad (5.29)$$

Mit Hilfe der relativen Eigenbewegungen werden anhand der gegebenen Gleichungen, die der Publikation von van Schewick [264] entnommen sind, zum einen die absoluten Eigenbewegungen der Sternhaufen bestimmt und zum anderen, aus dem Datenmaterial der offenen Sternhaufen Rückschlüsse auf die Sonnenbewegung und die Oortsche Rotationskonstante B gezogen.

Von besonderem Interesse, vor allem im Hinblick auf die Verteilung der Sternhaufen und ihr Alter, sind die Aussagen über die Größenordnung der Pekuliarbewegung, deren Übereinstimmung mit der, wie sie für die Vernichtung der anfänglichen Spiralstruktur vorausgesagt wird, von Bedeutung ist.

Der Arbeit von van Schewick [264] über die absoluten Eigenbewegungen von 61 offenen Sternhaufen entnehmen wir, daß die Sonnengeschwindigkeit relativ zu den offenen Sternhaufen wesentlich geringer ist als die Standardgeschwindigkeit, die mit 20 km/s angegeben wird. Sie entspricht im Mittel der Basisgeschwindigkeit, deren Wert mit $v_0 = 15.5$ km/s angegeben wird, und beträgt $v_0 = 15.57$ km/s. Die rechtwinkligen Geschwindigkeitskomponenten der Sonne nehmen in diesem Falle die Werte

$$X_0 = -10.1 \text{ km/s}, \; Y_0 = +10.1 \text{ km/s}$$
und $Z_0 = 6.2$ km/s

an. Die Koordinaten des Sonnenapex ergeben sich zu

$$L_A = 45°, \; B_A = 23°\!.47.$$

Die aus den offenen Sternhaufen ermittelte Lage des Sonnenapex entspricht derjenigen aus Sternen mit niedrigen Geschwindigkeitswerten und gleicht derjenigen aus O- bis B6-Sternen. Sie entspricht auch derjenigen aus Oe5- bis B- und B8- bis B9-Sternen, wie sie sich aus den Radialgeschwindigkeitsbestimmungen ergibt.

Zusammen mit den Komponenten der Sonnengeschwindigkeit X und Y wurde von van Schewick [264] auch die Oortsche Rotationskonstante B abgeleitet. Unter der Annahme der Oortschen Konstante A mit $A = 15$ km/s kpc entspricht diese für Sternhaufen der Distanz $R < 1\,000$ pc dem Wert $B = -6.6 \pm 3.3$ und für Sternhaufen der Entfernung $R < 2\,000$ pc $B = -7.1 \pm 1.7$. Legt man jedoch den Standardapex zugrunde, so ergibt sich die Konstante B zu $B = -7.6 \pm 2.1$.

Für die Pekuliarbewegung aus der Tangentialgeschwindigkeit bestimmte van Schewick die Werte $v_{1,\,\text{pec}} = \pm 8.3$ km/s für Sternhaufen der Distanz $R < 1\,000$ pc und $v_{1,\,\text{pec}} = \pm 8.5$ km/s für Objekte mit $R < 2\,000$ pc. Diese Geschwindigkeiten befinden sich im Einklang mit den erwähnten Abschätzungen von ungefähr ± 10 km/s, die davon ausgehen, daß mit Hilfe sehr junger Sternhaufen die Spiralstruktur unserer Galaxis noch dargestellt werden kann, wohingegen ältere Aggregate dieses Bild völlig verwischen.

Auf dem Gebiet der räumlichen Darstellung

der Pekuliargeschwindigkeiten offener Sternhaufen bleibt noch viel zu tun. Es gilt nicht nur
die Zahl der Sternhaufen mit bekannten Eigenbewegungen zu erhöhen, sondern auch umfangreiche Radialgeschwindigkeitsbestimmungen
durchzuführen, um in der Kombination aus beiden Möglichkeiten, vor allem in Hinblick auf
dynamische Fragen, geeignete Geschwindig-
keitsaussagen machen zu können.

5.3.2. Bewegungshaufen und Bewegungsgruppen

Bei statistischen Untersuchungen der Eigenbewegungen hellerer Feldsterne stellte Rasmuson
[276] fest, daß diese Sterne einzelnen Vorzugs-
richtungen zustreben, ohne daß sie augenscheinlich einen Sternhaufen darstellen. Die
Mitglieder derartiger Gruppierungen oder Bewegungshaufen können dabei über die ganze
Sphäre verteilt sein, so daß sich die Sonne und
andere Sterne mitten unter ihnen befinden,
ohne selbst Mitglied dieser Bewegungshaufen
zu sein.

Der Unterschied zwischen den offenen Sternhaufen und den Bewegungshaufen besteht wohl
in erster Linie im Grad der Auflösung dieser
Aggregate. Bewegungshaufen besitzen bei nahezu gleicher Mitgliederzahl bedeutend größere
Durchmesser als die offenen Sternhaufen. Im
Vergleich zu diesen liegt deshalb auch die
Sterndichte in den Bewegungshaufen wesentlich niedriger.

In noch aufgelockerterer Form als die Bewegungshaufen erscheinen die Bewegungsgruppen, die Sternströmungen darstellen, die auch
Sternhaufen in sich bergen können und die
ebenfalls aufgrund ihrer Eigenbewegungen bei
nahezu gleicher Geschwindigkeit auf einen gemeinsamen Vertex zustreben. Seit einigen Jahrzehnten beschäftigt sich Eggen [2] vorzugsweise
mit diesen Objekten.

Sowohl die Bewegungshaufen als auch die
Bewegungsgruppen stehen hinsichtlich ihres
Verhaltens eng miteinander in Beziehung.

Zur Charakterisierung der Bewegungshaufen
wird in Tabelle 5.4 aus historischen Gründen
und wegen der Details in unveränderter Form

eine Zusammenstellung von Becker [268] wiedergegeben, von der Sawyer Hogg [70] im Jahre
1959 feststellte, daß sie eine ausgezeichnete Da-
tensammlung über Bewegungshaufen darstellt.
Anzumerken ist, daß es sich bei den in Tabelle
5.4 angegebenen galaktischen Koordinaten der
Vertizes um das alte System (l^{I}, b^{I}) handelt und
daß seinerzeit die Plejaden und die Praesepe
wegen ihrer großen Eigenbewegungen mit zu
den Bewegungshaufen gezählt wurden. Bei den
eingeklammerten Koordinaten der Vertizes und
der Geschwindigkeiten handelt es sich um wegen der Sonnenbewegung unkorrigierte Daten.

Zweifellos gehören die Hyaden oder der Tau-
rus- sowie der Ursa-Major-, der Perseus- und
der Scorpio-Centaurus-Bewegungshaufen zu
den repräsentativsten Vertretern dieser Gruppe
von Objekten, die auch in den späteren Jahren
große Beachtung fanden und die für detaillierte
Untersuchungen die Grundlage bildeten.

Interessant sind die Ergebnisse aus Untersuchungen am Ursa-Major-Bewegungshaufen,
weil dieses Aggregat den Raum ausfüllt, in dem
sich auch unsere Sonne befindet. Von dem
Ursa-Major-Bewegungshaufen ist nach Roman
[277], wie von einigen anderen Objekten auch,
bekannt, daß er aus zwei Untergruppen von
Sternen zusammengesetzt ist. Zum einen sind
es die Mitglieder des kompakten offenen Sternhaufens Collinder 285 mit einer Gesamtmasse
von $\log M = 2.6$ und zum anderen ein ausge-
dehnter Strom von Sternen mit nahezu gleicher
Raumgeschwindigkeit von 30.3 km/s frei von
der Sonnenbewegung, die sich auf einen gemeinsamen Fluchtpunkt (Vertex) zubewegen.
Aus dem Sternstrom sind etwa 70 Mitglieder
bekannt, unter denen sich keine B-Sterne, aber
einige Riesen befinden. Durch das Vorhandensein von Riesensternen unterscheiden sich die
Mitglieder des Sternstroms von denen des
Sternhaufens, zu dem sie keine merkliche Konzentration aufweisen. Die Sterne des ausgedehnten Sternstroms verteilen sich auf einen
Raum von etwa 100 pc im Radius. Dieses Volu-
men enthält neben der Sonne auch die Hyaden,
die Plejaden und den Coma-Haufen, ohne daß
diese Objekte zu dem Sternstrom gehören.

Aufgrund kinematischer und dynamischer
Gegebenheiten vermutet Roman [277] eine

Tabelle 5.4 Elemente der bedeutenden Bewegungssternhaufen nach Becker [268]

Sternhaufen	Sternzahl	Helligkeit *m*	Spektren	Typus	Durchmesser (in pc)	Sterndichte (in Sterne/pc³)	Vertex *l*	Vertex *b*	Geschwindigkeit (in km/s)	Literatur
Ursa Major	126	2...7	A0-M	2a	≈150	0.0001	(331°.4 / 1.4	−36°.6) / − 6.0	(17.5) / 29.5	Nassau, Henyey [364]
Scorpio-Centaurus	286	1...7	O-A3	10	≈90	0.0009	(215.9 / 318.1	−19.9) / +14.4	(18.4) / 4.2	Bertaud [365]
Perseus	45	2...6.5	B3-K	1-2b	≈70	0.0003	(209.9 / 175.9	−5.0) / +1.0	(19.8) / 6.15	Rasmuson [276]
Orion	57	1...6	B0-B9	1b	≈65	0.0004	(188.3 / 80.9	−12.3) / − 9.5	(22.7) / 5.6	Miller [273]
Hyaden, Gruppe	221	0...9	B1-M	2b	≈250	0.00003	(150.9 / 151	+7.2) / +6.9	(31.2) / 31.2	Wilson [366]
Hyaden, Haufen	180	3.5...11	A0-K5	2a	18	0.25	(150.9 / 151.0	+7.2) / +6.9	(31.2) / 31.2	Haas [367]
Praesepe	577	6...17	A0-K	2a	4.0	1.5	(173.6 / 158	− 2.3) / +28	(40.8) / 28	Kl. Wassink [266]
Plejaden	160	3...14	B5-K5	1b	5.3	2.8	(216.3 / 321.7	−29.2) / −27.4	(19.5) / 4.8	Rasmuson [276]

lange Lebenszeit des Ursa-Major-Bewegungshaufens. Die gravitativen Beeinflussungen zwischen den Mitgliedern und den Feldsternen sind wegen der hohen Geschwindigkeiten, die die Haufensterne gegenüber denen des Feldes aufweisen, gering. Weiterhin haben die Scherungskräfte der galaktischen Rotation keinen Anteil, wenn die Sterne in dem Haufen in ihrem Umlauf um das galaktische Zentrum eher die gleichen Drehimpulse als die gleichen linearen Geschwindigkeiten aufweisen. Die kinetische Energie eines Haufenmitgliedes wird sich, bezogen auf den Kern des Haufens, wahrscheinlich um weniger als 20 % in $3 \cdot 10^9$ Jahren ändern. Aus dieser Schätzung schließt Roman [277], daß das Alter dieses Bewegungshaufens von der gleichen Größenordnung wie das der Galaxis ist.

Der Perseus-Bewegungshaufen wird durch eine Gruppe von B-Sternen, die sich um den Überriesenstern α Persei anordnet, geprägt. Die Existenz dieser Gruppe wurde nach Sawyer Hogg [70] entdeckt, als Eddington und Boss unabhängig voneinander bei 16 B-Sternen im Gebiet zwischen $\alpha = 3^h14^m$ und $\alpha = 5^h18^m$ und zwischen $\delta = +40°$ und $\delta = +50°$ parallele Bewegungen feststellten. Roman und Morgan [278] bestimmten im Jahre 1950 neben α Persei 25 weitere Sterne vom Spektraltyp B3 bis A2 als Haufenmitglieder. Heckmann und Mitautoren [279] erweiterten diese Gruppe auf 163 Sterne bis zur Helligkeitsgröße 12^m2 und dem Spektraltyp G5. Die mittlere Entfernung dieser Objekte wird mit $d = 170$ pc angegeben. Der Durchmesser ihrer Raumverteilung wird mit etwa 70 pc abgeschätzt. Der Durchmesser des im Bewegungshaufen befindlichen Sternhaufens Melotte 20 beträgt hingegen 9.2 pc. Seine Masse wird mit 1 000 Sonnenmassen und sein Alter mit $\log \tau = 7.71$ angegeben. Im Hinblick auf die nachfolgend zu behandelnden Bewegungsgruppen sei vermerkt, daß der Perseus-Bewegungshaufen in seiner Gesamtheit zur Plejadengruppe gehört.

Der Taurus- oder Hyadenbewegungshaufen ist einer der ersten Bewegungshaufen, die entdeckt wurden. Der offene Sternhaufen, der sich in ihm befindet, hat eine Entfernung von 48 pc und einen Durchmesser von 3.8 pc. Seine Masse wird mit etwa 800 Sonnenmassen abgeschätzt. Das Alter dieses Aggregates beträgt etwa $6.6 \cdot 10^8$ Jahre.

Die Mitglieder des Bewegungshaufens, die den gleichen Vertex wie die Mitglieder des offenen Sternhaufens aufweisen, verteilen sich, wenn man die entsprechende Bewegungsgruppe mit einbezieht, über weite Bereiche des Himmels.

Als südlicher Sternstrom ist der Scorpio-Centaurus-Bewegungshaufen bekannt, der sich etwa zwischen den galaktischen Längen $l = 240°$ und $l = 0°$ und den galaktischen Breiten $b = +30°$ und $b = -30°$ erstreckt und dessen Bewegung im wesentlichen durch B-Sterne bestimmt wird. Blaauw [280] leitete von diesem Objekt eine Geschwindigkeit von $v = 25.9$ km/s in Richtung $l = 259°5$ und $b = -14°6$ ab. Der angegebene Vertex unterscheidet sich geringfügig von dem in der nachfolgenden Tabelle 5.5.

Die heute in der Literatur (CSCA) bekannten Bewegungshaufen sind in Tabelle 5.5 zusammengestellt. Neben der Bezeichnung der Objekte sind dort in Klammern die wegen der Sonnenbewegung unkorrigierten Vertizes sowohl in äquatorialen als auch galaktischen Koordinaten angegeben. Die dazugehörigen, nicht eingeklammerten Werte berücksichtigen die Sonnenbewegung, die mit $v = 20$ km/s in Richtung auf den Apex $A = 270°$, $D = 30°$ angenommen wurde. Die Überführung der unkorrigierten in korrigierte Werte erfolgte mit Hilfe der Beziehungen:

$$v_0 \cos A_0 \cos D_0 = v \cos A \cos D ; \qquad (5.30)$$
$$v_0 \sin A_0 \cos D_0 = v \sin A \cos D - 17.32 ; \qquad (5.31)$$
$$v_0 \sin D_0 = v \sin D + 10.00 . \qquad (5.32)$$

In der Zusammenstellung der Bewegungshaufen (Tabelle 5.5) sind auch die Sternhaufen und Assoziationen angegeben, die sich innerhalb dieser Aggregate befinden und mit gleicher Geschwindigkeit dem gemeinsamen Vertex zustreben.

Einem Teil der ursprünglich als Bewegungshaufen angezeigten Aggregate wurde später die Realität aberkannt. Die Ursachen lagen im Anschluß der Messungen an ein mit systematischen Fehlern behaftetes Bezugssystem. So gab es beispielsweise eine Menge Verwirrungen über die Realität des Coma-Berenices-Haufen, dessen Existenz heute außer Zweifel steht und durch die entsprechende Bewegungsgruppe bestätigt wird.

Das Kriterium der Bewegungsgruppen, die großräumige Sternströmungen darstellen und zum Teil neben Einzelsternen unterschiedlichen Spektraltyps auch Gruppen von offenen Sternhaufen in sich bergen, ist ähnlich dem der Bewegungshaufen. Die Mitglieder dieser Aggre-

Tabelle 5.5   Bewegungssternhaufen

Bewegungs-sternhaufen	Sternhaufen/ Assoziation	α	δ	Vertex l_{II}	b_{II}	Ge-schwin-digkeit (in km/s)	Literatur
Ursa Major	Cr 285	$(20^h30^m$ 19 8.2	$-39°3)$ -3.6	$(2°6$ 32.0	$-35°8)$ -5.9	(18.8) 30.25	Smart [281]
Scorpio-Centaurus	Sco OB2	(6 36.4 16 25.2	$-45.4)$ -30.9	(254.2 348.0	$-21.2)$ $+12.3$	(18.3) 5.6	Moreno [282]
Perseus	Mel 20+Ass	(7 21.2 8 55.8	-27.5 -20.5	(241.0 247.0	$-5.9)$ $+16.0$	(33.8) 16.0	Roman, Morgan [278]
ξ Persei		(4 00.0 0 30.9	0.00) $+42.4$	(190.3 119.4	$-36.7)$ -20.1	(21.7) 14.8	Blaauw [283]
Taurus	Hyaden	(6 18.5 6 37.2	$+7.5)$ $+30.8$	(202.8 184.0	$-3.3)$ $+11.3$	(43.95) 30.7	Van Bueren [265]
61 Cygni		(6 39.6 6 48.4	$+0.5)$ $+7.9$	(210.5 205.8	$-1.9)$ $+3.5$	(95) 79	Rasmuson [276]
Coronoa Borealis Gemini	Cr 89+Ass	(18 39.6	$-41.5)$	(354.2	$-16.1)$	37	Rasmuson [276] Collinder [16]

gate zeichnen sich vor allem durch die nahezu gleiche, in Richtung der galaktischen Rotation wirkende rechtwinklige Geschwindigkeitskomponente *V* aus.

Eine Zusammenstellung der Bewegungsgruppen, wie sie sich u. a. aus dem CSCA ergibt, erfolgt in Tabelle 5.6. Repräsentative Vertreter sind dort sicher die Plejaden- und Hyaden-Bewegungsgruppen, zu deren Mitgliedern auch die gleichnamigen offenen Sternhaufen zählen.

Tabelle 5.6   Bewegungsgruppen

Bezeichnung	Literatur
Hyaden	Eggen [2]
Sirius	Eggen [2]
ξ Her	Eggen [290]
ε Ind	Eggen [290]
61 Cyg	Eggen [290]
Plejaden	Eggen [291]
Coma Berenices	
θ Cent	
γ Leo	
η Cep	
σ Pup	Eggen [291]
Wolf 630	
Groombridge 1830	Eggen, Sandage [292]

Die Hyaden-Bewegungsgruppe wird als Supersternhaufen aufgefaßt, dessen Mitglieder über weite Bereiche des Himmels verteilt sind. In einer systematischen Suche nach Mitgliedern dieses Aggregates hat Eggen [284, 285, 286, 287, 288, 289] unter den nahen Sternen mehr als 300 zugehörige Sterne gefunden. Unter ihnen befinden sich Weiße Zwerge wie Feige 24, V 3558 Sgr und SS Aur sowie der Kern des planetarischen Nebels NGC 7293, die Sterne HD 18 134, V 471 Tau B, der Stern +26°730 A, DH Leo und Z Her B mit aktiven Chromosphären und die roten Riesensterne R Hya, RR Sco, π^1 Gru, R Lyr, VZ Cam, AD Cet neben den beiden Kohlenstoffsternen TE Her und NP Pup.

Unabhängig von den Untersuchungen von Eggen, einem Experten auf dem Gebiete der Bewegungsgruppen, haben auch Bubenicek und Palous [293] die Wirksamkeit der Hyaden-Gruppe und der Plejaden-Gruppe in dem von Palous [294] veröffentlichten Katalog der Raumgeschwindigkeiten von B- und A-Sternen nach-

gewiesen. Bei diesen Untersuchungen blieben alle bekannten Mitglieder der entsprechenden offenen Sernhaufen ausgeschlossen.

Nach Bubenicek und Palous [293] geht aus den Eigenbewegungsvektoren der A-Sterne hervor, daß bei ihnen eine starke Häufung im Vertex des Hyaden-Sternhaufens auftritt. Die Verteilung der Eigenbewegungsvektoren der B-Sterne hingegen verweist auf einen Vertex, der mit dem der Plejaden identisch ist und demnach von der Plejaden-Bewegungsgruppe gebildet wird. Die Dominanz der A-Sterne in der Hyaden-Gruppe und die der B-Sterne in der Plejaden-Gruppe verweist auf das unterschiedliche Alter beider Aggregate.

Die Existenz der Hyaden-Bewegungsgruppe tritt nach Bubenicek und Palous [293] auch in der Verteilung der rechtwinkligen Geschwindigkeitskomponenten U und V hervor. Insgesamt 67 A-Sterne konnten von ihnen als Mitglieder der Hyaden-Bewegungsgruppe nachgewiesen werden. Von diesen Sternen wurden 18 Objekte bereits von Eggen als Mitglieder der Bewegungsgruppe identifiziert.

Die Raumverteilung der Gruppen- und Haufenmitglieder in den Hyaden zeigt zwei Häufungszentren, von denen das eine mit dem des Hyaden-Bewegungshaufens und das andere mit dem des Praesepe-Haufens identisch ist. Umgeben werden diese Zentren von einer ausgedehnten Korona aus Sternen der Hyaden-Bewegungsgruppe, deren Durchmesser mit etwa 100 pc abgeschätzt wird.

Die Verteilung der Hyaden-Haufen- und Gruppenmitglieder auf einzelne Altersbereiche geht aus Bild 5.6 hervor. Aus dem dort gezeigten Histogramm, das der Arbeit von Bubenicek und Palous [293] entnommen ist und das sowohl die altersmäßige Verteilung der Sterne des Hyaden-Sternhaufens als auch die der Mitglieder der Bewegungsgruppe enthält, wird ersichtlich, daß das mittlere Alter des Sternhaufens (Cl) etwa $8.0 \pm 0.5 \cdot 10^8$ Jahre beträgt. Die Bewegungsgruppe hingegen zeigt zwei Verteilungsmaxima bei $4.0 \pm 0.5 \cdot 10^8$ Jahren und bei $8.0 \pm 0.5 \cdot 10^8$ Jahren.

Diese Alterswerte bestätigen die Voraussage, von Yuan und Waxman [295], die aus der Zurückverfolgung der Sterne in ihre Ausgangslage

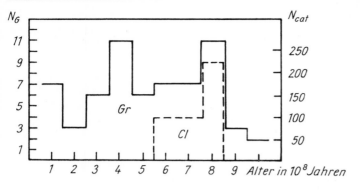

Bild 5.6 Altersverteilung von
Sternen der Hyaden-Bewegungsgruppe und des Hyaden-Sternhaufens nach Palous
——— N_G
– – – N_{Cat}

zur Zeit ihrer Entstehung auf Alterswerte der Hyaden von $3.7 \cdot 10^8$ Jahren und $7.15 \cdot 10^8$ Jahren gekommen sind. Beide Altersangaben haben ihre Berechtigung, wenn man eine kontinuierliche Sternentstehung im Sternhaufen in die Betrachtungen einbezieht.

Untersuchungen an anderen Bewegungsgruppen von Eggen [291] und Eggen und Sandage [292] haben gezeigt, daß es noch ältere Aggregate als die Hyaden-Bewegungsgruppe gibt. So wird das Alter der etwa 40 Sterne umfassenden σ-Puppis-Gruppe von Eggen [291] mit $15 \cdot 10^9$ Jahren angegeben. Diese Bewegungsgruppe enthält einige der ältesten Scheibenpopulationssterne.

Um Halosterne der Galaxis handelt es sich bei der Bewegungsgruppe Groombridge 1830, die sich durch sehr hohe Geschwindigkeiten von 285 km/s bis 300 km/s auszeichnet und nach Eggen und Sandage [292] den Kugelsternhaufen zugeordnet werden muß.

Eine an Mitgliedern reiche Bewegungsgruppe ist die der Plejaden. Neben den 55 uns am nächsten stehenden Sternen vom Spektraltyp B0 bis B7, die Plejaden-Haufensterne bleiben dabei ausgeschlossen, gehören nach Eggen [291] zu dieser Gruppe auch die Sternhaufen IC 2602 ($d = 155$ pc), Melotte 20 (α Persei) ($d = 175$ pc), NGC 3516 ($d = 365$ pc), NGC 1039 ($d = 440$ pc), der δ-Lyrae-Haufen ($d = 315$ pc) sowie der Plejaden-Haufen selbst. Diese Bewegungsgruppe ist jünger als die Hyaden-Gruppe.

Die Mitgliederzahlen der bekannten Bewegungsgruppen sind recht unterschiedlich, wie aus Tabelle 5.7 hervorgeht. Anzumerken ist jedoch, daß nicht in jedem Fall eine vollständige

Tabelle 5.7   Mitgliederzahlen einiger Bewegungsgruppen

Bewegungsgruppe	Anzahl der Mitglieder
Hyaden	>300
Sirius	100
ξ Her	45
ε Ind	15
Plejaden	>55
γ Leo	23
η Cep	33
σ Pup	40

Erfassung vorliegt und die Mitglieder der in die Bewegungsgruppe einbezogenen offenen Sternhaufen unberücksichtigt blieben.

Die Mitglieder der einzelnen Bewegungsgruppen (Einzelsterne und Sternhaufen) zeichnen sich besonders durch die annähernd gleiche, in Richtung der galaktischen Rotation wirkende Geschwindigkeit $V = V_{Cl} + V_\odot$ aus. In Tabelle 5.8 sind diese Geschwindigkeiten zusammen mit den anderen rechtwinkligen Geschwindigkeitskomponenten, $U = U_{Cl} + U_\odot$ und $W = W_{Cl} + W_\odot$, für die einzelnen Bewegungsgruppen und die in ihnen vorkommenden offenen Sternhaufen eingetragen. Die angegebenen Geschwindigkeiten sind nicht wegen der Sonnenbewegung korrigiert. Die aus ihnen abgeleiteten Gesamtgeschwindigkeiten v sind in Tabelle 5.8 ebenfalls enthalten. Hervorzuheben sind aus der Zusammenstellung besonders die gegenüber den anderen Bewegungsgruppen aus bekannten Gründen völlig abartigen Geschwindigkeiten der Gruppe Groombridge 1830.

Die galaktischen Breiten der von der Sonnen-

bewegung freien Fluchtpunkte der Bewegungsgruppen und Bewegungshaufen sind auf eine
Bewegung in Richtung der galaktischen Ebene
gerichtet. Die sich aus 12 Aggregaten ergebende
mittlere galaktische Breite der Vertizes beträgt
$\bar{b} = -2°14$. Die diesem Wert zuzuordnende
mittlere   Raumgeschwindigkeit   ergibt
$\bar{v} = 36.2$ km/s.

Bewegungshaufen ebenso wie die Sternhau-

fen großer Eigenbewegung eignen sich (sieh Abschnitt 3.1.4.) besonders für die Distanzbestimmung mit Hilfe der Sternstromparallaxen.
Gerade für die Mitglieder von Bewegungshaufen lassen sich deshalb anhand ihrer Eigenbewegung und aus Beobachtungen der Radialgeschwindigkeit sehr genaue Entfernungen ableiten, aus denen sich absolute Helligkeiten hoher
Genauigkeit berechnen lassen.

Tabelle 5.8   Rechtwinklige Geschwindigkeitskomponenten ($U + U_\odot$, $V + V_\odot$, $W + W_\odot$) aus Bewegungsgruppen und in ihnen befindlichen offenen Sternhaufen

Bezeichnung	Bewegungsgruppe				Sternhaufen			
	U (in km/s)	V (in km/s)	W (in km/s)	v (in km/s)	U (in km/s)	V (in km/s)	W (in km/s)	v (in km/s)
Hyaden	+40	−17	−3	43.6	+40	−18	−2	43.9
Sirius	−14	0	−12	18.4				
ξ Her	+54	−45	−26	74.9				
ε Ind	+79	−39	+6	88.3				
61 Cyg	+92	−53	−6	106.3				
Plejaden	+9	−27	−13	31.3	+9	−27	−12	30.9
NGC 2516					+11	−25	−4	27.6
IC 2602					+2	−28	−8	29.2
NGC 1039					+3	−27	−20	33.7
Melotte 20					+13	−27	−8	31.0
δ Lyr					+11	−28	+8	31.1
Coma-Berenices	+3...13 ≈ −5				+5	−6		
σ Pup	+70	−80	−9	106.7				
Groombridge 1830	−263	−151	−22	304.1				

6. Zur Entwicklung offener Sternhaufen

Die Entwicklung eines offenen Sternhaufens ist zum einen durch die Entwicklung seiner Mitglieder entsprechend der Theorie der Sternentwicklung und zum anderen durch seine dynamische Entwicklung gekennzeichnet. Der jeweilige Entwicklungsstand der Mitglieder eines Sternhaufens und somit auch dessen Alter kommt in den Farben-Helligkeits-Diagrammen zum Ausdruck, wohingegen die dynamische Entwicklung, die die Lebensdauer der Aggregate umfaßt, von der anfänglichen Masse der Aggregate, ihrem Radius, ihrer Mitgliederzahl und ihrer Lage in der Galaxis abhängig ist.

Die stellare Entwicklung in den Sternhaufen wird durch das Haufenalter τ charakterisiert. Die Zeitskala der dynamischen Entwicklung hingegen beginnt mit der Ausbildung der Haufen und endet mit deren Auflösung. Unabhängig von dem relativ geringen Wissen über die Frühphase der Sternhaufenausbildung setzt sich die Lebensdauer eines Haufens aus dem gegenwärtigen Alter τ und der Zeit τ_A zusammen, die noch bis zur Auflösung der Aggregate vergeht:

$$T = \sum \tau = \tau + \tau_A \qquad (6.1)$$

Eine Verknüpfung beider Zeitskalen τ und T, die untereinander nur eine lose Abhängigkeit zeigen, ergibt sich über das dynamische Alter, das gleichbedeutend mit der dynamischen Entwicklungsphase ist:

$$ph_{dyn} = \tau_{dyn} = \tau/T \qquad (6.2)$$

Gleichung *(6.2)* stellt das Verhältnis aus Haufenalter und Lebensdauer dar.

Unsere theoretischen Kenntnisse über die dynamische Entwicklung offener Sternhaufen sind nicht zuletzt durch die Einführung numerischer N-Körper-Simulationen weit fortgeschritten und stark angewachsen. Sie sagen aber nur über die Entwicklung der Eigenschaften offener Sternhaufen etwas aus, die in den Modellvorstellungen Berücksichtigung fanden.

In keinem Verhältnis zu den theoretischen oder numerisch experimentellen Erkenntnissen steht die Bestätigung von der Beobachtungsseite her, weil nach wie vor an der Bereitstellung einer genügend großen Zahl geeigneter Beobachtungsdaten und der aus ihnen ableitbaren Parameter mangelt. Notwendig sind gesicherte Angaben über die inneren Bewegungen oder Geschwindigkeitsdispersionen in den Sternhaufen, um von der Leuchtkraftfunktion unabhängige Aussagen über die Masse der Aggregate machen zu können. Erst eine Vielzahl gesicherter Massewerte und die nahezu vollständige Erfassung aller Mitglieder in den Aggregaten mit Hilfe der relativen Eigenbewegungen oder Radialgeschwindigkeiten führen über präzise fotometrische Beobachtungen zur Bestätigung der Haufenmitgliedschaft individueller Sterne und zur Festsetzung des Haufenalters. Erst solche gesicherten Ergebnisse bestätigen die theoretischen Erkenntnisse und individuellen Auffassungen oder nicht.

Es ist bekannt, daß es eine Frage der Präzision der Meßtechnik und der Zeit ist, um auf diesem Gebiete weiterzukommen. Die sich weltweit anbahnenden Aktivitäten stimmen für die Zukunft optimistisch und lassen in den nächsten Jahrzehnten die Klärung einiger grundlegender Fragen erhoffen.

6.1. Dynamische Entwicklung

Bei Sternsystemen, die über so verschiedenartige Massedichten und Konzentrationsgrade verfügen wie die offenen Sternhaufen, drängt sich naturgemäß die Frage nach ihrer Stabilität auf, die um so dauerhafter sein wird, je konzentrierter ein Haufen ist und je geringer die Kräfte sind, die auf ihn wirken. Die in diesem Zusammenhang anstehende Frage nach der Länge der Zeit, die vergeht, bis sich ein Sternhaufen infolge der auf ihn einwirkenden Kräfte in ungebundene Einzelsterne aufgelöst hat, interessiert die Beobachter schon lange Zeit. Sie bildet aber auch die grundlegende Fragestellung für die theoretischen Betrachtungen, die die die Sternhaufen zerstörenden Kräfte, wie Gezeitenwirkungen, hervorgerufen durch die Rotation unserer Milchstraße, gravitative Wirkungen, hervorgebracht durch die Begegnungen der Mitglieder eines Aggregates untereinander, oder zufällige Begegnungen der Sternhaufen mit anderen massereichen Objekten, wie Gas- und Molekülwolken oder Schwarze Löcher, zum Inhalt hatten oder haben. Die markanteste Erscheinung jedoch, welche die Dynamik der Sternhaufen von der der allgemeinen Dynamik der Galaxis und anderer stellarer Systeme unterscheidet, ergibt sich aus den Sternbegegnungen und deren Wirkungen.

Als erster hat wohl Jeans [63] im Jahre 1922 die zerstörenden Kräfte eines Sternhaufens untersucht. Er berücksichtigte seinerzeit den Einfluß der galaktischen Kräfte auf der Grundlage der Kapteinschen Vorstellung von unserer Galaxis und noch nicht die Teilnahme der Sternhaufen an der differentiellen Rotation eines höheren Sternsystems. Er kam zu dem heute nicht mehr haltbaren Schluß, daß sich unsere gesamte Galaxis aus den Trümmern aufgelöster Sternhaufen ausgebildet haben muß.

Aufbauend auf die von Jeans geschaffene Grundlage hat Bok [296] im Jahre 1934 die infolge der galaktischen Rotation auftretenden Gezeitenwirkungen als zerstörende Kraft in die Theorie der Dynamik offener Sternhaufen eingeführt.

Ambartsumian [67] konnte aufzeigen, daß sich die ursprünglich mit $T = 10^{10}$ Jahren abgeschätzte Lebensdauer der Sternhaufen wesentlich verkürzt, wenn man die engen Begegnungen der Mitglieder der Aggregate und die damit verbundenen Änderungen ihrer kinetischen

Energie sowie das allmähliche Anstreben der wahrscheinlichsten Verteilung, eine Maxwell-Boltzmann-Verteilung, mit in die Betrachtungen einbezieht. In diesem Falle und unter den angegebenen Bedingungen entweichen Sterne aus den Aggregaten, ein Befund, der seitdem aus der Theorie der Auflösung offener Sternhaufen nicht mehr wegzudenken ist und der die Dynamik offener Sternhaufen von der Dynamik anderer stellarer Systeme unterscheidet.

Eine Zusammenfassung aller bis dahin aufgezeigten Aspekte und eine entsprechende Diskussion sowie eine Vervollständigung der Theorie zur Dynamik offener Sternhaufen hat Chandrasekhar [66] im Jahre 1942 besorgt (mit einigen nachfolgenden Arbeiten 1960 unveränderte Neuauflage). Chandrasekhar [297] gibt Formeln an für die Dauer einer Relaxationszeit und, von Ambartsumian [67] übernommen, für den Bruchteil von Sternen, der aus einem Aggregat entweicht.

Auf diesen Grundlagen hat sich eine Reihe weiterer Arbeiten aufgebaut, die entweder die zeitliche Entwicklung der Masse und des Radius eines Sternhaufens zum Inhalt haben oder die Verteilung von Dichte und Geschwindigkeit untersuchten. Im ersteren Falle sind die Arbeiten von King [298], von von Hoerner [170], von Matsunami und Mitautoren [299] sowie von Gurewich und Levin [300], im anderen Fall die Autoren Wooley [301, 302], Woolley und Robertson [303], Belzer, Gamov und Keller [304], von Hoerner [305], Ruprecht [306], Henon [307, 308] und Oort und van Herk [309] zu nennen.

Andererseits lassen sich gegen die Ableitung der Formeln von Chandrasekhar, vor allem gegen ihre Anwendung auf Sternhaufen, eine Reihe von Einwänden vorbringen, denen in einigen Arbeiten versucht wurde zu begegnen oder gerecht zu werden. Hier sind besonders Untersuchungen von Henon [310], King [298, 311] und Spitzer und Harm [312] aus früherer Zeit und die modernen statistischen Theorien von Henon [313, 314] und von Spitzer und Hart [315, 316], Spitzer und Shapiro [317] sowie von Spitzer und Thuan [318] zu nennen. Letztgenannte Arbeiten dienten Wielen [319] zum Vergleich der aus der numerischen N-Körper-Simulation erhaltenen Ergebnisse.

Die mathematische Beschreibung einzelner Bereiche eines Sternhaufens auf der Grundlage der statistischen Theorie ist nach den Angaben von von Hoerner [69] teilweise reichlich kompliziert und wird es um so mehr, je exakter sie sein will. Eine exakte Beschreibung des Systems im ganzen, verbunden mit seiner zeitlichen Entwicklung, erschien von Hoerner [69] ganz hoffnungslos kompliziert, wenn auch heute solche Modelle mit all ihren Schwächen bekannt sind. Aus der beschriebenen Situation heraus wurde auf der Grundlage moderner Rechentechnik von von Hoerner [69] der Gedanke der numerischen N-Körper-Simulation geboren. Diese Arbeitsrichtung hat in den letzten Jahrzehnten einen großen Aufschwung genommen und unser Wissen über die Sternhaufen wesentlich bereichert. Zusammenfassende Überblicke über die Ergebnisse aus numerischen N-Körper-Experimenten haben Wielen [319, 320, 321] sowie Aarseth und Lecar [322] verfaßt.

Hinsichtlich der Lebensdauer der offenen Sternhaufen wurden umfangreiche Rechnungen mit Hilfe der statistischen Theorie durchgeführt. Die diesen Abschätzungen zugrunde liegenden Modelle sind, wie wir nachfolgend noch sehen werden, von der Gesamtmasse der Sternhaufen und ihren Radien abhängig und fallen, gemessen an dem Stand der entsprechenden empirischen Kenntnisse, unsicher aus. Ganz allgemein kann hier vermerkt werden, daß auf der Grundlage großer Massen ($\bar{M} \approx 1\,000\,M_\odot$) höhere Lebensdauern ($\log T \approx 9.1$) zu erwarten sind als bei geringeren Massen ($\bar{M} \leqq 500\,M_\odot$, $T \approx 2 \cdot 10^8$ Jahre).

Einen neuen Weg, die Lebensdauer der Aggregate aus der beobachteten Altersverteilung der Sternhaufen abzuleiten, hat Wielen [172] beschritten. Die diesbezüglichen Ergebnisse sind gegenüber den sich aus den theoretischen Vorhersagen ergebenden Resultaten ein starker beobachtungsmäßiger Test für die dynamische Theorie offener Sternhaufen, die bislang von fertigen Aggregaten ohne Berücksichtigung der Entstehung und Bildung ausgeht. Erst in jüngster Zeit gibt es, wie die Arbeiten von Burki [323] und Markulis und Lada [324] zeigen, erste und Erfolg versprechende diesbezügliche Ansätze.

6.1.1. Zur Theorie der Auflösung

Aus dem Virialtheorem geht hervor, daß in einem Sternhaufen, der sich im statistischen Gleichgewicht befindet, die kinetische Energie der Haufensterne der Hälfte der gesamten negativen Gravitationsenergie entspricht:

$$2\,E_{\text{kin}} + \Omega = 0 \qquad\qquad (6.3)$$

E_{kin} kinetische Energie der Bewegung der Sterne relativ zum Gravitationszentrum des Aggregates

Im Falle der Vereinfachung und unter der Annahme, daß alle Sterne eines Haufens gleiche Masse haben, gilt für die kinetische Energie die Beziehung

$$2\,E_{\text{kin}} = n \cdot m \cdot \bar{v}^2 = M \cdot \bar{v}^2 \qquad (6.4)$$

n Anzahl der Sterne
m mittlere Sternmasse
$\bar{v}$ mittlere Geschwindigkeit der Sterne relativ zum Gravitationszentrum

Für die potentielle Energie kann geschrieben werden:

$$\Omega = -\,\frac{1}{2}\frac{G m^2 n\,(n-1)}{\bar{R}} = -\,\frac{1}{2}\frac{G - m^2 n^2}{\bar{R}}$$
$$= -\,\frac{1}{2}\frac{G M^2}{\bar{R}} \qquad\qquad (6.5)$$

G Gravitationskonstante
$\bar{R}$ mittlerer Haufenradius

Durch Kombination von Gleichung (6.4) und Gleichung (6.5) ergibt sich der Zusammenhang

$$\bar{v}^2 = \frac{1}{2}\frac{G n m}{\bar{R}} = \frac{G M}{2\,\bar{R}}. \qquad\qquad (6.6)$$

Unter Verwendung der Einheiten Sonnenmasse und Parsec nimmt dieser Ausdruck die bereits aus Gleichung (4.17) bekannte Form an:

$$(v^2)^{1/2} = 4.63 \cdot 10^{-2} \left(\frac{M}{R}\right)^{1/2} \text{km/s}$$

Diese Formel ist für die Massebestimmung der Aggregate aus ihrer Geschwindigkeitsdispersion besonders geeignet.

Das Geschwindigkeitsquadrat aus Gleichung

(6.6) ist nach den Herleitungen von Chandrasekhar [297] aber auch in der Relaxationszeit T_E eines Sternhaufens und in der mittleren freien Weglänge seiner Mitglieder $(\lambda(v)/R)$ enthalten. Auf die Darstellung der entsprechenden Ableitungen wird jedoch an dieser Stelle verzichtet.

Die Relaxationszeit ist im wesentlichen die Zeit, die erforderlich ist, bis sich in einem Sternhaufen eine Maxwell-Geschwindigkeitsverteilung eingestellt hat. Aus dieser Definition folgt, daß, wenn das statistische Gleichgewicht eines Systems zu irgendeiner Zeit gestört wird, eine Zeit von der Größenordnung T_E gebraucht wird, bis sich das ursprüngliche Gleichgewicht wieder eingestellt hat. Andererseits schließt eine Maxwell-Verteilung ein, daß ein kleiner, aber endlicher Bruchteil der Gesamtzahl von Sternen in einem Sternhaufen Geschwindigkeiten haben wird, die ausreichen, um aus der gravitativen Anziehung aller anderen Mitglieder zu entkommen. Zum Zeiptunkt des Entweichens dieser Sterne wird das statistische Gleichgewicht gestört. Aber nach einer Zeit T_E gibt es neue Sterne mit der notwendigen Entweichgeschwindigkeit und die Folge der Ereignisse wiederholt sich aufs neue, so daß sich auf diese Art und Weise ein kontinuierlicher Verlust von Sternen in den Sternhaufen einstellt, der zu einer Auflösung der Aggregate führt. Dieser Prozeß kann wegen der begrenzten Zahl von Mitgliedern nicht unendlich sein.

Die mittlere Relaxationszeit in Jahren wird von Chandrasekhar [297] unter Verwendung der Einheiten Sonnenmasse und Parsec wie folgt angegeben:

$$T_E = 8.8 \cdot 10^5 \left(\frac{nR^3}{m}\right)^{1/2} \frac{1}{\log n - 0.45} \qquad (6.7)$$

n Anzahl der Sterne
R mittlerer Haufenradius
m mittlere Einzelmasse

Die sich aus Gleichung *(6.7)* ergebenden Relaxationszeiten liegen für offene Sternhaufen in der Größenordnung 10^7 Jahre und sind vergleichsweise kurz gegenüber der bekannten allgemeinen galaktischen Zeitskala (10^{10} Jahre).

Die freie Weglänge der Sterne in einem Aggregat wird von Chandrasekhar [297] wie folgt

angegeben und ist allein von der Anzahl der Haufensterne abhängig:

$$\frac{\lambda(\bar{v})}{\bar{R}} = 0.023 \frac{n}{\log n - 0.56} \qquad (6.8)$$

Die Wahrscheinlichkeit, daß ein Stern innerhalb der freien Weglänge seine Energie ändert, beträgt etwa 0.63, was bedeutet, daß sich die Haufenmitglieder untereinander weiterbewegen.

Die Auflösungsrate der Sternhaufen durch das Entweichen von Sternen wurde erstmals von Ambartsumian [67] definiert. Die Tatsache, daß Sterne aus den Aggregaten entweichen und größere Energien und Geschwindigkeiten aufweisen als die für den jeweiligen Sternhaufen geltenden Werte, ergibt sich allein aus der Verteilungsentwicklung in Richtung auf eine Maxwell-Verteilung.

Für die mittlere Entweichenergie $\bar{E}_\infty$ gibt Chandrasekhar [297] folgende Beziehung an:

$$\bar{E}_\infty = \frac{Gm^2 n}{\bar{R}} \qquad (6.9)$$

Das Quadrat aus der mittleren Entweichgeschwindigkeit lautet

$$\bar{v}^2 = \frac{2Gmn}{\bar{R}} \qquad (6.10)$$

Unter Berücksichtigung der mittleren Geschwindigkeit (Gleichung *(6.6)*) kann für die Entweichgeschwindigkeit auch folgende Beziehung geschrieben werden:

$$\bar{v}_\infty^2 = 4\,\bar{v}^2 \qquad (6.11)$$

Die Entweichgeschwindigkeit entspricht demnach dem zweifachen Betrag der mittleren Geschwindigkeit.

Der Bruchteil der Gesamtzahl von Haufenmitgliedern, deren Geschwindigkeit größer als die Entweichgeschwindigkeit ist, beträgt $Q = 0.0074$. Aus diesem Anteil ergibt sich die von Ambartsumian [67] abgeleitete Entweichrate der Sterne:

$$\frac{\Delta n}{n} \simeq -0.0074 \frac{\Delta t}{T_E} \qquad (6.12)$$

Diese weist auf eine relativ schnelle Auflösung der Aggregate hin, wenn man die Relaxationszeit in der Größenordnung von 10^7 Jahren berücksichtigt.

Die zeitliche Entweichrate der Sterne dn/dt lautet bei Verwendung der Einheiten Parsec, Sonnenmasse und Jahr

$$\frac{dn}{dt} = -8.4 \cdot 10^{-9} \left(\frac{mn}{R^3}\right)^{1/2} (\log n - 0.45) \, . \quad (6.13)$$

In dieser Formel erkennen wir die Bedeutung dieser Erscheinung für die Entwicklung der Sternhaufen. Gleichzeitig werden wir aber auch auf die Mängel dieser Beziehung aufmerksam gemacht, die durchweg nur für Sterne gleicher Masse gilt und somit der Wirklichkeit in den Aggregaten nicht entspricht.

Anzumerken ist außerdem, daß Sterne mit hohen Geschwindigkeiten schneller entweichen und größere Distanzen zum Haufenzentrum einnehmen als solche geringerer Bewegung. Auf diese Weise wird ein Halo von Mitgliedern um den eigentlichen Sternhaufen gebildet, ein Befund, der durch die Beobachtung bestätigt wird.

Ein anderer Einfluß, der auf die Auflösung der Sternhaufen einwirkt, rührt von der galaktischen Rotation her. Ein beliebiger Sternhaufen, der sich beispielsweise in der Entfernung R_{GC} vom galaktischen Zentrum befindet, von dem angenommen wird, daß es die Gesamtmasse der Galaxis $M_G = 2 \cdot 10^{11} \, M_\odot$ in sich birgt, erfährt dabei die Beschleunigung GM_G/R_{GC}^2. Ein Stern dieses Aggregates unterliegt jedoch der individuellen Beschleunigung $GM_G/(R - r)^2$.

Die Differenz aus beiden Ausdrücken,

$$2 \, GM_G r/R^3 \quad \text{für} \quad r \ll R \, ,$$

ist nach von Hoerner [170] diejenige Beschleunigung, mit der die Masse der Milchstraße (M_G) den Stern von seinem Haufen zu entfernen versucht. Dem wirkt die Beschleunigung durch die Masse des Sternhaufens, GM/r^2, entgegen. Eine Stabilität beider Wirkungen wird dort erreicht, wo folgende Bedingung erfüllt wird:

$$2 \, GM_G r_s/R^3 = GM/r_s^2 \quad\quad (6.14)$$

Der entsprechende Radius r_s wird als Stabilitätsradius bezeichnet und folgt der Beziehung

$$r_s = R \left(\frac{M}{2 \, M_G}\right)^{1/3} \quad \text{(in pc).} \quad (6.15)$$

Er wird um so kleiner, je geringer sich die Haufenmasse ergibt. Im Falle einer hohen Dichte des Haufens werden die auflösenden Wirkungen durch das Gezeitenfeld klein. Sie sind aber nicht zu vernachlässigen, wenn die Haufen einen losen Aufbau zeigen.

Einem Sternhaufen gehen alle Sterne verloren, die weiter fliegen als die Stabilitätsgrenze. Dadurch verliert das Aggregat pro Relaxationszeit den Bruchteil q seiner Masse und den Bruchteil p seiner Energie. Folgen wir nun der Modellrechnung von von Hoerner [170] für einen Sternhaufen, in dem

- die Haufensterne gleiche Masse haben,
- der gegenseitige Energieaustausch der Haufensterne innerhalb der Relaxationszeit eine Maxwell-Geschwindigkeitsverteilung erzeugt,
- der Virialsatz in genügender Näherung gilt,
- der Massenverlust durch die Entwicklung der massereicheren Sterne vernachlässigbar ist und
- alle Sterne verloren gehen, die sich weiter von ihm entfernen als die Stabilitätsgrenze,

so ergibt sich aus den Bruchteilen p und q, die als Funktionen von T_E aufzufassen sind, die Beziehung

$$t(T_E) = t_e - \int_0^{T_E} 2 \, dT_E/(3p + 7q) \quad\quad (6.16)$$

und somit auch $T_E(t)$.

t_e Zeitpunkt, zu dem sich der Haufen gerade aufgelöst hat

Definieren wir noch eine Größe $n(\tau)$, die den Faktor darstellt, mit dem die Relaxationszeit T_E eines Haufens des Alters τ zu multiplizieren ist, um die restliche Lebensdauer τ_a bis zur Auflösung des Aggregates darstellen zu können, so gilt

$$n(t) = (t_e - t)/T_E(t); \quad\quad (6.17)$$
$$\tau_a \quad = n\bar{T}_E. \quad\quad (6.18)$$

Sowohl q und p als auch n können als Funktionen des Radienverhältnisses $x = r/r_s$ gegeben werden (siehe von Hoerner [170]). Für die

Masse und den Radius eines Haufens gelten die Beziehungen

$$M = const.\ T_E/x^{3/2};\qquad (6.19)$$
$$r = const.\ T_E^{1/3} x^{1/2}.\qquad (6.20)$$

Mit Hilfe der angegebenen Gleichungen kann sowohl der zeitliche Verlauf der Entwicklung eines Haufens rechnerisch dargestellt als auch die Lebensdauer einzelner Aggregate abgeschätzt werden. Ausgegangen wird dabei in jedem Fall von der berechenbaren Relaxationszeit T_E (Gleichung (6.7)) und dem Stabilitätsradius r_s (Gleichung (6.15)) sowie dem sich aus dem Haufenradius und dem Stabilitätsradius ergebenden Radienverhältnis $x = r/r_s$.

Das Verhalten einzelner Parameter aus dem Modell Nr. 3 von von Hoerner [170] geht aus Bild 6.1 hervor, wo die entsprechenden Werte über dem dynamischen Alter (dynamische Entwicklungsphase) t/T_0 aufgetragen sind. Die Darstellung ist mit $x = 0.5$ normiert. Außerdem liegt dem Modell und den aus ihm resultierenden Tabellen eine mittlere Haufenmasse von $M = 1\,000\,M_\odot$ zugrunde.

Neben der natürlichen Abnahme der Masse und des Radius eines Sternhaufens infolge des Entweichens von Sternen wird in Bild 6.1 deutlich, daß sich die Relaxationszeit eines Aggregates im Verlaufe der dynamischen Entwicklung verkürzt. Der Faktor n hingegen steigt mit zunehmender Entwicklungsphase an und verweist darauf, daß die Stabilitätsgrenze erst am

Ende der Auflösung vernachlässigt werden kann.

Aufbauend auf das Modell von von Hoerner [170] und unter Verwendung der dortigen Tabellen hat Schmidt [86] die Masse und Lebensdauer von 129 offenen Sternhaufen abgeschätzt. Er fand eine mittlere ursprüngliche Haufenmasse von $M = 1.12 \cdot 10^3\,M_\odot$ und eine mittlere Lebensdauer der Aggregate von $1.24 \cdot 10^9$ Jahren. Diese Aussagen beruhen allerdings auf einer Leuchtkraftfunktion, entsprechend der der Feldsterne. Sie ist nach Wielen [172] für offene Sternhaufen unrealistisch, weil die untere Hauptreihe der galaktischen Sternhaufen im allgemeinen nicht gemäß der Leuchtkraftfunktion der Feldsterne bevölkert ist. Für eine kleinere mittlere Anfangshaufenmasse und damit auch für kürzere mittlere Lebensdauern der Aggregate sprechen die Untersuchungen von Bruch und Sanders [151], dagegen aber die aus den Geschwindigkeitsdispersionen abgeleiteten Massewerte aus Abschnitt 4.3.1.

Bei der Behandlung der stellaren Gesamtmassen wurden die entsprechenden Werte aus der Arbeit von Schmidt [86] und aus dem Lund-Katalog den dynamischen Haufenaltern τ/T gegenübergestellt (Bild 4.20). Ergänzend dazu wird in Tabelle 6.1 die Häufigkeitsverteilung der logarithmischen Lebensdauer (log T) aus 122 Sternhaufen gegeben. Aus der Zusammenstellung geht hervor, daß bei 65 % der untersuchten Aggregate eine jeweilige Lebensdauer von $T \leqq 1.8 \cdot 10^9$ Jahren vorliegt und daß die

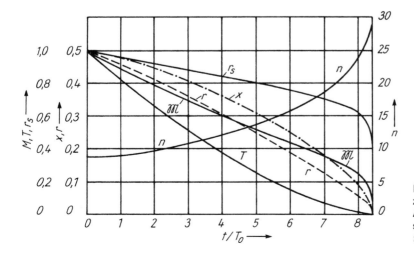

Bild 6.1 Verhalten einzelner Haufenparameter in Abhängigkeit vom dynamischen Entwicklungsalter t/T_0

Tabelle 6.1 Häufigkeitsverteilung der Lebensdauer offener Sternhaufen nach dem Modell 3 von Von Hoerner [170] in der Anwendung auf die von Schmidt [86] abgeschätzten Massen

log T	N_{cl}
8.25...8.50	4
8.50...8.75	10
8.75...9.00	24
9.00...9.25	41
9.25...9.50	24
9.50...9.75	14
9.75...10.00	5

Häufigkeitsverteilung insgesamt zwischen log T = 8.25 und log T = 10.0 weit aufgefächert ist.

Im Mittel etwa um den Faktor 10 geringere Lebensdauern ergeben sich aus Bestimmungen mit Hilfe der Altersverteilung der offenen Sternhaufen. Diese Methode ist unabhängig von der Leuchtkraftfunktion und geht von der Voraussetzung aus, daß die Defizite an älteren und alten offenen Sternhaufen durch die vorzeitige Auflösung der übrigen Objekte bedingt sind. Wielen [321], der 1971 [172] eine derartige Untersuchung durchgeführt hat, verweist darauf, daß seine damaligen Aussagen trotz des umfangreichen Materials aus dem Lund-Katalog noch volle Gültigkeit haben, weil sich an der seinerzeit abgeleiteten Altersfrequenz $\nu(\tau) = (\Delta n/\Delta \tau)$ pro Altersintervall von 10^8 Jahren für Sternhaufen mit Distanzen $d \leq 1\,000$ pc nichts oder nur wenig geändert hat. Dieser Befund geht auch aus Bild 6.2 hervor, wo die von Wielen [172] anhand der Sternhaufenkataloge von Becker und Fenkart [95] sowie von Lindoff [325] erstellte Altersfrequenz $\nu/(\tau)$ zusammen mit der aus dem Lund-Katalog über dem Haufenalter aufgetragen sind. Aus der Darstellung wird ersichtlich, daß die Altersfrequenz junger Sternhaufen etwa um 3 Größenordnungen höher liegt als die der ältesten Aggregate und daß

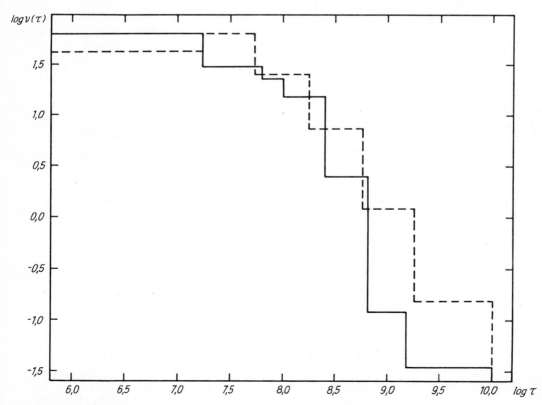

Bild 6.2 Gegenüberstellung der Altersfrequenz $\nu(\tau)$ über dem Haufenalter τ

bei ihr nach $\log\tau = 8.30$ eine rapide und stetige Abnahme mit zunehmendem Alter einsetzt.

Es wurde von Wielen [172] eingehend geprüft, ob die beobachtete Altersverteilung der Sternhaufen wirklich auf die Auflösung der Aggregate zurückzuführen ist. Die in Betracht gezogenen Möglichkeiten des Zustandekommens durch Auswahleffekte oder die Variation der Bildungsrate offener Sternhaufen mit der Zeit erwiesen sich zumindest für die Sternhaufen mit $d \leq 1\,000$ pc und für die letzten Milliarden Jahre als negativ.

Unter der Annahme dieser Gegebenheiten und der Voraussetzung, daß die gesamte Lebensdauer eines Sternhaufens nicht von der jeweiligen Zeit der Ausbildung der Aggregate abhängig ist, d. h., daß zu allen Zeiten gleiche Bedingungen und gleiche Eigenschaften der Sternhaufen (Masse, Radius, mittlere stellare Einzelmasse u. a.) vorlagen, sowie keine Umstände zur Änderung des gravitativen Feldes einkalkuliert werden müssen, bleibt als einziger Grund zur Erklärung des Defizits in der beobachteten Altersfrequenz die dynamische Auflösung der Sternhaufen. In diesem Falle gilt nach Wielen [172] folgende Beziehung:

$$\nu(\tau) = \nu(0) \cdot P(\tau) \qquad (6.21)$$

In dieser Beziehung kommt die direkte Proportionalität der beobachteten Altersfrequenz des Alters τ zur Wahrscheinlichkeit des Überlebens $P(\tau)$ zum Ausdruck, und $\nu(0)$ ist die angenommene Anfangsfrequenz (Anzahl der Sternhaufen pro 10^8 Jahre).

Anstatt die Wahrscheinlichkeit P für ein bestimmtes Alter abzuleiten, erscheint es sinnvoller nach der inversen Funktion $\tau_p(P)$ zu suchen. Dabei ist τ_p das Zeitintervall, in welchem ein gegebener Bruchteil neu gebildeter Sternhaufen überleben wird. Das bedeutet andererseits, daß sich der Bruchteil $1-P$ neuer Sternhaufen innerhalb der Zeit τ_p auflöst.

Der enge, von Wielen [172] auf der Grundlage der beobachteten Altersfrequenz berechnete Zusammenhang zwischen den vorgegebenen Prozentsätzen der Überlebenswahrscheinlichkeit und den entsprechenden Altersintervallen τ_p wird in Tabelle 6.2 gegeben. Als Anfangsfrequenz wurde $\nu(0) = 30$ gewählt.

Tabelle 6.2 Zeitintervalle τ_P, in welchen ein vorgegebener Prozentsatz neugebildeter Sternhaufen P überleben wird

P (in %)	τ_P (in 10^8 Jahren)
50	1.6
20	3.0
10	4.5
5	6
2	10
1.0	13
0.5	18
0.2	30
0.1	40
0.05	55

Aus der Zusammenstellung in Tabelle 6.2 geht hervor, daß die Lebensdauer der offenen Sternhaufen sehr kurz ist. Dabei lösen sich 50 % neu gebildeter Sternhaufen innerhalb von $2 \cdot 10^8$ Jahren auf. Nur 10 % der neuen Aggregate überleben $5 \cdot 10^8$ Jahre, wohingegen bei nur 2 % ein Überleben von mehr als $1 \cdot 10^9$ Jahren zu erwarten ist. Die wirkliche und individuelle Lebensdauer der Sternhaufen ist weit aufgefächert und reicht von $T \approx 10^8$ Jahren bis zum Alter der Galaxis.

Aus der beobachteten Altersverteilung $\nu(\tau)$ läßt sich auch die Verteilung der Lebensdauern der Sternhaufen ableiten, die das Alter τ erreicht haben. Einige diesbezügliche Ergebnisse von Wielen [172] sind in Tabelle 6.3 festgehalten. Dort bedeutet die Angabe $T_{1/2}$, daß 50 % der Sternhaufen des Alters τ Gesamtlebensdauern länger als $T_{1/2}$ haben. Nur 10 % der Sternhaufen des Alters τ besitzen Gesamtlebensdauern länger als $T_{1/10}$. Mit der Angabe des Alters und der

Tabelle 6.3 Relative dynamische Alter galaktischer Sternhaufen nach Wielen [172]

Alter τ (in 10^8 Jahren)	$T_{1/2}$ (in 10^8 Jahren)	$T_{1/10}$ (in 10^8 Jahren)	$\tau/T_{1/2}$
0.1	1.6	4.5	0.06
0.3	1.6	4.5	0.20
1.0	2.1	5.6	0.50
3.0	4.5	10.0	0.70
10.0	13.0	30.0	0.80
30.0	40.0	90.0	0.80

Lebensdauer $T_{1/2}$ ist auch die Möglichkeit gegeben, das relative dynamische Alter oder die dynamische Entwicklungsphase, $ph_{dyn} = \tau/T_{1/2}$, anzugeben. Das relative dynamische Alter ist keineswegs proportional zum absoluten Alter. Während junge Sternhaufen auch dynamisch junge Objekte sind, haben die meisten Sternhaufen mit $\tau > 10^8$ Jahren bereits die Hälfte ihrer Lebenszeit zurückgelegt und sind dynamisch alte Systeme.

In Bild 6.3 sind die aus der statistischen Theorie auf der Grundlage einer mittleren Haufenmasse von $M_{Cl} = 1\,000\,M_\odot$ nach von Hoerner [170] und Schmidt [86] erhaltenen dynamischen Entwicklungsphasen oder relativen dynamischen Alter (τ/T) denjenigen aus der Altersverteilung und Altersfrequenz ($\tau/T_{1/2}$) gegenübergestellt. Aus der Darstellung ist zu schließen, daß im Phasenbereich $0.0 < \tau/T < 0.1$ die Phasenwerte aus der Altersverteilung etwa um den Faktor 6 größer sind. Dies ist nicht verwunderlich, da die Gesamtlebenszeiten kürzer als die aus der statistischen Theorie sind. Im Phasenbereich $\tau/T \geqq 0.1$ hingegen beträgt der Richtungsfaktor nur 0.3. Dort sind die (τ/T)-Werte größer als diejenigen aus der Altersverteilung.

Über die Abhängigkeit der mittleren Haufenmasse von der dynamischen Entwicklungsphase (dynamisches Alter) wurde bereits berichtet. Wie Bild 6.4 zeigt, unterliegen auch die mittleren Haufenradien einer schwachen Abhängigkeit vom dynamischen Alter, mit dessen Zunahme eine Abnahme der mittleren Ausdehnung verbunden ist. In diesem Zusammenhang sei auch an die in Abschnitt 2.3. erörterten Beziehungen der linearen Durchmesser mit den Reichtumsklassen, dem Alter der Aggregate und ihrer Lebensdauer erinnert.

Die Ergebnisse bezüglich der Bestimmung der Lebensdauer anhand der statistischen Theorie und der Altersverteilung der Sternhaufen

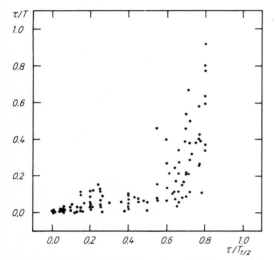

Bild 6.3 Gegenüberstellung des relativen dynamischen Alters aus der statistischen Theorie (τ/T) mit dem aus der Altersfrequenz ($\tau/T_{1/2}$)

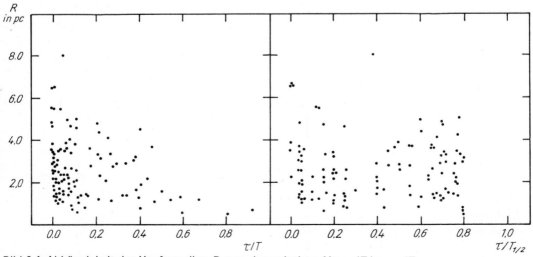

Bild 6.4 Abhängigkeit der Haufenradien R vom dynamischen Alter τ/T bzw. $\tau/T_{1/2}$

zeigen, daß es schwierig ist, für das einzelne System die Lebensdauer zu bestimmen. Aus Simulationsrechnungen geht hervor, daß die Lebensdauer eines Sternhaufens hauptsächlich durch dessen Anfangsmasse, die gleichbedeutend mit dessen Mitgliederzahl ist, und dessen mittleren Radius, der durch die anfängliche Gesamtenergie festgelegt ist, bestimmt wird. Die dynamische Auflösung eines offenen Sternhaufens wird in erster Linie durch das Entweichen von Sternen, das durch Begegnungen der Haufensterne untereinander verursacht wird, und durch das galaktische Gezeitenfeld hervorgerufen.

Andere, zumindest einzukalkulierende zerstörende Kräfte sind zufällige Begegnungen mit Feldsternen oder Wolken interstellarer Materie. Theoretische Untersuchungen (Chandrasekhar [297]) haben jedoch gezeigt, das Begegnungen mit Feldsternen von untergeordneter Bedeutung sind. Auch HI-Wolken haben nach Wielen [172] nur geringen Einfluß. Anders verhält es sich jedoch mit Riesenmolekülwolken, siehe nachfolgende Betrachtungen.

6.1.2. Numerische N-Körper-Simulationen

Aufbauend auf die grundlegende und richtungsweisende Arbeit von von Hoerner [69] hat sich in den darauffolgenden Jahrzehnten die numerische N-Körper-Simulation stellarer Systeme nicht zuletzt als Folge immer modernerer Rechentechnik mit großer Ausdehnung weiterentwickelt und war Gegenstand vieler Symposien und Kolloquien. Für die Beobachtung und für den Vergleich von Beobachtung und Experiment sind heute solche Untersuchungen von Interesse, die mit mehr als 100 Sternen durchgeführt wurden und werden und die in realistischer Weise das galaktische Gezeitenfeld, das Massenspektrum der Sternhaufen, den Massenverlust der Haufenmitglieder sowie störende Wolken interstellarer Materie in die Betrachtungen einbeziehen.

Die dynamische Entwicklung kleiner stellarer Systeme, wie sie die offenen Sternhaufen mit ihren Mitgliederzahlen darstellen, kann mit

Hilfe der numerischen Integration der Bewegungsgleichungen aller im Aggregat befindlichen Sterne im Rahmen des N-Körper-Problems untersucht werden. Die Bewegungsgleichungen von N Sternen unter Berücksichtigung gegenseitiger gravitativer Anziehung sind dabei durch folgende Beziehung mit $i = 1, \ldots N$ gegeben:

$$\ddot{r}_i = \sum_{\substack{j=1 \\ j \neq i}}^{N} \frac{Gm_j}{|r_j - r_i|^3} (r_j - r_i) \qquad (6.22)$$

r_i Positionsvektor des Sterns i
m_i Masse dieses Sterns
G Gravitationskonstante

Diese Bewegungsgleichungen können durch das Hinzufügen äußerer gravitativer Felder oder durch die Berücksichtigung der zeitlichen Änderung der Masse m_i erweitert werden.

Das Ziel der numerischen Integration anhand der angegebenen Formel ist nicht der Erhalt und das Studium der einzelnen Kreisbahnen der Sterne im gegenseitigen Gravitationsfeld, sondern die Information über die Entwicklung des Sternhaufens als Ganzes, die aus der Statistik der Einzelbahnen resultiert. Es sind also in erster Linie die »makroskopischen« Eigenschaften gefragt und weniger das »mikroskopische« Verhalten, wenn auch durchaus in dem einen oder anderen Fall individuelle Verhaltensweisen der Mitglieder von Interesse sind.

Als ein typisches Beispiel für eine »makroskopische« Eigenschaft eines Aggregates kann die mittlere Massendichte und ihre Abhängigkeit von der Lage im System betrachtet werden.

Die aus der numerischen N-Körper-Simulation erhaltenen Ergebnisse sind in zweierlei Weise anwendbar. Zum einen sind sie geeignet, die statistischen Theorien der stellaren Dynamik zu prüfen, und zum anderen wird die Möglichkeit gegeben, die dynamische Entwicklung eines realen Sternsystems zu simulieren. Die N-Körper-Untersuchungen können ohne weitere Theorie direkt mit den beobachteten Objekten verglichen werden, vorausgesetzt, daß die numerischen Modelle die physikalisch relevanten Effekte (z. B. aktuelles Massenspektrum,

Massenverlust der Sterne, galaktisches Gezeitenfeld und gravitative Schocks beim Vorübergang von Wolken interstellarer Materie) enthalten.

Im Gegensatz zu allen gebräuchlichen statistischen Theorien, die mathematische Annahmen ohne physikalischen Hintergrund in sich bergen, haben die numerischen N-Körper-Experimente den Vorteil, daß sie frei von solchen Annahmen sind. Trotzdem tritt in der Interpretation der N-Körper-Untersuchungen ein fundamentales Problem auf, das darin besteht, daß die allgemeinen Lösungen des N-Körper-Problems für Sternhaufen in den meisten Fällen höchst unstabil sind. Diese Instabilität der einzelnen Sternbahnen eines Haufens ist eine physikalische Erscheinung und wird nicht durch die numerische Rechentechnik verursacht. Sie führt letztlich zu einer »numerischen Relaxation«, die viel kleiner als die physikalische Relaxation in den Sternhaufen ist. Es gibt aber keine Anzeichen, daß weder die Instabilität selbst noch die numerische Integration irgendwelche systematischen Fehler im statistischen Verhalten der gerechneten Einzelbahnen hervorbringen.

Zum Vergleich der aus den numerischen N-Körper-Experimenten erhaltenen Ergebnisse mit solchen aus den statistischen Theorien der Sterndynamik macht sich die Einführung eines neuen Zeitskalenbegriffes erforderlich, von dem im allgemeinen in allen N-Körper-Untersuchungen Gebrauch gemacht wird. Es handelt sich hierbei um die Durchgangszeit T_{cr} (crossing time), die als die Zeitdauer definiert ist, die ein durchschnittlicher Stern braucht, um einmal einen Sternhaufen zu durchqueren. Formelmäßig gilt für sie der Zusammenhang

$$T_{cr} = 2\,\bar{R}/v_{rms} \qquad (6.23)$$

$\bar{R}$ harmonische mittlere Distanz zwischen allen Sternpaaren im Aggregat
v_{rms} Wurzel aus dem Geschwindigkeitsquadrat der Sterne

In Anwendung des Virialtheorems kann nach Wielen [319] die Durchgangszeit mit Hilfe der Gesamtenergie E und der Gesamtmasse M eines Sternhaufens in folgender Form dargestellt werden:

$$T_{cr} = (GM^{5/2})/(-2\,E)^{3/2} \qquad (6.24)$$

Die Durchgangszeit mißt im wesentlichen die orbitale Periode eines Sterns im regulären Feld.

Zwischen der Ralaxationszeit T_E und der Durchgangszeit T_{cr} besteht nach Spitzer und Hart (siehe Wielen [319]) die Beziehung

$$T_E = (0.014\,3\,N/\log{(0.4\,N)})\,T_{cr} \qquad (6.25)$$

Aus dieser Beziehung geht hervor, daß das Verhältnis T_E/T_{cr} allein von der Anzahl der Sterne in einem Sternhaufen abhängig ist. Als typische Werte der grundlegenden Zeitskalen werden von Wielen [319] folgende Daten für offene Sternhaufen angegeben:

Anzahl der Sterne	$N = 10^3$
Gesamtmasse	$M = 500\,\mathrm{M_\odot}$
Ausdehnung	$R = 1\,\mathrm{pc}$
Durchgangszeit	$T_{cr} = 4 \cdot 10^6$ Jahre
Relaxationszeit	$T_E = 2 \cdot 10^7$ Jahre
Zeitskalenverhältnis	$T_E/T_{cr} = 5$

Bei der numerischen Simulation der dynamischen Entwicklung offener Sternhaufen wird angenommen, daß sich die Aggregate in der galaktischen Ebene auf Kreisbahnen um das galaktische Zentrum bewegen. Der Gezeiteneffekt wird dabei durch den Gradienten des Gravitationsfeldes über dem Sternhaufen bestimmt. In einer linearen Näherung gilt für das galaktische Feld nach Wielen [319] das folgende Potential:

$$
\begin{aligned}
v_{gal}(r) = {} & v_0 + \tilde{R}_0\omega_0^2(\tilde{R} - R_0) \\
& - 0.5\,\omega_0(3\,A + B)\,(\tilde{R} - R_0)^2 \\
& + (2\pi G\varrho_0 + \omega_0(A + B))\,Z^2 \qquad (6.26)
\end{aligned}
$$

$\tilde{R}$ Entfernung vom galaktischen Zentrum
Z Entfernung von der galaktischen Ebene
ω_0 Winkelgeschwindigkeit der galaktischen Rotation bei der Entfernung R_0
A und B Oortsche Konstanten
$\varrho_0 \approx 0.15\,\mathrm{M_\odot/pc^3}$ lokale galaktische Massendichte, die im wesentlichen die galaktische Kraft in Z-Richtung bestimmt.

Eine andere Größe, die bei der Ableitung der experimentellen Entweichrate aus realistisch betrachteten Sternhaufen und bei der Beurteilung der Gezeitenwirkungen eine Rolle spielt, ist der Gezeitenradius

$$\xi_{\mathrm{L}} = (GM/4A\,\omega_0)^{1/3} \qquad\qquad (6.27)$$

G Gravitationskonstante
M Haufenmasse
A Oortsche Konstante
ω_0 Winkelgeschwindigkeit der galaktischen Rotation bei der Entfernung R_0 vom galaktischen Zentrum.

Der Gezeitenradius beschreibt den Abstand der Lagrange-Punkte L_1 und L_2 vom Haufenzentrum und beträgt bei einer Masse von $M = 500\,M_\odot\ \xi_{\mathrm{L}} = 11$ pc

Aus Bild 6.5, wo nach Wielen [319] die äquipotentialen Oberflächen eines Sternhaufens im galaktischen Gezeitenfeld dargestellt sind, ersehen wir, daß diese Flächen nahezu sphärisch sind. Sie werden aber mit ansteigender Entfernung vom Haufenzentrum mehr und mehr gestört. Die letzte geschlossene äquipotentiale Oberfläche durchläuft die Lagrange-Punkte L_1 und L_2, so daß die kritische Oberfläche der Jacobi-Konstanten entspricht:

$$C_{\mathrm{L}} = -3/2\,(4A\,\omega_0 G^2 M^2)^{1/3} \qquad (6.28)$$

Das bedeutet, daß die weiter außen liegenden Äquipotentialflächen geöffnet sind und daß Sterne, die die Bedingung $C_{\mathrm{i}} > C_{\mathrm{L}}$ erfüllen, als »Ausreißer« gezählt werden können, wenn es auch lange dauern kann, bis sie endgültig das Loch in der Oberfläche gefunden haben.

Aus diesen Erörterungen geht hervor, daß die

in die numerischen Modelle gesteckten Anfangsbedingungen von ausschlaggebender Bedeutung für den Vergleich mit der Wirklichkeit sind. Leider fehlen sowohl von der Beobachtungsseite als auch von den theoretischen Kenntnissen her wichtige Fakten, so daß man bei der numerischen N-Körper-Simulation vorerst ohne Annahmen nicht auskommt. So ist gegenwärtig über das Stadium der Ausbildung eines Sternhaufens noch wenig bekannt. Gering ist zur Zeit auch noch unser Wissen über Einzelheiten der Geschwindigkeitsverteilung in den Aggregaten.

Aus diesem Grunde versucht man auch mit sehr einfachen Anfangsbedingungen, z. B. die Wahl homogener Sphären für die Position und Geschwindigkeit der Haufenmitglieder, auszukommen oder man greift auf fundierte theoretische Kenntnisse zurück, wie es mit der Wahl des Plummer-Modells für die Darstellung der Dichteverteilung geschieht, das ein sphärisches System mit einer Dichteverteilung wie in einer politropen Gassphäre des Emdenindex 5 darstellt und keine endliche Radiusbegrenzung, wohl aber eine endliche Masse aufweist. Das Plummer-Modell besitzt ein besonders stationäres und stabiles Anfangsstadium, das nur durch die durch Sternbegegnungen hervorgebrachte Relaxation beeinflußt wird. Nach Wielen [319] gilt die Beziehung

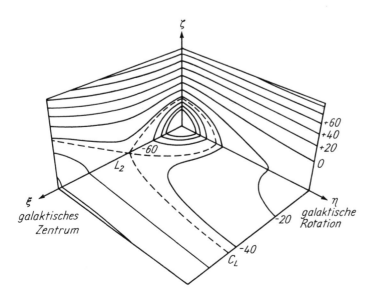

Bild 6.5 Äquipotentiale Oberflächen eines offenen Sternhaufens im galaktischen Gezeitenfeld

$$\varrho(r) = \left(M/\frac{4}{3}\pi R^3\right)\left(1/1 + \left(\frac{r}{R}\right)^2\right)^{5/2}. \qquad (6.29)$$

Die Längenskala dieses Modells wird durch den auf die Sphäre projizierten mittleren Radius R beschrieben. Die Geschwindigkeitsverteilung ist isotrop und von r abhängig. Sie unterscheidet sich deutlich von einer Maxwell-Verteilung.

Die Modelle mit Mitgliederzahlen $N > 100$, die mit Hilfe der numerischen N-Körper-Simulation hauptsächlich von Aarseth [326, 327, 328, 329, 330, 331, 332], Wielen [333, 334, 335, 336, 337, 321] und Terlevich [338, 339, 340] untersucht wurden, haben folgende Eigenschaften und Charakteristika:

- *Mitgliederzahl:* 100...1 000
- *Massen:* gleiche Massen für alle Sterne oder Verwendung eines realistischen Massenspektrums
- *Massenverlust:* berücksichtigt oder unberücksichtigt
- *galaktisches Gezeitenfeld:* berücksichtigt oder unberücksichtigt
- *Begegnungen mit massereichen Objekten:* berücksichtigt oder unberücksichtigt

Dank der fortgeschrittenen Technik sind heute Rechnungen mit 1 000 Sternen bis zur Auflösung der Sternhaufen möglich, und man wählt aus der Vielfalt der Modelle diejenigen für Vergleiche aus, die im Hinblick auf die statistischen Theorien von gleichen Ausgangsparametern ausgehen oder die den Beobachtungen am ehesten entsprechen.

Die dynamische Entwicklung eines Sternhaufens, wie sie aus theoretischen Betrachtungen erwartet und durch numerische N-Körper-Simulationen im wesentlichen bestätigt wird, läuft etwa wie folgt ab:

Irgendein gebundener Sternhaufen, der sich anfänglich nicht im dynamischen Gleichgewicht befindet, kommt nach mehreren Durchgangszeiten T_{cr} in ein quasistationäres Stadium. Dann wird dieses dynamische Gleichgewicht durch den Relaxationseffekt der Begegnungen, der durch die Relaxationszeit T_E charakterisiert wird, geändert, so daß ein statisches Gleichgewicht nicht strikt eingehalten werden kann. Der Sternhaufen entwickelt sich in Richtung auf ein Endstadium, das dadurch gekennzeichnet ist, daß fast alle Sterne aus dem Aggregat in den Raum entwichen sind. Die wenigen zurückgebliebenen Sterne, vielleicht sogar nur ein Doppelstern, absorbieren dabei die Bindungsenergie des gesamten Sternhaufens.

In dieses schematische Bild sind die aus der numerischen N-Körper-Simulation erhaltenen allgemeinen Ergebnisse einzupassen. Daraus geht nach Wielen und Terlevich hervor:

- Die zentrale Dichte steigt in einem Sternhaufen systematisch im Laufe der Zeit an.
- Ein Halo von Sternen wird in den Außenregionen eines Sternhaufens fest gebildet.
- Die Rate der dynamischen Entwicklung wird durch Verwendung von Sternen ungleicher Masse (realistisches Massenspektrum) stark angehoben.
- Die massereichsten Sterne werden in Richtung auf das Zentrum eines Aggregates abgedrängt.
- Im Kern eines Sternhaufens werden ein oder mehrere Doppelsterne gebildet, die einen hohen Anteil der Bindungsenergie des Haufens absorbieren.
- Während enger Begegnungen sammeln einige Sterne genügend Energie auf, um aus dem Aggregat zu entkommen.
- Die mittlere Geschwindigkeit eines Sterns in einem Sternhaufen fällt mit der Entfernung vom Zentrum ab, so daß die Sternhaufen im Gegensatz zur statistischen Theorie stark nichtisotherm sind.
- In dem Kern eines Sternhaufens ist die Geschwindigkeitsverteilung nahezu isotrop.
- In den äußeren Teilen eines Haufens hingegen sind die Bewegungen der Sterne in erster Linie radial ausgerichtet und deshalb nichtisotrop.
- Keine Gleichverteilung der kinetischen Energie findet unter den Sternen unterschiedlicher Masse statt.
- Für gebundene Sternhaufen wird nach einer möglichen frühen Phase der Einregulierung das Virialtheorem erfüllt.
- Eine langsame Gesamtrotation eines Sternhaufens beeinflußt dessen dynamische Entwicklung nicht wesentlich.

– Starke Massenverluste gegenüber der An-
fangsmassenfunktion führen innerhalb der
halben Lebensdauer zu schnellen Auflösun-
gen.

– Ein Sternhaufen, bei dem sich die massereichen Sterne ursprünglich in den Außenregionen befunden haben, lebt länger.

– Sternhaufen mit ungefähr 1 000 Mitgliedern
gehen den Weg des Überlebens, wie wir ihn
heute aus den Beobachtungen kennen.

– Infolge der Wirkung des galaktischen Gezeitenfeldes sind die Äquipotentialflächen in
einem nicht isolierten Haufen nicht sphärisch.

– Durch das galaktische Gezeitenfeld und
durch Gezeitenschocks wird der Halo der
Sternhaufen »aufgeheizt«.

– Die Lebensdauer offener Sternhaufen wird
durch die zufällige Begegnung mit HI-Wolken kaum beeinträchtigt.

– Aber die Begegnung eines Sternhaufens mit
einer Riesenmolekülwolke fördert und be-
schleunigt stark die Auflösung des Aggregates.

Die Aufzählung der aus der numerischen N-
Körper-Simulation erhaltenen allgemeinen Resultate zeigt, welche Bedeutung diesem Verfahren beizumessen ist. Interessant und aufschluß-
reich ist aber auch ihre Gegenüberstellung mit
den Ergebnissen aus den statistischen Theorien
der Sterndynamik.

6.1.3. Vergleich statistisch-theore-
tischer und numerischer Ergebnisse

In die nachfolgenden Betrachtungen werden
nur solche statistisch theoretische und numerische Modelle einbezogen, die mit Mitgliederzahlen $N > 100$ ausgestattet sind und die unter
Berücksichtigung realistischer Gegebenheiten
erhalten wurden. Der Vergleich der numerischen Ergebnisse erfolgt mit Resultaten aus
Modellen der statistischen Theorie der Sterndynamik.

Ein wichtiger Punkt, in welchem Simulationen und statistische Theorien miteinander zu
vergleichen sind, ist zweifellos die Entwicklung

der Dichteverteilung, die durch die Festlegung
der Radien, innerhalb deren sich 10 %, 50 % und
90 % der Gesamtmasse eines Aggregates befinden, als Funktion der Zeit beschrieben werden
kann. In Bild 6.6 sind diesbezügliche Ergebnisse aus den N-Körper-Modellen P und R von
Wielen [319] zusammen mit solchen aus dem
Monte-Carlo-Modell von Henon [313] eingetragen. Gegenübergestellt sind dort für die eingetragenen Massenverhältnisse M_r/M die Radien-
verhältnisse r/R in Abhängigkeit vom dynamischen Alter t/T_E. Die Gemeinsamkeiten beider
Modelle sind das gleiche Anfangsstadium und
das gleiche Massenspektrum. Eine vollständige
Übereinstimmung der Darstellungen in Bild 6.6
wird dann erreicht, wenn man die unterschiedlichen Zeitschritte beider Verfahren bei der numerischen Integration berücksichtigt.

Bild 6.6 zeigt an, daß die Monte-Carlo-Be-
schreibung der dynamischen Entwicklung von
Sternsystemen (Henon [313]) durchaus in der
Lage ist, die Entwicklung der Dichteverteilung,
wie sie sich aus den N-Körper-Untersuchungen

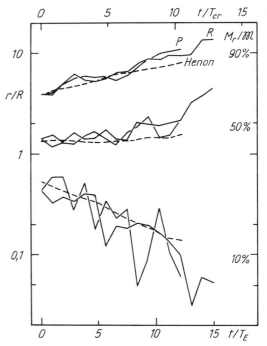

Bild 6.6 Ergebnisvergleich aus statistisch theoretischen und N-Körper-Modellen

ergibt, darzustellen. In dieser Hinsicht bestätigen die numerischen N-Körper-Experimente die Grundannahme der statistischen Theorie der Sterndynamik, nämlich, daß die Hauptquelle der Relaxation in offenen Sternhaufen unabhängige Zwei-Körper-Begegnungen sind.

Trotz der Übereinstimmung beider Modelle in der Dichteverteilung und der Bestätigung der Grundannahme der statistischen Theorien ergeben sich in der Fortführung des Vergleichs einige Diskrepanzen zwischen den statistischen Theorien und den numerischen Simulationen, die Zweifel aufkommen lassen, ob erstere in ihrer gegenwärtigen Form in der Lage sind, die Langzeitentwicklung der Sternhaufen und die endgültige Auflösung der Aggregate richtig vorherzusagen. Das Hauptproblem liegt hier zweifellos in der richtigen Erfassung der Sterne, die die Aggregate verlassen, und in der Größenordnung der entsprechenden Entweichrate.

Aus den vorangegangenen Betrachtungen ist bekannt, daß das Gezeitenfeld nur solche Sterne aus den Sternhaufen hinausbefördern kann, deren Jacobi-Konstante kleiner als die kritische äquipotentiale Oberfläche C_L ist ($C_i > C_L$). Dabei erniedrigt das Gezeitenfeld nur die Energiegrenze der entweichenden Sterne. Die Energie zum Entweichen selbst wird durch Begegnungen der Sterne untereinander in den Kernen der Sternhaufen hervorgebracht. Ein Stern wird dann als »Ausreißer« bezeichnet, wenn für ihn die Bedingung $E_i/m_i > C_L$ gilt. Aus entsprechenden Untersuchungen von Wielen [319] geht hervor, daß die Entweichrate gegenüber der aus isoliert betrachteten N-Körper-Modellen dann stark ansteigt, wenn das Gezeitenfeld mit in die Betrachtungen und Rechnungen einbezogen wird.

Die Anzahl der Sterne, die pro Durchgangszeit T_{cr} aus einem Sternhaufen der Masse $M = 500\,M_\odot$ und des Radius R nach Wielen [319] entkommt, ist in Bild 6.7 über dem Radienverhältnis R/ξ_L aufgetragen, das dem Verhältnis aus der relativen Stärke des inneren Feldes der Sternhaufen und der des galaktischen Feldes entspricht.

Aus der experimentell ermittelten Entweichrate läßt sich die Verflüchtigungszeit T_{ev} (evaporation time) eines Sternhaufens ableiten. Sie

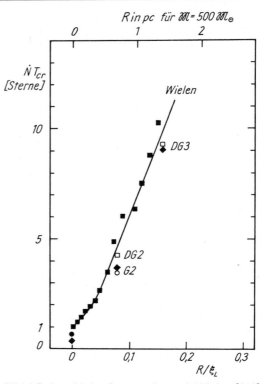

Bild 6.7 Anzahl der Sterne, die nach Wielen [319] pro Durchgangszeit T_{cr} aus einem Sternhaufen der Masse $M = 500\,M_\odot$ in Abhängigkeit vom Feldstärkenverhältnis R/ξ_L entweicht

entspricht der Zeit, die vergeht, bis alle Sterne eines Haufens aus dem Aggregat entkommen sind und sollte bei nahezu konstanter Entweichrate dN/dt von der Größenordnung der Lebensdauer T sein:

$$T_{ev} = N/N^{\cdot} = N/(dN/dt) \approx T \qquad (6.30)$$

Die Verflüchtigungszeit eines Sternhaufens ist hauptsächlich von drei allgemeinen Eigenschaften abhängig. Zum einen sind es die Gesamtzahl der Sterne und die Gesamtmasse, und zum anderen ist es zweifellos der mittlere Radius der Sternhaufen. Da die Gesamtzahl der Sterne in einem Aggregat eng mit dessen Masse gekoppelt ist, verbleiben für die Darstellung die Parameter Masse (M) und Radius (R).

In Bild 6.8 sind die aus N-Körper-Simulationen von Wielen [319] erhaltenen und auf höhere Massebereiche extrapolierten Verflüchtigungszeiten T_{ev} für einzelne Gesamtmassen

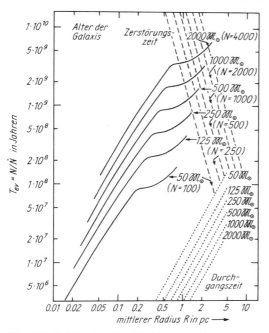

Bild 6.8 Größe der Verflüchtigungszeiten T_{ev} für Sternhaufen unterschiedlicher Masse in Abhängigkeit vom mittleren Haufenradius

über dem mittleren Haufenradius aufgetragen. Eingetragen sind dort auch die für die einzelnen Massen erhaltenen Durchgangszeiten T_{cr} und die Zerstörungszeiten der Aggregate, wenn man annimmt, daß zufällige Begegnungen mit HI-Wolken den Auflösungsprozeß der Aggregate beeinträchtigen.

Aus der Darstellung in Bild 6.8 geht hervor, daß die breite Auffächerung der Lebensdauer der Sternhaufen aus der Variation der individuellen Haufenmassen und Haufenradien erklärt werden kann. Es wird aber auch deutlich, daß die experimentell erhaltenen Lebensdauern etwa um den Faktor 5 höher liegen als die Werte, wie sie aus der beobachteten Altersverteilung der Sternhaufen zu erwarten sind. Aber auch gegenüber der von Schmidt [86] auf der Grundlage des statistischen Modells von von Hoerner [170] abgeschätzten jeweiligen Lebensdauer erscheinen die Verflüchtigungszeiten überbestimmt. Eine Anpassung dieser Daten an diejenigen aus der numerischen Simulation gelingt nur dann (siehe Bild 6.9), wenn man die aus dem statistischen Modell erhaltene Lebens-

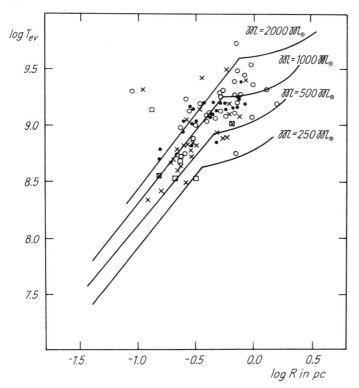

Bild 6.9 Anpassung der Verflüchtigungszeiten t_{ev} aus dem statistischen Modell von von Hoerner [170] an das numerische Modell von Wielen [319] Massebereiche

○ $3.10 < \log M < 3.44$
● $2.88 < \log M < 3.10$
× $2.40 < \log M < 2.88$
□ $2.10 < \log M < 2.57$

dauer über mittleren Radien aufträgt, die gegenüber den im Lund-Katalog verzeichneten Werten um den Faktor 0.2 kleiner sind ($R = 0.2 R_L$).

Die offensichtliche Nichtübereinstimmung der jeweiligen Lebensdauer aus dem numerischen N-Körper-Experiment mit den Ergebnissen aus der beobachteten Altersverteilung der Sternhaufen hat in der Zwischenzeit durch Wielen [321] und Terlevich [340] eine Erklärung gefunden. Der Grund liegt in der Nichtbeachtung einiger möglicher zerstörender Kräfte, die durch die zufälligen Begegnungen der Sternhaufen mit massereichen Objekten hervorgebracht werden. Solche Objekte können Riesenmolekülwolken oder massereiche Schwarze Löcher sein, wobei nach den Untersuchungen von Wielen [321] den Riesenmolekülwolken der größere Vorrang einzuräumen ist.

Riesenmolekülwolken haben Ausdehnungen von etwa 50 pc und Massen von etwa $M = 5 \cdot 10^5 M_\odot$. Da sie sich in den Teilen der Galaxis befinden, in denen auch die offenen Sternhaufen angesiedelt sind, ist die Wahrscheinlichkeit der zufälligen Begegnung groß. Wielen [321] konnte nachweisen, daß durch ein- oder mehrmalige Begegnungen von Sternhaufen mit Riesenmolekülwolken Einfluß auf die Lebensdauer und Dynamik der Aggregate ausgeübt wird, der erheblich größer als bei anderen massereichen Objekten ist. Ausschlaggebend für die Wirkung der Riesenmolekülwolken auf die Sternhaufen ist deren Massendichte, weil sie die einzige Eigenschaft der Wolke ist, die in die Zerstörungszeit der Aggregate eingeht.

Die gesamte Lebensdauer eines Sternhaufens ist demnach nicht nur von der inneren Relaxation ($T_{N\text{-}K.}$), die die Wirkung des galaktischen Gezeitenfeldes mit einbezieht, abhängig, sondern auch von dem zufälligen Einfluß der Riesenmolekülwolken (RMC). In diesem Falle erhält man die Gesamtentweichrate eines Aggregates aus der Summe der Einzelentweichraten:

$$T_{ges}^{-1} = T_{N\text{-}K.}^{-1} + T_{RMC}^{-1} \qquad (6.31)$$

In welcher Weise die einzelnen Kräfte auf die Lebensdauer der Sternhaufen einwirken, geht

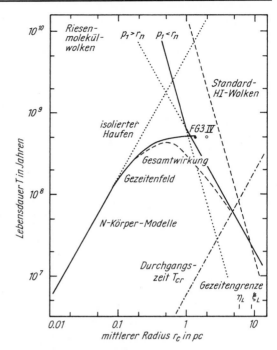

Bild 6.10 Lebensdauer-Radius-Beziehung und ihre Veränderung durch die Wirkung verschiedener Kräfte

aus Bild 6.10 hervor, das der Arbeit von Wielen [321] entnommen ist und in das die Lebensdauer T über dem mittleren Haufenradius R_c eingetragen ist. Bei der Darstellung, die anhand zweier unabhängiger N-Körper-Modelle von Wielen (FG 3) und Terlevich (IV) erhalten wurde, handelt es sich um einen Sternhaufen mit $M = 250 M_\odot$ und $N = 500$ Sternen.

Berücksichtigt man in einem Sternhaufenmodell nur die innere Relaxation, so folgt die Lebensdauer-Radius-Beziehung einer Geraden. Die Einwirkung des Gezeitenfeldes führt zu einer Krümmung der Beziehung, aus der sich bei $R = 1$ pc eine gegenüber der Beobachtung zu hohe Lebensdauer von $T = 5 \cdot 10^8$ Jahren ergibt. Durch den Einfluß einer Molekülwolke, deren Auflösungsbegrenzung ebenso wie die einer HI-Wolke eingetragen ist, entsteht die gestrichelte Kurve, die die Gesamtwirkung aus allen zerstörenden Kräften zeigt und aus der für ein Aggregat mit $R = 1$ pc eine Lebensdauer von $T = 3 \cdot 10^8$ Jahren hervorgeht. Gegenüber dem aus der Altersfrequenz der offenen Sternhaufen abgeleiteten Wert von $T = 1 \cdot 10^8$ Jahren gibt es wohl kaum noch einen Widerspruch.

Schlußfolgerung aus diesem Befund ist, daß ein- und mehrmalige Begegnungen offener Sternhaufen mit Riesenmolekülwolken weitgehend für die Zerstörung der Aggregate sorgen. Da die Begegnungen zufälliger Natur sind, ist die Auffächerung der Lebensdauer bei Sternhaufen gleicher Anfangsmasse und gleichen Anfangsradius nicht verwunderlich. Die Existenz sehr alter offener Sternhaufen erklärt Wielen [321] durch die Kombination zweier Umstände. Zum einen können es Objekte großer Anfangsmasse sein und zum anderen brauchen die alten Aggregate nur einen geringen Bruchteil ihrer Lebenszeit innerhalb des Wirkungsfeldes von Riesenmolekülwolken verbracht haben. Frei von den genannten Einflüssen oder nur wenig beeinträchtigt, steigt die mittlere Lebensdauer stark an.

Im Gegensatz zu Begegnungen offener Sternhaufen mit Riesenmolekülwolken sind diejenigen mit massereichen Schwarzen Löchern der galaktischen Korona unbedeutend, allein weil die Zeitskala dieser Objekte ($2 \cdot 10^9$ Jahre) wesentlich höher als die Lebensdauer der Sternhaufen liegt. Ein Sternhaufen, der $5 \cdot 10^9$ Jahre überleben will, müßte eine ungebührlich große Anfangsmasse aufweisen. Denkbar sind allerdings solche Zerstörungen, wofür die kleine Zahl alter Sternhaufen spricht.

Nach der Zerstörung eines offenen Sternhaufens durch die Begegnung mit einem massereichen Objekt ähnelt sein Aussehen dem einer Bewegungsgruppe, in der Geschwindigkeitsdispersionen der Größenordnung 1 km/s auftreten. Eine Bewegungsgruppe, die auf die beschriebene Art und Weise gebildet wird, ist alt vom Alter der Sterne her, sie ist aber jung vom dynamischen Standpunkt her, weil die Sterne ihre meiste Zeit in einem gebundenen Sternhaufen verbracht haben.

Die angeführten Beispiele zeigen, daß die numerischen N-Körper-Simulationen den statistischen Theorien der Sterndynamik ebenbürtig, ja sogar überlegen sind. Sie gleichen sich auch mehr und mehr an die Beobachtungen an. Trotzdem ist anzumerken, daß die numerischen Modelle noch nicht vollkommen sind und von einer Stern- und Massenverteilung ausgehen, die nicht realistisch zu sein braucht. Nach den wenigen Kenntnissen, die wir heute von den Bildungsprozessen der Sternhaufen haben, die keinesfalls schon Eingang in die diskutierten aktuellen Modelle fanden, ist abzuwarten, in welcher Weise sich die sicherlich unterschiedlichen und von den Eigenschaften der Gas-, Molekül- und Staubwolken abhängigen Stern- und Haufenbildungen auf deren allgemeine Eigenschaften und Verhaltensweisen, die die Grund- und Ausgangslagen sowohl für die statistisch theoretischen Modelle als auch für die numerischen N-Körper-Experimente bilden, auswirken.

6.2. Zur Entwicklung der Sternhaufen aus dem stellaren Verhalten

Über die Bedeutung der Farben-Helligkeits-Diagramme als Zustands- und Entwicklungsdiagramme offener Sternhaufen wurde im Abschnitt 3. bereits berichtet. Auf der Grundlage dieser Aussagen und Befunde richtet sich nachfolgend das Hauptaugenmerk auf die Entstehung und Bildung der Sternhaufen sowie auf die Ausbildung ihrer Struktur, die nach einer Vielzahl von Untersuchungen [128, 231, 126, 232, 233, 234, 130, 222] offensichtlich mit den Entwicklungsphasen der Haufenmitglieder in Einklang zu bringen ist. Von dieser Erscheinung sind Sternhaufen unterschiedlichen Alters betroffen.

Eine allgemeine und zusammenfassende Darstellung dessen, was über die Entstehung und Bildung offener Sternhaufen bekannt ist, hat Burki [323] gegeben. Weiterführende Arbeiten auf diesem Gebiet liegen von Margulis und Lada [341] sowie von Henning und Stecklum [342] vor.

6.2.1. Bildung offener Sternhaufen

Es ist allgemein bekannt, daß die Geburt eines Sterns in dichten und kalten, aus Molekülen

und Staub bestehenden Wolken interstellarer
Materie, die der bevorzugte Platz sind, wo die
Sternbildung angeregt wird, vonstatten geht.
Sterne und Sternhaufen bilden sich nach einem
Kollaps eines Teiles einer Wolke interstellarer
Materie. Das Kriterium eines Gaswolkenkollap-
ses ist als Jeans-Kriterium bekannt und besagt,
daß eine isotherme sphärische Wolke dann kol-
labiert, wenn ihre Masse größer als die kritische
Jeans-Masse ist:

$$M_J \approx T^{3/2}/\varrho^{1/2} \qquad\qquad (6.32)$$

T   Temperatur
ϱ Dichte der Wolke.

Ein Wolkenkollaps kann spontan erfolgen,
wenn die Wolke innere thermische oder magnetische Energie oder Energie in Form von Turbulenzen verliert. Eine andere Möglichkeit ergibt
sich aus den Einwirkungen äußerer Kräfte, die
das Gleichgewicht der Wolke stören. Es sind
verschiedene Kompressionsmechanismen an interstellaren Wolken bekannt, die das Ausfällen
von Sternen und ihre Haufenbildung zur Folge
haben. Solche Mechanismen sind galaktische
Spiralarmschocks, Wolkenkollisionen, Schocks
durch expandierende HII-Gebiete und Kompressionen durch expandierende Supernova-
überreste.

Die direkten Vorläufer zukünftiger Sternhaufen sind die Molekülwolken, deren Existenz
durch die Millimeter-Radioemission, hervorgebracht von einer Vielzahl von Molekülen in
einer Wolke, angezeigt wird. Aber auch die gerade neu gebildeten Sternhaufen gestatten allgemeine Rückschlüsse auf die Ursprungswolken,
deren Klassifizierung in der Regel anhand der
Gesamtmasse vorgenommen wird. Dabei unterscheiden wir

– Globulen und kleine Dunkelwolken von einigen zehn bis einigen hundert Sonnenmassen,
– Dunkelwolkenkomplexe mit Gesamtmassen
  bis zu einigen tausend Sonnenmassen und
– Riesenmolekülwolken, deren Gesamtmasse
  bei $10^4 ... 10^6$ Sonnenmassen liegt.

Die Globulen und kleinen Dunkelwolken sind
von niedriger Temperatur, deren Bereich zwi-

schen 7 K und 15 K liegt. Sie haben Radien von
einem bis mehreren zehn Parsec.

Als eine mögliche Weiterentwicklung der
Globulen und kleinen Dunkelwolken kann die
Bildung kleiner Sternhaufen im Massebereich
von einigen zehn bis einigen hundert Sonnenmassen angegeben werden. Burki [323] gibt solche Objekte mit ersten stellaren Erscheinungen
im BM-Andromedae-Komplex und in den Dunkelwolken L 1551 und L 43 an. Die obere
Grenze für die aus Globulen und kleinen Dunkelwolken entstehenden Sternhaufen stellt wohl
die Molekülwolke um NGC 7023 dar, die durch
einen Reflexionsnebel, der durch einen
B3-Stern beleuchtet wird, und einen in ihm befindlichen kleinen Sternhaufen der Masse
$M \approx 150\, M_\odot$ in Erscheinung tritt. Die abgeschätzte Gesamtmasse der Molekülwolke be-
trägt etwa $600\, M_\odot$. Bemerkenswert erscheint
auch, daß die in den entstehenden Sternhaufen
beobachteten Sterne alle vom Spektraltypus
später O sind.

Diese Feststellung hinsichtlich des frühesten
Spektraltyps trifft auch für die massereicheren
Dunkelwolkenkomplexe zu. Dort zeigt die Beobachtung von tief in die Wolken eingebetteten
Radiokontinuumquellen, daß sich keine Sterne
früher B1 unter ihnen befinden. In den Gebieten der Radiokontinuumquellen sind auch in
größerer Zahl Vorhauptreihensterne mittlerer
und kleiner Masse angeordnet, die als T-Tauri-,
Be- und Ae-Sterne sowie als Herbig-Haro-Objekte bekannt sind und aktive Regionen der
Sternbildung anzeigen.

Als extrem junge offene Sternhaufen in Dunkelwolkenkomplexen mit einigen tausend Sonnenmassen können IC 5146 und das im Aufbau
und in der Ausbildung befindliche Objekt in
der Ophiuchus-Dunkelwolke genannt werden.
In anderen Fällen sind, wie in der Taurus-Region, keine Sternhaufenbildungen erkennbar,
wenn auch dort durchaus die Entstehung von
Sternen mittlerer und geringer Masse im Gange
ist.

Das früheste Mitglied des offenen Sternhaufens IC 5146 ist ein B0V-Stern, der einen von
einer Dunkelwolke umgebenen Emissions- und
Reflexionsnebel anregt und beleuchtet. Die
Dunkelwolke enthält helle CO-Quellen, die als

neugebildete Sterne angesehen werden müssen. Die gesamte Masse des Wolkenkomplexes wird mit $M = 2\,500\,M_\odot$ abgeschätzt. Das in diesem Komplex befindliche HII-Gebiet wird für die Zerstörung der eingelagerten Molekülwolke verantwortlich gemacht.

Der Stern- und Haufenbildungsprozeß ist im IC 5146 weiter fortgeschritten als in der Ophiuchus-Dunkelwolke, deren gesamte Gasmasse von Burki [323] mit $M = 2\,000\,M_\odot$ angegeben wird. Durch Radiobeobachtungen konnten im Ophiuchus-Komplex die Moleküle, H_2, OH, H_2CO, CO, NH_3, SO, HCO und HCN nachgewiesen werden, die sich dort in einem hirarchischen System anordnen. Bei einem Radius von $R \approx 1\,pc$ besitzt die Molekülwolke eine Masse von $M = 450\,M_\odot$ und überschreitet damit ihre Jeans-Masse um den Faktor 5.

Durch Infrarotbeobachtungen wurden von Vrba und Mitautoren [343] im genannten Wolkenkomplex 67 Punktquellen in einem Gebiet von etwa 0.2 Quadratgrad ($R \approx 0.7\,pc$) gefunden. Diese Quellen repräsentieren die helleren Mitglieder eines jungen Sternhaufens, die durch dunkle Wolken stark abgeschwächt werden. Die aus diesen Sternen abgeleitete Leuchtkraftfunktion unterscheidet sich jedoch nicht von der aus anderen jungen Sternhaufen.

Elias [344] führte im Gebiet der Ophiuchus-Dunkelwolke eine Infrarotdurchmusterung in einem Feld von 18 Quadratgrad durch und fand nahezu 400 Quellen, die heller als $K = 7\overset{m}{.}5$ sind. Unter diesen Objekten befinden sich auch Sterne, die um dieselbe Region konzentriert erscheinen wie die Objekte von Vrba [343] und Mitautoren. Es konnte auch hier bestätigt werden, daß es in der untersuchten Region keine Sterne hoher Leuchtkraft gibt. Bemerkenswert ist auch das Vorkommen von T-Tauri-Sternen, die in einem Areal von ungefähr 5 Quadratgrad um den Nebel angeordnet sind. Es wird deshalb angenommen, daß die Bildung der Sterne mittlerer und geringer Masse in weiter Entfernung vom zentralen Kern des Sternhaufens erfolgt.

Im Gegensatz zu den Globulen und kleinen Dunkelwolken sowie zu den Dunkelwolkenkomplexen sind die Riesenmolekülwolken die Geburtsstätte der O-Sterne, die dort von riesigen HII-Gebieten umgeben sind. Die Molekül-

wolken in der Nachbarschaft solcher HII-Gebiete, die sehr junge Sternhaufen enthalten, sind komplexer Natur und oft extrem groß. Da die sich ausdehnenden HII-Gebiete Kompressionen der Molekülwolken hervorrufen, ist die Bildung neuer Sterne über eine längere Zeitdauer gewährleistet. Aus den genannten Gründen ist es deshalb auch nicht verwunderlich, daß gerade die Supermolekülwolken die Orte der Bildung von OB-Assoziationen und OB-Untergruppen sind. Da die Geburtswolken über 90 % der gravitativen Bindungsmasse eines Systems enthalten, wird es dem vorher entstandenen und in die Wolke eingebetteten Sternaggregat möglich, gravitativ ungebunden das System zu verlassen, um eine sich ausdehnende Sternassoziation zu werden, die dann später in die Feldpopulation übergeht.

Nach Margulis und Lada [341] wurden auf die beschriebene Weise aus den Riesenmolekülwolken etwa 90 % aller Sterne unserer Galaxis ausgeformt. Nach den bislang bekannten Gegebenheiten ist es nur relativ ungewöhnlichen Umständen zu verdanken, daß überhaupt gravitativ gebundene Sternhaufen gebildet werden. Ob sich ein Molekülwolken-Protosternhaufen-System in einen gebundenen offenen Sternhaufen weiter entwickelt oder ungebunden in das allgemeine Sternfeld übergeht, hängt von verschiedenen Parametern, wie der Sternbildungseffizienz, der Gasausscheidungsrate, der Massendichte, der Temperatur und dem Turbulenzgrad des anfänglichen Systems ab. Wenn die Sternbildungseffizienz 50 % überschreitet oder wenn die Gasausscheidung oder Gaszerstreuung in einem Aggregat in einer relativ langen Zeit von der Größenordnung mehrerer Millionen Jahre vonstatten geht, dann ist die Möglichkeit einer Sternhaufenbildung aus dem Kern einer Molekülwolke, wo die Massendichte $10^3\,M_\odot pc^{-3}$ innerhalb eines Gebietes von $1\,pc$ Ausdehnung vorliegt, gegeben. Aber selbst im Falle einer langen Gasausscheidungs- und -zerstreuungszeit eines künftigen Aggregates – so besagen es theoretische Betrachtungen und Beobachtungsbefunde – ist beispielsweise bezüglich der Plejaden oder ihnen verwandter Sternhaufen immer noch eine Sternbildungseffizienz von 20 % erforderlich, die mit herkömmlichen

Mechanismen und Prozessen nicht ohne weiteres zu erreichen ist. Eine Möglichkeit zur Erhöhung der Sternbildungseffizienz räumen Margulis und Lada [341] für den Fall ein, daß die Bildung von Sternen mit der Geschwindigkeit null gegenüber der Muttermolekülwolke vonstatten geht und daß ein Kollaps der neu gebildeten Sterne in Richtung auf einen kleineren Haufenradius innerhalb einer Durchgangszeit T_{cr} stattfindet.

Sicherlich gibt es auch noch andere Möglichkeiten und Mechanismen, die zu einer brauchbaren Erhöhung der Sternbildungseffizienz (SFE) führen, die durch die folgende Beziehung definiert ist:

$$SFE = M/(M + M_G) \qquad (6.33)$$

M stellare Gesamtmasse
M_G die Gasmasse des Systems

Henning und Stecklum [342] haben darauf verwiesen, daß die Sternbildungseffizienz in Molekülwolken mittlerer Masse ($M \approx 10^4 \, M_\odot$) mehrere Male höher liegt als in Molekülwolken großer Masse ($M \approx 10^6 \, M_\odot$). Während die ersteren der Geburtsort von gebundenen Sternhaufen und Sternen mittlerer und kleiner Masse sind, bringen die Molekülwolken großer Masse die ungebundenen Sternsysteme hervor, die uns als OB-Assoziationen bekannt sind und die im späteren Verlauf ihrer dynamischen Entwicklung in das allgemeine Sternfeld übergehen.

Interessant sind auch die weiteren Ergebnisse aus Modellrechnungen, die Henning und Stecklum [342] bezüglich der zeitlichen Entwicklung der Aggregate vorgelegt haben. Danach neigt die Sternbildungseffizienz in Molekülwolken mittlerer Masse dazu, mit ansteigender Sternentstehung abzunehmen. Die Sternentstehungsrate nimmt dabei nahezu linear ab, bis das Gas umgesetzt oder zerstreut ist.

Die Unterdrückung der Bildung von Sternen mittlerer und kleiner Masse in einer Molekülwolke ist ein möglicher Weg, ungebundene Sternsysteme massereicher Sterne hervorzubringen. Dieser Mechanismus führt letztlich zu einem völlig anderen Bild der Sternentstehungsgeschichte, wonach massereiche Sterne später mit einem betonten Maximum in ihrer Entstehungsrate gebildet werden und die Sterne mittlerer und geringer Masse die älteren Objekte sind. Diese Ergebnisse befinden sich in Übereinstimmung mit den Befunden, die die Sternentstehung in OB-Assoziationen betreffen.

Eine Kombination analytischer und numerischer Modelle liegt von Margulis und Lada [341] vor. Diese Untersuchungen beschreiben die Bildung gebundener Sternhaufen innerhalb eines weiten Bereiches von Bedingungen der »Protosternhaufen«. Eine Schlußfolgerung, die sich ergibt, ist die außerordentliche Wichtigkeit der Sammlung von Beobachtungsdaten, die die Sternbildungseffizienz betreffen. Weiterhin erscheint es sinnvoll, dynamische Gleichgewichte und Dichten in den Molekülwolken-Protosternhaufen-Gebieten in Verbindung mit der Theorie zu untersuchen und solche Regionen zu identifizieren, in denen sich gebundene Sternhaufen gern bilden.

Nach den bisherigen Durchmusterungsergebnissen an jungen Sternentstehungsgebieten kann festgestellt werden, daß die Sternbildungseffizienz und die Massendichte in den meisten Fällen zu niedrig erscheinen und nur wenig Aussicht auf die Bildung von gebundenen Sternhaufen besteht. Anders hingegen verhält sich der Kern der Ophiuchus-Wolke – ein gutes Beispiel für das Entstehen eines offenen Sternhaufens.

Entsprechend der dort hergeleiteten relativ hohen Sternbildungseffizienz ($> 25\%$), des vorgefundenen dynamisch ruhigen Stadiums und der hohen Massendichte ($\approx 800 \, M_\odot pc^{-3}$) wird sich dieses Molekülwolken-Protosternhaufen-System zu einem gebundenen Sternhaufen entwickeln, wenn sein Gas in einigen Millionen Jahren umgesetzt und zerstreut (aus dem Aggregat hinausgeblasen) ist. Im weiteren Verlauf wird dann der junge Sternhaufen der dynamischen Weiterentwicklung unterliegen und sich in nT_E Jahren auflösen und die Sterne in das allgemeine Sternfeld abgeben. Der Bruchteil der Anzahl der Sterne im galaktischen Sternfeld, der auf die Auflösung offener Sternhaufen zurückzuführen ist, ist allerdings klein und wird von Wielen [172] aufgrund der Altersverteilung der Aggregate mit etwas mehr als 2% abgeschätzt. Mehrere andere Autoren verweisen auf einen Anteil bis zu 10 % und rechtfertigen damit die Tatsache, daß 90 % aller Sterne des galaktischen Feldes außerhalb der offenen Sternhaufen entstehen.

Es gibt einige Eigenschaften offener Sternhaufen, die vermutlich unmittelbar mit ihrer Bildung in Verbindung stehen. Zu erwähnen sind hier das aufgezeigte Verhalten der Metallhäufigkeit, die Größe der Sternhaufen, die Geburtsorte von Sternen innerhalb der Aggregate, das Vorkommen von Doppelsternen und nicht zuletzt die kontinuierliche Entstehung der Sterne in den offenen Sternhaufen.

Die Größe der sehr jungen Sternhaufen wurde von Burki und Maeder [87] dazu genutzt, die Abhängigkeit des Jeans-Radius R_J von der galaktischen Entfernung R_{GC} zu prüfen. Sie konnten nachweisen, daß die Größe der Aggregate mit dem Alter jünger als 15 Millionen Jahre im beobachtbaren Teil unserer Galaxis sehr streng mit der galaktozentrischen Distanz gekoppelt ist. So beträgt der mittlere Haufendurchmesser bei $R_{GC} = 8.5$ kpc $2R = 4.7$ pc und bei $R_{GC} = 11.5$ kpc $2R = 9.9$ pc. Diese Variation bedeutet einen Anstieg des Jeans-Radius mit ansteigender galaktozentrischer Distanz und kann mit einer Abnahme sowohl der mittleren Molekülgasdichte als auch der Kompressionskoeffizienz erklärt werden.

Burki [345] untersuchte Geburtsorte von Sternen heller als $M_V = 0$ in den Sternhaufen und fand in den jüngsten der von ihm untersuchten Aggregate ($\tau \leq 5 \cdot 10^6$ Jahre), daß das Verhältnis der Zahl massereicher zu massearmen Sternen ($N(M > 30\,M_\odot)/N(M \geq 4\,M_\odot)$) im Mittel in den Außenregionen um den Faktor 2.5 höher liegt als im Kerngebiet. Dieser Befund bedeutet, daß die massereichen Sterne offensichtlich und vorzugsweise in den äußeren Gebieten einer kollabierenden Wolke entstehen.

Zum gleichen Ergebnis kommt auch Götz [128] für den Sternhaufen NGC 2264, in dem die mittlere Einzelsternmasse vom Zentrum nach dem Rande kontinuierlich ansteigt und in den Außenregionen um den Faktor 2 größer ist als im zentralen Gebiet.

Eine Tatsache, die bei der Bestimmung einer Leuchtkraftfunktion im allgemeinen viel zu wenig Beachtung findet, ist die Abtrennung von

Doppel- und Mehrfachsternsystemen. Es ist einerseits bekannt, daß dadurch der Verlauf der Hauptreihe im Farbenhelligkeitsdiagramm beeinflußt wird, und andererseits, daß unsere Kenntnisse über die Doppelsternraten in den Aggregaten völlig unvollständig sind. Dies trifft besonders auf die massearmen Doppelsterne zu. Im Falle heller B-Sterne wissen wir von Burki und Maeder [346], daß etwa 40 % dieser Sterne Doppelsterne sind. In einer Untersuchung von Crampton und Mitautoren [347] wurde schließlich nachgewiesen, daß der Prozentsatz bekannter oder vermuteter Doppelsterne in den Sternhaufen α Persei (Melotte 20), Plejaden, M 39 (NGC 7092), IC 4665, NGC 2516 und NGC 6475 nahezu konstant 40 %...50 % beträgt. Anzumerken ist, daß in den Fällen, in denen die anfängliche Massenfunktion benutzt wird, die Häufigkeitsverteilung der sekundären Komponenten in Mehrfachsystemen berücksichtigt werden muß.

Die kontinuierliche Sternentstehung in den Aggregaten und damit auch die kontinuierliche Ausbildung der offenen Sternhaufen wird Gegenstand des nachfolgenden Abschnittes sein. Der Anstoß zu diesen Untersuchungen resultiert aus dem weit aufgefächerten Band der Hauptreihen junger Sternhaufen im FHD, das auf eine kontinuierliche Sternentstehung hinweist, wie die Untersuchungen des Autors [128] gezeigt haben, wenn man nicht die Dispersion in $(B-V)_0$ auf allgemeine oder individuelle, die Fotometrie beeinflussende Erscheinungen (Strahler [348]) zurückführen will.

6.2.2. Zur Struktur offener Sternhaufen und die Entwicklungsphasen ihrer Mitglieder

Herbig [225] hat als erster in Untersuchungen schwacher Mitglieder der Hyaden und Plejaden herausgefunden, daß man mit der Annahme eines einheitlichen Haufenalters in Konflikt gerät, wenn man die aus dem Abknickpunkt für hellere Sterne erhaltenen Alterswerte mit denen schwacher Sterne aus dem FHD vergleicht, wo diese Objekte noch oberhalb der Hauptreihe des Alters Null (ZAMS) angeordnet sind. Als sinnvolle Erklärung für diese Erscheinung verwies Herbig auf eine kontinuierliche Sternentstehung in den Aggregaten, die im Falle der Plejaden im Zeitintervall zwischen $6 \cdot 10^7$ Jahren und $> 2.2 \cdot 10^8$ Jahren abgelaufen ist.

Auf Befunde der kontinuierlichen Sternentstehung in den Plejaden haben auch Landolt [349] und Stauffer [350] hingewiesen. Diese Untersuchungen bestätigen, daß die masseärmeren und masseärmsten Mitglieder noch oberhalb der ZAMS im FHD liegen und noch nicht fertig entwickelt sind, wohingegen nach der Besetzung der oberen ZAMS und nach dem Abknickpunkt auf ein wesentlich jüngeres Alter zu schließen ist. Die aus diesen Befunden gezogenen Schlußfolgerungen, daß die Sternbildung von den niedrigsten zu den hohen Massen fortschreitet, kann allerdings nach den Prüfungen von Strahler [348] nicht aufrecht erhalten werden. Es entstehen zur gleichen Zeit Sterne unterschiedlicher Massen, wobei die Sternentstehung kontinuierlich innerhalb einer bestimmten Zeitdauer abläuft.

Im genannten Zusammenhang ist der Nachweis der kontinuierlichen Sternentstehung in den offenen Sternhaufen NGC 2264, NGC 6530, NGC 6611, in den Plejaden, in der Praesepe und in NGC 6940 durch den Autor [128, 231, 126, 232, 233, 234, 130, 222] erwähnenswert, welcher über den Strukturparameter geführt wurde. Dieser stellt eine rein astrometrische Größe dar, die den Abstand der Haufenmitglieder vom Haufenzentrum bei kreisflächigen Aggregaten bzw. im kreisflächig projizierten Bild bei elliptischen Systemen charakterisiert und direkt mit dem Alter der Sterne in Verbindung gebracht werden kann.

Die nach der gleichen Methode durchgeführten Untersuchungen über die Struktur der genannten Sternhaufen und die Entwicklungsphasen ihrer Mitglieder haben gezeigt, daß der Aufbau der Sternhaufen und ihre kosmogonische Entwicklung eng mit der kontinuierlichen Entstehung und Entwicklung der in ihnen angeordneten Sterne verbunden sind.

In allen Fällen liegt eine Abhängigkeit der physikalischen Sternparameter vom astrometrisch bestimmten Strukturparameter vor. Diese Abhängigkeit kommt im unterschiedlichen Verlauf der mittleren Beziehungen oder durch die unterschiedliche Lage der Abknickpunkte in den Farben-Helligkeits-Diagrammen einzelner Ringzonen offener Sternhaufen zum Ausdruck und läßt auf unterschiedliche Alter der einzelnen Regionen schließen und erklärt damit das Auffächern der Hauptreihen extrem junger Sternhaufen.

Nach der Zuordnung der Farben-Helligkeits-Diagramme einzelner Ringzonen zu den entsprechenden Alterswerten ergibt sich ein direkter Zusammenhang zwischen dem Strukturparameter und dem Alter. Dabei ist anzumerken, daß für die Altersbestimmung in jungen Sternhaufen die Isochronen des Vorhauptreihenstadiums und für die alten Sternhaufen die Isochronen der oberen Hauptreihe oder die Lage der Abknickpunkte herangezogen werden. Für die Sternhaufen mittleren Alters sind in der Regel beide Möglichkeiten gegeben. Als Beispiel für das unterschiedliche Verhalten einzelner Ringzonen aus den offenen Sternhaufen NGC 6611, NGC 6530, NGC 2264 und den Plejaden (M 45) wird in Bild 6.11 das gemeinsame M_V-$(B-V)_0$-Diagramm gegeben, das einer Arbeit des Autors [233] entnommen ist.

Die für die einzelnen Sternhaufen abzuleitenden Zeitskalen gestatten es, Aussagen über das mittlere Alter der Sternhaufen selbst, einzelner Teilgebiete (Ringzonen) und der in ihnen befindlichen Sterne in Abhängigkeit vom entsprechenden Strukturparameter zu machen. Wenn auch systematische Effekte (hohe Rotationsgeschwindigkeiten, chemische Zusammensetzung, Verfärbung, unerkannte Doppelsterne) eingeräumt werden können, so verbleiben doch die Unterschiede zwischen den einzelnen Ringzonen.

Nach den vorliegenden Befunden befinden sich in der Regel die jeweils ältesten Gebiete eines Sternhaufens im Zentrum der Aggregate, wohingegen die jüngsten Regionen in den Randgebieten angesiedelt sind. Die Ausbildung der Sternhaufen schreitet demnach durch das Entstehen immer neuer Sterne unterschiedlicher Masse kontinuierlich vom Zentrum nach dem Rande hin fort. Diese nahezu allgemeingültige Aussage wird für den Sternhaufen NGC 2264 auch durch Williams und Cremin

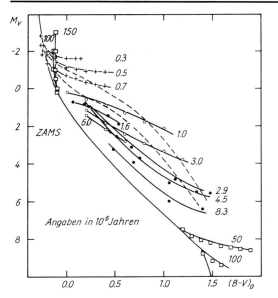

Bild 6.11 Mittlere Beziehungen untersuchter Ringzonen offener Sternhaufen im M_V-$(B-V)_0$-Diagramm

+ NGC 6611
o NGC 6530
● NGC 2264
□ M 45
– – – Linien der Ersterscheinung

Eng mit der kontinuierlichen Sternentstehung und der Ausbildung der Sternhaufen ist auch die Besetzung einzelner $(B-V)_0$-Bereiche verbunden. Wie aus Bild 6.12 hervorgeht, wo die $(B-V)_0$-Werte von Mitgliedern einzelner Sternhaufen über ihrem jeweiligen Alterswert aufgetragen sind und wo die Hauptreihe des Alters Null durch die eingezeichnete Kurve dargestellt wird, besetzen die jeweils jüngsten Sterne eines Aggregates nur relativ enge $(B-V)_0$-Bereiche. Mit zunehmendem Alter jedoch dehnen sich diese Besetzungsgrenzen nach größeren $(B-V)_0$-Werten hin aus und charakterisieren die Entstehung immer masseärmerer Sterne. Die Darstellung zeigt auch die Abnahme der relativen Sternzahlen und die Einengung der $(B-V)_0$-Besetzungsbereiche im Vorhauptreihenstadium mit zunehmendem Alter.

Die aus den Untersuchungen des Autors hervorgehenden Zeitdauern der kontinuierlichen Sternentstehung ΔT in den einzelnen Sternhaufen sind in Tabelle 6.4 zusammengestellt. Neben dem mittleren Alter aus dem Lund-Katalog sind dort auch die dynamischen Alter τ/T und $\tau/T_{1/2}$ gegeben. Es bleibt anzumerken, daß nur in den Sternhaufen NGC 2632 (Praesepe) und NGC 6940 keine interstellare Materie mehr vorhanden ist. Gerade dort aber werden hohe Sternstehungsdauern und Ausbildungszeiten der Aggregate von etwa $8 \cdot 10^8$ Jahren festgestellt. Da in allen übrigen untersuchten Stern-

[351] bestätigt. Nur im Falle des Sternhaufens NGC 6530 ist hinsichtlich der Richtung der Sternentstehung das umgekehrte Verhalten festzustellen.

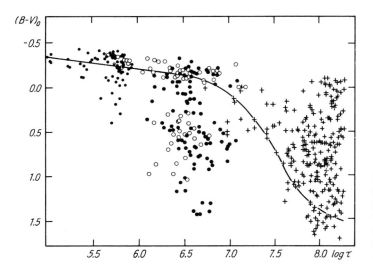

Bild 6.12 $(B-V)_0$-log τ-Diagramm aus Mitgliedern offener Sternhaufen

● NGC 6611
• NGC 2264
o NGC 6530
+ M 45

Tabelle 6.4 Zeiten der Sternentstehung ΔT in offenen Sternhaufen unterschiedlichen Alters

Sternhaufen	$\log \tau$	ΔT	τ/T	$\tau/T_{1/2}$
NGC 6611	6.74	$6.6 \cdot 10^5$	0.001	0.26
NGC 6530 I	6.30	$8.4 \cdot 10^6$	0.001	0.00
NGC 2264	7.30	$1.3 \cdot 10^7$	0.012	0.10
Plejaden	7.89	$2.1 \cdot 10^8$	0.070	0.40
NGC 2632	8.82	$8.8 \cdot 10^8$	0.429	0.77
NGC 6940	9.04	$7.5 \cdot 10^8$	0.462	0.55

haufen die Zeiten der Sternentstehung kürzer und interstellare Wolken noch vorhanden sind, ist anzunehmen, daß in diesen Aggregaten die Sternentstehung und die Ausbildung der Sternhaufen noch nicht abgeschlossen sind. Die vorliegenden Befunde verweisen auf eine sehr lange Bildungszeit gebundener Sternhaufen und bestätigen die diesbezüglichen Angaben von Miller und Scalo [352]. Allgemein kann festgestellt werden, daß nur im relativ hohen Entwicklungsalter ($\tau/T \geqq 0.5$) fertig ausgebildete Sternhaufen anzutreffen sind, in denen die Sternentstehung abgeschlossen ist.

Die für die Plejaden erhaltene Zeitdauer der Sternentstehung in Tabelle 6.4 befindet sich in Übereinstimmung mit den Ergebnissen von Herbig [225], Landolt [349] und Stauffer [350].

Bemerkenswert ist es auch, daß in den Aggregaten hohen Alters überhaupt die kontinuierliche Sternentstehung noch nachgewiesen werden kann.

Die über eine lange Zeitspanne während kontinuierliche Sternentstehung und die damit verbundene Ausbildung der Aggregate einerseits und die Entwicklung der Sterne andererseits bringen es mit sich, daß sich die Sternhaufen unabhängig von der dynamischen Entwicklung in stetiger Veränderung befinden. Dieser Vorgang wird am ehesten durch die Entwicklungsdiagramme offener Sternhaufen charakterisiert, die zum einen die masseabhängige Entwicklung der Sterne widerspiegeln und zum anderen die kontinuierliche Entstehung und Entwicklung der Sternhaufen berücksichtigen. Dabei wird davon ausgegangen, daß die in einem Aggregat zuerst entstandenen Sterne und die durch die Sternbildung zuerst beeinträchtigten Gebiete die jeweils am weitesten entwickelten Objekte in den jeweils ältesten Regionen darstellen.

Im Entwicklungsdiagramm eines Sternhaufens, daß in seiner allgemeinen Form in Bild 6.13 gezeigt wird, erfolgt die Gegenüberstellung einer logarithmischen Zeitskala, die das Haufenalter, das Alter einzelner Gebiete

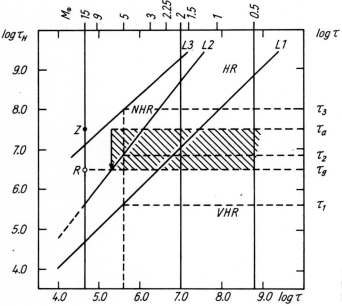

Bild 6.13 Allgemeines Entwicklungsdiagramm offener Sternhaufen

oder das Entwicklungsalter eines Sterns zum Inhalt hat, mit einer nichtlinearen Massenskala, die angibt, welche Einzelmassen und Entwicklungszeiten ($\log \tau$) des Vorhauptreihenstadiums zusammengehören.

Aus diesem Grund stellt auch die in das Diagramm eingetragene Linie L1 die Hauptreihe des Alters Null (ZAMS) dar. Die dort ebenfalls eingezeichnete Linie L2 charakterisiert das jeweilige Ende des Aufenthalts auf der Hauptreihe, wohingegen die Linie L3 und ihre Lage die ungefähre Zeit am Ende des Nachhauptreihenstadiums veranschaulicht, die der Entwicklung im Riesenstadium entspricht und die durch Modellrechnungen von Iben [102] erfaßt wird.

Durch die Linien L1, L2 und L3 wird das Entwicklungsdiagramm der offenen Sternhaufen in das Gebiet des Vorhauptreihenstadiums (VHR), des Hauptreihenstadiums (HR) und des Nachhauptreihenstadiums (NHR) unterteilt. In der Region jenseits von L3 sollte die Sternentwicklung im Riesenstadium weitgehend abgeschlossen sein.

Das Diagramm in Bild 6.13 enthält auch eine Unterteilung des Massebereiches bei $M = 15\,M_{\odot}$, $M = 2\,M_{\odot}$ und $M = 0.5\,M_{\odot}$ durch die an entsprechender Stelle eingetragenen Senkrechten.

Im Verlaufe der Entwicklung eines Sterns der vorgegebenen Masse M werden nach dem vorliegenden Diagramm mit zunehmendem Entwicklungsalter die genannten Entwicklungsstadien von der unteren Hälfte der Darstellung aus senkrecht nach oben durchlaufen. Zum Zeitpunkt $\log \tau_1$ erreicht dieser Stern die ZAMS, verweilt bis zum Zeitpunkt $\log \tau_2$ auf der Hauptreihe und durchquert anschließend das Nachhauptreihenstadium, bis seine Entwicklung im Riesenstadium bei $\log \tau_3$ weitgehend beendet ist. Auf diese Weise ist das Verhalten eines Einzelsterns im $\log \tau_H$-M-Diagramm festgelegt.

Die Charakterisierung der Entwicklung eines Sternhaufens in Bild 6.13 geht von dem Sachverhalt aus, daß bei kontinuierlicher Sternentstehung in den Aggregaten zu jedem Zeitpunkt Sterne unterschiedlicher Masse hervorgebracht werden, die bei einer gegebenen Entwicklungszeit entsprechend ihrer Masse unterschiedlichen Entwicklungsstadien angehören.

Die am Anfang der Ausbildung eines Aggregates entstandenen Sterne ordnen sich demnach zum Entwicklungszeitpunkt $\log \tau_a$ im Diagramm waagerecht an und haben je nach Masse entweder die Sternentwicklung bereits beendet oder befinden sich im Nachhauptreihen-, Hauptreihen- oder Vorhauptreihenstadium. Mit fortschreitender kontinuierlicher Ausbreitung der Sternbildung im Verlaufe der Zeit, die in der Regel mit der gleichzeitigen Ausdehnung der Sternhaufen einhergeht, werden schließlich die jüngsten Sterne unterschiedlicher Masse hervorgebracht, die die geringste Entwicklungszeit $\log \tau_g$ aufweisen und sich im gegebenen Diagramm am Rande des Sternhaufens (R) anordnen. Im Vergleich zu den Sternen des zentralen Gebietes (Z) unterscheiden sich diese Objekte in der Besetzung der einzelnen Entwicklungsstadien. Dabei wird der gegenseitige Unterschied um so größer, je länger die Sternentstehung in einem Sternhaufen andauert.

Die durch einen Sternhaufen im vorliegenden Entwicklungsdiagramm eingenommene Fläche, die durch Schraffur gekennzeichnet ist, stellt ein Charakteristikum der Aggregate dar und hat die aus ihnen abgeleitete Strukturparameter-Alters-Beziehung oder, im einfachen Fall, die Abstand-Alters-Beziehung zur Grundlage.

Eine Konzentration im Kerngebiet eines Sternhaufens seitens einer Sterngruppe bestimmter mittlerer Masse und Entwicklungsphase tritt nach den vorliegenden Befunden immer dann ein, wenn die Entwicklungslinie dieser Masse in den Altersgrenzen eines Sternhaufens eine Trennungslinie (L1, L2, L3) zwischen den einzelnen Entwicklungsstadien schneidet, das jeweils höhere Entwicklungsstadium mit der Zentralregion zusammenfällt und die untersuchten Sterne diesem Entwicklungsstadium angehören. Eine Verteilung der Mitglieder einer ausgewählten Sterngruppe über das ganze Aggregat ist hingegen dann zu erwarten, wenn der in einem Haufen überbrückte Altersbereich bei gegebener Masse innerhalb eines Entwicklungsstadiums liegt.

Die aus den Schnittpunkten der Entwicklungslinie einer vorgegebenen Masse mit der zentralen und äußeren Begrenzung einerseits und den Linien L2 und L3 andererseits erhaltenen Zentrumsabstände r stellen in ihrem Verhältnis zu den mittleren Radien der Ausdehnung der Sternhaufen R_0 die zu erwartenden oberen oder unteren Konzentrationsgrade (r/R_0) für eine entsprechende Sterngruppe dar. Auf diese Weise konnte über das Entwicklungsdiagramm offener Sternhaufen nachgewiesen werden [222], daß die in einigen Aggregaten des Alters $\log \tau > 8.0$ auftretende Konzentration von Doppelsternen und gelben Riesensternen in Richtung auf das Zentrum keine zufällige Erscheinung, sondern kosmogonischer Natur ist und nicht durch die dynamische Entwicklung der Sternhaufen hervorgerufen wird. Die Übereinstimmung der aus den Entwicklungsdiagrammen abgeleiteten mittleren Konzentrationsgrade für Doppelsterne und gelbe Riesen aus einigen Sternhaufen mit den aus den Beobachtungen hergeleiteten Werten charakterisiert Tabelle 6.5. Dabei beruhen sowohl die Massebestimmungen als auch die Festlegung der Lage der Trennlinien im Entwicklungsdiagramm auf groben Abschätzungen.

Tabelle 6.5 Gegenüberstellung der aus dem Entwicklungsdiagramm und der Lage der Sterne in den Sternhaufen erhaltenen mittleren Konzentrationsgrade [222]

Sternhaufen	Doppelsterne		Gelbe Riesen	
	Diagramm	Beobachtung	Diagramm	Beobachtung
NGC 6611	0.68	0.39		
NGC 6530	0.28	0.28		
NGC 2264	0.38	0.36		
Plejaden	0.34	0.25		
Praesepe	0.04	0.08	0.32	0.09
NGC 6940	0.44	0.49	0.39	0.34

Auffällig ist in der Zusammenstellung die starke Konzentration in Richtung auf das Zentrum durch die Doppelsterne und gelben Riesen der Praesepe. Aus Strukturuntersuchungen [234] geht hervor, daß im innersten Kerngebiet dieses Aggregates, das mit $\log \tau = 8.92$ zu den ältesten Gebieten dieses Sternhaufens zählt, allein 8 spektroskopische Doppelsterne, die Bedeckungssterne RY Cnc und TX Cnc sowie 4 gelbe Riesen und 3 Weiße Zwerge angesiedelt sind. Das Verhalten der Doppelsterne und gelben Riesen ist nach den vorliegenden Befunden klar. Bezüglich der Weißen Zwerge, die einen mittleren Konzentrationsgrad von $(r/R_0) = 0.07$ aufweisen, wird aus dem einschlägigen Entwicklungsdiagramm ersichtlich, daß tatsächlich bei der mittleren Masse der dortigen gelben Riesen ($\overline{M} = 2.25 \, M_\odot$) der innerste Kern des Aggregates in das Gebiet jenseits von L3 hineinragt. Dieses Gebiet ist Sternen mit abgeschlossener Entwicklung im Riesenstadium, wozu die Weißen Zwerge zweifellos gehören, vorbehalten. Die Entwicklungsdiagramme offener Sternhaufen eignen sich also, die Beobachtungsbefunde zu erklären.

Die über die Entstehung und Entwicklung vorliegenden Befunde und Ergebnisse zeigen, daß sowohl von der theoretischen Betrachtung der Sternentstehungsprozesse als auch von der Beobachtung her sich die Theorie der Dynamik offener Sternhaufen und die numerische N-Körper-Simulation der kontinuierlichen Bildung der Sternhaufen noch anpassen müssen, um das kosmogonische und dynamische Verhalten offener Sternhaufen miteinander zu verbinden und in Einklang zu bringen. Unter den gegenwärtigen Gegebenheiten überwiegen noch (siehe Abschnitt 6.1.3.) die statischen Sternhaufenmodelle, denen in Zukunft vollkommnere dynamische Modelle entgegenzusetzen sind.

7. Schlußbemerkungen

Für den Abstand der Sonne vom galaktischen Zentrum und die Kreisbahngeschwindigkeit im Abstand der Sonne waren seit 1963 die Werte $R_\odot = 10\,\text{kpc}$ und $\Theta_\odot = 250\,\text{km/s}$ gültig. Diese galaktischen Konstanten wurden auf der IAU-Generalversammlung 1985 in Neu-Dehli korrigiert, wobei empfohlen wurde, die neuen Werte

$R_\odot = 8.5\,\text{kpc} \pm 1\,\text{kpc}$ und
$\Theta_\odot = 220\,\text{km/s} \pm 20\,\text{km/s}$

zu benutzen.

Die Korrektur machte sich aufgrund von Untersuchungen an RR-Lyrae-Sternen in der Nähe des galaktischen Zentrums erforderlich, doch verwiesen auch Untersuchungen an offenen Sternhaufen auf die notwendige Verkürzung der galaktozentrischen Sonnendistanz. So bevorzugten Bacall und Soneira [353] und Quiroga [354] die Distanz $R_\odot = 8\,\text{kpc}$. Aus HI-Daten leiteten Gunn, Knapp und Treimaine [355] den Wert $R_\odot = 8.5\,\text{kpc}$ ab und Balazs [356, 357], De Vaucouleurs und Buta [358], Frenk und White [359] sowie Balazs und Lyngå [360] kamen aufgrund von Untersuchungen der Raumverteilung von offenen und Kugelsternhaufen sowie der Größenvariation offener Sternhaufen sogar auf die galaktozentrische Distanz von $R_\odot = 7\,\text{kpc}$. Die sich auf der Grundlage dieser Entfernung nach Balazs und Lyngå [360] ergebende Winkelgeschwindigkeit der Spiralstruktur liegt in den Grenzen $33\,\text{km s}^{-1}/\text{kpc} < \Omega < 36\,\text{km s}^{-1}/\text{kpc}$, die bei einer Entfernung von 10 kpc auf die Werte $\Omega = 23\,\text{km s}^{-1}/\text{kpc}\dots25\,\text{km s}^{-1}/\text{kpc}$ absinkt.

Es besteht kein Zweifel, daß die Korrektur der galaktischen Konstanten $R_\odot$ und $\Theta_\odot$ auch Auswirkungen auf die Ergebnisse auf dem Gebiet der offenen Sternhaufen haben wird.

Die Angaben in diesem Buche beziehen sich auf die bis 1985 gültigen Konstanten.

Liste offener Sternhaufen unserer Galaxis

Die Zusammenstellung erfolgte anhand des Lund-Katalogs offener Sternhaufendaten 1983. Die Liste gibt neben der Neubenennung der offenen Sternhaufen die die Koordinaten für das Äquinoktium 1950.0 enthalten, die alte Benennung dieser Objekte sowie deren Trumplersche Klassifikation an. Die Zugehörigkeit der mit * versehenden Objekte zur Gruppe der offenen Sternhaufen ist fraglich.

Neue Benennung	Alte Benennung	Klassifikation	
C 0000 +671	Berkeley 59	I 3 m	
C 0000 +633	Berkeley 104	II 1 p	
C 0001 −302	Blanco 1	IV 3 m	
C 0001 +557	Stock 19	III 1 p	
C 0005 +611	Czernik 1	I 2 p	*
C 0007 +601	Berkeley 1	III 1 p	
C 0007 +609	King 13	II 2 m	
C 0015 +606	Berkeley 60	III 1 p	
C 0019 +641	King 1	II 2 r	
C 0019 +614	Mayer 1	IV 2 p	
C 0022 +623	Stock 20	II 2 p	
C 0022 +601	Berkeley 2	I 1 m	
C 0022 +610	NGC 103	II 1 m	
C 0024 +711	NGC 110	IV 1 p	
C 0027 +599	NGC 129	III 2 m	
C 0027 +577	Stock 21	IV 2 p	
C 0028 +630	NGC 133	IV 1 p	*
C 0028 +612	NGC 136	II 1 p	
C 0029 +628	King 14	III 1 p	
C 0030 +615	King 15	IV 2 p	
C 0030 +630	NGC 146	II 2p	
C 0036 +608	NGC 189	III 1 p	
C 0036 +616	Stock 24	III 1 p	
C 0039 +850	NGC 188	I 2 r	
C 0040 +615	NGC 225	III 1 p	*
C 0040 +639	King 16	I 2 m	
C 0040 +598	Czernik 2	IV 2 m	
C 0042 +641	Berkeley 4	I 2 p	
C 0045 +669	Berkeley 61	II 1 p	
C 0047 +638	Dolidze 13	IV 1 m	

Neue Benennung	Alte Benennung	Klassifikation	
C 0048 +579	King 2	II 2 m	
C 0049 +563	NGC 281	−	
C 0057 +636	Berkeley 62	III 2 m	
C 0100 +625	Czernik 3	III 2 p	*
C 0103 +619	NGC 366	II 3 m	
C 0105 +613	NGC 381	III 1 m	
C 0109 +620	Stock 3	IV 1 p	
C 0112 +598	NGC 433	III 2 p	
C 0112 +585	NGC 436	I 2 m	
C 0115 +580	NGC 457	II 3 r	
C 0126 +630	NGC 559	I 1 m	
C 0129 +604	NGC 581	II 2 m	
C 0132 +611	Czernik 4	IV 2 p	*
C 0132 +610	Trumpler 1	II 2 p	
C 0133 +643	NGC 609	II 3 r	
C 0139 +637	NGC 637	I 2 m	
C 0140 +556	NGC 657	−	
C 0140 +616	NGC 654	II 2 r	
C 0140 +604	NGC 659	I 2 m	
C 0142 +610	NGC 663	II 3 r	
C 0144 +626	Berkeley 5	IV 1 p	
C 0144 +717	Collinder 463	III 2 m	
C 0147 +270	Collinder 21	III 3 p	*
C 0147 +608	Berkeley 6	II 2 p	
C 0149 +615	IC 166	II 1 r	
C 0149 +568	Stock 4	IV 1 p	
C 0150 +621	Berkeley 7	II 2 p	
C 0151 +610	Czernik 5	III 1 p	
C 0154 +374	NGC 752	II 2 r	
C 0155 +552	NGC 744	III 1 p	
C 0155 +599	NGC 743	IV 1 p	
C 0156 +753	Berkeley 8	II 2 m	
C 0158 +626	Czernik 6	II 2 p	
C 0158 +620	Czernik 7	II 1 p	*
C 0200 +642	Stock 5	III 3 m	
C 0211 +590	Stock 2	I 2 m	
C 0215 +580	Basel 10	II 1 p	
C 0215 +569	NGC 869	I 3 r	
C 0215 +635	Berkeley 63	III 1 p	
C 0217 +656	Berkeley 64	II 1 m	

Neue Benennung	Alte Benennung	Klassifikation		Neue Benennung	Alte Benennung	Klassifikation	
C 0218 +568	NGC 884	I 3 r		C 0415 +530	Mayer 2	III 1 p	
C 0219 +636	Stock 6	III 2 p		C 0417 +448	Berkeley 11	II 2 m	
C 0225 +615	Tombaugh 4	II 1 m		C 0417 +501	NGC 1545	IV 2 p	
C 0225 +604	Markarian 6	III 1 p		C 0424 +157	Hyaden	II 3 m	
C 0228 +612	IC 1805	II 3 m		C 0424 +308	Czernik 18	IV 1 p	
C 0229 +444	NGC 956	IV 2 m		C 0428 +437	NGC 1582	IV 2 p	
C 0229 +585	Czernik 8	II 2 p	*	C 0431 +451	NGC 1605	III 1 m	
C 0229 +596	Czernik 9	III 2 p	*	C 0434 +506	Berkeley 67	III 1 m	*
C 0230 +573	NGC 957	III 2 m		C 0436 +503	NGC 1624	II 1 p	
C 0230 +599	Czernik 10	IV 1 p	*				
				C 0441 +419	Berkeley 68	III 1 r	*
C 0232 +587	King 4	III 1 p		C 0441 +425	Berkeley 12	II 1 m	
C 0232 +594	Czernik 11	I 2 p	*	C 0442 +446	Ruprecht 148	IV 1 p	*
C 0233 +557	Trumpler 2	II 2 p		C 0443 +189	NGC 1647	II 2 r	
C 0235 +602	Berkeley 65	II 3 p		C 0445 +108	NGC 1662	II 3 m	
C 0235 +547	Czernik 12	III 1 p		C 0445 +130	NGC 1663	IV 2 p	*
C 0238 +613	NGC 1027	II 3 m		C 0447 +436	NGC 1664	III 1 p	
C 0238 +425	NGC 1039	II 3 r		C 0451 +526	Berkeley 13	III 1 p	
C 0240 +621	Czernik 13	III 2 p		C 0453 +287	Czernik 19	II 1 m	
C 0244 +169	Dolidze 1	III 2 p		C 0456 +434	Berkeley 14	III 1 m	
C 0247 +602	IC 1848	I 3 p					
				C 0458 +443	Berkeley 15	I 2 m	
C 0249 +272	Latysev 1	–		C 0459 +494	NGC 1724	–	
C 0255 +602	Collinder 33	II 3 m	*	C 0500 +237	NGC 1746	III 2 p	
C 0257 +602	Collinder 34	I 3 p	*	C 0501 +237	NGC 1758	III 2 p	
C 0300 +585	Berkeley 66	I 3 m		C 0504 +369	NGC 1778	III 2 p	
C 0302 +441	NGC 1193	I 2 m		C 0505 +390	King 17	II 2 m	
C 0307 +630	Trumpler 3	III 2 m		C 0507 +164	NGC 1807	II 2 p	
C 0308 +531	NGC 1220	I 1 p		C 0508 +475	NGC 1798	I 1 m	
C 0311 +525	King 5	I 2 m		C 0509 +166	NGC 1817	IV 2 r	
C 0311 +470	NGC 1245	II 2 r		C 0511 +326	Dolidze 16	IV 2 p	
C 0312 +598	Stock 23	II 3 p					
				C 0516 +732	Collinder 464	III 3 m	
C 0313 +584	Czernik 14	III 1 p		C 0516 +394	Czernik 20	IV 1 p	
C 0318 +484	Melotte 20	III 3 m		C 0516 +393	NGC 1857	I 3 m	
C 0319 +520	Czernik 15	IV 2 p		C 0517 +305	Berkeley 17	III 1 r	
C 0324 +562	King 6	II 2 m		C 0518 −685	NGC 1901	III 3 m	
C 0327 +524	Czernik 16	IV 2 p		C 0518 +453	Berkeley 18	III 1 r	
C 0328 +371	NGC 1342	III 2 m		C 0519 +409	Collinder 62	IV 3 p	
C 0329 +525	Berkeley 9	II 1 p		C 0519 +333	NGC 1893	II 3 r	
C 0330 +512	NGC 1348	III 2 m		C 0521 +114	Dolidze 2	III 2 p	
C 0334 +663	Berkeley 10	II 2 m		C 0520 +332	Dolidze 18	IV 1 p	
C 0341 +321	IC 348	III 2 p					
				C 0520 +295	Berkeley 19	II 1 m	
C 0343 +589	Tombaugh 5	III 2 r		C 0521 +081	Dolidze 19	IV 1 p	
C 0344 +239	Plejaden	I 3 r		C 0521 +326	Berkeley 69	II 2 m	
C 0345 +525	NGC 1444	IV 1 p		C 0522 +418	Berkeley 70	III 1 m	*
C 0348 +618	Czernik 17	IV 1 p	*	C 0522 +465	NGC 1883	II 1 m	
C 0355 +516	King 7	I 2 r		C 0523 +160	Collinder 65	II 3 p	
C 0400 +524	NGC 1496	III 2 p		C 0523 +359	Czernik 21	IV 1 m	*
C 0403 +622	NGC 1502	I 3 m		C 0524 +343	Stock 8	I 3 m	
C 0403 +273	Dolidze 14	III 1 p		C 0524 +070	Dolidze 21	IV 2 p	
C 0406 +493	NGC 1513	II 1 m		C 0524 +352	NGC 1907	I 1 m	
C 0411 +511	NGC 1528	II 2 m					
				C 0525 +358	NGC 1912	II 2 r	
C 0414 +581	IC 361	II 2 r		C 0525 +337	Dolidze 20	IV 3 p	*

Neue Benennung	Alte Benennung	Klassifikation		Neue Benennung	Alte Benennung	Klassifikation
C 0528 +342	NGC 1931	I 3 p		C 0627 −312	NGC 2243	I 2 r
C 0530 +001	Berkeley 20	II 2 p		C 0628 +049	NGC 2239	III 2 m
C 0530 +264	Dolidze 3	IV 2 p		C 0628 −041	Czernik 26	III 1 m
C 0532 +099	Collinder 69	III 3 p		C 0628 −096	van den Bergh 80	I 2 p
C 0532 +323	CV Mon	−		C 0628 +059	Collinder 97	IV 2 p
C 0532 −044	NGC 1981	III 3 p		C 0629 +049	NGC 2244	II 3 r
C 0532 +341	NGC 1960	I 3 r		C 0630 −050	NGC 2250	IV 2 p
C 0532 +259	Dolidze 4	IV 2 p				
				C 0630 +205	Berkeley 23	III 1 m
C 0532 −054	Trapezium	−		C 0631 +081	Basel 8	IV 3 m
C 0532 −048	NGC 1977	−		C 0632 +084	NGC 2251	III 2 m
C 0532 −059	NGC 1980	III 3 m		C 0632 +054	NGC 2252	III 2 m
C 0533 −011	Collinder 70	III 3 r		C 0633 +077	NGC 2254	I 1 m
C 0535 +379	Stock 10	IV 2 p		C 0633 +048	Collinder 104	IV 2 p
C 0536 −026	Sigma Ori	III 3 p		C 0633 +084	Basel 7	IV 1 p
C 0538 +323	Berkeley 71	II 1 m		C 0634 +094	Trumpler 5	III 1 r
C 0545 +302	Basel 4	II 1 p		C 0634 −141	Ruprecht 1	III 1 p
C 0545 +073	Collinder 74	III 1 m		C 0634 +060	Collinder 106	IV 2 p
C 0546 +336	King 8	II 2 m				
				C 0634 +031	van den Bergh 1	III 1 p
C 0546 +289	Czernik 23	III 1 p		C 0635 +047	Collinder 107	IV 2 p
C 0547 +221	Berkeley 72	II 1 p		C 0635 −008	Berkeley 24	III 1 p
C 0548 +217	Berkeley 21	I 2 m		C 0635 +109	NGC 2259	II 1 p
C 0549 +325	NGC 2099	I 2 r		C 0635 +020	Collinder 110	IV 1 r
C 0551 +003	NGC 2112	II 2 m		C 0635 +012	NGC 2262	II 1 m
C 0552 +208	Czernik 24	III 1 m *		C 0636 +069	Collinder 111	−
C 0555 +219	Basel 11.2	III 1 p		C 0638 −272	van den Bergh 83	III 2 p
C 0555 +078	Berkeley 22	I 2 p		C 0638 +099	NGC 2264	III 3 m
C 0558 +233	NGC 2129	I 3 m		C 0638 −164	Berkeley 25	I 2 m
C 0559 +499	NGC 2126	III 2 m				
				C 0639 −295	Ruprecht 2	IV 2 p *
C 0600 +014	NGC 2141	I 2 r		C 0640 +270	NGC 2266	II 2 m
C 0601 +240	IC 2157	II 1 p		C 0640 −294	Ruprecht 3	III 1 p
C 0604 +241	NGC 2158	II 3 r		C 0640 +000	Dolidze 23	IV 3 p
C 0605 +139	NGC 2169	III 3 m		C 0641 +046	NGC 2269	II 1 p
C 0605 +243	NGC 2168	III 3 r		C 0641 +016	Dolidze 24	IV 2 m
C 0606 +203	NGC 2175	III 3 r		C 0642 +003	Dolidze 25	IV 1 m *
C 0607 +206	NGC 2175.1	II 2 p		C 0643 +018	Collinder 115	IV 2 m
C 0609 +054	NGC 2186	II 2 m		C 0644 +013	van den Bergh 85	I 2 p
C 0610 +070	Czernik 25	III 1 p		C 0644 −206	NGC 2287	I 3 r
C 0611 +128	NGC 2194	II 2 r				
				C 0645 −031	NGC 2286	III 2 m
C 0611 +398	NGC 2192	II 2 m		C 0645 +411	NGC 2281	I 3 m
C 0613 −186	NGC 2204	II 2 r		C 0646 +004	Bochum 2	I 1 p
C 0615 +236	Collinder 89	IV 2 p		C 0646 −104	Ruprecht 4	III 2 m
C 0618 −072	NGC 2215	II 2 m		C 0647 −239	Berkeley 75	II 2 p
C 0619 +023	Collinder 91	IV 2 p *		C 0647 +058	Byurakan 12	III 1 m *
C 0619 −063	Berkeley 73	I 1 p		C 0648 +058	Byurakan 11	III 1 p
C 0620 +051	Collinder 92	−		C 0649 +005	NGC 2301	I 3 r
C 0620 +046	Dolidze 22	IV 2 p		C 0649 −070	NGC 2302	III 2 m
C 0622 +198	Bochum 1	−		C 0649 +030	Byurakan 10	I 1 p
C 0624 −047	NGC 2232	III 2 p				
				C 0650 −235	Ruprecht 149	III 2 p
C 0627 +068	NGC 2236	II 2 m		C 0650 +169	Berkeley 29	I 1 p
C 0627 +029	Collinder 96	IV 2 p		C 0652 −245	Collinder 121	IV 3 p
C 0627 +099	Collinder 95	III 2 p		C 0652 +180	NGC 2304	II 1 m

Neue Benennung	Alte Benennung	Klassifikation		Neue Benennung	Alte Benennung	Klassifikation
C 0653 −186	Ruprecht 5	IV 1 p *		C 0721 −193	Ruprecht 16	IV 1 p
C 0653 −132	Ruprecht 6	III 1 p		C 0721 −122	Haffner 8	II 2 m
C 0653 −071	NGC 2309	I 2 m		C 0721 −294	Haffner 7	I 2 m
C 0654 +083	Byurakan 7	II 1 m		C 0721 −231	Ruprecht 17	II 1 p
C 0655 +032	Byurakan 9	II 2 m		C 0721 −131	NGC 2374	IV 2 p
C 0655 −045	NGC 2311	III 2 m				
				C 0721 +054	Berkeley 78	II 1 p
C 0655 +065	Byurakan 8	II 2 r		C 0722 −321	Collinder 140	III 3 m
C 0655 −131	Ruprecht 7	II 2 m		C 0722 −169	Haffner 9	I 1 m
C 0657 −001	Byurakan 13	IV 1 p		C 0722 −208	NGC 2383	II 3 m
C 0658 −204	Tombaugh 1	III 1 m		C 0722 −261	Ruprecht 18	III 1 m
C 0659 −135	Ruprecht 8	IV 1 p *		C 0722 −209	NGC 2384	IV 3 p
C 0700 +064	Czernik 27	III 1 p		C 0723 −214	Ruprecht 19	IV 1 p
C 0700 −082	NGC 2323	II 3 r		C 0724 −242	Trumpler 6	III 2 p
C 0700 −050	Bochum 3	IV 1 p		C 0724 +136	NGC 2395	IV 2 m
C 0701 −207	Tombaugh 2	I 1 m		C 0724 −287	Ruprecht 20	III 2 m
C 0701 +011	NGC 2324	II 2 r				
				C 0724 −476	Melotte 66	II 1 r
C 0701 −060	Haffner 3	III 2 p		C 0725 −239	Trumpler 7	II 3 m
C 0701 −114	van den Bergh 92	IV 2 p		C 0725 −310	Ruprecht 21	III 1 m
C 0702 −196	Auner 1	III 2 m		C 0725 −116	NGC 2396	IV 1 m
C 0703 −283	Ruprecht 150	II 2 p		C 0726 −153	Czernik 29	II 2 m *
C 0703 −149	Haffner 4	III 1 m		C 0726 −152	Haffner 10	III 2 m
C 0704 +274	NGC 2331	IV 2 m		C 0727 −138	NGC 2401	I 1 p
C 0704 −115	Berkeley 76	IV 1 m		C 0727 −291	Ruprecht 22	IV 1 p *
C 0704 −100	NGC 2335	III 2 m		C 0727 −184	Mayer 3	−
C 0704 −200	Ruprecht 10	III 1 p		C 0727 +120	Dolidze 26	IV 1 p
C 0704 −107	Collinder 466	IV 1 p				
				C 0728 −232	Ruprecht 23	III 1 p
C 0705 −207	Ruprecht 11	III 2 p		C 0728 −169	Bochum 5	I 2 p
C 0705 −281	Ruprecht 12	IV 1 p *		C 0728 −168	Bochum 4	II 3 m
C 0705 −257	Ruprecht 13	IV 2 p		C 0728 −098	Czernik 30	III 1 p *
C 0705 −105	NGC 2343	II 2 p		C 0729 −126	Ruprecht 24	IV 1 p
C 0706 −130	NGC 2345	II 3 r		C 0729 −193	Bochum 6	I 3 m
C 0707 −168	Haffner 23	IV 2 m		C 0731 −153	NGC 2414	I 3 m
C 0708 +028	Berkeley 35	IV 1 p		C 0731 −203	Ruprecht 40	IV 1 p *
C 0712 −102	NGC 2353	III 3 p		C 0733 −276	Haffner 11	II 2 m
C 0712 −256	NGC 2354	III 2 r		C 0734 −205	NGC 2421	I 2 r
C 0712 −310	Collinder 132	III 3 p				
				C 0734 −143	NGC 2422	I 3 m
C 0713 −312	Ruprecht 14	IV 1 p		C 0734 −232	Ruprecht 25	III 1 p *
C 0713 −130	Berkeley 36	III 1 m		C 0734 −203	Czernik 31	III 2 m *
C 0714 +138	NGC 2355	II 2 m		C 0734 −137	NGC 2423	II 2 m
C 0714 −138	Basel 11.1	II 3 m		C 0734 −155	Ruprecht 26	III 1 p *
C 0715 −367	Collinder 135	IV 2 p		C 0735 −119	Melotte 71	II 2 r
C 0715 −155	NGC 2360	I 3 r		C 0735 −264	Ruprecht 27	IV 2 m
C 0716 −225	Haffner 5	II 2 m		C 0735 +216	NGC 2420	I 1 r
C 0716 −248	NGC 2362	I 3 r		C 0736 −359	van den Bergh − Hagen 4	II 1 p
C 0717 −195	Ruprecht 15	II 1 p				
C 0717 −130	Haffner 6	IV 2 r		C 0736 −147	NGC 2425	II 1 m
C 0717 −010	Berkeley 37	III 1 p		C 0736 −105	Melotte 72	III 1 m
C 0718 −218	NGC 2367	II 3 m		C 0736 −104	Collinder 467	−
C 0718 −102	NGC 2368	IV 1 p		C 0737 −308	Ruprecht 28	IV 1 p *
C 0719 −032	Berkeley 77	I 2 m		C 0738 −334	Bochum 15	IV 2 p
C 0719 −008	King 23	III 2 p		C 0738 −300	Haffner 13	III 3 p

Neue Benennung	Alte Benennung	Klassi- fikation		Neue Benennung	Alte Benennung	Klassi- fikation	
C 0738 −189	NGC 2432	II 2 m		C 0801 −266	Ruprecht 49	II 1 p	
C 0738 −315	NGC 2439	II 3 r		C 0801 −307	Ruprecht 50	II 2 m	
C 0739 −161	Ruprecht 151	III 2 m		C 0801 −305	Ruprecht 51	IV 1 m	
C 0739 −242	Ruprecht 29	IV 2 p	*	C 0802 −461	Collinder 173	IV 2 p	
C 0739 −147	NGC 2437	II 2 r					
				C 0803 −316	Ruprecht 155	IV 1 p	*
C 0740 −313	Ruprecht 30	IV 2 m		C 0803 −318	Ruprecht 52	III 1 p	
C 0740 −354	Ruprecht 31	III 2 p		C 0803 −280	NGC 2527	II 2 m	
C 0742 −237	NGC 2447	I 3 r		C 0805 −297	NGC 2533	II 2 r	
C 0742 −282	Haffner 14	III 1 m		C 0805 −322	van den Bergh − Hagen 19	III 2 p	
C 0742 −254	Ruprecht 32	II 3 m	*				
C 0743 −326	Haffner 15	II 2 m		C 0808 −126	NGC 2539	III 2 m	
C 0743 −218	Ruprecht 33	IV 1 p		C 0808 −268	Ruprecht 53	IV 3 m	
C 0743 −378	NGC 2451	II 2 m		C 0809 −491	NGC 2547	I 3 r	
C 0743 −202	Ruprecht 34	II 3 m		C 0809 −318	Ruprecht 54	III 2 p	
C 0744 −311	Ruprecht 35	II 1 p		C 0810 −324	Ruprecht 55	III 1 p	
C 0744 −044	Berkeley 39	II 2 r		C 0810 −277	Haffner 22	II 1 m	
C 0745 −271	NGC 2453	I 3 m		C 0810 −374	NGC 2546	III 2 m	
C 0746 −261	Ruprecht 36	IV 1 m		C 0810 −403	Ruprecht 56	III 2 m	*
C 0746 −257	Haffner 25	III 1 p	*	C 0811 −056	NGC 2548	I 3 r	
C 0746 −211	NGC 2455	III 2 m		C 0812 −362	van den Bergh − Hagen 23	III 2 p	
C 0747 −171	Ruprecht 37	II 2 m					
C 0748 −253	Haffner 16	I 2 m		C 0812 −268	Ruprecht 57	IV 2 m	
C 0748 −200	Ruprecht 38	III 2 p	*	C 0812 −318	Ruprecht 58	IV 1 m	
C 0748 −297	Czernik 32	II 1 m		C 0813 −306	Haffner 26	III 2 p	*
C 0749 −317	Haffner 17	I 2 p		C 0815 −369	Pismis 1	II 2 m	
				C 0816 −414	Pismis 2	II 1 r	
C 0750 −223	Ruprecht 39	III 1 p					
C 0750 −262	Haffner 18	I 2 p		C 0816 −304	NGC 2567	II 2 m	
C 0750 −384	NGC 2477	I 2 r		C 0816 −295	NGC 2571	II 3 m	
C 0750 −263	NGC 2467	I 3 m		C 0817 −343	Ruprecht 59	III 1 p	
C 0750 −261	Haffner 19	I 1 m		C 0819 −301	NGC 2580	II 2 m	
C 0751 −268	Ruprecht 41	IV 1 p		C 0819 −360	NGC 2579	IV 2 p	
C 0752 −175	NGC 2479	III 1 m		C 0821 −328	NGC 2588	II 1 p	
C 0752 −241	NGC 2482	IV 1 m		C 0821 −293	NGC 2587	III 2 m	
C 0752 −381	Ruprecht 152	II 1 m		C 0820 −360	Collinder 185	III 2 m	
C 0753 −258	Trumpler 9	II 2 p		C 0822 −289	Collinder 187	IV 1 p	
				C 0822 −470	Ruprecht 60	II 1 m	*
C 0753 −278	NGC 2483	III 2 m					
C 0754 −299	NGC 2489	I 2 m		C 0823 −340	Ruprecht 61	II 1 p	
C 0754 −302	Haffner 20	II 1 p		C 0827 −189	Ruprecht 157	IV 1 m	
C 0755 −257	Ruprecht 42	III 2 p		C 0829 −385	Pismis 3	II 1 m	
C 0756 −287	Ruprecht 43	IV 1 p		C 0829 −443	van den Bergh − Hagen 34	IV 2 p	
C 0757 −284	Ruprecht 44	IV 2 m					
C 0757 −161	Ruprecht 45	IV 1 m		C 0830 −194	Ruprecht 62	IV 2 p	*
C 0757 −607	NGC 2516	I 3 r		C 0831 −481	Ruprecht 63	II 1 p	
C 0757 −106	NGC 2506	I 2 r		C 0832 −441	Pismis 4	III 3 m	
C 0758 −301	Ruprecht 153	IV 2 p		C 0834 −434	van den Bergh − Hagen 37	II 1 m	
C 0758 −189	NGC 2509	I 1 r					
C 0759 −270	Haffner 21	I 1 p		C 0835 −297	NGC 2627	II 2 r	
C 0759 −193	Ruprecht 46	I 2 p		C 0835 −399	Ruprecht 64	II 3 r	
C 0800 −442	Ruprecht 154	III 2 p		C 0835 −394	Pismis 5	III 2 p	
C 0800 −309	Ruprecht 47	II 1 p		C 0836 −345	NGC 2635	II 1 p	
C 0800 −318	Ruprecht 48	III 1 p		C 0837 +201	NGC 2632	II 3 m	

Neue Benennung	Alte Benennung	Klassifikation		Neue Benennung	Alte Benennung	Klassifikation	
C 0837 −438	Ruprecht 65	IV 2 p	*	C 0920 −509	Pismis 13	I 2 m	
C 0837 −460	Pismis 6	II 3 p		C 0920 −560	Ruprecht 75	II 1 p	
C 0838 −378	Ruprecht 66	II 1 p		C 0922 −515	Ruprecht 76	IV 2 p	
C 0838 −459	Waterloo 6	II 3 p		C 0923 −545	van den Bergh − Hagen 66	III 2 p	
C 0838 −528	IC 2391	II 3 m					
C 0839 −385	Pismis 7	II 1 m		C 0925 −511	van den Bergh − Hagen 67	III 1 m	
C 0839 −480	IC 2395	II 3 m					
				C 0925 −549	Ruprecht 77	II 1 m	
C 0839 −461	Pismis 8	II 2 p		C 0926 −567	IC 2488	II 3 r	
C 0840 −432	Ruprecht 67	III 2 m	*	C 0927 −525	Pismis 14	II 2 p	
C 0840 −469	NGC 2660	I 1 r		C 0927 −534	Ruprecht 78	II 2 m	
C 0840 −447	NGC 2659	III 2 r		C 0928 −526	NGC 2910	III 3 m	
C 0841 −479	van den Bergh − Hagen 47	−		C 0929 −527	van den Bergh − Hagen 72	III 1 p	
C 0841 −324	NGC 2658	I 2 r		C 0930 −499	van den Bergh − Hagen 73	II 1 p	
C 0842 −357	Ruprecht 68	III 1 r					
C 0842 +411	Collinder 197	III 3 m		C 0932 −532	NGC 2925	II 3 m	
C 0843 −314	Collinder 196	IV 2 p					
C 0843 −474	Ruprecht 69	IV 1 p		C 0932 −479	Pismis 15	II 1 m	
				C 0933 −545	van den Bergh − Hagen 75	IV 2 m	
C 0843 −458	Bochum 7	IV 3 p					
C 0843 −315	Collinder 198	−		C 0938 −501	NGC 2972	II 1 p	
C 0843 −527	NGC 2669	III 3 m		C 0939 −536	Ruprecht 79	III 2 p	
C 0843 −486	NGC 2670	III 2 m		C 0940 −438	Ruprecht 80	III 1 p	
C 0844 −417	NGC 2671	I 2 m		C 0942 −563	van den Bergh − Hagen 78	III 1 p	
C 0845 −517	van den Bergh − Hagen 52	−		C 0942 −530	van den Bergh − Hagen 79	−	
C 0846 −423	Trumpler 10	II 3 m					
C 0847 −466	Ruprecht 70	IV 2 p		C 0943 −439	Ruprecht 81	IV 3 p	*
C 0847 +120	NGC 2682	II 3 r		C 0943 −537	Ruprecht 82	IV 2 p	
C 0847 −465	Ruprecht 71	III 2 m		C 0947 −561	NGC 3033	II 2 m	
C 0848 −442	van den Bergh − Hagen 54	II 1 p		C 0947 −543	Ruprecht 83	I 2 m	
				C 0947 −650	Ruprecht 84	III 2 p	
C 0850 −374	Ruprecht 72	IV 1 p		C 0949 −529	Pismis 16	I 3 p	
C 0850 −373	Ruprecht 158	III 2 p		C 0949 −560	Hogg 2	IV 2 p	*
C 0854 −393	van den Bergh − Hagen 55	III 1 m		C 0952 −504	Collinder 213	IV 2 p	
				C 0953 −467	Ruprecht 160	I 3 p	
C 0855 −430	van den Bergh − Hagen 56	IV 3 m		C 0956 −544	Hogg 3	IV 2 p	
				C 0956 −543	Hogg 4	−	
C 0855 −475	Muzzio 1	II 2 m		C 0959 −545	NGC 3105	I 2 p	
C 0858 −487	Markarian 18	I 3 m		C 0959 −579	van den Bergh − Hagen 84	−	
C 0859 −507	Ruprecht 73	IV 1 p					
C 0908 −560	van den Bergh − Hagen 58	III 1 p					
				C 0959 −548	Ruprecht 85	III 1 m	*
C 0914 −364	NGC 2818	III 1 m		C 1000 −494	van den Bergh − Hagen 85	IV 1 m	
C 0914 −498	van den Bergh − Hagen 60	−		C 1000 −592	Ruprecht 86	III 2 m	
				C 1001 −598	NGC 3114	II 3 r	
C 0915 −495	Pismis 11	I 2 p		C 1002 −552	van den Bergh − Hagen 87	II 2 m	
C 0917 −403	NGC 2849	I 1 m					
C 0918 −449	Pismis 12	III 1 p		C 1002 −556	Schuster 1	−	
C 0918 −490	van den Bergh − Hagen 63	−		C 1003 −613	Trumpler 11	II 3 m	
C 0919 −368	Ruprecht 74	III 1 p		C 1004 −513	van den Bergh − Hagen 88	III 1 p	
C 0919 −601	Ruprecht 159	IV 2 p					

Neue Benennung	Alte Benennung	Klassifikation	Neue Benennung	Alte Benennung	Klassifikation
C 1004 −601	Hogg 5	I 3 r	C 1056 −587	Hogg 9	II 1 p
C 1004 −602	Hogg 6	−	C 1057 −600	NGC 3496	II 1 r
			C 1058 −601	Sher 1	I 2 p
C 1004 −600	Trumpler 12	I 3 p	C 1059 −595	Pismis 17	III 2 p
C 1007 −609	Ruprecht 161	III 2 p	C 1102 −611	Ruprecht 93	III 2 m
C 1009 −563	Loden 27	III 2 p	C 1102 −676	Ruprecht 163	III 2 p
C 1010 −578	van den Bergh − Hagen 90	−			
			C 1103 −595	Feinstein 1	IV 3 m *
C 1013 −504	Ruprecht 87	III 2 p	C 1104 +584	NGC 3532	II 3 r
C 1015 −584	van den Bergh − Hagen 91	−	C 1105 −612	van den Bergh − Hagen 110	I 1 p
C 1017 −561	van den Bergh − Hagen 92	II 2 p	C 1107 −635	van den Bergh − Hagen 111	II 2 p
C 1017 −628	Ruprecht 88	III 1 m	C 1107 −588	Loden 280	−
C 1019 −514	NGC 3228	II 3 p	C 1107 −602	Loden 309	−
C 1022 −598	Trumpler 13	II 2 m	C 1108 −587	Loden 282	III 2 p
			C 1108 −599	NGC 3572	II 3 m
C 1022 −575	Westerlund 2	IV 1 p	C 1108 −601	Hogg 10	I 3 p
C 1024 −576	NGC 3247	III 2 p	C 1109 −600	Collinder 240	III 2 m
C 1024 −604	NGC 3255	I 2 m			
C 1025 −573	IC 2581	II 2 p	C 1109 −604	Trumpler 18	II 3 m
C 1026 −579	Ruprecht 89	III 1 p	C 1109 −601	Hogg 11	IV 1 p
C 1027 −585	Loden 143	IV 3 p	C 1110 −604	Hogg 12	III 2 p
C 1027 −604	Hogg 7	III 2 p	C 1110 −605	NGC 3590	I 2 p
C 1028 −538	Loden 59	−	C 1110 −586	Stock 13	I 3 p
C 1028 −595	Collinder 223	II 2 m	C 1112 −573	Trumpler 19	IV 2 m
C 1029 −579	Ruprecht 90	IV 2 p	C 1112 −609	NGC 3603	II 3 m
			C 1114 −600	Hogg 13	IV 1 p
C 1030 −564	Loden 112	−	C 1115 −624	IC 2714	II 2 r
C 1033 −598	Bochum 9	III 3 m	C 1117 −632	Melotte 105	I 2 r
C 1033 −579	NGC 3293	−			
C 1035 −584	Loden 165	I 3 r	C 1117 −586	Loden 336	−
C 1035 −583	NGC 3324	I 3 r	C 1120 −582	van den Bergh − Hagen 118	II 1 p
C 1036 −589	van den Bergh − Hagen 99	III 3 m			
			C 1123 −429	NGC 3680	I 2 m
C 1036 −538	NGC 3330	III 2 m	C 1128 −631	Ruprecht 94	III 2 r
C 1040 −588	Bochum 10	II 3 m	C 1128 −582	Loden 372	III 2 p
C 1040 −648	Melotte 101	III 1 m	C 1128 −605	Ruprecht 164	IV 1 m
C 1041 −597	Collinder 228	−	C 1133 −613	NGC 3766	I 3 r
			C 1134 −627	IC 2944	III 3 m
C 1041 −641	IC 2602	I 3 r	C 1135 −630	van den Bergh − Hagen 121	−
C 1041 −593	Trumpler 14	−			
C 1042 −591	Trumpler 15	III 2 p	C 1136 −632	Lyngå 15 (IC 2948)	−
C 1042 −593	Collinder 232	−			
C 1043 −594	Trumpler 16	−	C 1141 −608	Ruprecht 95	III 1 m
C 1045 −598	Bochum 11	IV 3 p	C 1141 −622	Stock 14	III 3 p
C 1045 −572	Ruprecht 91	III 2 p	C 1148 −554	NGC 3960	I 2 m
C 1050 −539	van den Bergh − Hagen 106	IV 1 p	C 1148 −618	Ruprecht 96	IV 1 p
			C 1153 −581	Loden 480	−
C 1051 −620	Ruprecht 162	IV 2 m *	C 1154 −623	Ruprecht 97	IV 1 p
C 1051 −614	Ruprecht 92	IV 1 p	C 1155 −642	Ruprecht 98	III 2 m
			C 1159 −629	NGC 4052	III 2 r
C 1054 −589	Trumpler 17	II 2 m	C 1200 −635	Ruprecht 99	III 1 p
C 1054 −627	Graham 1	I 2 p	C 1203 −622	Ruprecht 100	IV 1 m
C 1055 −607	Collinder 236	III 2 p			
C 1055 −614	Bochum 12	III 3 p	C 1204 −609	NGC 4103	I 2 m

Neue Benennung	Alte Benennung	Klassifikation		Neue Benennung	Alte Benennung	Klassifikation	
C 1204 −592	Stock 15	IV 1 p		C 1328 −582	Ruprecht 108	III 3 p	
C 1206 −606	Loden 565	IV 3 p		C 1330 −642	Loden 848	III 3 m	
C 1206 −626	Ruprecht 101	IV 1 r					
C 1210 −623	Ruprecht 102	IV 1 p		C 1331 −598	Collinder 275	III 3 p	
C 1213 −581	Ruprecht 103	III 2 p		C 1333 −619	Pismis 18	II 2 m	
C 1214 −548	NGC 4230	IV 2 p	*	C 1334 −630	van den Bergh − Hagen 150	III 2 p	
C 1217 −645	Loden 615	−					
C 1221 −578	NGC 4337	II 3 p		C 1335 −640	Loden 894	−	
C 1221 −616	NGC 4349	II 2 m		C 1336 −614	van den Bergh − Hagen 151	I 2 m	
C 1222 −601	Ruprecht 104	III 1 p		C 1341 −617	Loden 991	IV 2 p	
C 1222 +263	Melotte 111	III 3 r		C 1342 −600	Loden 1010	IV 3 m	
C 1223 −631	van den Bergh − Hagen 131	III 1 p		C 1343 −626	NGC 5281	I 3 m	
				C 1345 −658	Collinder 277	IV 1 m	
C 1224 −638	van den Bergh − Hagen 132	III 1 p		C 1345 −644	NGC 5288	II 1 p	
C 1224 −605	van den Bergh − Hagen 133	−		C 1350 −595	Loden 1095	IV 2 p	
				C 1350 −616	NGC 5316	II 2 r	
C 1225 −598	NGC 4439	II 1 p		C 1350 −650	Loden 1002	IV 2 p	
C 1225 −595	Hogg 14	II 3 p		C 1354 −593	van den Bergh − Hagen 155	−	
C 1225 −561	Ruprecht 165	II 3 m	*				
C 1226 −604	Harvard 5	II 3 p		C 1354 −615	Loden 1101	III 2 m	
C 1226 −606	Hogg 23	−		C 1355 −576	Loden 1177	−	
				C 1356 −591	Loden 1152	IV 2 p	
C 1227 −645	NGC 4463	I 3 m		C 1356 −581	Loden 1171	III 2 m	
C 1231 −612	Ruprecht 105	III 2 p		C 1356 −619	Lyngå 1	II 2 p	
C 1232 +365	Upgren 1	IV 2 p		C 1357 −593	NGC 5381	II 2 m	*
C 1234 −682	Harvard 6	II 1 r					
C 1236 −508	Ruprecht 106	III 2 m		C 1400 −584	Loden 1202	IV 2 m	
C 1236 −603	Trumpler 20	II 2 m		C 1402 −594	Loden 1194	IV 3 p	
C 1239 −627	NGC 4609	II 2 m		C 1402 −673	Ruprecht 110	III 2 m	
C 1240 −628	Hogg 15	II 1 p		C 1404 −480	NGC 5460	I 3 m	
C 1250 −669	van den Bergh − Hagen 140	III 1 m		C 1405 −594	Loden 1225	IV 3 m	
				C 1410 −576	Loden 1289	IV 3 r	
C 1250 −600	NGC 4755	I 3 r		C 1412 −589	Loden 1282	IV 1 m	
				C 1414 −612	Loden 1256	IV 3 m	
C 1254 −646	NGC 4815	I 2 r		C 1414 −587	Ruprecht 167	III 2 m	
C 1257 −593	NGC 4852	I 3 r		C 1420 −611	Lyngå 2	II 3 m	
C 1309 −650	Loden 757	IV 2 p					
C 1309 −624	Danks 1	I 1 p		C 1422 −545	NGC 5393	III 2 p	
C 1310 −624	Danks 2	I 1 p		C 1424 −594	NGC 5606	I 3 p	
C 1311 −656	van den Bergh − Hagen 144	−		C 1426 −605	NGC 5617	I 3 r	
				C 1426 −607	Pismis 19	I 1 r	
C 1315 −669	Harvard 8	III 2 m		C 1427 −609	Trumpler 22	III 2 m	
C 1315 −623	Stock 16	III 3 p		C 1429 −617	Loden 1339	IV 3 m	
C 1317 −646	Ruprecht 107	III 2 p		C 1429 −611	Hogg 17	IV 2 p	
C 1321 −621	Loden 807	III 3 m		C 1431 −563	NGC 5662	II 3 r	
				C 1432 −597	Ruprecht 111	III 1 m	
C 1322 −631	Ruprecht 166	II 1 m		C 1437 −626	Loden 1373	−	*
C 1324 −587	NGC 5138	II 2 m					
C 1325 −621	Basel 18	III 1 p		C 1439 −573	NGC 5715	III 2 m	
C 1326 −609	Hogg 16	II 2 p		C 1439 −661	van den Bergh − Hagen 164	−	
C 1326 −639	Collinder 271	IV 2 p					
C 1327 −610	Collinder 272	III 2 m		C 1440 +697	Collinder 285	−	
C 1327 −606	NGC 5168	I 2 m		C 1440 −631	Loden 1375	−	
C 1328 −625	Trumpler 21	I 2 p		C 1440 −615	Loden 1409	IV 3 m	

Neue Benennung	Alte Benennung	Klassifikation	Neue Benennung	Alte Benennung	Klassifikation
C 1445 −543	NGC 5749	II 2 m	C 1634 −462	Lyngå 11	III 2 p
C 1447 −520	Hogg 18	III 2 p	C 1636 −432	NGC 6192	I 2 r
C 1450 −524	NGC 5764	III 1 p	C 1637 −486	NGC 6193	II 3 p
C 1453 −623	Ruprecht 112	III 1 r	C 1638 −460	Ruprecht 121	IV 1 m
C 1501 −541	NGC 5822	II 2 r	C 1640 −473	NGC 6200	II 2 m
C 1502 −554	NGC 5823	II 2 r	C 1640 −474	Hogg 20	III 1 p
C 1511 −588	Pismis 20	I 3 p	C 1642 −507	Lyngå 12	III 2 m
C 1512 −581	Lyngå 3	III 1 p	C 1642 −476	Hogg 21	−
C 1512 −594	Pismis 21	I 3 p	C 1642 −469	NGC 6204	I 3 m
C 1523 −543	NGC 5925	III 2 r	C 1643 −470	Hogg 22	IV 3 p
C 1529 −550	Lyngå 4	II 2 m	C 1643 −457	van den Bergh − Hagen 197	IV 2 p
C 1530 −534	Harvard 9	IV 2 p			
C 1535 −499	van den Bergh − Hagen 176	−	C 1643 +383	Dolidze 6	IV 2 p *
			C 1644 −457	Westerlund 1	IV 1 p
C 1538 −564	Lyngå 5	III 1 p	C 1645 −537	NGC 6208	III 2 r
C 1546 −575	Collinder 292	IV 2 m	C 1645 −433	Lyngå 13	III 1 m
			C 1645 −446	NGC 6216	I 2 m
C 1548 −563	NGC 5999	I 2 m	C 1646 −446	NGC 6222	−
C 1551 −572	NGC 6005	I 2 m	C 1646 −441	van den Bergh − Hagen 200	II 2 p
C 1553 −593	Ruprecht 113	IV 2 p			
C 1556 −533	Trumpler 23	III 1 m	C 1650 −417	NGC 6231	I 3 p
C 1557 −540	Moffat 1	IV 2 p	C 1651 −452	Lyngå 14	II 1 p
C 1559 −603	NGC 6025	II 3 r	C 1651 −408	van den Bergh − Hagen 202	−
C 1601 −517	Lyngå 6	−			
C 1602 −567	Ruprecht 114	IV 1 m	C 1652 −407	Collinder 316	I 2 m
C 1603 −539	NGC 6031	I 3 p	C 1652 −394	NGC 6242	I 3 m
C 1607 −551	Lyngå 7	II 2 p	C 1652 −405	van den Bergh − Hagen 205	−
C 1609 −522	Ruprecht 115	III 1 p	C 1653 −405	Trumpler 24	IV 2 p
C 1609 −540	NGC 6067	I 3 r			
C 1609 −517	Pismis 22	I 2 p	C 1654 −447	NGC 6249	II 2 m
C 1611 −512	Ruprecht 176	−	C 1654 −457	NGC 6250	II 3 r
C 1614 −577	NGC 6087	II 2 m	C 1655 −526	NGC 6253	II 1 m
C 1615 −548	Harvard 10	III 3 m	C 1656 −370	van den Bergh − Hagen 208	−
C 1615 −501	Lyngå 8	III 2 m			
C 1616 −484	Lyngå 9	III 1 m	C 1657 −446	NGC 6259	II 2 r
C 1619 −518	Ruprecht 116	II 2 p	C 1658 −410	van den Bergh − Hagen 211	−
C 1619 −517	Ruprecht 117	III 1 p			
			C 1658 −396	NGC 6268	II 2 p
C 1620 −488	Pismis 23	III 2 m	C 1701 −378	NGC 6281	II 2 p
C 1620 −518	Ruprecht 118	I 2 p	C 1701 −481	Harvard 13	IV 1 p
C 1622 −405	NGC 6124	I 3 r	C 1702 −366	van den Bergh − Hagen 214	IV 2 p
C 1622 −243	Grasdalen 1	III 2 p			
C 1623 −261	Collinder 302	III 3 p			
C 1624 −490	NGC 6134	II 3 m			
C 1624 −514	Ruprecht 119	II 1 p	C 1708 +156	Dolidze 7	IV 1 p
C 1625 −490	Hogg 19	IV 2 p	C 1712 −407	van den Bergh − Hagen 217	I 2 m
C 1628 −525	NGC 6152	III 3 r			
C 1630 −439	NGC 6169	III 1 m	C 1712 −393	van den Bergh − Hagen 218	III 1 m
C 1630 −495	NGC 6167	II 3 m	C 1714 −355	Bochum 13	III 3 m
C 1631 −508	Collinder 307	III 2 p	C 1714 −394	NGC 6318	III 2 p
C 1631 −482	Ruprecht 120	II 3 p	C 1714 −429	NGC 6322	I 3 m
C 1632 −455	NGC 6178	III 3 p	C 1715 −323	van den Bergh − Hagen 221	IV 2 p
C 1633 −088	Dolidze 27	IV 2 p *			

Neue Benennung	Alte Benennung	Klassifikation		Neue Benennung	Alte Benennung	Klassifikation
C 1715 −382	van den Bergh – Hagen 222	II 1 p		C 1749 −300	Basel 5	III 2 m
C 1715 −387	Havlen – Moffat 1	III 2 p		C 1749 −287	Ruprecht 133	IV 2 p
C 1717 −358	van den Bergh – Hagen 223	III 3 p		C 1749 −295	Ruprecht 134	II 1 m
				C 1749 −284	Ruprecht 168	IV 1 p
C 1720 −378	Ruprecht 123	III 3 m		C 1749 −223	NGC 6469	IV 2 m
C 1720 −499	IC 4651	II 2 r		C 1750 −273	Czernik 37	II 1 m
C 1721 −389	Trumpler 25	II 1 m		C 1750 −348	NGC 6475	I 3 r
C 1722 −343	Pismis 24	III 2 p		C 1753 −353	Trumpler 30	IV 1 p
C 1724 +242	Dolidze 8	IV 2 p *				
C 1724 −307	van den Bergh – Hagen 228	I 2 p		C 1753 −190	NGC 6494	II 2 r
				C 1755 −116	Ruprecht 135	IV 2 p
C 1724 −070	IC 1257	IV 1 p		C 1756 −247	Ruprecht 136	IV 1 m
C 1724 −407	Ruprecht 124	III 1 p		C 1756 −248	Ruprecht 169	IV 2 p
C 1725 −294	Trumpler 26	II 1 m		C 1756 −174	NGC 6507	IV 3 m
C 1725 −315	Antalova 1	IV 2 p		C 1756 −281	Trumpler 31	III 2 p
				C 1756 −251	Ruprecht 137	IV 2 m
C 1726 −404	Ruprecht 125	IV 2 m		C 1756 −246	Ruprecht 138	IV 1 p
C 1726 −324	Antalova 2	IV 1 p		C 1758 −235	Ruprecht 139	III 2 r *
C 1727 −370	Collinder 332	IV 1 p		C 1758 +029	Melotte 186	IV 3 m
C 1728 −340	Collinder 333	II 2 m				
C 1728 −368	Harvard 16	III 2 r		C 1758 −237	Bochum 14	III 1 p
C 1728 −318	van den Bergh – Hagen 231	III 1 p		C 1759 −230	NGC 6514	–
				C 1800 −279	NGC 6520	I 2 r
C 1731 −325	NGC 6383	II 3 m		C 1801 −225	NGC 6531	I 3 r
C 1731 −342	Ruprecht 126	IV 2 p		C 1801 −243	NGC 6530	II 2 m
C 1732 −334	Trumpler 27	III 3 m		C 1803 −278	NGC 6540	I 1 p
C 1733 −324	Trumpler 28	III 2 m		C 1803 −274	Collinder 468	IV 1 p
				C 1804 −233	NGC 6546	II 1 r
C 1734 −362	Ruprecht 127	II 2 p		C 1805 −214	van den Bergh 113	III 3 p
C 1734 −375	Collinder 338	III 2 m		C 1806 −240	Collinder 367	III 3 m
C 1734 −349	NGC 6396	II 3 m				
C 1736 −332	NGC 6404	III 2 m		C 1806 +315	Dolidze 9	III 2 p
C 1736 −321	NGC 6405	II 3 r		C 1809 −216	NGC 6568	IV 1 m
C 1737 −369	NGC 6400	II 2 m		C 1811 −286	van den Bergh – Hagen 261	I 1 m
C 1738 −400	Trumpler 29	III 2 m				
C 1740 −348	Ruprecht 128	IV 1 m		C 1812 −190	Markarian 38	I 1 p
C 1741 −323	NGC 6416	III 2 m		C 1812 −221	NGC 6583	I 2 m
C 1741 −337	Collinder 345	–		C 1813 −182	Collinder 469	IV 1 p
				C 1814 −199	NGC 6595	III 3 m
C 1743 −296	van den Bergh – Hagen 245	I 1 p		C 1814 −149	NGC 6605	–
				C 1814 −166	NGC 6596	II 2 m
C 1743 −292	Collinder 347	II 2 m		C 1814 −133	Trumpler 32	I 2 m
C 1743 −315	NGC 6425	II 1 m				
C 1743 +057	IC 4665	III 2 m		C 1815 −122	NGC 6604	I 3 m
C 1744 −295	Ruprecht 129	IV 1 p		C 1815 −184	NGC 6603	I 2 r
C 1744 −301	Ruprecht 130	II 1 p		C 1816 −138	NGC 6611	II 3 m
C 1745 +013	Collinder 350	IV 1 p		C 1817 −171	NGC 6613	II 3 p
C 1745 −292	Ruprecht 131	IV 1 p		C 1817 −162	NGC 6618	III 3 m
C 1746 −348	NGC 6444	IV 1 p		C 1818 −332	Ruprecht 140	IV 1 p
C 1746 −287	Collinder 351	IV 2 m		C 1820 −120	NGC 6625	IV 3 m
				C 1821 −197	Trumpler 33	II 2 p
C 1747 −312	van den Bergh – Hagen 249	–		C 1822 −100	Ruprecht 170	IV 1 m
				C 1822 −146	Dolidze 28	IV 1 p
C 1747 −302	NGC 6451	I 2 r		C 1824 −120	NGC 6631	II 1 m
				C 1825 +065	NGC 6633	III 2 m

Neue Benennung	Alte Benennung	Klassifikation		Neue Benennung	Alte Benennung	Klassifikation	
C 1828 −123	Ruprecht 141	IV 1 p		C 1926 +147	King 26	II 1 p	
C 1828 −173	NGC 6647	−		C 1928 +201	NGC 6802	I 1 m	
C 1828 −066	Dolidze 29	−	*	C 1933 +251	Stock 1	III 2 m	
C 1828 −192	IC 4752	I 3 m		C 1935 +002	Collinder 401	IV 2 m	
C 1829 −160	Ruprecht 171	III 1 r		C 1936 +464	NGC 6811	III 1 r	
C 1829 −122	Ruprecht 142	IV 1 p		C 1939 +400	NGC 6819	I 1 r	
C 1829 −169	NGC 6645	IV 1 m		C 1940 +210	Czernik 40	II 2 m	
C 1829 −121	Ruprecht 143	IV 1 m					
				C 1941 +231	NGC 6823	I 3 m	
C 1830 −114	Ruprecht 144	IV 1 p		C 1942 +174	Roslund 1	IV 1 p	
C 1830 −104	NGC 6649	I 3 m		C 1943 +238	Roslund 2	IV 2 p	
C 1832 +051	Graff 1	−		C 1946 +210	Berkeley 48	I 1 m	
C 1834 −082	NGC 6664	III 2 m		C 1948 +250	Czernik 41	III 2 m	
C 1836 +054	IC 4756	II 3 r		C 1948 +229	NCG 6830	II 2 p	
C 1837 −085	Trumpler 34	IV 2 m		C 1950 +292	NCG 6834	II 2 m	
C 1837 −041	Dolidze 32	II 2 m		C 1950 +182	Harvard 20	IV 2 p	
C 1838 −044	Dolidze 33	III 2 m	*	C 1951 +115	NGC 6837	IV 1 p	
C 1839 −046	Dolidze 34	IV 1 p	*	C 1954 +302	NGC 6846	IV 1 p	
C 1839 −063	NGC 6683	II 1 p					
				C 1956 +203	Roslund 3	IV 1 p	
C 1840 −041	Trumpler 35	I 2 m		C 1957 +344	Berkeley 49	I 1 p	
C 1842 −094	NGC 6694	II 3 m		C 1959 +284	Berkeley 83	II 1 p	
C 1842 −012	Berkeley 79	II 1 r		C 2002 +438	NGC 6866	II 2 r	
C 1845 −059	Basel 1	IV 1 p		C 2002 +290	Roslund 4	II 3 m	
C 1846 +368	Iskudorian 1	−		C 2002 +337	Berkeley 84	II 1 p	
C 1847 +048	Czernik 38	I 2 r		C 2004 +356	NGC 6871	II 2 p	
C 1847 −181	Ruprecht 145	III 1 m		C 2004 +403	Dolidze 10	IV 2 p	
C 1848 −052	NGC 6704	I 2 m		C 2004 −794	Melotte 227	III 3 m	
C 1848 −063	NGC 6705	I 2 r		C 2005 +382	Basel 6	IV 1 m	
C 1849 +102	NGC 6709	IV 2 m					
				C 2005 +355	Byurakan 1	IV 3 p	
C 1849 −211	Ruprecht 146	IV 1 p		C 2006 +364	Dolidze 1	IV 2 p	*
C 1850 −204	Collinder 394	IV 2 m		C 2007 +353	Byurakan 2	III 2 p	
C 1851 −199	NGC 6716	IV 1 p		C 2008 +336	Roslund 5	IV 2 p	
C 1851 +368	Stephenson 1	IV 3 p	*	C 2008 −412	Dolidze 2	IV 1 p	
C 1851 −013	Berkeley 80	II 1 p		C 2008 +347	Berkeley 50	II 1 p	
C 1859 −005	Berkeley 81	II 2 r		C 2008 +410	IC 1311	I 1 r	
C 1859 +115	NGC 6738	IV 2 p		C 2009 +357	NGC 6883	IV 2 m	
C 1902 +018	Berkeley 42	I 3 r		C 2009 +354	Ruprecht 172	III 2 p	
C 1905 +042	Czernik 39	III 2 m		C 2009 +263	NGC 6885	III 2 m	
C 1905 +041	NGC 6755	II 2 r					
				C 2010 +342	Berkeley 51	I 1 p	
C 1906 +046	NGC 6756	I 1 m		C 2012 +288	Berkeley 52	I 1 m	
C 1909 +129	Berkeley 82	III 1 p		C 2013 +366	Dolidze 3	III 2 m	
C 1913 +111	Berkeley 43	II 1 m		C 2014 +377	Dolidze 39	IV 2 m	
C 1913 −163	Ruprecht 147	IV 2 p		C 2014 +374	IC 4996	II 3 p	
C 1915 +194	Berkeley 44	III 1 m		C 2015 +365	Dolidze 4	IV 1 p	*
C 1916 +156	Berkeley 45	II 1 p		C 2015 +391	van den Bergh 130	II 2 p	
C 1919 +377	NGC 6791	I 2 r		C 2016 +405	Collinder 419	IV 2 p	
C 1921 +220	NGC 6793	III 2 p		C 2016 +376	Dolidze 40	III 1 p	
C 1922 +136	King 25	III 2 m		C 2016 +375	Berkeley 85	III 1 m	
C 1923 +200	Collinder 399	III 3 m					
				C 2017 +375	Dolidze 41	IV 1 p	
C 1924 +115	Dolidze 35	IV 2 p	*	C 2017 +379	Dolidze 42	III 1 p	
C 1925 +250	NGC 6800	IV 1 p		C 2018 +385	Berkeley 86	IV 2 m	
C 1926 +173	Berkeley 47	II 2 p		C 2018 +392	Dolidze 5	III 3 m	

Neue Benennung	Alte Benennung	Klassifikation		Neue Benennung	Alte Benennung	Klassifikation	
C 2019 +412	Dolidze 6	IV 2 p		C 2140 +658	NGC 7129	IV 2 p	
C 2019 +372	Berkeley 87	III 2 m		C 2142 +543	NGC 7127	IV 1 p	
C 2020 +479	Berkeley 88	IV 1 p		C 2142 +534	NGC 7128	I 3 m	
C 2021 +406	NGC 6910	I 3 m		C 2142 +509	Barkhatova 2	III 1 p	
C 2021 +415	Collinder 421	III 1 p		C 2144 +655	NGC 7142	I 2 r	
C 2022 +383	NGC 6913	II 3 m					
				C 2151 +470	IC 5146	III 2 p	
C 2022 +421	Dolidze 8	I 2 p		C 2152 +623	NGC 7160	I 3 p	
C 2023 +458	Berkeley 89	III 1 p		C 2154 +637	Berkeley 93	IV 1 p	
C 2023 +417	Dolidze 9	IV 2 p		C 2203 +462	NGC 7209	III 1 m	
C 2024 +399	Dolidze 10	IV 1 p	*	C 2206 +717	Collinder 471	III 2 p	
C 2024 +412	Dolidze 11	IV 3 p		C 2208 +525	IC 1434	III 2 m	
C 2027 +392	Roslund 6	IV 3 m		C 2208 +551	NGC 7226	I 2 m	
C 2027 +415	Dolidze 44	IV 2 p	*	C 2210 +570	NGC 7235	II 3 m	
C 2030 +604	NGC 6939	II 1 r		C 2211 +730	van den Bergh 150	III 3 p	
C 2032 +281	NGC 6940	III 2 r		C 2212 +700	van den Bergh 152	III 3 p	
C 2033 +466	Berkeley 90	II 1 p					
				C 2213 +496	NGC 7243	II 2 m	
C 2039 +364	Dolidze 47	III 2 p		C 2213 +540	NGC 7245	II 2 m	
C 2039 +353	Ruprecht 173	II 2 p		C 2213 +541	King 9	I 1 m	
C 2041 +368	Ruprecht 174	IV 1 p		C 2214 +538	IC 1442	III 1 p	
C 2043 +353	Ruprecht 175	IV 2 m		C 2218 +578	NGC 7261	II 3 m	
C 2049 +357	Dolidze 11	IV 2 p		C 2220 +556	Berkeley 94	II 3 p	
C 2050 +377	Roslund 7	IV 2 p		C 2222 +575	NGC 7281	IV 2 p	*
C 2052 +458	Barkhatova 1	IV 2 p		C 2226 +520	NGC 7296	II 2 p	
C 2054 +444	NGC 6996	III 2 m		C 2226 +588	Berkeley 95	II 2 p	
C 2055 +508	Berkeley 53	III 2 m		C 2227 +551	Berkeley 96	I 2 p	
C 2055 +472	NGC 6991	III 3 p					
				C 2237 +587	Berkeley 97	IV 2 p	
C 2056 −128	NGC 6994	IV 1 p	*	C 2237 +596	Czernik 42	III 1 p	*
C 2058 +679	Collinder 427	IV 1 p		C 2241 +521	Berkeley 98	III 2 m	*
C 2059 +679	NGC 7023	−		C 2245 +578	NGC 7380	III 2 m	
C 2101 +402	Berkeley 54	I 2 m		C 2250 +580	King 18	II 2 p	
C 2101 +443	Collinder 428	IV 1 p		C 2252 +605	NGC 7419	I 2 m	
C 2105 +506	NGC 7031	III 2 m		C 2252 +589	King 10	II 1 m	
C 2107 +374	Dolidze 45	III 2 m		C 2253 +568	Berkeley 57	II 2 m	
C 2108 +460	Basel 12	III 2 p		C 2253 +597	NGC 7429	IV 2 p	
C 2109 +454	NGC 7039	IV 2 m		C 2306 +602	King 19	III 2 p	
C 2110 +482	Berkeley 91	II 1 p					
				C 2309 +603	NGC 7510	II 3 r	
C 2110 +475	IC 1369	II 2 m		C 2313 +602	Markarian 50	III 1 p	
C 2113 +463	Basel 13	−		C 2319 +714	Berkeley 99	III 2 r	
C 2111 +422	NGC 7044	I 1 r		C 2322 +613	NGC 7654	II 2 r	
C 2114 +486	Basel 15	−		C 2323 +610	Czernik 43	III 1 p	
C 2115 +515	Berkeley 55	III 1 m		C 2324 +634	Berkeley 100	IV 2 p	*
C 2115 +416	Berkeley 56	II 1 m		C 2327 +488	NGC 7686	III 2 p	
C 2119 +446	Basel 14	II 3 p		C 2331 +582	King 20	II 2 p	
C 2121 +461	NGC 7062	II 2 m		C 2331 +639	Berkeley 101	III 2 p	*
C 2122 +478	NGC 7067	II 1 p		C 2331 +616	Czernik 44	II 2 p	
C 2122 +362	NGC 7063	III 1 p					
				C 2334 +521	Stock 12	IV 2 p	
C 2123 +572	Berkeley 92	III 1 p	*	C 2334 +481	Aveni – Hunter 1	IV 2 p	
C 2127 +468	NGC 7082	IV 2 p		C 2336 +563	Berkeley 102	II 1 p	
C 2128 +513	NGC 7086	II 2 m		C 2342 +590	Berkeley 103	II 1 p	
C 2130 +482	NGC 7092	III 2 m		C 2343 +619	Stock 17	I 3 p	
C 2137 +572	IC 1396	IV 3 m		C 2345 +683	King 11	I 2 m	

Neue Benennung	Alte Benennung	Klassi-fikation	
C 2347 +677	NGC 7762	II 2 m	
C 2347 +624	King 21	I 2 p	
C 2349 +159	NGC 7772	III 1 p	*
C 2350 +616	King 12	II 1 p	
C 2351 +614	Harvard 21	IV 1 p	
C 2353 +642	Czernik 45	II 2 p	
C 2354 +611	NGC 7788	I 2 p	
C 2354 +564	NGC 7789	II 2 r	
C 2354 +613	Frolov 1	–	
C 2355 +609	NGC 7790	II 2 m	
C 2357 +606	Berkeley 58	II 1 m	
C 2359 +643	Stock 18	IV 2 p	

Literaturverzeichnis

[1] *Ambartsumian, V. A.,* Voprosy Kosmogonii (Moskau) 1 (1952) 198

[2] *Eggen, O. J.,* Month. Not. Roy. Astron. Soc. 118 (1958) 65–79

[3] *Kholopov, P. N.,* R. Astron. J. 36 (1959) 295–304

[4] Landolt-Börnstein, Zahlenwerte und Funktionen aus Naturwissenschaften und Technik, Gruppe VI, Band 2b, Astronomie und Astrophysik, Springer-Verlag Berlin, Heidelberg, New York 1982

[5] *Proctor, R. A.,* Proc. Roy. Soc. 18 (1867/70) 169

[6] Transactions of the International Astronomical Union Vol. XVII B, Reidel Publishing Company Dortrecht, Boston, London 1979, S. 239

[7] *Alter, G., Ruprecht, J., Vanysek, V.,* Catalogue of Star Clusters and Associations, Verlag der Akademie der Wissenschaften der ČSSR, Prag 1958

[8] *Alter, G., Ruprecht, J., Vanysek, V.* (Hrsg.) Catalogue of Star Clusters and Associations, 2. Aufl., Akademiai Kiado Budapest 1970

[9] *Ruprecht, J., Balazs, B., White, R. E.,* Catalogue of Star Clusters and Associations, Supplement 1
B. Balazs (Hrsg.), Akademiai Kiado Budapest 1981

[10] *Messier, Ch.,* Catalogue des nebuleuses et des amas d'etailes que l'on de'couvre parmi les etoiles fixes sur l'horizon de Paris, Acad. des Sci. Mem. 435 (1771)

[11] *Dreyer, J. L. E.,* A New General Catalogue of Nebulae and Clusters of Stars, Roy. Astron. Soc. Mem. Vol. XLIX, Part I (1888)

[12] *Dreyer, J. L. E.,* Index Catalogue of Nebulae found in the years 1888–1894, Roy. Astron. Soc. Mem. (1895)

[13] *Dreyer, J. L. E.,* Second Index Catalogue of Nebulae and Clusters of Stars, Roy. Astron. Soc. Mem. (1908)

[14] (1) *Shapley, H.,* Star Clusters, Harvard Monographs 2 (1930)
(2) *Shapley, H.,* Stellar Clusters, Handbuch der Physik Bd. V/2, Springer-Verlag Berlin 1933

[15] *Trumpler, R. J.,* Lick Obs. Bull. Vol. XIV, No. 420 (1930) 154–188

[16] *Collinder, P.,* Lund Ann. No. 2 (1931)

[17] *Melotte, P. J.,* Roy. Astron. Soc. Mem. 60 (1915) 175

[18] *Raab, S. A.,* Lund Medd. Ser. 2 (1922) 28

[19] *ten Bruggencate, P.,* Sternhaufen, Verlag J. Springer Berlin 1927

[20] *van der Waerden, B. L.,* Die Anfänge der Astronomie, P. Noordhoff Ltd., Groningen 1961

[21] *Herrmann, D. B.,* Entdecker des Himmels, Urania-Verlag Leipzig, Jena, Berlin 1978

[22] *Payne-Gaposchkin, C.,* Stars and Clusters, Harvard University Press Cambridge, Massachusetts, London 1979

[23] *Sawyer, H. B.,* Publ. David Dunlap Obs. I (1947) 383–469

[24] *Herschel, W.,* Roy. Soc. Phil. Trans. 76 (1786) 457

[25] *Herschel, J.,* Roy. Soc. Phil. Trans. 1 (1864)

[26] *Bailey, S. I.,* Harvard Ann. (1908)

[27] *Shapley, H.,* Mt. Wilson Obs. Comm. 62 (1919)

[28] *Charlier, C. V. L.,* Lund Medd., Ser. 2, 19 (1918)

[29] *Sulentic, J. W., Tifft, W. G.,* The Revised General Catalogue of Nonstellar Astronomical Objects, The University of Arizona Press, Tucson, Arizona 1973

[30] *Michell, J.,* Roy. Soc. Phil. Trans. (1767)

[31] *Pickering, E. C.,* Harvard Ann. 26 (1891) 260

[32] *Slipher, V. M.,* Pop. Astron. 26 (1918) 8

[33] *Slipher, V. M.,* Pop. Astron. 30 (1922) 11

[34] *Slipher, V. M.,* Pop. Astron. 32 (1924) 622

[35] *Hayford, P.,* Lick Obs. Bull. 16 (1932) 53

[36] *Schultz, H.,* Proc. Swedish Acad. Suppl. 12, Sec. 1, No. 2 (1886)

[37] *Barnard, E. E.,* Americ. Astron. Soc. 1 (1899) 77

[38] *Henry, M. M.,* Sirius 18, Plate 11 (1885)

[39] *Henry, P.,* Month, Not. Roy. Astron. Soc. 46 (1888) 98, 281

[40] *Gould, B. A.,* Lynn, Massachusetts 1897

[41] *Scheiner, J.,* Abh. Preuß. Akad. d. Wissensch., Anhang, 1892

[42] *Scheiner, J.,* Astron. Nachr. 132 (1893) 203

[43] *Scheiner, J.,* Astron. Nachr. 147 (1898) 149

[44] *Ludendorff, H.,* Potsdam Publ. 15, No. 50 (1905) 1

[45] *Ludendorff, H.,* Astron. Nachr. 178 (1908) 369

[46] *Ludendorff, H.,* Astron. Nachr. 180 (1909) 265

[47] *von Zeipel, H.,* Astron. Tid. 2 (1921) 132

[48] *von Zeipel, H.,* K. Vet. Akad. Handl. 51 (1913)

[49] *von Zeipel, H.,* Pop. Astron. 4 (1923) 1

[50] *von Zeipel, H.,* Ark. f. mat. astr. o. fys. Bd. 11, No. 22

[51] *Bailey, S. I.,* Harvard Ann. 1902

[52] *Kholopov, P. N.,* Perem. Zvezdy, Byull. 11 (1956) 325

[53] *Auers, A.,* Berliner Jahrbuch 1907

[54] *Heckmann, O., Haffner, H.,* Veröff. Sternw. Göttingen IV (1937) 77–95

[55] *Bethe, H. A., von Weizsäcker, C. F.,* The Sky 5, No. 2, 3 (1940)

[56] *Johnson, H. L., Hiltner, W. A.,* Astrophys. J. 123 (1956) 267–277

[57] *Johnson, H. L., Sandage, A. R.,* Astrophys. J. 121 (1955) 616–626

[58] *Sandage, A. R.,* Astrophys. J. 125 (1957) 435–444

[59] *Johnson, H. L.,* Ann. Rev. Astron. Astrophys. (Palo Alto, California) 4 (1966) 193–206

[60] *Hubble, E.,* Astrophys. J. 56 (1922) 162–199

[61] *Drake, F. D.,* Astron. J. 63 (1958) 49–50

[62] *Becker, W.,* Z. Astrophysik 29 (1951) 66–72

[63] *Jeans, J. H.,* Month. Not. Roy. Astron. Soc. 82 (1922) 132

[64] *Heckmann, O., Siedentopf, S.,* Z. Astrophysik 1 (1930) 67–97

[65] *Spitzer jr., L.,* Month. Not. Roy. Astron. Soc. 100 (1940) 396–413

[66] *Chandrasekhar, S.,* Principles of Stellar Dynamics, University of Chicago Press 1942

[67] *Ambartsumian, V. A.,* Trudi Astr. Obs. Leningrad, 22 (1938) 19–22

[68] *Ambartsumian, V. A.,* Mem. Soc. Roy. Sci. Liége Ser. IV 14 (1954) 293

[69] *von Hoerner, S.,* Z. Astrophysik 50 (1960) 184–214

[70] *Sawyer-Hogg, H. B.,* Handbuch der Physik Bd. LIII, Astrophysik IV: Sternsysteme, Springer-Verlag Berlin, Göttingen, Heidelberg 1959, S. 129–207

[71] *Lyngå, G.,* Catalogue of Open Cluster Data (1979), 3. Ausg. 1983, Sterndatenzentrum Strasbourg

[72] *Madore, B. F.,* Globular Clusters, Cambridge University Press 1978

[73] *Baade, W.,* Astrophys. J. 100 (1944) 137–150

[74] *Janes, K. A., Adler, D.,* Astrophys. J., Suppl., 49 (1982) 425–446

[75] *Lyngå, G.,* Publ. Astron. Inst. Czechoslovak Acad. 56 (1983) 81–87

[76] *Fenkart, R., Binggeli, B.,* Astron. Astrophys. Suppl. 35 (1979) 271–275

[77] *Markarian, B. E.,* Byurakan Obs. Contr. 5 (1950) 1–34

[78] *Barkhatova, K. A., Syrovoy, V. V.,* Atlas of Colour Magnitude Diagrams for Clusters and Associations, Part 1 and Part 2, Astron. Sov. Akad. Nauk SSR, Moskau 1963

[79] *Hagen, G. L.,* Publ. David Dumplap Obs. 4 (1970)

[80] *Hoag, A. A.,* u. Mitarb. Publ. U.S. Naval Obs. Vol. 17, part 7 (1961)

[81] *Mermilliod, J. C.,* Astron. Astrophys., Suppl., 24 (1976) 159–297

[82] *Mermilliod, J. C.,* Catalogue of UBV Photoelectric Photometry, Sterndatenzentrum Strasbourg (1973) 1–390

[83] *Kopylow, I. M.,* Isw. Astrophys. Obs. Krim 8 (1952) 122–131

[84] *van den Bergh, S., Lafontaine, A.,* Astron. J. 89 (1984) 1822–1824

[85] *Artiukhina, N. M.,* Trudi Astron. Inst. Moskva 35 (1966) 111–157

[86] *Schmidt, K. H.,* Astron. Nachr. 287 (1963) 41–48

[87] *Burki, G., Maeder, A.,* Astron. Astrophys. 51 (1976) 247–254

[88] *Lyngå, G.,* IAU-Symposium No. 85, Reidel Publ. Company Dortrecht, Boston, London 1979

[89] *Alter, G., Ruprecht, J.,* The System of Open Clusters and Our Galaxy, Verlag der Akademie der Wissenschaften der ČSSR Prag 1963

[90] *Larson, R. B.,* Month. Not. Roy. Astron. Soc. 176 (1976) 31-52

[91] *Lyngå, G.,* Publ. Astron. Inst. Czechoslovak Acad. 56 (1983) 292–301

[92] *Lockman, F. J.,* Astron. J. 82 (1977) 408–413

[93] *Becker, W.,* Z. Astrophysik 51 (1961) 151–162

[94] *Becker, W.,* Z. Astrophysik 57 (1963) 117–134

[95] *Becker, W., Fenkart, R.,* Astron. Astrophys., Suppl., 4 (1971) 241–252

[96] *Georgelin, Y. P., Georgelin, Y. M.,* Astron. Astrophys. 49 (1976) 57–79

[97] *Fitzgerald, M. P.,* Astron. J. 73 (1968) 983–994

[98] *Allen, C. W.,* Astrophysical Quantities, University of London, The Athlone Press 1962

[99] *Hertzsprung, E.,* Z. wissenschaftl. Photographie 5 (1907) 94

[100] *Zombeck, M. V.,* Smithon. Astrophys. Obs. Spec. Repr. 386 (1980)

[101] *Iben jr., I.,* Astrophys. J. 141 (1965) 993–1018

[102] *Iben jr., I.,* Ann. Rev. Astron. Astrophys., Palo Alto (California) 5 (1967) 571–626

[103] *Iben jr., I.,* Astrophys. J. 144 (1966) 968–977

[104] *Maeder, A., Mermilliod, J. C.,* Astron. Astrophys. 93 (1981) 136–149

[105] *Sandage, A. R.,* Stellar Populations, North Holland, Amsterdam 1958, S. 152

[106] *Mermilliod, J. C.,* Astron. Astrophys. 97 (1981) 235–244

[107] *Hayashi, Ch., Cameron, R. C.,* Astrophys. J. 136 (1962) 166–192

[108] *Boss, L.,* Astron. J. 26 (1908) 31–36

[109] *Sandage, A. R., Tammann, G. A.,* Astrophys. J. 157 (1969) 683–708

[110] *Hoag, A. A.,* Vistas in Astronomy (Pergamon

Press Oxford, London, Edinburgh, New York, Toronto, Paris, Frankfurt) 8 (1966) 139–148

[111] *Moffat, A. F. J.,* Astron. Astrophys., Suppl., 7 (1969) 355–383

[112] *Ishida, K.,* Month, Not. Roy. Astron. Soc. 144 (1969) 55–72

[113] *Sagar, R., Joshi, U. C.,* Month. Not. Roy. Astron. Soc. 184 (1978) 467–475

[114] *Sagar, R., Joshi, U. C.,* Astrophys. Space Science 66 (1979) 3

[115] *Walker, M. F.,* Astrophys. J. Suppl. 2 (1956) 365–387

[116] *Nandy, K.,* Publ. Roy. Obs. Edinburgh 7 (1971) 47–62

[117] *Sanders, W. L., van Altena, W. F.,* Astron. Astrophys. 17 (1972) 193–200

[118] *Sandage, A. R.,* Astrophys. J. 128 (1958) 150–173

[119] *Mendoza V., E. E.,* Tonantzintla Bol. 4 (1967) 149–196

[120] *Walker, M. F.,* Astrophys. J. 128 (1958) 562–571

[121] *Racine, R.,* Astrophys. J. 168 (1971) 393–404

[122] *Kinman, T. D.,* Astrophys. J. 142 (1965) 655–680

[123] *Arp, H.,* Astrophys. J. 135 (1962) 311–332

[124] Sharov, A. C., Sternberg Trudi 40 (1970) 106

[125] *Kazanasmas, M. S., Zavershneva, L. A., Tomak, L. F.,* Atlas photometrischer Standardfelder, Ukrainische Akad. Nauk, Kiew 1982

[126] *Götz, W.,* Astron. Nachr. 294 (1972) 23–28

[127] *Walker, M. F.,* Astrophys. J. 133 (1961) 438–456

[128] *Götz, W.,* Astron. Nachr. 293 (1971) 81–104

[129] *Götz, W.,* Astron. Nachr. 305 (1984) 17–24

[130] *Götz, W.,* Veröff. Sternw. Sonneberg 9 (1981) 311–324

[131] *Taff, L. G.,* Astron. J. 79 (1974) 1280–1286

[132] *Maeder, A.,* Astron. Astrophys. 32 (1974) 177–190

[133] *Faulkner, D. J., Canon, R. D.,* Astrophys. J. 180 (1973) 435–446

[134] *Schild, R. E.,* Astrophys. J. 161 (1970) 855–866

[135] *Starikova, G. A.,* R. Astron. J. 39 (1962) 1058–1066

[136] *van den Bergh, S.,* Astrophys. J. 125 (1957) 445–450

[137] *Salpeter, E. E.,* Astrophys. J. 121 (1955) 161–167

[138] *Stecklum, B.,* Astron. Nachr. 306 (1985) 45–61

[139] *Raimond, E.,* B. A. N. 18 (1966) 191–236

[140] *Mayer, P.,* Publ. Inst. Astron. d. l'Univ. Charles Prag II (1964) 41–43

[141] *Alternhoff, W. J.,* u. Mitarb. Astron. Astrophys., Suppl., 1 (1970) 319–355

[142] *Schwartz, R.,* Astrophys. Space Science 14 (1971) 286–300

[143] *Menon, T. K.,* Astron. J. 61 (1956) 9–10

[144] *Davies, R. D., Tovmassian, H. M.,* Month. Not. Roy. Astron. Soc. 127 (1963) 61–70

[145] *Schmidt-Kaler, Th., Schwartz, R.,* IAU-Symposium No. 31, Academie Press London, New York 1967, S. 41–43

[146] *Gordon, C. P., Howard III., W. E., Westerhout, G.,* Astrophys. J. 154 (1968) 103–113

[147] *D'Odorico, S.,* Mem. Soc. Astron. It. 41 (1970) 89

[148] *Wallenquist, A.,* Ann. Astron. Obs. Uppsala Vol. 5, No. 8 (1975)

[149] *Wallenquist, A.,* Ann. Astron. Obs. Uppsala Vol. 5, No. 10 (1979)

[150] *Leisawitz, D., Thaddeus, P., Bash, F.,* Bull. Am. Astron. Soc. 15 (1983) 618

[151] *Bruch, A., Sanders W. L.,* Astron. Astrophys. 121 (1983) 237–240

[152] *Danilov, V. M.,* R. Astron. J. 56 (1979) 1202–1212

[153] *Henning, Th., Gürtler, J.,* Die Sterne 61, (1985) 138–155

[154] *Leisawitz, D., Bash, F.,* IAU-Symposium No. 106, Reidel Publ. Company Dortrecht, Boston, London 1985, S. 343–344

[155] *Lang, K. R., Willson, R. F.,* Astrophys. J. 238 (1980) 867–873

[156] *White, R. E.,* Astrophys. J. 284 (1984) 685–694

[157] *White, R. E.,* Astrophys. J. 284 (1984) 695–704

[158] *Nissen, P. E.,* IAU-Symposium No. 85, Reidel Publ. Company Dortrecht, Boston, London 1979, S. 51–70

[159] *Janes, K. A.,* Astrophys. J. Suppl. 39 (1979) 135–156

[160] *Cohen, J. G.,* Astrophys. J. 241 (1980) 981–1000

[161] *Gratton, R. E.,* Astrophys. J. 257 (1982) 640–655

[162] *Peterson, D., Shipman, H. L.,* Astrophys. J. 180 (1973) 635–645

[163] *Nissen, P. E.,* Astron. Astrophys. 36 (1974) 57–68

[164] *Nissen, P. E.,* Astron. Astrophys. 50 (1976) 343–352

[165] *Perrin, M. N.,* und Mitarb., Astron. Astrophys. 54 (1977) 779–795

[166] *Götz, W.,* Astron. Nachr. 307 (1986) 371–378

[167] *Strömgren, B., Olsen, E. H., Gustafsson, B.,* Publ. Astron. Soc. Pacific 94 (1982) 5–15

[168] *Hardorp, J.,* Astron. Astrophys. 105 (1982) 120–132

[169] *Nissen, P. E.,* ESO-Workshop on Primordial Helium, Proc., Garching 1983, S. 163–177

[170] *von Hoerner, S.,* Z. Astrophysik 44 (1958) 221–242

[171] *Reddish, V. C.,* Stellar Formation, Pergamon Press 1978, S. 69

[172] *Wielen, R.,* Astron. Astrophys. 13 (1971) 309–322

[173] *Adams, M. T., Strom, K. M., Strom, S. E.,* Astrophys. J. Lett. 230 (1979) 183–186

[174] *Jaschek, M.,* u. Mitarb., Astron. Astrophys., Suppl., 42 (1980) 103–114

[175] *Slettebak, A.,* Astrophys. J., Suppl., 59 (1985) 769–784

[176] *Mermilliod, J. C.*, Astron. Astrophys. 109 (1982) 37−47

[177] *Conti, P. S.*, IAU-Symposium No. 99, Reidel Publ. Company Dortrecht, Boston, London 1981, S. 3−19

[178] *van der Hucht, K. A., Conti, P. S.*, Space Sc. Rev. 28 (1981) 307−382

[179] *Lundström, I., Stenholm, B.*, IAU-Symposium Nr. 99, Reidel Publ. Company Dortrecht, Boston, London 1981, S. 539−543

[180] *Hidayat, B., Supelli, K., van der Hucht, K. A.*, IAU-Symposium No. 99, Reidel Publ. Company Dortrecht, Boston, London 1981, S. 27−40

[181] *Pitault, A.*, Obs. de Paris III (1983) 93−95

[182] *Acker, A.*, u. Mitarb., Catalogue of the Central Stars of True and Possible Planetary Nebulae, Sterndatenzentrum Strasbourg 1982

[183] *Maitzen, H. M.*, Astron. Astrophys. 51 (1976) 223−233

[184] *Zelwanowa, E., Popova, M.*, Publ. Astron. Inst. Czecholovak Acad. Sc. 56 (1983) 66−67

[185] *Jaschek, M., Egret, D.*, Ap-Star Catalogue, Sterndatenzentrum Strasbourg 1981

[186] *Klotschkova, Kopylov, I. M.*, Tagung über magnetische Sterne in Riga 1984 (mündliche Mitteilung)

[187] *Abt, H. A., Levato, H.*, Publ. Astron. Soc. Pacific 89 (1977) 797−802

[188] *Mermilliod, J. C.*, Astron. Astrophys. 128 (1977) 362−368

[189] *Nicolet, B.*, Astron. Astrophys., Suppl., 51 (1983) 245−256

[190] *Hauck, B.*, Astron. Astrophys., Suppl., 64 (1986) 21−23

[191] *Stephenson, C. B.*, Publ. Warner and Swasey Obs. Vol. 1, No. 4 (1973)

[192] *Alksne, Z., Alksnis, A., Dzervitis, U.*, Properties Of Carbon Stars Of The Galaxy, Riga 1983

[193] *Alksnis, A., Alksne, Z., Platais, I.*, Investigation Of The Sun And Red Stars (Riga) 7 (1977) 11−16

[194] *Alksne, Z., Alksnis, A.*, Investigation Of The Sun And Red Stars (Riga) 12 (1981) 15−23

[195] *Alksne, Z., Daube, I.*, Investigation Of The Sun And Red Stars (Riga) 14 (1981) 5−27

[196] *Alksne, Z., Alksnis, A.*, Investigation of The Sun And Red Stars (Riga) 14 (1981) 28−43

[197] *Daube, I.*, Investigation Of The Sun And Red Stars (Riga) 17 (1982) 30−52

[198] *Dzervitis, U.*, Investigation Of The Sun And Red Stars (Riga) 2 (1974) 35−36

[199] *Mermilliod, J. C.*, Astron. Astrophys. 109 (1982) 37−47

[200] *Zolcinski, M. C., Stern, R. A.*, Bull. Am. Astron. Soc. 15 (1983) 647

[201] *Smith, M. A., Pravdo, S. H., Ku, W. H.-M.*, Astrophys. J. 272 (1983) 163−166

[202] *Simon, T., Cash, W., Snow, T. P.*, Bull. Am. Astron. Soc. 13 (1981) 541−542

[203] *Zolcinski, M. C., Stern, R. A.*, IAU-Symposium No. 76, Reidel Publ. Company Dortrecht, Boston, London 1983, S. 433−437

[204] *Stern, R. A.*, und Mitarb., Astrophys. J. 249 (1981) 647−661

[205] *Stern, R. A., Underwood, J. H., Antiochos, S. K.*, Astrophys. J. Lett. 246 (1983) 55−59

[206] *Caillaut, J. P., Helfand, D. J.*, Publ. Astron. Soc. Pacific 96 (1984) 785−786

[207] *Caillaut, J. P., Helfand, D. H.*, Bull. Am. Astron. Soc. 16 (1984) 469

[208] *Micela, G.*, u. Mitarb., IAU-Symposium No. 105, Reidel Publ. Company Dortrecht, Boston, Lancaster 1984, S. 101−104

[209] *Johnson, H. M.*, Bull. Am. Astron. Soc. 15 (1983) 1004

[210] *Kukarkin, B. V.*, u. Mitarb., General Catalogue Of Variable Stars, 3. Aufl., Moskau 1969

[211] *Popova, M.*, IAU-Symposium Nr. 67, Reidel Publ. Company Dortrecht, Boston 1975, S. 223

[212] *Hoffmeister, C., Richter, G. A., Wenzel, W.*, Veränderliche Sterne, J. A. Barth Leipzig 1984

[213] *Kholopov, P. N.*, General Catalogue Of Variable Stars, 4. Aufl., Nauka, Moskau 1985

[214] *Bettis, C.*, Astrophys. J. 214 (1977) 106−110

[215] *Brosche, P., Hoffmann, M.*, Astrophys. Space Sci. Vol. 63 (1979) 467

[216] *Mathieu, R. D.*, IAU-Symposium No. 113, Reidel Publ. Company Dortrecht, Boston, Lancaster 1985, S. 427−448

[217] *Götz, W.*, Mitt. veränderl. Sterne, Sonneberg, Bd. 8 (1980) 150−157

[218] *Hartigan, P.*, AAVSO J. 9 (1980) 13−17

[219] *Vasilyanowskaya, O. P.*, Perem. Zvezdy, Suppl., 1 (1971) 101−103

[220] *Popova, M., Kraicheva, Z.*, SAO Astrophys. Issled. 18 (1984) 64−88

[221] *Sahade, J., Davila, F. B.*, Ann. d'Astrophys. Tome 26, (1963) 153−158

[222] *Götz, W.*, Veröff. Sternw. Sonneberg 9 (1981) 325−359

[223] *Kholopov, P. N.*, Perem. Zvezdy Byull. 8 (1951) 83

[224] *Herbig, G. H., Rao, N. K.*, Astrophys. J. 174 (1972) 401−423

[225] *Herbig, G. H.*, Astrophys. J. 135 (1962) 736−747

[226] *Herbig, G. H.*, Astrophys. J. 119 (1954) 483−495

[227] *Parsamian, E. S.*, Astrophysika 17 (1981) 579−583

[228] *Götz, W.*, Veröff. Sternw. Sonneberg 5 (1961) 91−154

[229] *Parenago, P. P.*, Tr. Gos. Astron. Inst. Shternberga 25 (1954) 1−547

[230] *Hopp, U., Surawski, U.*, I.B.V.S. No. 1550 (1979)

[231] *Götz, W.*, Astron. Nachr. 294 (1972) 9−22

[232] *Götz, W.*, Mitt. veränderl. Sterne, Sonneberg 6 (1972) 24−33

[233] *Götz, W.*, Veröff. Sternw. Sonneberg 8 (1973) 132–171

[234] *Götz, W.*, Veröff. Sternw. Sonneberg 9 (1980) 169–196

[235] *Götz, W.*, Veröff. Sternw. Sonneberg 9 (1980) 240–305

[236] *Wenzel, W.*, Veröff. Sternw. Sonneberg 5 (1961) 1–84

[237] *Ambartsumian, V. A., Mirzoyan, L. V.*, IAU-Symposium No. 67, Reidel Publ. Company Dortrecht, Boston 1974, S. 3–14

[238] *Haro, G.*, Stars And Stellar Systems Vol. VII, The University of Chicago Press 1968, S. 141–166

[239] *Mirzoyan, L. V.*, Nestationarnost i Evolutzia Zvezd, Akad. Nauk Armians. SSR, Erewan 1981

[240] *Mirzoyan, L. V.*, u. Mitarb., Astrophysika 17 (1981) 71–85

[241] *van Leeuwen, F., Alphenaar, P.*, The Messenger 28 (1982) 15–18

[242] *Alphenaar, P., van Leeuwen, F.*, I.B.V.S. No. 1957 (1981)

[243] *Meys, J. J. M., Alphenaar, P., van Leeuwen, F.*, I.B.V.S. No. 2115 (1982)

[244] *Hertzsprung, E.*, Leiden Ann. XIX (1947) 1

[245] *Frolov, M. S., Ikraev, B. N.*, I.B.V.S. No. 2249 (1982)

[246] *Schneider, H.*, I.B.V.S. No. 2626 (1984)

[247] *Breger, M.*, I.B.V.S. No. 2399 (1983)

[248] *Fernie, J. D., McGonegal, R.*, Astron. J. 275 (1983) 737–751

[249] *Opolski, A.*, I.B.V.S. No. 2688 (1985)

[250] *Ciurla, T., Opolski, A.*, I.B.V.S. No. 2461 (1984)

[251] *Götz, W.*, I.B.V.S. No. 2461 (1984)

[252] *Götz, W., Luthardt, R.*, I.B.V.S. No. 2664 (1985)

[253] *Griffin, R. F.*, Astrophys. J. 148 (1967) 465–476

[254] *Baranne, A., Mayor, M., Poncet, J. L.*, Vistas in Astronomy (Pergamon Press Oxford, New York, Frankfurt) 23 (1979) 279

[255] *Gieseking, F.*, Astron. Astrophys. 47 (1976) 43–47

[256] *Gieseking, F.*, Astron. Astrophys., Suppl., 41 (1980) 245–253

[257] *Dettbarn, C., Wielen, R.*, Mitt. Astron. Gesellsch. 63 (1985) 178

[258] *Vasilevskis, S.*, Astron. J. 67 (1962) 699–706

[259] *van Leeuwen, F.*, IAU-Symposium No. 113, Reidel Publ. Company Dortrecht, Boston, Lancaster 1985, S. 477–480

[260] *Mermilliod, J. C.*, Sterndatenzentrum Strasbourg, CDS Inf. Bull. 16 (1979) 2

[261] *Mermilliod, J. C.*, IAU-Symposium No. 85, Reidel Publ. Company Dortrecht, Boston, Lancaster 1980, S. 129–133

[262] *Mermilliod, J. C.*, Sterndatenzentrum Strasbourg, CDS Inf. Bull. 26 (1984)

[263] *de Vegt, Ch., Gail, H. P., Gehlich, U. K.*, Z. Astrophysik 69 (1968) 330–336

[264] *van Schewick, H.*, Veröff. Astron. Inst. Bonn 84 (1971) 1–36

[265] *van Bueren, G.*, B.A.N. XI (1952) 385–402

[266] *Klein Wassink, W. J.*, Groningen Publ. 41 (1927) 5–41

[267] *Gieseking, F.*, Astron. Astrophys. 99 (1981) 155–165

[268] *Becker, W.*, Sterne und Sternsysteme, 2. Aufl., Theodor Steinkopff Dresden und Leipzig 1950

[269] *Struve, O., Smith, B.*, Astrophys. J. 100 (1944) 360

[270] *Hertzsprung, E.*, B.A.N. 7 (1934) 187–188

[271] *Titus*, Astron. J. 47 (1938) 25

[272] *Schilt, Titus*, Astron. J. 46 (1938) 197

[273] *Miller, F. D.*, Harvard Repr. No. 86 (1933)

[274] *Smart, W. M., Ali, A.*, Month. Not. Roy. Astron. Soc. 100 (1940) 560–569

[275] *Jones, B. F.*, Astron. J. 75 (1970) 563–574

[276] *Rasmuson, N. H.*, Medd. Obs. Lund II No. 26 (1921)

[277] *Roman, N. G.*, Astrophys. J. 110 (1949) 205–241

[278] *Roman, N. G., Morgan, W. W.*, Astrophys. J. 111 (1950) 426–431

[279] *Heckmann, O., Dieckvoss, W., Kox, H.*, Astron. Nachr. 283 (1956) 109–139

[280] *Blaauw, A.*, B.A.N. 11 (1952) 414–433

[281] *Smart, W. M.*, Month. Not. Roy. Astron. Soc. 99 (1939) 710–722

[282] *Gutiérrez-Moreno, A., Moreno, H.*, Astrophys. J., Suppl., XV (1967) 459–498

[283] *Blaauw, A.*, B.A.N. 10 (1944) 29–36

[284] *Eggen, O. J.*, Astron. J. 89 (1984) 830–838

[285] *Eggen, O. J.*, Astron. J. 89 (1984) 839–850

[286] *Eggen, O. J.*, Astron. J. 89 (1984) 1358–1365

[287] *Eggen, O. J.*, Astron. J. 90 (1985) 74–79

[288] *Eggen, O. J.*, Astron. J. 90 (1985) 333–340

[289] *Eggen, O. J.*, Astron. J. 90 (1985) 1046–1059

[290] *Eggen, O. J.*, Month. Not. Roy. Astron. Soc. 118 (1958) 154–160

[291] *Eggen, O. J.*, Vistas in Astronomy (Pergamon Press Oxford, New York, Frankfurt) 12 (1970) 367–414

[292] *Eggen, O. J., Sandage, A. R.*, Month. Not. Roy. Astron. Soc. 119 (1959) 255–277

[293] *Bubenicek, J., Palous, J.*, Publ. Astron. Inst. Czechoslovak Acad. 56 (1983) 232–239

[294] *Palous, J.*, Bull. Astron. Inst. Czech. 34 (1983) 286

[295] *Yuan, C., Waxman, A. M.*, Astron. Astrophys. 58 (1977) 65–78

[296] *Bok, B. J.*, Harvard Circ. 384 (1934) 1–41

[297] *Chandrasekhar, S.*, Principles Of Stellar Dynamics, Dover Publications, Inc., New York 1960

[298] *King, I.*, Astron. J. 63 (1958) 109–117

[299] *Matsunami, N.*, u. Mitarb., Publ. Astron. Soc. Japan 11 (1959) 1–34

[300] *Gurevich, L. E., Levin, J.*, Dokl. Akad. Nauk SSSR 70 (1950) 781

[301] Woolley, R. v. d. R., Month. Not. Roy. Astron. Soc. 114 (1954) 191–209

[302] Woolley, R. v. d. R., Month. Not. Roy. Astron. Soc. 116 (1956) 296–303

[303] Woolley, R. v. d. R., Robertson, D. A., Month. Not. Roy. Astron. Soc. 116 (1956) 288–295

[304] Belzer, J., Gamow, G., Keller, G., Astrophys. J. 113 (1951) 166–180

[305] von Hoerner, S., Astrophys. J. Vol. 125 (1957) 451–469

[306] Ruprecht, J., Czechoslov. Akad. Astron. Ustav. Publ. No. 39 (1958)

[307] Henon, M., Ann. Astrophys. 22 (1959) 126–139

[308] Henon, M., Ann. Astrophys. 22 (1959) 491–498

[309] Oort, J. H., van Herk, G., B.A.N. 14 (1959) 299–321

[310] Henon, M., Ann. Astrophys. 21 (1958) 186–216

[311] King, I., Astron. J. 64 (1959) 351–352

[312] Spitzer, L., Harm, R., Astrophys. J. 127 (1958) 544–550

[313] Henon, M., Astrophys. Space Sci. 13 (1971) 284

[314] Henon, M., Astrophys. Space Sci. 14 (1971) 151

[315] Spitzer, L., Hart, M. H., Astrophys. J. 164 (1971) 399–409

[316] Spitzer, L., Hart, M. H., Astrophys. J. 166 (1971) 483–511

[317] Spitzer, L., Shapiro, S. L., Astrophys. J. 173 (1972) 529–547

[318] Spitzer, L., Thuan, T. X., Astrophys. J. 175 (1972) 31–61

[319] Wielen, R., Stars and the Milky Way System, Proc. 1st. Europ. Astron. Meeting Vol. 2, Springer-Verlag Berlin, Heidelberg, New York 1974, S. 326–354

[320] Wielen, R., IAU-Symposium No. 69, Reidel Publ. Company Dortrecht, Boston, Lancaster 1975, S. 119

[321] Wielen, R., IAU-Symposium No. 113, Reidel, Publ. Company Dortrecht, Boston, Lancaster 1985, S. 449–462

[322] Aarseth, S. J., Lecar, M., Ann. Rev. Astron. Astrophys. (Palo Alto, California) 13 (1975) 1

[323] Burki, G., IAU-Symposium No. 85, Reidel Publ. Company Dortrecht, Boston, Lancaster 1980, S. 169–187

[324] Margulis, M., Lada, C. J., Dearborn, D., Bull. Am. Astron. Soc. 16 (1984) 409

[325] Lindoff, U., Ark. Astron. 5 (1968) 1

[326] Aarseth, S. J., Month. Not. Roy. Astron. Soc. 126 (1963) 223–255

[327] Aarseth, S. J., Month. Not. Roy. Astron. Soc. 132 (1966) 35–65

[328] Aarseth, S. J., Bull. Astron. (3) 3 (1968) 105

[329] Aarseth, S. J., Month. Not. Roy. Astron. Soc. 144 (1969) 537–548

[330] Aarseth, S. J., Astrophys. Space Sci. 13 (1971) 324

[331] Aarseth, S. J., Astrophys. Space Sci. 14 (1971) 20

[332] Aarseth, S. J., Astrophys. Space Sci. 14 (1971) 118

[333] Wielen, R., Veröff. Astron. Recheninstitut Heidelberg No. 19 (1967)

[334] Wielen, R., Bull. Astron. (3) 2 (1967) 117

[335] Wielen, R., Bull. Astron. (3) 3 (1968) 127

[336] Wielen, R., Habilitationsschrift Universität Heidelberg 1969

[337] Wielen, R., Astrophys. Space Sci. 13 (1971) 300

[338] Terlevich, E., IAU-Symposium No. 85, Reidel Publ. Company Dortrecht, Boston, Lancaster 1980, S. 165–167

[339] Terlevich, E., Dissertation, Universität Cambridge 1983

[340] Terlevich, E., IAU-Symposium No. 113, Reidel Publ. Company Dortrecht, Boston, Lancaster 1985, S. 471–475

[341] Margulis, M., Lada, C. J., Occas. Rep. Obs. Edinburgh 13 (1984) 41–62

[342] Henning, Th., Stecklum, B., The Role Of Dust In Dense Regions Of Interstellar Matter, Proc. of the Workshop in Georgenthal, Universitätssternw. Jena 1986

[343] Vrba, F. J., u. Mitarb. Astrophys. J. 197 (1975) 77–84

[344] Elias, J. H., Astrophys. J. 224 (1978) 453–472

[345] Burki, G., Astron. Astrophys. 62 (1978) 159–164

[346] Burki, G., Maeder, A., Astron. Astrophys. 57 (1977) 401–405

[347] Crampton, D., Hill, G., Fischer, W. A., Astrophys. J. 204 (1976) 502–511

[348] Strahler, S. W., Astrophys. J. 293 (1985) 207–215

[349] Landolt, A. U., Astrophys. J. 231 (1979) 468–476

[350] Stauffer, J. R., Astron. J. 85 (1980) 1341–1353

[351] Williams, I. P., Cremin, A. W., Month. Not. Roy. Astron. Soc. 144 (1969) 359–373

[352] Miller, G. E., Scalo, J. M., Astrophys. J., Suppl., 41 (1979) 513–547

[353] Bahcall, J. N., Soneira, R. M., Astrophys. J., Suppl., 44 (1980) 73–110

[354] Quiroga, S., Astron. Astrophys. 92 (1980) 186–188

[355] Gunn, J. E., Knapp, G. R., Treimaine, S. D., Astron. J. 84 (1979) 1181–1188

[356] Balazs, B. A., Mitt. Astron. Ges. 43 (1977) 254–258

[357] Balazs, B. A., Mitt. Astron. Ges. 57 (1982) 284–287

[358] de Vaucouleurs, G., Buta, R., Astron. J. 83, (1978) 1383–1389

[359] Frenk, C. S., White, S. D. M., Month. Not. Roy. Astron. Soc. 198 (1982) 173–192

[360] *Balazs, B. A., Lyngå, G.,* Publ. Astron. Inst. Czechos. Acad. Sci. 56 (1983) 37−48

[361] *Jones, B. F.,* Astron. J. 76 (1971) 470−474

[362] *McNorman, B. J., Sanders, W. L.,* Astron. Astrophys. 54 (1977) 569−576

[363] *McNorman, B. J., Sanders, W. L.,* Astron. Astrophys. 62 (1978) 259−260

[364] *Nassau, J. J., Henyey, L. G.,* Astrophys. J. 80 (1934) 282

[365] *Bertaud, C.,* Bul. Astronomique IX (1936) 483

[366] *Wilson, R. E.,* Astron. J. 42 (1933)

[367] *Haas, J.,* Astron. Nachr. 256 (1935) 301

Sachwörterverzeichnis

Das Sachwörterverzeichnis enthält keine Einzelobjekte, die im Text genannt werden. Weitgehend ausgeschlossen bleiben auch die Kataloge. Die fettgedruckten Seitenangaben verweisen auf fortlaufende Abhandlungen.